W0377655

Kaffee, Tee und Kardamom

Rudolf Schröder

Kaffee, Tee und Kardamom

Tropische Genußmittel und Gewürze

Geschichte, Verbreitung, Anbau,
Ernte, Aufbereitung

70 Farbfotos
51 Zeichnungen
18 Tabellen

E.U.
VERLAG
EUGEN
ULMER

Dr. Rudolf Schröder war viele Jahre an landwirtschaftlichen Forschungsinstituten in Kolumbien und Brasilien tätig. Später arbeitete er als Mitglied der Forschungsgruppe der Vereinten Nationen über Wasserhaushaltsfragen in Lateinamerika. Dort war er am Aufbau hydrologischer und meteorologischer Meßnetze beteiligt. In Südamerika und Kamerun untersuchte er die Klimabedingungen tropischer Kulturen.

Umschlag: Im Hintergrund ein Kakaobaum mit reifen Früchten (Aufnahme: Ritter Sport). Das kleine Foto links zeigt eine Kaffeeblüte (Nestlé), rechts ist ein Korb mit Muskatnüssen abgebildet (A. Bärtels).

CIP-Titelaufnahme der Deutschen Bibliothek

Schröder, Rudolf:
Kaffee, Tee und Kardamom: tropische Genussmittel und Gewürze; Geschichte, Verbreitung, Anbau, Ernte, Aufbereitung / Rudolf Schröder. –
Stuttgart: Ulmer, 1991
ISBN 3-8001-2143-3

Das Werk einschließlich aller seiner Teile ist urheberrechtlich geschützt.
Jede Verwertung außerhalb der engen Grenzen des Urheberrechtsgesetzes ist ohne Zustimmung des Verlages unzulässig und strafbar.
Das gilt insbesondere für Vervielfältigungen, Übersetzungen, Mikroverfilmungen und die Einspeicherung und Verarbeitung in elektronischen Systemen.

© 1991 Eugen Ulmer GmbH & Co.
Wollgrasweg 41, 7000 Stuttgart 70 (Hohenheim)
Printed in Germany
Lektorat: Nadja Kneissler
Herstellung: Otmar Schwerdt
Einbandgestaltung: Alfred Krugmann, Freiberg am Neckar
Grafiken: Bernd Burkart, Stuttgart
Satz: Steffen Hahn, Kornwestheim
Druck und Bindung: Friedrich Pustet, Regensburg

Vorwort

Genußmittel und Gewürze sind eine Notwendigkeit geworden und keine Luxusgüter mehr. Kaffee, Tee und Kakao haben im Welthandel eine bevorzugte Stellung, und Gewürze sind auch heute noch für viele Länder eine Haupteinnahmequelle.

Die meisten Leser werden wissen, daß viele Genußmittel und Gewürze aus anderen Erdteilen stammen. Über die Pflanzen und besonders über die Verarbeitung in modernen, hochautomatisierten Industriebetrieben ist jedoch oft wenig bekannt. Dabei haben Anbau und Vermarktung der Genußmittel und mehr noch der tropischen Gewürze ein bemerkenswertes Kapitel unserer Kulturgeschichte beeinflußt, wobei es nicht immer friedlich zuging.

Das Buch gibt Auskunft über die Pflanzen, aus denen unsere Genußmittel hergestellt werden. Sie sind ohne Ausnahme in den warmen Erdgebieten zu finden. Ihre Verarbeitung und Verwendung wird behandelt. Weiterhin werden die aus den Tropen stammenden Gewürze und einige inzwischen in unseren Landstrichen eingebürgerten Gewürzpflanzen und Kräuter vorgestellt. Die Anzahl der im Handel erhältlichen Genußmittel und tropischen Gewürze wird häufig überschätzt: besondere Herstellungsverfahren und Mischungen täuschen eine Vielfalt vor, die sich aber auf einige Grundprodukte zurückführen läßt.

Das Buch ist für interessierte Laien gedacht und für Reisende, die die Gelegenheit wahrnehmen wollen, sich an fernen Urlaubsorten mit einigen Fragen der tropischen Landwirtschaft zu beschäftigen. Gleichzeitig kann es auch Verbrauchern und besonders Studierenden der einschlägigen Fächer Hinweise und Anregungen geben.

Großer Wert wurde auf die Darstellung der Behandlung und weiteren Verarbeitung von Genußmitteln und Gewürzen nach der Ernte gelegt, weil darüber am wenigsten bekannt ist. Nach mehr als zwei Jahrzehnten Arbeit und Erfahrung in den Tropen möchte ich auch etwas zum Verständnis der Problematik der Agrarwirtschaft der Entwicklungsländer beitragen, die ja ausschließlich die Genußmittel liefern.

Für Auskünfte und Literaturhinweise möchte ich neben Fachverbänden und Firmen des Genußmittel- und Gewürzhandels besonders folgenden Damen und Herren danken:
Herrn P. Bott und Herrn B. Hachmann (Firma Aust & Hachmann, Vanilleimport, Hamburg)
Herrn Prof. Dr. M. Domrös, Universität Mainz.
Frau M. Ernestus (Nestlé, Frankfurt/M.)
Herrn Kurt Stade (Deutsches Institut für Tropische und Subtropische Landwirtschaft, Witzenhausen)
Herrn Arend Vollers (Firma Paul Schrader, Bremen)
Frau Jung (Schokoladenfabrik Alfred Ritter GmbH & Co. KG, Waldenbuch).

Zu danken habe ich auch dem Verlag Eugen Ulmer und besonders dem Lektorat für die sorgsame Bearbeitung und Ausstattung des Buches.
Mein ganz besonderer Dank gilt aber meiner lieben Frau, die mir in den vielen Jahren, auch in unwirtlichen Gegenden, treu zur Seite gestanden und die Reinschrift des Manuskripts übernommen hat.

Wiesbaden, Januar 1991
Rudolf Schröder

Inhaltsverzeichnis

Gewürze

In Süd- und Mitteleuropa heimisch gewordene Gewürze

Einführung

Genußmittel

Was eine gekonnte Werbung dem Verbraucher heute als Genußmittel andient, brauchte es im eigentlichen Sinne des Begriffs nicht immer auch zu sein.
Das Lexikon gibt Auskunft: „Genußmittel sind Lebensmittel, die wegen der als angenehm empfundenen anregenden Wirkung auf das Nervensystem, die Geschmacksorgane, das Gefäßsystem und die Verdauungsdrüsen genommen werden, aber keinen nennenswerten kalorischen Nährwert besitzen. Zu den Genußmitteln gehören u. a. Kaffee, Tee, Mate, Kola, Betel, die alkoholischen Getränke, Gewürze, Küchenkräuter und Tabak. Außerdem sind in allen Nahrungsmitteln Geschmacks- und Würzstoffe vorhanden, oder sie werden durch die Zubereitung beim Backen, Braten usw. erzeugt. Zu ihnen gehören die Röststoffe in Brot, Braten, Bratkartoffeln, Aufläufen u. a., die Aromastoffe des Obstes, die Extrativstoffe des Fleisches, die Fleischbrühe und dgl., auch das Kochsalz." So weit der Brockhaus.
Eine entschiedene Trennung dürfte kaum möglich sein. Tabak und ähnliche nach ihrer Verbrennung als Rauch über die Atemwege eingenommene Stoffe gehören wohl nicht mehr unbedingt zu den Genußmitteln. Auch Spirituosen wären auszuschließen, da es sich um Getränke handelt, die nach einer Destillation ihren jeweils typischen Geschmack irgendwelchen Zutaten (Früchten oder Gewürzen) verdanken. Gelegentlich werden sogar Feinkostwaren wie Hummer, Kaviar oder Trüffel zu den Genußmitteln gezählt. Kakao steht wohl schon an der Grenze zu den Nahrungsmitteln, und die Schokolade könnte man nach dem Zusatz von Zucker und anderen Stoffen sicher als Lebensmittel ansprechen.
Beschränken wir uns also auf die bekannten Genußmittel aus den warmen Gebieten der Erde, die früher oft mit dem heute zu Recht verpönten Begriff „Kolonialwaren" bezeichnet wurden. Es sind dies: Kaffee, Tee, Kakao, Mate, Guaraná, Kat und Betel. Die letzten drei sind bei uns zwar weniger bekannt, haben aber eine regional übergreifende, recht große wirtschaftliche Bedeutung.
Die Meinung über das, was ein Genußmittel ist, kann sich mit der Zeit natürlich erweitern. So hat sich, von der Werbung ganz bewußt gefördert, in den letzten Jahren der „Knabbergenuß" durchgesetzt. Neben Mandeln, Nüssen, Gebäck und den in verschiedenster Art verarbeiteten Kartoffeln hat dabei eine tropische Frucht sehr gewonnen: die Kaschunuß. Obgleich mehr Nahrungs-, als Genußmittel, wird sie hier behandelt.

Gewürze

Das Angebot der Gewürze ist weit umfangreicher als das der Genußmittel. Es darf aber nicht übersehen werden, daß Pflanzen, die ganz oder in Teilen als Gewürz genutzt werden, außer in den Polargebieten fast überall auf der Erde wachsen. Im Gegensatz dazu sind die eigentlichen Genußmittel auf den wärmeren Teil der Erde beschränkt.
Gewürze sind Pflanzenteile, die Lebensmitteln zur Verfeinerung und Beeinflussung des Eigengeschmacks in meist kleineren Mengen zuge-

setzt werden. Sie üben einen Reiz auf die Geruchs- und Geschmacksnerven aus. Auch Farbstoffe können dazu beitragen.
Unsere allgemein gebrauchten Gewürze sind pflanzlicher Herkunft e lassen sich unterteilen in „echte" Gewürze, die nach ihrer Ernte eine oft aufwendige Bearbeitung durchlaufen, wobei sich erst ihre Würzkraft entwickelt (z. B. Vanille), und in die Gewürzkräuter. Diese meist einheimischen Kräuter (z. B. Schnittlauch, Petersilie oder Beifuß, um nur einige zu nennen) werden frisch oder getrocknet verwendet. Durch Gewürze aus fernen Ländern wurde einst der Ablauf der Weltgeschichte bestimmt. Die Sucht nach Macht und Geld, aber auch Fernweh haben den Gewürzhandel geprägt. Für unsere Gewürzkräuter war da kaum Platz. Nur was aus der Ferne, aus Übersee stammt, ist von Wert! In gewissem Sinn ist sogar etwas Wahres daran. Exotische Gewürze haben ein kräftiges, zum Teil pikantes Aroma, das schon in kleinsten Dosierungen wirksam ist. Den einheimischen Küchenkräutern fehlt dies einfach. Durch besondere Konservierungsverfahren und veränderte Eßgewohnheiten sowie durch eine Hinwendung zu einer natürlicheren Lebensweise konnten indessen die Gewürzkräuter etwas von ihrer früheren Bedeutung zurückgewinnen.
Mit Ausnahme von Salz sind Gewürze für die menschliche Ernährung nicht unbedingt lebenswichtig. Daß sie trotzdem von allen Völkern seit undenklichen Zeiten geschätzt werden, beruht darauf, daß sie unsere Geruchs- und Geschmacksnerven anregen und damit den Speisen eine gewünschte Geschmacksnote vermitteln. Sie wirken appetitanregend und fördern die erhöhte Absonderung von Speichel und Verdauungssäften. Das Wasser läuft uns, wie man so schön sagt, schon im Mund zusammen. Dabei entfalten fast alle pflanzlichen Gewürze zunächst ihre Wirkung über den Geruchssinn. Der Geschmack wird weniger beeinflußt, er wird höchstens überdeckt. Hervorgerufen wird diese Wirkung durch verschiedene Inhaltsstoffe, die auf den menschlichen Organismus einwirken. Das sind neben anderen Alkaloide und ätherische Öle, die besonders zum jeweiligen charakteristischen Geruch einzelner Gewürze beitragen. Dann kommen noch Eiweißverbindungen, fette Öle, Harze und besonders scharfe und bittere Stoffe hinzu, die die gewürztypischen Reize bewirken. Einige Gewürze enthalten außerdem einen hohen Anteil an Farbstoffen (z. B. Gelbwurzel (Kurkuma), Safran und Paprika). Die Vielfalt der nachgewiesenen chemischen Verbindungen erklärt auch, warum viele Gewürze früher als Heilmittel verwendet wurden. Enthalten Gewürze scharf und brennend schmeckende Anteile, dann genügen schon geringste Mengen, um eine entsprechende Wirkung zu erzielen.

Bei den im Handel erhältlichen tropischen Gewürzen unterscheidet man
- Gewürze der Wurzelstücke (Rhizome): Ingwer, Galgant, Kurkuma (Gelbwurzel)
- Rindengewürze: alle Arten von Zimt
- Samen- und Fruchtgewürze: Kardamom, Pfefferarten, Vanille, Piment, Paprika, Cayennepfeffer, Muskatnuß, Muskatblüte, Sternanis, Tonkabohne
- Blütengewürze: Gewürznelken, Zimtblüte
- Blattgewürze: Betelpfeffer, der zwar in Europa weitgehend unbekannt geblieben ist, aber trotzdem ein großes Handelsaufkommen hat.

Noch etwas anderes fällt auf: Von den Handelsgewürzen haben nur drei ihren Ursprung in der Neuen Welt. Alle anderen sind in den Tropen Asiens, bevorzugt um den Indischen Ozean und dem im Osten anschließenden Teil des Pazifik, beheimatet. Nur Vanille, Piment und die *Capsicum*-Arten wie Paprika und Cayennepfeffer stammen aus dem tropischen Zentral- und Südamerika. Sie sind deshalb auch erst seit weniger als fünfhundert Jahren in Europa bekannt. Ganz anders die Gewürze der Alten Welt: sie spielen in einigen Gebieten seit drei- oder viertausend Jahren eine große Rolle. Bei religiösen Riten wurden sie ebenso verwandt wie zum Einbalsamieren Verstorbener. Sie galten als Heilmittel und dienten als geschmacksverbessernder Zusatz bei den verfeinerten Eßgewohnheiten der Kulturvölker Asiens. Der Anbau, die Verarbeitung und besonders die Anwendung von Gewürzen ist auf allen Kontinenten ein uraltes Kulturerbe, das den Entdeckergeist der Menschen widerspiegelt. Eine herausragende Stellung nehmen dabei die Völker Südost- und Ostasiens sowie die Indianer der Hochkulturen Amerikas ein. Australien steht ganz zurück, ebenso alle Gebiete in Afrika südlich der Sahara, außerhalb der Tropen und natürlich in Europa. Warum dies so ist, läßt sich für Afrika nicht erklären. Vielleicht liegt es daran, daß außer Kaffee, Ölpalmen und Kola keine der tropischen Weltwirtschaftspflanzen vom afrikanischen Kontinent stammt. Möglicherweise hatten und haben die großen Kulturvölker Asiens und Amerikas eine andere Einstellung zum Ackerbau. Afrika war das große Tierparadies, weshalb die Einwohner vermutlich früher keinen besonderen Wert auf den Anbau von Nutzpflanzen legten – abgesehen von den zur Grundernährung unerläßlichen Knollen-, Getreide- und Gemüsepflanzen.

Im Gegensatz zu den Genußmittelpflanzen wie Kaffee, Tee, Kakao und – regional beschränkt – auch Kola, Mate und Guaraná, werden die Gewürze in kleineren oder sogar kleinsten Familienbetrieben angebaut. Eine Ausnahme bildet der in gemäßigte, aber sommerwarme Zonen verbrachte Paprika. Die Pflege der Pflanzen und die Ernte sind außerordentlich arbeitsaufwendig und erfordern einen großen Einsatz, der im Familienverband besser zu bewältigen ist. Eine maschinelle Ernte ist, ähnlich wie beim Weinbau, nur beim Kaffee in den großen flachwelligen Pflanzungen Brasiliens, weniger beim Tee und bei Gewürzen nur sehr beschränkt beim Ingwer möglich.

Besonders eng mit dem Anbau und dem Verbrauch von Gewürzen war der Handel verknüpft, und die eigentliche Geschichte der Gewürze ist somit eher eine Geschichte des Gewürzhandels. Erst seit etwa dreihundert Jahren schwand die wirtschaftliche Bedeutung der Gewürze und ging allmählich auf andere tropische Produkte über. Ohne Gewürze hätte sich vielleicht ein Abschnitt unserer Weltgeschichte anders entwickelt. Allerdings handelt es sich dabei um müßige Gedankenspiele. Hätte sich der Jamaika-Pfeffer, das Allgewürz, gleich nach seiner Entdeckung gegenüber den asiatischen Gewürzen wie Nelken, Pfeffer und Zimt in Europa mehr durchgesetzt, sähe die geschichtliche Entwicklung des Entdeckungszeitalters anders aus? Wohl kaum! Die Landwirtschaft der kleinen Staaten der Antillen wäre vielleicht von Zuckerrohr- und Baumwoll-Monokulturen verschont geblieben, doch an Kriegen, Aufständen und allgemeiner Armut hätte sich wahrscheinlich nichts geändert.

Die Tropen

Die meisten Genußmittel und Gewürze stammen aus einer ganz bestimmten Erdregion: den Tropen. Heutzutage wird besonders in der Werbung der Begriff „tropisch“ gern verwendet. Meist wird damit etwas Fremdländisches oder Exotisches angesprochen, aber was wirklich damit gemeint ist, bleibt häufig unklar.

Da die Genußmittel und unsere intensivsten und bedeutendsten Gewürze ursprünglich in den Tropen beheimatet waren, ist eine klare Begrenzung dieser Region sehr wichtig geworden.

Die Bestimmung der Tropen als die mathematisch-geographisch festgelegte Zone zwischen den beiden Wendekreisen genügt nicht, weil ein breiter Gürtel, der rund 40% der gesamten Erdoberfläche ausmacht, ein fester Bestandteil der Erde ist, der sich nicht einfach durch eine gedachte Linie begrenzen läßt.

Man kam bald zu einer klimatisch sinnvollen Einteilung der Tropen, die immer eine gewisse Übergangszone einschließen wird. Einmal gehören dazu die Gebiete beiderseits des Äquators, in denen bei gleichzeitig höheren Temperaturen die Tages- und Jahresschwankungen gering sind.

Als klimatische Tropen kann man somit die Regionen bezeichnen, in denen die jährliche Schwankung der Temperatur zwischen Januar und Juli geringer ist als die zwischen dem niedrigsten Tageswert vor Sonnenaufgang und dem höchsten Wert in der Mittagshitze. Auch die absolute Frostfreiheit kann für die Begrenzung der Tropenzone als zusätzliches Kriterium dienen. Warme Meeresströmungen können diese Grenzen nördlich und südlich des Äquators polwärts verschieben. Beim dritten Kriterium der Tropenabgrenzung, nämlich der Meereshöhe, kann aber selbst unter dem Äquator der Frostpunkt noch leicht unterschritten werden. Die großartigen Gletscherlandschaften im Hochgebirge der Anden in Südamerika, in Ostafrika und auf Neuguinea sind die besten Beispiele dafür.

Da aber die schon erwähnten Temperaturschwankungen noch äußeren Einflüssen wie starker Bewölkung oder besonderen Windverhältnissen unterliegen können, grenzt man heute die Tropen beiderseits des Äquators dort ab, wo die Linie gleicher Mitteltemperatur des kühlsten Monats noch 18 °C beträgt. Die Tropen sind warm, doch nicht eigentlich heiß. In Südspanien, Indien, Griechenland und gelegentlich sogar in Berlin kann es im Sommer manchmal heißer sein als in den Tropen am Äquator. Dies hängt mit der langen Sonnenscheindauer im Sommer, verbunden mit einer möglichen Zufuhr sehr warmer Luftmassen, zusammen.

Die solaren Tropen, die in einem Ring von jeweils 2500 Kilometer Breite beidseitig um den Äquator liegen, werden noch unterteilt: einmal in die inneren Tropen mit Tagesschwankungen nicht über 6 °C. Dabei sind die jährlichen Regenmengen mit über 1700 mm (etwa dem dreifachen Wert von Berlin) recht gleichmäßig verteilt; es gibt aber auch Regionen mit zwei Regen- und zwei Trockenzeiten.

Als Gegenstück zu den inneren Tropen gibt es dann die sich polwärts anschließenden äußeren Tropen. Die Temperaturschwankungen sind in diesem Gürtel größer, und mit weiterer Entfernung zum Äquator entstehen dann ausgesprochene Trockenzeiten. Dadurch kommt die Vegetation zu einer jährlichen Trockenruheperiode. Während im Gürtel der inneren Tropen ein immergrüner Regenwald zunächst noch eine übergroße Fruchtbarkeit vortäuscht, findet sich in den äußeren Tropen ständig grüner, dichter Wald nur noch an Flußläufen.

In den Tropenländern gibt es praktisch keine Probleme mit der jährlichen Temperaturverteilung. Anders ist es dagegen um die jährliche Regenverteilung bestellt. Selbst höchste Niederschlagsmengen von jährlich 4000 mm oder mehr können nicht darüber hinwegtäuschen, das eine nur geringfügig verlängerte Trockenzeit oft zu Ernteschäden führen kann. Wirtschaftlich und ökologisch viel folgenschwerer sind aber Schwankungen der Niederschlagsmenge dort, wo gewöhnlich die mittlere Jahresregenmenge gerade ausreicht, um das Gleichgewicht im Wasserhaushalt zu sichern und eine bescheidene Ernte zu ermöglichen. Sind die jährlichen Regenfälle zu gering oder bleiben aus, so kommt es zu unvorstellbaren Katastrophen. Das hat sich ja im nördlichen und südlichen Teil der äußeren Tropen Afrikas ereignet. Leider belastet das Tropenklima den aus den gemäßigten Breiten stammenden Menschen. Touristen, die nur einige Ferienwochen am Strand in angenehmer Umgebung verbringen wollen, sind davon natürlich kaum betroffen.

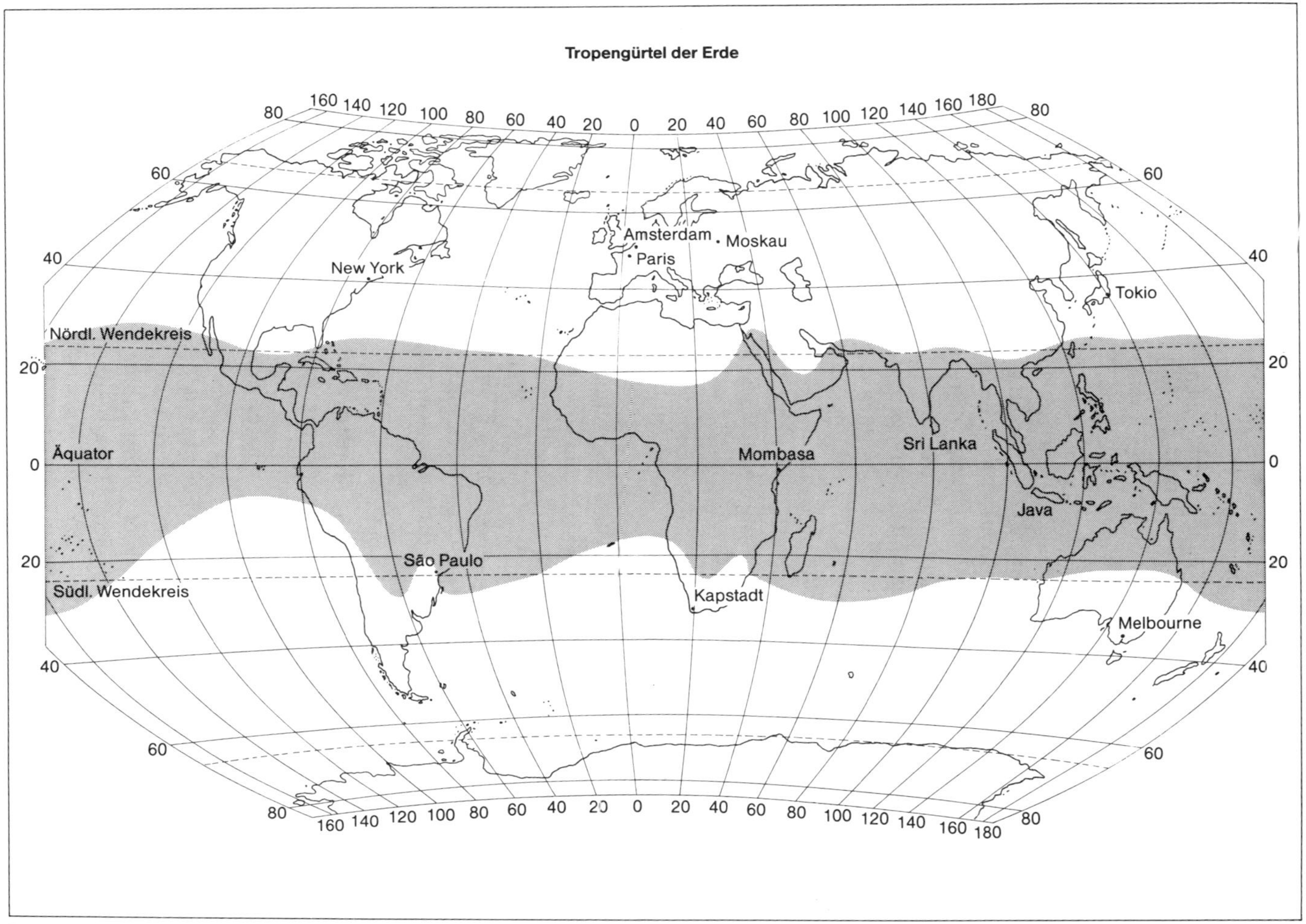

Das klimatisch begrenzte Gebiet der Tropen.

Ein gleichzeitiges Auftreten hoher Lufttemperaturen und hoher Luftfeuchtigkeit erschwert, beim Fehlen jeglichen Windes, die Abgabe der im Körper entstehenden Wärme. Das Gefühl der Schwüle kündigt einen Wärmestau und damit eine Belastung des Kreislaufs an. Außerdem führt der gleichmäßige, einförmige tägliche Witterungsablauf, besonders in den inneren Tropen, zu einer nicht zu unterschätzenden negativen Wirkung auf das Gemüt. In ähnlicher Weise erleben wir das naßkalte, neblige Novemberwetter unserer Breiten.

Europäische Angestellte litten früher auf isolierten tropischen Pflanzungen häufig unter diesen Erscheinungen. War erst einmal der Reiz des Neuartigen verflogen, dann steigerte sich die nervliche Anspannung durch die Eintönigkeit des täglichen Daseins bei immer gleichbleibender Witterung. Wir dürfen nicht vergessen, daß noch bis viele Jahre nach dem Zweiten Weltkrieg zahlreiche Pflanzungen ohne ständige Elektrizität, ohne Radio oder Fernsehen und ohne die Möglichkeit einer schnellen Fortbewegung durch das Auto oder Kleinflugzeug waren. Diese aufgestaute Spannung, der sogenannte „Tropenkoller", äußerte sich dann oft in plötzlicher Angriffslust und starker Reizbarkeit. Bekannt und häufig geschildert ist auch die Neigung zu erhöhtem Alkoholkonsum (Whisky) in den Tropen nach Eintritt der Dunkelheit um 18 Uhr. Allerdings erzielt der Alkohol nicht die gleiche Wirkung wie in anderen Klimazonen, da er schneller durch Haut und Nieren ausgeschieden wird. In den Pflanzungen der früheren britischen und niederländischen Kolonien in Südostasien war es oft üblich, daß der europäische Angestellte frühmorgens auf seiner um das Haus führenden Veranda gegen eine ganze Batterie aufgestellter Blechbüchsen oder leerer Benzin- oder Ölfässer trat, die die einheimischen Arbeiter vorsorglich schon am Abend zuvor aufgebaut hatten. Der Krach und die Zerstörung führten den Mann schnell in die Wirklichkeit zurück, und alle hatten Ruhe bis zum nächsten Ausbruch des Kollers. Aus anderen Tropengegenden ist diese Kolonialmentalität weniger bekannt. Die eingeborenen Arbeiter hätten den Mann höchstens ausgelacht.

Die üppige Vegetation der inneren Tropen führte noch in den Jahren vor dem Zweiten Weltkrieg zu dem Trugschluß, ihre Fruchtbarkeit sei unerschöpflich. Selbst große Pflanzungsunternehmen sind an diesem Irrtum kläglich gescheitert. Henry Ford hatte schon 1927 am Unterlauf des Rio Tapajos im Amazonasgebiet eine 10 000 km^2 große Landkonzession zur Anlage von Kautschukpflanzungen für seinen Automobilkonzern erworben. Später tauschte die Gesellschaft einen Teil der Ländereien gegen ein anderes Gebiet ein. Die Anlage der Plantage brachte keinen Gewinn. 1945 verkaufte die Ford Company beide Landstücke wieder an Brasilien. Heute ist dort der Wald vernichtet, und es sind steppenartige Viehweiden entstanden. Gelernt haben die Menschen aus dieser und anderen Fehlplanungen aber nichts. Die Vernichtung des Regenwaldes geht weiter! Der Urwaldboden ist nicht fruchtbar. In Südostasien haben sich die Kautschukplantagen und andere Pflanzungen von kleinen Anfängen zu ihrer heutigen Größe entwickelt und dadurch – Stück für Stück – den Urwald gewissermaßen ersetzen können.

Kulturgeschichtliche und politische Tragweite

Kein Ereignis hat bisher die politische und kulturelle Vergangenheit der Menschen mehr verändert als der Gebrauch und Handel mit tropischen Gewürzen. Bis weit in das Zeitalter des Barocks würzte man die Speisen ungewöhnlich stark, besonders durch den sehr kostbaren Pfeffer. Man wollte eben beweisen, daß man sich das leisten konnte. Natürlich war der hohe Gewürzverbrauch nicht nur ein Ausdruck von

Protzerei, sondern die damaligen Konservierungsmethoden entsprachen durchaus nicht dem heute geforderten und erreichten Standard. So mußten Wurst und andere Fleischwaren stärker gewürzt werden als heute üblich, um den nicht immer ganz einwandfreien Geschmack und Geruch zu überdecken.
Gewürze lagen in jener Zeit im Handel und Verbrauch pflanzlicher Produkte an der Spitze. Später traten sie im Welthandel zurück. Genußmittel wie Kaffee, Tee und Kakao, Ölfrüchte – darunter Kokosnüsse – und vor allen Dingen Zucker, Baumwolle, Kautschuk und andere Produkte wurden die Haupthandelsgüter der Tropen. Schließlich gab es Fortschritte im Schiffsbau, und schon nach dem Ersten Weltkrieg ermöglichten mit ausreichenden Kühlanlagen versehene Schiffe sogar den Transport tropischer Obstarten. Dadurch konnten zuerst Bananen, dann Ananas und Zitrusfrüchte eine wirtschaftliche Bedeutung gewinnen. In den letzten Jahren hat die Luftfracht selbst den Transport leicht verderblicher Obstarten wie Mangos und Papayas gestattet.
Der Kunde, der heute in einer Gewürzhandlung nachfragt oder die entsprechende Abteilung eines Supermarktes besucht, ist erstaunt über das umfangreiche Angebot. Er wird vielleicht auch einige neue, ihm bisher völlig unbekannte Gewürze, meist aus dem malaiischen Kulturkreis, vorfinden. Vor einer Generation waren sie in Europa nur in ganz wenigen Spezialgeschäften großer Hafen- oder Hauptstädte zu finden. Neben einigen neuen Gewürzvarianten (beispielsweise dem grünen Pfeffer) haben sich bevorzugt die Gewürzmischungen für bestimmte Speisen und Lebensmittel vermehrt. Zu den klassischen Zusammenstellungen wie Wurstmischungen oder Gewürzmischungen für Lebkuchen, die schon seit einigen hundert Jahren bekannt sind und von den Herstellern oft als Betriebsgeheimnis gehütet werden (Nürnberger Lebkuchen, Thüringer Wurstwaren), kommen, besonders nach dem Curry-Boom, fertige Mischungen für fast jedes Gericht in den Handel. Wir kennen neuerdings Steakgewürze, Barbecuegewürze, Geflügelgewürze, solche für Fischgerichte, Einmachgewürze, Gewürze für exotische Mahlzeiten wie die indonesische Reistafel und vieles mehr. Ebensowenig fehlen pastenartig zusammengestellte Gewürze wie Mango- oder Tomaten-Chutney, gar nicht zu sprechen von den unzähligen Fertig-Salatsoßen.
Gewürze sollen unsere Speisen und Nahrungsmittel nicht nur schmackhafter machen, sondern auch den Appetit anregen und damit die Verdaulichkeit erhöhen oder aber auch einen typischen Geschmack hervorrufen. Bekannte Beispiele sind Erfrischungsgetränke und Liköre.
Während die Genußmittel alle pflanzlichen Ursprungs sind, schließt man bei den bekannten Gewürzen auch Stoffe anderer Herkunft ein. Zunächst ist das mineralische Speisesalz zu nennen, das aber, im Gegensatz zu allen organischen Gewürzen, für unsere Ernährung lebenswichtig ist. Dann lassen sich noch Produkte tierischen Ursprungs zum Würzen verwenden, wie Fleischextrakt, Krabbenpulver und Fischpasten oder auch angebratener Speck.
Es ist sehr reizvoll, die Geschichte der Ausbreitung tropischer Nutzpflanzen über die Erde zu verfolgen. Dabei ist es gleichgültig, ob Genußmittel, Gewürze, Nahrungspflanzen oder Industrie- und Heilpflanzen gemeint sind. Bekannte Beispiele sind Kaffee, Kakao, Muskat, Nelken, Vanille, Bananen, Ananas, auch Mais und Reis, ebenso wie Zuckerrohr, Baumwolle, Erdnuß, Kautschuk und Chinarinde. Neben einer natürlichen Verbreitung oder der beschränkten Verschleppung von Samen durch Vögel steht eine von Menschen unbeabsichtigte oder sogar bewußt geförderte Verbreitung. Oftmals gelang diese nur gegen den starken Widerstand einzelner Monopolgesellschaften oder Regierungen, wie bei Muskatnüssen und Nelken. Allgemein bekannt ist das Herausschmuggeln von Pflan-

zen und Samen des Parakautschuks aus Brasilien und der die Chinarinde liefernden Bäume aus Peru.
In der ersten Zeit der europäischen Entdekkungsreisen nahm man besonders bei den Völkern der Südsee einfach einige Pflanzen mit und versuchte sie auf gut Glück irgendwo anzupflanzen. Später ging man gezielter vor. Zunächst galt es festzustellen, ob das Klima des vorgesehenen neuen Standorts dem des Herkunftlandes entsprach. Mit dem Beginn einer wissenschaftlich gesteuerten Landwirtschaft kamen noch Gedanken über die Bodenverhältnisse hinzu. Für einen geplanten neuen Anbau ist eine dem Ursprungsgebiet möglichst ähnliche Verteilung von Regen- und Trockenzeiten wichtig. Bestimmte Bodenbakterien und Insekten zur Bestäubung sollten auch nicht fehlen. Außerdem stellt sich immer wieder die Frage: Wird die Bevölkerung des neuen Anbaugebiets die vorgesehene Kultur überhaupt annehmen oder nicht? Menschen, die bislang vornehmlich von Viehzucht und Handel gelebt haben und deren soziale Struktur auf diese Tätigkeit ausgerichtet ist, können sich oft nur unter großen Schwierigkeiten auf Pflanzenbau umstellen.
Auf die unberechtigte Ausfuhr von Pflanzen und Samen standen in früheren Zeiten oft hohe Strafen. Jetzt hat dagegen ein reger Erfahrungs- und Materialaustausch eingesetzt. Samen und Pflänzchen werden als Luftfracht in alle Welt verschickt. Natürlich gibt man gute, ertragreiche oder resistente Neuzüchtungen nicht immer gern ab. Anderseits, das sei als Kuriosum angemerkt, ist heute die Einfuhr von Pflanzen oft schwieriger als die Ausfuhr. Die moderne Pflanzenzüchtung ist auf vielerlei Material angewiesen. Oft werden Wildformen benötigt, um gegen Krankheiten besonders widerstandsfähige Arten zu züchten. Gelegentlich müssen dabei auch für die Bestäubung oder zur biologischen Bekämpfung anderer Schädlinge wichtige Insekten eingeführt werden. Aber gerade hierbei stehen den Instituten zum Teil notwendige, gut gemeinte Schutzbestimmungen im Wege. Man hat Angst vor dem Einschleppen unkontrollierbarer Krankheiten und Schadinsekten – und wenn der Fall der Killerbienen als schlimmes Beispiel gelten mag, dann besteht diese Angst durchaus zu Recht. Durch Kreuzung dieser afrikanischen mit den südamerikanischen Bienen vererbte sich die dominante Angriffslust. Jetzt ist der ganze Kontinent bis in den Südwesten der Vereinigten Staaten mit Killerbienen verseucht.
Unser ständig gestiegener Lebensstandard, Länderberichte und der Tourismus haben viele Europäer mit den Früchten und Gewürzen der Tropen bekanntgemacht und damit eine stärkere Nachfrage ausgelöst. Viele pflanzliche Rohstoffe und Früchte, die aus den warmen Gebieten der Erde eingeführt werden mußten, haben aber den Charakter einer ausgesprochenen Tropenpflanze verloren. Läßt das Klima als hauptsächlich bestimmender Anbau-Faktor nur einige Hoffnung, dann wird oft versucht, die Früchte in der Nähe großer Verbrauchszentren anzubauen. Aber gerade die Genußmittel – außer Tee – und die mehrjährigen Gewürze aus den Tropen widerstehen solchen Experimenten und Versuchen.
Während viele Waren – Salz gehört dazu – geradezu lebenswichtig sind, gelten andere in bestimmten Regionen als Luxus. Der Transport war früher schwierig: oft mußten die Menschen selbst die Lasten tragen, in anderen Gebieten wurden seit Ausgang des 4. Jahrtausends Tragtiere wie Esel, Kamel und Pferde benutzt. Ab etwa 1000 v. Chr. war dann in Arabien das Dromedar allgemein verbreitet, und die ersten großen Karawanen durchzogen auf bestimmten Routen das Land.
Die beschränkten Möglichkeiten erlaubten nur den Transport hochwertiger Güter. Die Waren sollten lange haltbar sein, bei geringstem Gewicht einen großen Wert haben und natürlich bei dem hohen Risiko einen guten Preis erzielen. Dazu gehörten die Gewürze.

Während sich die Bevölkerung in vielen Teilen der Erde mit ihren einheimischen Gewürzpflanzen und Kräutern begnügen mußte, entwickelte sich in Südostasien bereits der Handel mit lange lagerfähigen, haltbaren und aromatischen Gewürzen. Eine aufblühende Schiffahrt, zunächst zwischen den Inseln von Küste zu Küste, begünstigte diesen Handel. Später, nach der Entdeckung der Wirkung der Monsune, führte der Verkehr auch über große Strecken des offenen Meeres. Gehandelt wurden hauptsächlich Muskat, Gewürznelken, Zimtarten, Pfeffer und die verschiedenen Ingwergewürze sowie Kardamom.
Die Geschichte der Gewürze und des wohl wichtigeren Handels damit geht bis zum Anfang der von Menschen gemachten Aufzeichnungen zurück. Naturgemäß haben die früheren Epochen für uns nicht mehr die gleiche Bedeutung wie die vorletzte, die gleichzeitig den Beginn des Zeitalters der Entdeckungen einläutete und damit radikal die Welt veränderte. Im letzten Zeitabschnitt, als andere tropische Pflanzen für die Ernährung, als Genußmittel und für die industrielle Verarbeitung wichtiger wurden, also seit mehr als zweihundert Jahren, wurden dann die Gewürze an den Rand gedrängt und haben ihre handelspolitische und welthistorische Bedeutung endgültig verloren.

Die wichtigsten Zeitabschnitte der Geschichte des Gewürzhandels

Erster Abschnitt

Der Beginn eines Austausches zwischen Indien und Ägypten im frühen Altertum, um 2500 v. Chr. Der Handel liegt in den Händen der Bewohner der arabischen Halbinsel. Gleichzeitig beginnt in China der Gewürzhandel mit Südostasien.

Zweiter Abschnitt

In Indien breitet sich im 1. Jahrtausend v. Chr. der Gebrauch von Gewürzen und deren Anbau aus. Bevorzugt sind der Lange Pfeffer, der Schwarze Pfeffer, Zimt, Kardamom und die Ingwergewürze wie Gelbwurz. Auch Gewürzmischungen wie Curry gibt es schon. Von Indien kommen diese Gewürze nach Assyrien, Babylon und zu den Anrainerstaaten des östlichen Mittelmeeres.

Dritter Abschnitt

Nach dem Eroberungszug Alexander des Großen gelangen die tropischen Gewürze allmählich ins westliche Mittelmeergebiet. Griechen und vor allem Römer kennen einen übertriebenen Luxus im Gebrauch von Gewürzen.

Vierter Abschnitt

Die Araber kontrollieren nach ihren großen Eroberungszügen und dem Untergang des römischen Reiches (Eroberung von Alexandria 641) den Gewürzhandel nach Europa (Mohammed war Gewürzhändler!). Durch die kriegerischen Auseinandersetzungen dieser Zeit geht indessen der Handel zwischen dem Osten und Europa stark zurück.

Fünfter Abschnitt

Die Kreuzzüge öffnen langsam das Tor nach Osten. Der Gewürzhandel vom Orient nach Europa geht hauptsächlich in die Hände der Seestädte Genua und Venedig über. Unsicherheit der Verkehrswege und überzogene Forderungen für Abgaben beim Zwischenhandel veranlassen die Portugiesen und später die Spanier dazu, nach Auswegen zu suchen, um die Mittelmeerschleuse zu umgehen und eigene Handelsrouten zu den Gewürzländern aufzubauen.

Sechster Abschnitt

Kolumbus entdeckt 1492 Amerika, die Portugiesen landen unter Vasco da Gama 1498 erstmalig in Indien. Der Weg zu der Zimtinsel Ceylon und den Gewürzinseln, den Molukken, ist frei. Die Portugiesen übernehmen das Gewürzmonopol für Europa und lösen die italienischen Seestädte und auch die oberdeutschen Städte wie Augsburg, Ulm und Nürnberg ab. Der Handel zwischen Lissabon und dem übrigen Europa geht auf die Niederländer über. Das Zeitalter der Entdeckungen im 15. und 16. Jahrhundert erweitert nicht nur das Weltbild der Europäer, sondern bringt auch bisher unbekannte Gewürze wie Vanille, Cayennepfeffer und Piment aus der Neuen Welt auf den Markt.

Siebter Abschnitt

Der Handel mit den klassischen Gewürzen aus dem Fernen Osten – Zimt, Pfeffer, Nelken und Muskat – erscheint den Völkern Europas so wichtig, daß es zu kriegerischen Auseinandersetzungen kommt. Die Niederländer nehmen den Portugiesen bis Mitte des 17. Jahrhunderts den allergrößten Teil ihrer Besitzungen in Ceylon und indonesien ab. Die ersten großen Kolonialgesellschaften werden gegründet: 1600 die Britische Ostindien-Kompanie in London und zwei Jahre später die Niederländische Ostindien-Kompanie in Amsterdam. Es sind kapitalistische Privatgesellschaften, die aber hoheitliche Funktionen in den von ihnen kontrollierten Gebieten ausüben. Sie bereiten die spätere Übernahme von Indien und Indonesien als britische und niederländische Kolonien vor. Durch brutalste Unterdrückung und Ausbeutung der Eingeborenen häufen sich in England und Holland ungeheuere Reichtümer an. Es ist das goldene Zeitalter der Niederländer.

Achter Abschnitt

Ende des 18. Jahrhunderts ändern sich die Lebensgewohnheiten in Europa. Andere Produkte aus den inzwischen eroberten europäischen Kolonien werden wichtiger und somit gewinnbringender gehandelt. Tee aus China, Kakao aus Zentralamerika, der Karibik und Brasilien, Kaffee von den Antillen und Südamerika kommen in Mode. Der Gewürzverbrauch geht zurück. Den Franzosen gelingt es, durch kühne Unternehmungen in den Besitz von Muskat- und Gewürznelkenpflanzen zu kommen. Neue Anbaugebiete werden erschlossen. Die beiden großen britischen und niederländischen Kolonialgesellschaften werden zahlungsunfähig. Die jeweiligen Regierungen übernehmen sie mit allen Aktiva und Passiva. Das Handelsgut Gewürz verliert an Bedeutung. 1795 gelingt es den US-Amerikanern endgültig, das schon durchlöcherte Gewürzmonopol der Niederländer und Briten, besonders für den Pfeffer, zu brechen.

Neunter Abschnitt

Im 19. Jahrhundert und noch mehr zu Beginn des 20. Jahrhunderts wächst die Erdbevölkerung besonders in Europa und Nordamerika stärker als in früheren Zeiten. Dadurch steigt auch die Nachfrage für alle pflanzlichen Produkte aus den Tropen. Die Anbaugebiete werden auf allen Kontinenten ausgeweitet. Bekannt sind die Erschließung immer neuer Ländereien für den Kaffee in São Paulo und Paraná, die Ausweitung der kleinbäuerlichen Kakaopflanzungen in Westafrika sowie die Anlage von Teepflanzungen auf Ceylon und Java. Auch der Gewürzanbau ist gefordert.

Neue Gebiete auf Madagaskar, in Westafrika, in Papua-Neuguinea und besonders in Brasilien werden erschlossen. Gleichzeitig beginnt mit verstärkter Nutzung der vorhandenen Pflanzungen bei vielen verantwortlichen Regierungen und Gesellschaften ein Umdenken. Man kommt zu der Einsicht, daß eine ungehemmte Ausbeutung der Anpflanzungen, besonders bei den Genußmitteln und Gewürzen, nicht mehr vertretbar ist. In vielen tropischen Ländern und Kolonien werden nun Institute gegründet, die sich ausschließlich mit der wissenschaftlichen Erforschung der tropischen Kulturpflanzen befassen. Dabei stehen natürlich die Arbeiten für die wirtschaftlich bedeutendsten Pflanzen wie Kaffee, Tee, Kakao, Zuckerrohr, Ölpalmen, Kautschuk und Baumwolle im Vordergrund. Die Gewürze sind nicht mehr so wichtig, werden aber doch berücksichtigt. Die bisher nur von einzelnen Personen gewonnenen Erkenntnisse über Botanik und Vorkommen werden auf Bodenkunde und Anbauverfahren erweitert. Parallel dazu organisiert sich der Handel zunächst in den Importländern und stellt besondere Qualitätsmerkmale für die Erzeugnisse auf. Als Folge davon ziehen die Erzeugerstaaten nach.

Die systematische Forschung wird in unserer Zeit auf das Gebiet der Neuzüchtungen ausgedehnt. Dabei sind Fragen der Resistenz gegen Schädlinge und Krankheiten und deren rechtzeitige Bekämpfung ebenso wichtig wie Probleme der einfacheren Ernte (geringere Wuchshöhe, möglichst gleichmäßiges Reifen, größere Klimatoleranz und ansprechende Form der Früchte). Die Industrie entwickelt Maschinen, die neben der Ernte bei einigen Pflanzen auch die Aufbereitung vereinfachen sollen.

Zehnter Abschnitt

Die Erde ist durchforscht. Ausdehnung und Oberfläche der Kontinente sind bekannt. Es gibt keine Gewürze und auch Genußmittel von größerer wirtschaftlicher Bedeutung mehr zu entdecken oder in die Verbrauchszentren von Europa, Ostasien oder Nordamerika zu übernehmen. Die Entwicklung beschränkt sich ausschließlich auf die Erhöhung der Erntemengen und Vereinfachung des Transports (Container). Es erfolgt kein Fortschritt, sondern ein Umbau in der Vermarktung von Produktion und Handel mit tropischen Genußmitteln und Gewürzen. Diese Herausforderung verändert allerdings den Welthandel mehr als die oft kriegerisch verlaufene Entdeckungsgeschichte. Waren die großen Entdeckungen noch eine Folge des Gewürzverbrauchs und der Konsum von Zucker und Baumwolle der Auslöser der besonders in Nord- und Südamerika praktizierten modernen Sklaverei, so hat nach dem Zweiten Weltkrieg eine ganz andere Entwicklung begonnen.

Das liegt einmal in einer weltweiten Änderung der Verbrauchsgewohnheiten begründet und auch in der politischen Konsequenz des Entstehens freier Staaten aus den früheren Kolonialgebieten.

Eine allgemeine Geschmacksangleichung (Schnellimbißketten) in allen größeren Kulturkreisen vermindert den Anreiz zur Erzeugung von Spitzenprodukten bei Genußmitteln und Gewürzen, die mehr Aufwand erfordern. Die genormte Einheitsmischung ist gefragt.

Zum andern mußten sich die Briten, Niederländer und Franzosen von den im späteren Kolonialzeitalter in ihren Überseebesitzungen gegründeten großen Pflanzengesellschaften trennen. Um den Schaden einer oftmals drohenden Enteignung bei der Entkolonisierung gering zu halten, vernachlässigten sie ihre Investitionen in den alten Pflanzungen, deren Erträge dadurch stark zurückgingen. Sie suchten sich neue Anlagemöglichkeiten und wichen zum Teil in die damals noch bestehenden Kolonien in Afrika aus. Die unabhängigen Staaten waren zunächst im Vorteil, doch kurze Zeit später drängten auch die neuen freien Länder, zu aller Schaden, mit den gleichen Produkten auf den Weltmarkt. Ein harter Konkurrenzkampf entbrannte, denn die Zahl der Verbraucher hatte sich nicht erhöht. Internationale Rohstoffabkommen, die Produktionsmengen und Preise sichern sollen, helfen nur wenig, da der Devisenmangel oft zum Unterbieten festgesetzter Mindestpreise führt. Der Zwang zur Mehrproduktion durch Ausweitung der Anbauflächen ist gegeben. Waldzerstörung und Rückgriffe auf unersetzliche Holz- und Landreserven sind die Folge. Auch in der kostspieligen Forschung können viele Länder nicht mehr mithalten.

Genußmittel

Kaffee

Handel

Kaffee ist eine unentbehrliche Notwendigkeit geworden. Seit Beginn unseres Jahrhunderts ist sein Verbrauch ständig gestiegen, wobei jedoch die beiden Weltkriege und die Wirtschaftskrise um 1930 markante Einschnitte in der Wachstumskurve hinterlassen haben.
Der Kaffee nimmt wertmäßig nach dem Erdöl die 2. Stelle im Welthandel ein. Das ist im Vergleich mit anderen für die Ernährung wichtigen Agrarprodukten erstaunlich, zeigt aber die überragende Bedeutung dieses geschätzten Genußmittels.
Der starken Zunahme des Kaffeekonsums, auch durch Öffnen neuer Verbrauchermärkte (z. B. Japan), entspricht sowohl eine Ausweitung der Anbauflächen in den „klassischen" Kaffeeländern, als auch die Erschließung neuer Gebiete für Pflanzungen in Ländern, die bisher keinen oder nur einen völlig unbedeutenden Kaffeeanbau kannten (wie z. B. Papua-Neuguinea). Andere Länder haben ihren alten Stand in bezug auf Menge und Qualität wieder erreicht. Neue Länder wie Burundi und Ruanda, die noch vor einigen Jahren Kaffee nur in geringer Menge anpflanzten, haben jetzt einen festen Platz unter den Anbauländern. Schließlich gab und gibt es zeitlich begrenzte größere Rückschläge durch kriegerische Ereignisse (wie z. B. Angola).
Die Kaffee-Welternte ist natürlich wie bei jedem Agrarprodukt stark von äußeren Faktoren abhängig. Dabei spielen die Krankheiten der Kaffeebäume, die früher die Anpflanzungen ganzer Länder (Sri Lanka, Indonesien) vernichtet haben, keine so große Rolle mehr wie einst. Es sind jetzt mehr durch Witterung verursachte Katastrophen wie Fröste an den Anbaugrenzen und die neuerdings in vielen Ländern auftretenden Dürren, die die Ernten maßgeblich beeinflussen.
Eine Übersicht der Kaffee-Ernten der letzten Jahre zeigt die folgende Tabelle. Das Kaffeejahr wird dabei von Oktober bis September gerechnet. Abweichungen zu anderen Statistiken können sich ergeben, wenn nach Kalenderjahren gezählt wird.
Neben Rekordernten, wie über 100 Millionen Sack (6,2 Mio. Tonnen) im Kaffeejahr 1987/88 gibt es Katastrophenjahre wie 1986/87, in denen durch Dürreschäden die Welternte etwa 20 Prozent geringer ausfiel. Um die durch solche Vorkommnisse bedingten Preis- und Produktionsschwankungen einigermaßen auszugleichen, schlossen die 50 wichtigsten Erzeuger- und 24 Verbraucherländer schon 1963 ein Abkommen, das den Weltmarkt für Kaffee stabilisieren sollte. Zuständig für das Einhalten des Abkommens ist die *International Coffee Organization* (ICO) in London. Übersteigt die Ernte die für jedes Land festgelegten Exportquoten, dann können die Mitgliedsländer des ICO ihre Überschüsse auf dem freien Markt verkaufen. Die Quoten änderten sich allerdings immer wieder oder wurden für manche Jahre gänzlich ausgesetzt.
Das Gesamtkaffeeangebot wird gewöhnlich in vier Gruppen unterteilt. Die ersten drei bestehen aus Arabica-Kaffees in der ersten Gruppe,

Kaffee-Ernten der Kontinente und einzelner Länder (in 1000 Sack zu je 60 kg)

Land	1986/87	1987/88	1988/89*
Zentralamerika	17478	17222	17417
Costa Rica	2566	2450	2700
El Salvador	2275	2541	2100
Guatemala	2843	3020	2800
Honduras	1535	1493	1690
Mexiko	5297	4717	5100
Andere	2962	3001	3027
Südamerika	29999	55446	42547
Brasilien	13900	38000	25000
Ekuador	2268	1660	1700
Kolumbien	11000	13000	12700
Peru	1200	1020	1300
Venezuela	1169	1300	1350
Andere	462	166	497
Afrika	19967	19582	20420
Äthiopien	2700	3400	3000
Elfenbeinküste	4405	3410	4400
Kamerun	2191	1313	1500
Kenia	1822	2088	1830
Madagaskar	1100	1125	1100
Uganda	2700	2600	3000
Andere	5049	5646	5590
Asien und Ozeanien	11720	11086	12921
Indien	3200	2000	3500
Indonesien	5900	5965	6000
Philippinen	1125	1125	1150
Andere	1045	1996	2271
Welt gesamt	79164	103336	93305

*Schätzung

Quelle: Kaffee-Digest 1, Deutscher Kaffee-Verband, 3. Aufl., Hamburg 1989.

Aufschlüsselung der Netto-Rohkaffee-Einfuhren in die Bundesrepublik Deutschland				
Land	Menge in Sack à 60 kg		Anteil in %	
	1988	1987	1988	1987
Kolumbien	2 606 412	3 477 736	31,76	42,84
Brasilien	1 145 702	694 742	13,96	8,56
El Salvador	722 886	453 868	8,81	5,59
Kenia	353 573	462 233	4,31	5,69
Papua-Neuguinea	325 739	408 959	3,97	5,04
Costa Rica	293 192	227468	3,57	2,80
Äthiopien	291 399	303 241	3,55	3,74
Guatemala	277 604	217 352	3,38	2,68
Ruanda	267 525	307 023	3,26	3,78
Tansania	266 624	287409	3,25	3,54
Indonesien	258 458	205 492	3,15	2,53
Kamerun	204 613	129 348	2,49	1,59
Burundi	201 736	177 033	2,46	2,18
Nicaragua	178 988	106 112	2,18	1,31
Uganda	108 108	67 237	1,32	0,83
Mexiko	93 093	81 550	1,14	1,00
Zaire	77 307	99 707	0,94	1,23
Honduras	75 501	42 142	0,92	0,52
Elfenbeinküste	68 837	57401	0,84	0,71
Indien	53 694	51 908	0,65	0,64
alle übrigen Länder	335 660	259 140	4,09	3,20
	8 206 651	8 117 101	100,00	100,00

Quelle: Deutscher Kaffee-Verband, Hamburg, Jahresbericht 1988.

die nach dem Hauptlieferanten Kolumbien als Colombian Milds bekannt sind; sie kommen mit Kaffee gleicher Qualität auch noch aus Ostafrika (Kenia und Tansania). Die zweite Gruppe umfaßt die Other Milds (Zentralamerika, Indien, Papua-Neuguinea). Dann folgen in der dritten Gruppe die nicht gewaschenen anderen Arabica-Kaffees, die hauptsächlich aus Brasilien, aber auch aus Äthiopien stammen. Die vierte und letzte Gruppe besteht aus den Robusta-Kaffees (Westafrika, Indonesien, Uganda). Die ersten beiden Gruppen werden höher bewertet, weil sie nach der gewaschenen Aufbereitung gewonnen werden. Leider ist das Angebot an diesen Kaffees nicht unbegrenzt.

Die Arabica-Kaffees werden hauptsächlich in die USA und die Bundesrepublik Deutschland eingeführt, während Frankreich, Großbritannien, Italien und Spanien gern die nicht gewaschenen und auch billigeren Robusta-Kaffees kaufen.

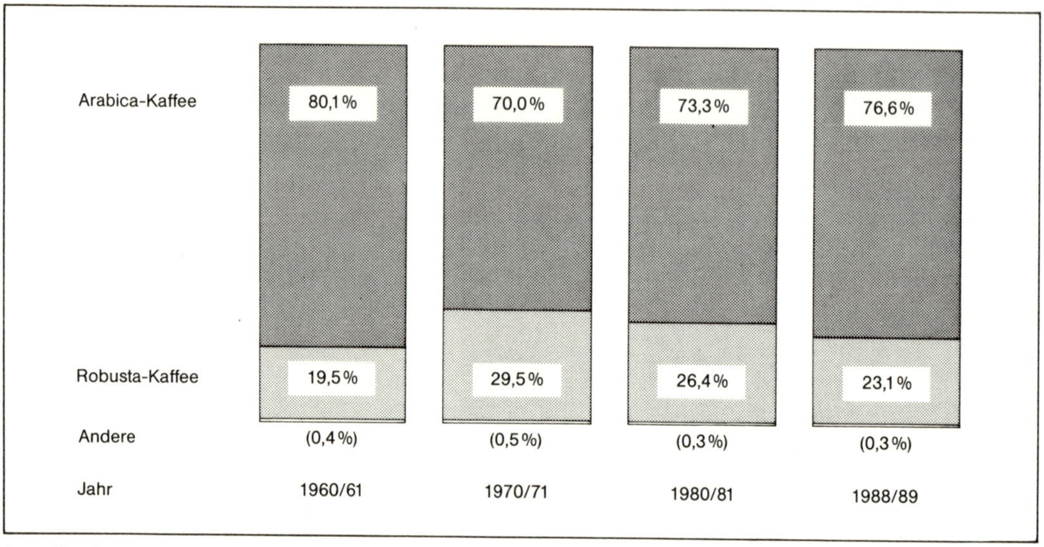

Anteile der verschiedenen Kaffee-Sorten an der Kaffee-Erzeugung.
Quelle: Kaffee-Digest 1, Deutscher Kaffee-Verband, 3. Aufl., Hamburg 1989.

Rohkaffee-Einfuhr insgesamt und pro Kopf in der Bundesrepublik Deutschland

Jahr	Rohkaffee-Einfuhr (in t)	Rohkaffee pro Kopf (in g)
1953	75 417,4 t	1 473 g
1955	116 431,7 t	2 241 g
1960	191 004,9 t	3 437 g
1965	271 100,4 t	4 592 g
1970	295 789,0 t	4 868 g
1975	344 999,1 t	5 580 g
1980	410 747,5 t	6 672 g
1981	440 108,3 t	7 137 g
1982	435 121,6 t	7 059 g
1983	437 233,0 t	7 119 g
1984	421 872,4 t	6 895 g
1985	419 305,7 t	6 872 g
1986	448 698,7 t	7 350 g
1987	484 429,1 t	7 930 g
1988	485 744,3 t	7 919 g

Quelle: Deutscher Kaffee-Verband, Hamburg, Jahresbericht 1988.

Rund 20 % der Kaffee-Ernten werden in die USA ausgeführt, während die Bundesrepublik Deutschland mit etwa 10 % an zweiter Stelle folgt.

Der Deutsche Kaffee-Verband e.V. Hamburg gibt in seinen jeweiligen Jahresberichten einen Überblick über die Rohkaffee-Einfuhren in die Bundesrepublik. Die jeweils letzten zwei Jahre sind nach Menge und prozentualem Anteil aufgeführt. Die Zahlen zeigen in der Reihenfolge nach Menge und Anteil eine deutliche Verschiebung der einzelnen Länder.

Kaffee als Genußmittel erfreute sich in Deutschland seit jeher einer besonderen Wertschätzung. Nachdem während und nach dem Krieg der Kaffeekonsum auf Null zurückgegangen war, ist es nicht verwunderlich, wenn der Pro-Kopf-Verbrauch bis 1981 kontinuierlich angestiegen ist und jetzt bei etwa 8 Kilo im Jahr liegt, wie die folgende Tabelle 3 zeigt.

Geschichte der Verbreitung

Der Kaffee als wichtigste Wirtschaftspflanze ist erst ziemlich spät in den abendländischen Kulturkreis getreten. Doch gerade deshalb lohnt sich eine Beschäftigung mit der Geschichte seiner Herkunft und Verbreitung über alle Tropenländer gleichsam als Lehrstück für den Gang der Entwicklung beim Verbringen von Nutzpflanzen in andere Kontinente.

Um die Wende des 14. zum 15. Jahrhundert taucht in Südarabien der Aufguß von kleinen Früchten eines Baumes des afrikanischen Gegengestades auf. Dieses Getränk zeigt eine belebende Wirkung bei Abspannung und Müdigkeit. Bald ist es in den Ländern der Anhänger des Propheten Mohammed sehr beliebt: der Kaffee.

Mit dem Beginn der Hochrenaissance, dem Zeitalter der Reformation, das gleichzeitig die großen geographischen Entdeckungen einläutet, beginnt der Kaffeegenuß von Arabien aus seinen Marsch nach Europa und dem Westen. Die Türken übernehmen den Kaffee als Getränk. Von Ägypten (Alexandrien) und den türkischen Mittelmeerhäfen (besonders Istanbul) aus verbreitete sich das Kaffeetrinken dann in Europa noch vor der großen Türkenschlacht bei Wien über Venedig und Marseille im Süden über Rotterdam, London und Hamburg im Norden.

Natürlich gab es auf diesem Weg oft heftigen Widerstand. Das Kaffeetrinken wurde nicht nur von vielen Ärzten und Heilkundigen der damaligen Zeit als sehr gefährlich verurteilt, auch seitens der Regierungen und Steuerbehörden war man aus oft unterschiedlichen Gründen nicht mit der neuen Sitte einverstanden.

Der Kaffee von der Art (Spezies) Arabica *(Coffea arabica)*, die heute zu etwa 75 % den Welthandel bestreitet, stammt als Unterholzpflanze aus den wechselfeuchten Bergwäldern Äthiopiens und des angrenzenden Sudan. Händler und auch gegen die Perser eingesetzte Soldaten führten vermutlich dann die Pflanze und den Konsum im südarabischen Jemen ein.

Die damals schon über zweitausendjährige Landwirtschaftskultur im Jemen ermöglichte im regenreicheren Südwesten der arabischen Halbinsel dem Kaffeeanbau eine erste Wirtschaftsblüte. Über die großen Karawanenstraßen wurde der Genuß des neuen Getränks dann im Orient verbreitet.

Das Klima im Jemen ist nicht optimal für den Kaffeeanbau, doch die intensive Hinwendung der Bewohner zum Landbau, verbunden mit einem genialen Bewässerungssystem für die Bergterrassen, brachten den ersten marktfähigen Kaffee hervor. Die Kaffeebäume wurden in Saatbeeten aus dem Samen gezogen und später auf die Terrassen verpflanzt. Der Gedanke, Kaffeeanbau unter Schattenbäumen zu pflegen, um wenigstens einigermaßen den ursprünglichen Bedingungen dieser Unterholzpflanze nahezukommen, stammt ebenfalls von den jemenitischen Bergbauern.

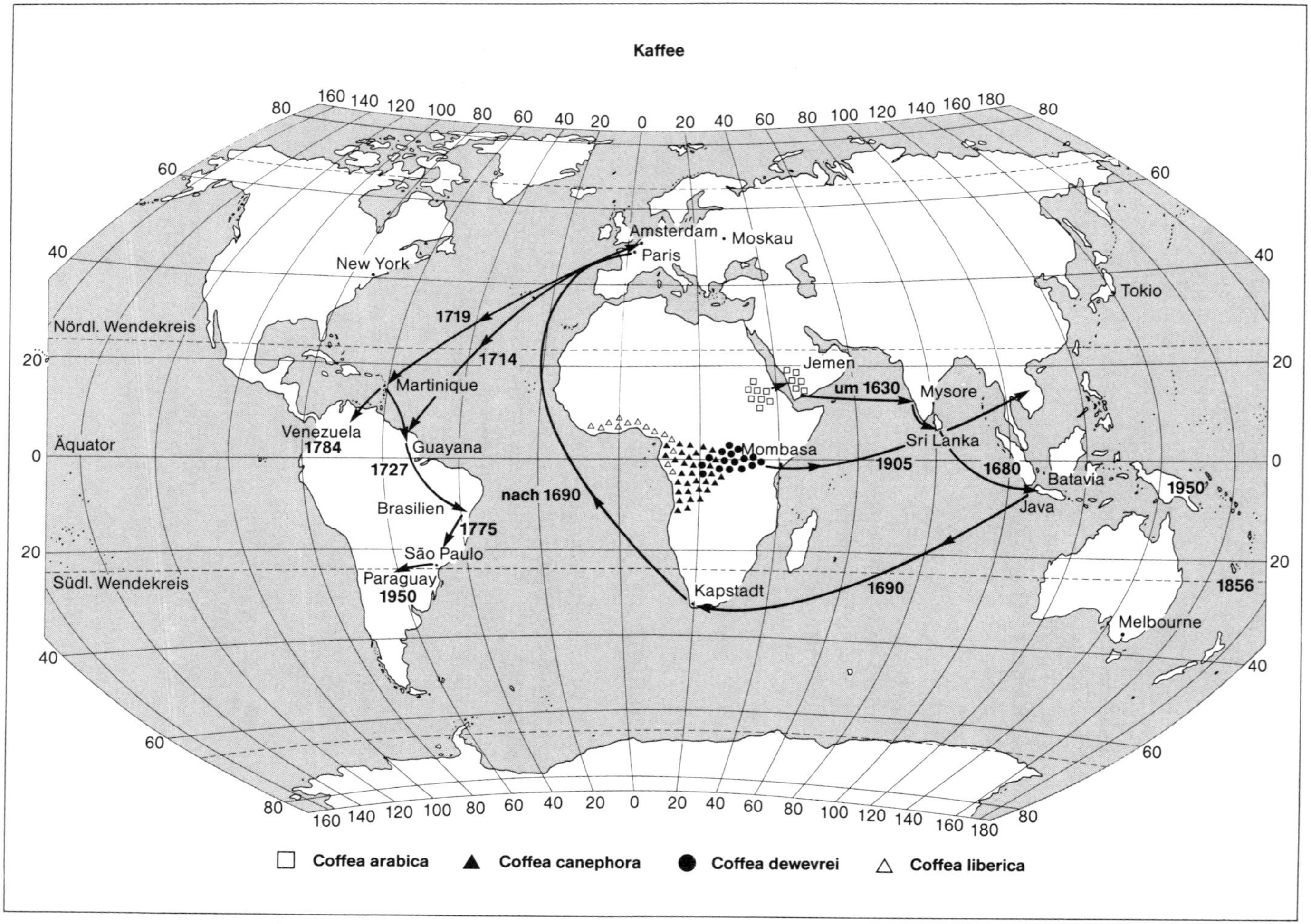

Ursprung des Kaffees in Afrika und seine Verbreitung über die Erde (nach Brücher 1977, geändert).

Neben dem Karawanentransport wurde der Kaffee noch über die Häfen Dschidda und vor allem über Mocha (Mokka) im äußersten Süden der Halbinsel verschifft. Später wurde Kaffee aus Arabien unter der Bezeichnung des Ausfuhrhafens Mocha als „Mokka" zu einem Qualitätsbegriff. Geblieben ist heute nur noch der Name für einen besonders starken Kaffee.

Die Araber waren aber nicht nur Kaffeetrinker, sondern sie erkannten auch bald die wirtschaftliche Bedeutung des neuen Produkts. Durch ihre hochentwickelte Schiffahrt trugen sie weiter zur Verbreitung des Kaffees bei. Dem stärkeren Verbrauch folgend mußte die Anbaufläche im Jemen ausgeweitet werden. Der Kaffeehandel wurde ein sehr lohnendes Geschäft. So lag schon um 1650 der Export über Mocha etwa zwanzigmal höher als die gesamten heutigen Kaffeeausfuhren des Jemen. Dabei verstanden es die Jemeniten, ihr Kaffeewirtschaftsmonopol längere Zeit zu wahren. Holländische, englische und französische Schiffe ankerten in dieser Zeit und auch später noch neben den arabischen Dhaus vor Mocha, um den steigenden Kaffeebedarf in Europa zu befriedigen. Es gab also durchaus größere Anreize, das Monopol zu umgehen.

Von einer Pilgerfahrt nach Mekka nahm ein in Indien lebender Mohammedaner, verborgen in den Falten seiner Kleidung, ganze sieben noch keimfähige Kaffeebohnen mit in seine Heimat. Hier, im regenreichen Gebiet der West Ghats im Bergland von Mysore, fand der Kaffee, anders als im Jemen, sofort ihm zusagende Klima- und Bodenverhältnisse.

Die wirtschaftlich denkenden Holländer haben in Erkenntnis des für den Kaffee günstigen Klimas Samen und Pflanzen von der Malabarküste regelrecht gestohlen und sie in ihre seit 1656 von den Portugiesen übernommene Kolonie Ceylon gebracht. Von dort wurde der Kaffee um 1680 in Java eingeführt.

Die bedeutendste Handelsgesellschaft der damaligen Zeit, die Niederländische Ostindien-Kompanie, war ein nach ausschließlich wirtschaftlichen, ausbeuterischen Gesichtspunkten orientiertes Unternehmen. Sie setzte den Kaffeeanbau im Laufe der Jahre mit zum Teil sehr verwerflichen Methoden auf Java und einigen anderen Sundainseln durch. Natürlich war das, wie immer in solchen Fällen, nur durch die Unterstützung einheimischer, von ihnen ausgehaltener korrupter Herrscher möglich. Dies änderte sich auch später nach dem Übergang der Regierungsgewalt auf die Niederländische Regierung nicht. Gegen Ende des 19. Jahrhunderts milderte sich das System, doch die Zwangsanbaubestimmungen für Kaffee wurden erst 1918 gelockert.

Das 17. Jahrhundert zeichnete sich aber neben der von Europa ausgehenden rücksichtslosen Erschließung und Eroberung der südostasiatischen Inseln und Südamerikas gleichzeitig in der Alten Welt durch ein Interesse an den Tropen, ihren Völkern, Pflanzen und Tieren aus. Seeleute und Reisende schilderten in bunten, meist phantasievoll gestalteten Berichten das Leben in den exotischen Ländern. Es war dies die Zeit der Entstehung der ersten völkerkundlichen Sammlungen und Orangerien, wie man Treibhäuser für botanische Seltenheiten aus den Tropengebieten damals nannte. Dazu gehörte auch der Kaffee. Um 1690 war es gelungen, einige Kaffeepflanzen aus Java nach Amsterdam zu bringen. Die Pflänzchen überstanden nicht nur den langen Seeweg um Afrika, sie gediehen sogar recht gut, blühten und setzten Früchte an. Aus diesen konnten nun weitere Kaffeebäumchen gezogen werden. 1714 wurde dem französischen König eine dieser Pflanzen geschenkt. Damit beginnt die eigentliche Ausbreitung des Kaffeeanbaus auf der Erde.

Schon vor der Wende vom 17. zum 18. Jahrhundert hatte sich das Kaffeetrinken bei weiten Teilen der wohlhabenden städtischen Bevölkerung Europas zu einem Bedürfnis entwickelt. Das jemenitisch-arabische Monopol der Kaffee-

lieferungen wurde somit durch die Holländer aufgehoben. Sie konnten sogar schon den größten Teil des Bedarfs aus ihren ostindischen Besitzungen decken.
Nachdem sich Holland in der Karibik und an der Ostküste Südamerikas ebenfalls koloniale Stützpunkte erkämpft hatte, trachteten die Amsterdamer Handelsherren den lohnenden Kaffeeanbau auch in Amerika einzuführen. Der Transport von dort in die Niederlande war kürzer und sicherer als der lange und gefährliche Weg um Afrika. Was lag also näher, als auch in Amerika, unter den gleichen Klimabedingungen, das Anpflanzen von Kaffee zu wagen. Von den nach vielen Kämpfen und Auseinandersetzungen mit Spaniern, Portugiesen, Engländern und Franzosen verbliebenen Inseln und festländischen Gebieten war das Klima auf den holländisch besetzten Kleinen Antillen für Kaffee nicht überall geeignet. Um 1714 nach Surinam verbracht, ergaben sich für die damals nur bekannte Kaffeespezies Arabica wegen des heißen Klimas zunächst keine guten Anbaumöglichkeiten. Von hier aus haben sich jedoch später die Pflanzungen in Cayenne und ab 1727 in Brasilien ausgebreitet.
Der noch dem „Sonnenkönig" Ludwig XIV. geschenkte Kaffeebaum hatte sich in Paris, wohl gehütet und gepflegt, gut entwickelt. Aus den Samen waren sogar schon neue Pflänzchen herangewachsen. Zunächst waren allerdings alle Versuche fehlgeschlagen, Kaffee auf dem damals französischen Haiti zu kultivieren. Um so mehr zählt das Verbringen eines Kaffeebäumchens von Frankreich nach Martinique als kulturelle Großtat. Windstille verlängerte die Schiffsreise zusätzlich. Das Wasser auf dem Segler wurde immer knapper. Nur unter persönlichen Opfern gelang es dem Hauptmann Gabriel Mathieu de Clieu, seine Pflanzen ohne Schaden nach Martinique zu bringen. Dort fand der Kaffee günstige Klima- und Bodenverhältnisse vor.
Erst in unserer Zeit kommt die Expansion des Kaffeeanbaus auf der Erde zum Stillstand. Der Kaffee wird heute überall in den Gebieten zwischen den Wendekreisen angepflanzt, sofern Klima und Boden dies erlauben. In Südamerika ließ die Aussicht auf große spekulative Gewinne die Anbauzone in Brasilien (Paraná) und in Paraguay sogar über den Wendekreis vordringen. In Afrika wird Kaffee von Senegal an der Westküste bis Madagaskar im Osten angepflanzt. Sogar an der regenreichen Küste von Queensland im Norden Australiens gibt es bescheidene Pflanzungen. Auf vielen Inseln des Pazifik ist der Kaffee heimisch geworden. Besonders die Pflanzungen im östlichen Teil von Neuguinea (Papua-Neuginea) liefern beachtliche Mengen hochwertiger gewaschener Arabica-Kaffees.
Nur das Klima setzt dem Kaffeeanbau eine natürliche Grenze. Der Verbrauch dagegen hat sich über die gesamte Erde verbreitet. Forscher in der Antarktis trinken ihn ebenso wie Ölsucher in der Wüste und Seeleute im Nördlichen Eismeer.
Ob das Kaffeetrinken den Alkoholverbrauch, besonders in der Form von Bier und Wein, eingeschränkt hat, wird sich schwer nachweisen lassen. Als Anregungsmittel, wenn nicht im Übermaß genossen, ist er kaum schädlich. Er trägt in unserem hektischen Zeitalter wesentlich zur Steigerung der menschlichen Arbeitsleistung bei.

Botanik

Der Kaffee gehört zur großen Pflanzenfamilie der Rubiaceae (Rötegewächse). Als Pflanze der Tropen kann er ohne Einschränkung nur dort gedeihen, wo die niedrigste Temperatur zu keiner Tages- oder Jahreszeit unter den Gefrierpunkt sinkt. In der Familie der Rubiaceae ist es die Gattung (Genus) *Coffea*, von der aller Kaffee stammt. Drei Sektionen der Gattung, nämlich

Eucoffea, *Argocoffea* und *Mascarocoffea*, sind in ihrem ursprünglichen Vorkommen auf Afrika beschränkt. Eine weitere Klasse, *Paracoffea*, stammt dagegen aus Asien (Indien, Sri Lanka und dem Malaiischen Archipel).

Von der für die Wirtschaft allein wichtigen Klasse, der ausschließlich in Afrika heimischen *Eucoffea*, stammen alle vier wirtschaftlich bedeutenden Arten (Spezies) ab. Es sind dies:

1. *Coffea arabica* L. (Arabica-Kaffee)
2. *Coffea canephora* Pierre (Robusta-Kaffee)
3. *Coffea liberica* Bull ex Hiern (Liberica-Kaffee)
4. *Coffea dewevrei* De Wild. et Dur. (auch als Schari-Kaffee bekannt).

Es sei hier erwähnt, daß einige Forscher noch mehr Arten bestimmt haben. Für den Weltmarkt sind bisher nur die angeführten ersten drei maßgebend. Als Reserve für die genetische Forschung gelten außerdem noch einige *Coffea*-Arten aus Madagaskar, den Komoren und Mauritius, die alle einen niedrigen bis gar keinen Koffeingehalt haben. Ein extrem bitterer Geschmack macht sie aber ungenießbar.
Von den marktfähigen Kaffee-Arten, also *Coffea arabica, Coffea liberica, Coffea canephora* entfallen etwa 75 % auf *Coffea arabica*, rund 25 % auf *C. canephora*. Ein kleiner Rest ist dann meist *Coffea liberica*. Als Unterarten (Varietäten) sind beim *Coffea arabica* unter vielen anderen die Varietäten Maragogype, Caturra, National und Bourbon zu nennen. Beim *Coffea canephora* ist es die Varietät Robusta.
Es konnte nicht ausbleiben, daß sich in den langen Jahren der Pflege bei einer so anspruchsvollen Kulturpflanze wie dem Kaffee aus den einzelnen Varietäten in Afrika, Asien und besonders Lateinamerika noch lokale Kultivare herausgebildet haben. Dieses kann sowohl durch Mutation (Maragogype), durch Züchtung (Caturra) als auch durch Anpassung an Klima und Boden bedingt sein. Von der wirtschaftlich wichtigsten Spezies Arabica sind 50 bis 60 Kulturarten neben vielen Züchtungen bekannt.
Arabica-Kaffee kann bei freiem Wachstum eine Höhe von 6 bis 8 m erreichen, *Coffea liberica* zwischen 10 und 15 m, und Varietäten von *C. dewevrei* werden sogar noch höher. *C. canephora* ist dagegen niedriger. Das Wurzelsystem verzweigt sich oberflächlich, bei einer Pfahlwurzel bis maximal 5 m Tiefe. Zur Erleichterung der Ernte kürzt man indessen in vielen innertropischen Anbauländern, wo Kaffee meist unter Schattenbäumen angepflanzt wird, den Hauptstamm in Reichhöhe, das heißt etwas über 2 m. An der Anbaugrenze der äußeren Tropen, besonders in São Paulo, Paraná und Paraguay, erreicht der Kaffee bei freiem Wachstum kaum mehr als 4 m. Vielfach wird auch durch Züchtung versucht, kurzwüchsige Bäume zu erhalten. Die Kaffeepflanze bekommt daher ein buschiges Aussehen, obwohl es ein Baum und kein Strauch ist. Die Verzweigung setzt schon sehr tief am Stamm ein. Die Zweige sind sehr elastisch, eine Eigenschaft, die zur Vermehrung (Propagation) genutzt wird. Man biegt sie zur Erde, häufelt etwas an und befestigt sie dort mit einer kleinen Astgabel. Dann wartet man das Ausschlagen von Wurzeln ab. Die lederartigen, länglicheiförmigen, kurzstieligen, oben dunkelgrünen und auf der Unterseite matten, ganzrandigen Blätter sind gegenständig angeordnet. Sie sind bei den einzelnen Arten aber von unterschiedlicher Größe, Farbe und Festigkeit. Die weißen, fünf- bis achtgliedrigen Blüten sitzen in größeren, gedrängten Büscheln in den Blattachseln der Seitenzweige. Charakteristisch ist der jasminartige Duft der weißen Blüten, der besonders am frühen Morgen nach dem Öffnen der Blüten über der Pflanzung schwebt.
Kurz nach Ende der Regenzeit setzt bei *Coffea arabica* und den anderen Arten die Blüte ein. Die Blüten öffnen sich nur ganz kurz. Innerhalb von 2 bis 3 Stunden muß die Bestäubung er-

folgen. An diesem Vorgang sind sowohl Wind als auch Insekten beteiligt. Besonders in den Anpflanzungen unter Schattenbäumen, wo es in den frühen Morgenstunden absolut windstill sein kann, ist die Befruchtung zum Teil durch den herabfallenden Pollen von den oberen Blüten gesichert. Diese Art der Befruchtung durch die Schwerkraft ist nicht zu unterschätzen. In den riesigen, zusammenhängenden offenen Pflanzungen von São Paulo und Paraná, die öfters Größen von der Chiemseefläche erreichen und nur inselartig von Arbeiterhäusern, Trockenplätzen, Maschinen- und Eisenbahnstationen unterbrochen werden, fällt wohl dem Wind der Hauptanteil an der Bestäubung zu.

Am oberen Rand der trichterförmigen Blütenkrone stehen fünf Staubgefäße. Darunter sitzt der Fruchtknoten, woraus sich die meist zweisamige runde Steinfrucht, die Kaffeekirsche entwickelt. Der Ausdruck Steinfrucht ist nicht ganz treffend, da die Samen nicht wie bei Kirsche, Pflaumen, Mandeln und anderen Obstarten von einem Stein, sondern nur von einer leicht zerbrechlichen Hornschale, ähnlich dem Apfelkern, umhüllt sind. Die Kaffeekirsche ist zunächst grün und bekommt über einen leichten Gelbton, mit zunehmender Reife, eine rote bis dunkelrote Farbe. Die Samen dieser Kaffeekirsche sind in ihrer Hornschale noch von einer dünnen Samenhaut umgeben. Dieses Häutchen, wegen des silbrig glänzenden Aussehens auch Silberhäutchen genannt, ist manchmal bei rohem, schlecht poliertem und auch noch bei ungemahlenem geröstetem Kaffee in Resten zu erkennen. Die Innenseite der beiden in der Kirsche mit der flachen Seite gegenüberliegenden Samen zeigt eine Furche, in die die Hornschale eingezogen ist. Beim sogenannten runden Perlkaffee mit nur einer Bohne pro Kirsche handelt es sich nicht um eine Varietät, sondern eigentlich um einen Wachstumsfehler. Durch Absieben werden diese Bohnen aussortiert und eben als Perlkaffee verkauft. Das Nährgewebe der flachrunden Samen, das feste Endosperm, ist der eigentlich wertvolle Teil des Kaffees. Erfahrene Kaffeepflanzer und Rohkaffee-Fachleute erkennen aus der Farbe, an der Schnittfläche und am Geruch schon viel von seiner Qualität. Die Farbe des von Hornschale und Silberhäutchen befreiten Kaffees spielt, je nach Varietät, Wachstumsgebiet, Lagerdauer und Pflege während und nach der Ernte, von gelblichbraun über gräulichbraun bis zu bläulichgrün.

Alle *C. arabica*-Varietäten sind tetraploid ($2n = 44$), die anderen Spezies dagegen diploid ($2n = 22$). Einfache Kreuzungen von *Coffea arabica* mit dem gegen viele Krankheiten widerstandsfähigeren *C. canephora*, besonders der Varietät Robusta, sind daher nicht ohne weiteres möglich. *C. arabica* ist außerdem selbstfertil, alle anderen Spezies dagegen sind autosteril, das heißt bei ihnen führt eine blüteneigene Bestäubung zu keiner Befruchtung.

Die Größe der Blätter schwankt in der Länge zwischen 5 und 20 cm und in der Breite zwischen 3 und 6 cm. Liberica-Varietäten haben die größten Blätter. Die Samen der kommerziell genutzten Kaffeearten zeigen ebenfalls Unterschiede in Größe und Gewicht. Liberica hat die größten Bohnen, Robusta die kleinsten.

Unterschiedlich ist auch der Koffeingehalt. Bei Arabica- und Liberica-Kaffee liegt er im Mittel um 1,2 %, während Robusta-Kaffee im allgemeinen einen etwas höheren Anteil um 2 % aufweist. Das von dem deutschen Chemiker Runge 1820 entdeckte Koffein*, das eigentliche Alkaloid des Kaffees, dem er seine anregende und belebende Wirkung verdankt – nicht jedoch seinen Geschmack – findet sich außer in den Bohnen auch in den Zweigen, Blättern und Wurzeln.

* J.W. v. Goethe hatte im Oktober 1819 dem Chemiker Friedlieb Ferdinand Runge in Jena ein Säckchen mit Kaffeebohnen für seine Untersuchungen gegeben. Bald danach gelang Runge der Nachweis des Koffeins.

Kaffee gilt als koffeinreich, wenn der Gehalt mehr als 2 %, und als koffeinarm, wenn er weniger als 0,2 % beträgt. Da der Koffeinanteil aber von der Herkunft, dem Boden und der Düngung abhängt und selbst innerhalb einer Pflanzung erhebliche Schwankungen aufweisen kann, bringt die Züchtung koffeinarmer Sorten wenig Nutzen. Man entzieht den Rohbohnen deshalb mit großem Erfolg das Koffein in gleichbleibender Menge vor dem Mischen und Rösten. Aus einem Kilo Rohbohnen erhält man im Durchschnitt 12 g Koffein.

Ursprung der verschiedenen Kaffeearten

Wir wissen, daß aller angepflanzter Kaffee aus der Sektion der *Eucoffea* von der Gattung *Coffea* abstammt. Seine Heimat ist Afrika; dort ist er auch jetzt noch als Wildpflanze anzutreffen.
Coffea arabica, die bekannteste Kaffee-Art, ist in den Bergwäldern des westlichen Äthiopiens und dem angrenzenden Boma-Plateau in Südsudan beheimatet.
Coffea canephora ist durch seine Varietät Robusta besonders bekannt geworden. Das Verbreitungsgebiet der in den Urwäldern wild vorkommenden *C. canephora*-Varietäten reicht von der Westküste Afrikas (Gabun), hauptsächlich im Einzugsgebiet des Kongo, nach Osten bis zu den großen Seen. Die kräftigen, mittelgroßen, gut tragenden Bäume bringen Früchte mit relativ hohem Koffeingehalt hervor. Robusta-Kaffees haben auf dem Weltmarkt ständig an Bedeutung gewonnen.
Es war fast schicksalhaft für den Kaffeeanbau in Asien, daß die Botaniker gegen Ende des vorigen Jahrhunderts im Kongogebiet *C. canephora* entdeckten, da sich im zweiten Drittel des vorigen Jahrhunderts von Sri Lanka (Ceylon) aus eine Pilzkrankheit, der gefürchtete Kaffeerost, ausbreitete. Die Kaffeepflanzungen dieser Insel und etwas später zum Teil auch in Indien und auf Java wurden innerhalb weniger Jahre praktisch vernichtet. Der Robusta-Kaffee *(Coffea canephora)* war gegen den Erreger des Kaffeerostes, *Hemileia vastatrix*, weitgehend immun. Man konnte dadurch die zerstörten Pflanzungen zumindest auf Java und teilweise auch in Indien wieder neu anlegen. Auf Ceylon ging man nach dieser Katastrophe zum Anbau von Tee über. Diese Insel wurde später eines der führenden Tee-Exportländer.
Robusta-Kaffees werden zwar im Geschmack in vielen Konsumländern nicht so hoch eingeschätzt wie Arabica-Kaffees, doch für Mischungen und zur Herstellung von Pulver- oder Instantkaffee sind sie sehr gesucht. Klimatisch stellt Robusta-Kaffee andere Anforderungen als die Arabica-Varietäten. Er wächst in tieferen, wärmeren Gebieten, wird aber schon bei Temperaturen von 1 bis 2 °C über Null geschädigt. Heute entstammen der größte Teil der Ernte Indonesiens und etwa zwei Drittel der afrikanischen Exporte dieser Varietät.
Coffea liberica, noch eine für den Handel wichtige Kaffeeart, ist in ihrer Wildform an der gesamten Westküste Afrikas zu finden. Das Vorkommen in den feuchtheißen, regenreichen Küstenniederungen reicht von der Republik Liberia im Westen über die Elfenbeinküste dem Golf von Guinea folgend bis zum nördlichen Angola.
Coffea dewevrei, ein *Coffea liberica* ähnlicher Kaffee, der aber im Wuchs noch höher und kräftiger ist, findet sich in seinen Wildformen vom nicht mehr so regennassen Küstenland im südlichen Kamerun, in der Republik Kongo, der Zentralafrikanischen Republik und in Zaire bis an die Grenze Ugandas. Besonders bekannt ist sein Auftreten in den Wäldern der Quellgebiete von Ubangi und Schari, weshalb er auch als Schari-Kaffee bezeichnet wurde. Seine gesamtwirtschaftliche Bedeutung ist geringer als die von Liberica-Kaffee. Die Bohnen aus den verhältnismäßig großen, dickfleischigen, aber festen Kaffeekirschen werden fast nur lokal

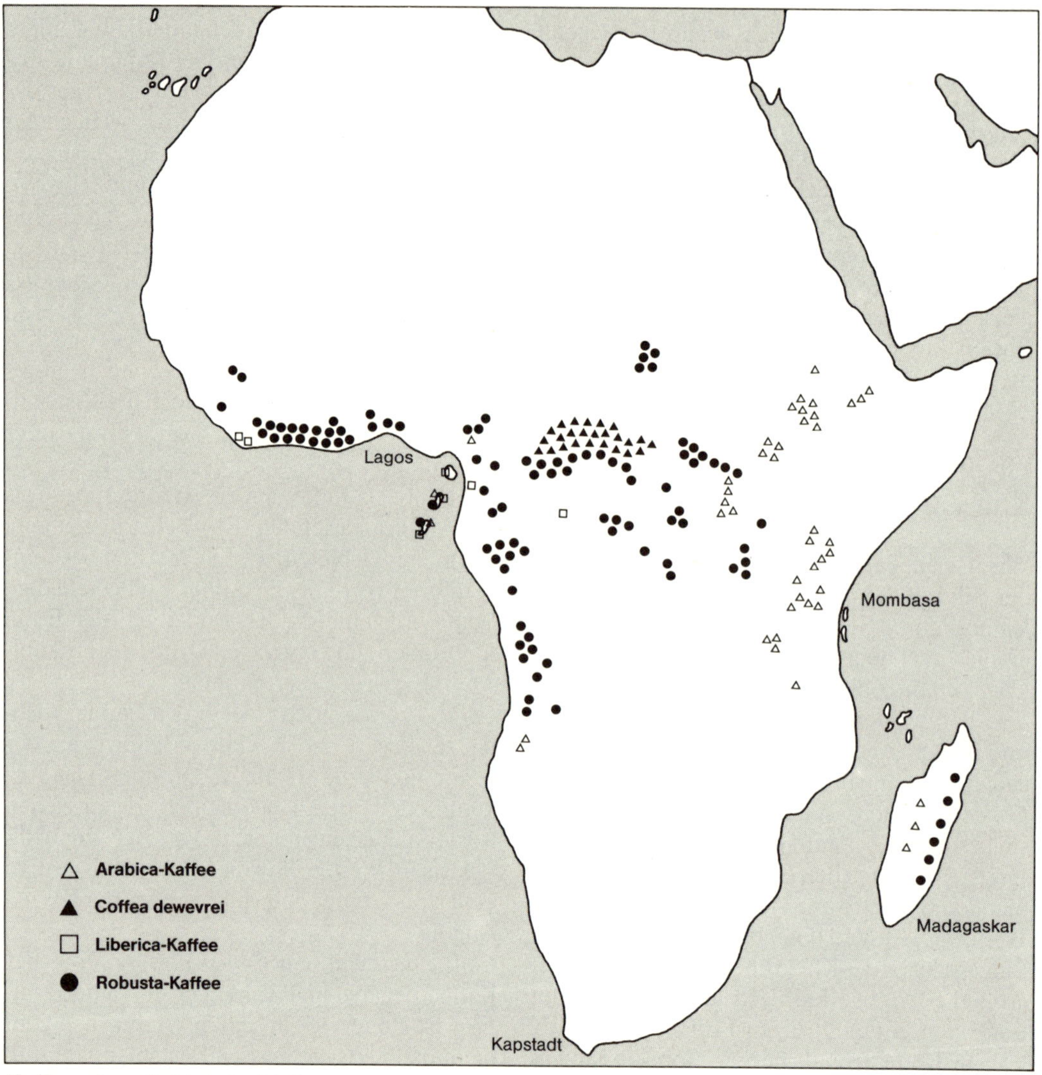

Kaffeeanbau-Gebiete in Afrika.

gehandelt. Die Franzosen haben diese Art später, zu Beginn unseres Jahrhunderts, besonders in ihren Kolonien in Indochina eingeführt. Dort ist daher heute der Anteil der Varietäten von *Coffea dewevrei* – besonders der Varietät Excelsa – an der Gesamtproduktion mit etwa 25 % recht hoch.

Als letzte Art, auch zur Klasse *Eucoffea* gehörend, allerdings von nur begrenztem Handelswert, sei noch eine fünfte aus Ostafrika stammende Art erwähnt. *Coffea eugenioides* S. Moore, eine wenig bekannte Art, wird südlich von Uganda in den Bergwäldern des Nil-Kongorückens, in Ruanda und Burundi sowie im

Westen Tansanias bis Malawi angetroffen. Dieser Kaffee, ein eher niedriger, strauchartiger Baum mit schmalen Blättern und kleinen Früchen, hat allerdings nur eine geringe örtliche Handelsbedeutung.

Klima und Boden

Die wichtigsten Bedingungen für den Kaffeeanbau, die auch seine Verbreitung bestimmen, sind einmal der Boden und dann das Klima, also das für die jeweilige Art günstigste Zusammenwirken von Lufttemperatur, Niederschlag, Sonnenschein und Wind. Dort, wo Boden und Klima für eine optimale Pflanzenentwicklung weitgehend übereinstimmen, sind die besten Möglichkeiten für einen gewinnbringenden Anbau gegeben.

Kaffee, gleich welcher Art, stellt hohe Anforderungen an den Boden als einen der Standortfaktoren. Der Boden soll tiefgründig, porenreich, gut durchlüftet und wasserdurchlässig sein. Gleichzeitig wird aber ein ausreichendes Rückhaltevermögen für die Bodenfeuchte vorausgesetzt. Der Kaffee liebt weder ausgesprochen schwere Ton- noch leichte Sandböden. Er bevorzugt tiefgründige, durchlässige Schwemmlandböden (Alluvialböden), Böden aus zersetztem kristallinem Ausgangsgestein und besonders Böden, die sich aus oft meterdikken Ablagerungen vulkanischer Aschen in der näheren und weiteren Umgebung der großen Vulkane gebildet haben, mit einem hohen Restmineralgehalt, der sie praktisch unerschöpflich fruchtbar hält.

In Afrika, der Heimat des Kaffees, ist die ursprüngliche Verbreitung der verschiedenen kommerziell genutzten Arten nicht nur nach dem Klima, sondern auch nach den Böden zu unterscheiden. Tiefgründige, dunkle, rote bis braune Böden vulkanischen Ursprungs schaffen in Teilen Äthiopiens, Ugandas, Kenias und den gebirgigen Landschaften Tansanias sehr gute Anbaubedingungen, besonders für hochwertigen Arabica-Kaffee.

In Westafrika wechseln Böden altvulkanischen Ursprungs mit neuzeitlichen, in den tiefer gelegenen küstennahen Gebieten gebildeten Schwemmlandböden ab, die sich gut für den Anbau der Art *Coffea liberica* eignen.

Auf den Inseln des Golfs von Guinea, im Bergland von Kamerun und rund um den Kamerunberg bilden fruchtbare vulkanische Aschenböden eine sehr gute Grundlage für jeden Landbau.

Die Böden in den beiden Hauptanbaugebieten für Kaffee in Asien – in Indiens Unionsstaaten Mysore, Kerala und Tamil Nadú (Madras) und auf einigen größeren Inseln Indonesiens – entsprechen den Verhältnissen Afrikas südlich des Kongo. Zersetzungsprodukte aus vulkanischem Urgestein und Schiefer bilden einen sehr fruchtbaren Boden. Nachteilig sind hier die oft sehr starken Monsunregen, die wertvolle Nährstoffe auslaugen können.

Seine überragende weltwirtschaftliche Bedeutung hat der Kaffee aber erst nach seinem Heimischwerden in Mittel- und Südamerika gewonnen. Dies verdankt er neben dem Klima hauptsächlich den geeigneten Böden. Im Staat São Paulo in Brasilien wurde man zuerst auf die bekannte „Terra Roxa" aufmerksam. Die Terra Roxa, das Zersetzungsprodukt riesiger Diabas-Decken aus dem Erdaltertum, ist ein von der Farbe her fast dunkelvioletter, tiefgründiger Boden, der sich steinfrei bis über 20 m Tiefe erstreckt. Diese Terra Roxa reicht von der Stadt São Paulo bis weit über das westliche Paraná nach Paraguay. Der staubfeine Boden ist überall gegenwärtig.

Man folgte bestimmten wildwachsenden Leitpflanzen und dehnte die Kaffeezone immer weiter nach Westen und Süden aus, bis das Klima schließlich Einhalt gebot. Hier ist jetzt das größte zusammenhängende Kaffeeanbaugebiet auf der Erde entstanden. Natürlich ist die

Fruchtbarkeit der Böden São Paulos und Paranás nicht unerschöpflich. Daher versucht man bereits seit Jahrzehnten, die ausgelaugten verkehrsgünstigen, küstennäheren Landgebiete zu reaktivieren.
Die Größe aller Kaffeepflanzungen Brasiliens erreichte in der Zeit des Nachkriegsbooms um 1960 etwa die Fläche Niedersachsens, ist aber seitdem wieder auf etwa 35 000 Quadratkilometer zurückgegangen.
Ein anderes großes Kaffee-Anbaugebiet, wenn auch nicht in diesem Ausmaß, findet sich in den vulkanischen Gebirgsregionen von Südamerika, die sich über Panama bis Mexiko fortsetzen.
Vulkanische Aschen haben auch hier einen für den Kaffee optimalen Boden geschaffen. Meist tiefgründig und von hohem Restmineralgehalt, ist er außerordentlich fruchtbar.
Als reine Tropenpflanze stellt Kaffee jeder Art gewisse Anforderungen an das Klima, die unbedingt erfüllt werden müssen. Kurz andauernde, leichte Nachfröste sind bereits schädlich, längere tödlich. Temperatur und Niederschlag sind für den Kaffee die wichtigsten Klimaelemente. Dem Wind kommt auch eine geringe Bedeutung zu. Die Ansprüche an Temperatur und Regen sind allerdings für die einzelnen Kaffeearten etwas unterschiedlich. Treten aber bei sonst genügenden Regenmengen einmal längere Dürreperioden auf, dann ist der Kaffeeanbau nur mit Hilfe künstlicher Beregnung möglich.
Als günstigste Temperatur gilt für *Coffea arabica* ganz allgemein ein mittlerer Wert zwischen 18 und 25 °C. Das Optimum liegt bei etwa 21 °C. (Zum Vergleich: Das Monatsmittel in Frankfurt/Main beträgt im Juli 19,1 °C und im August 18,2 °C). Die Tagesschwankung kann dabei mit über 20 °C recht groß sein. Dagegen soll der Unterschied zwischen dem kühlsten und wärmsten Monat in der Regel – so auch noch an der Anbaugrenze in Paraná/Paraguay – 7 °C nicht überschreiten.
Coffea canephora und *C. liberica* bevorzugen ganz allgemein höhere Mitteltemperaturen mit geringerer Tages- und fast keiner Jahresschwankung. Tagesunterschiede von 10 bis 15 °C sind für diese Arten recht günstig. Die Spanne zwischen dem wärmsten und kühlsten Monat soll nicht über 3 °C betragen. Gleiches gilt für *Coffea dewevrei*.
In allen Kaffeeanbaugebieten drückt sich diese Temperaturabhängigkeit für die verschiedenen Arten in einer Dreiteilung der Anpflanzungen aus. Die feuchtwarmen Gebiete der Tropen Afrikas und Südamerikas kennen dabei bis etwa 500 m Meereshöhe den *Coffea liberica* als Handelsprodukt. Seine Höhengrenze liegt bei etwa 800 m. *Coffea canephora*, besonders in seiner Varietät Robusta, wächst etwa ab 200 m und erreicht seine Wachstumsgrenze bei 1300 m. Seine besten Qualitäten wachsen zwischen 900 bis 1000 m. Größere Meereshöhen mit geringeren Temperaturen bevorzugt dann der Arabica mit einer Höhengrenze um 1800 m. Die dem *Coffea arabica* am meisten zusagende Meereshöhe liegt bei etwa 1500 m.
Für die amerikanischen Anbaugebiete trifft diese Höhenunterteilung nicht so streng zu, da fast ausschließlich Arabica-Varietäten angepflanzt werden. In den Bergländern werden die Temperaturgrenzen durch Höhenverschiebung der Anbaugürtel ausgeglichen. *Coffea canephora* in der Varietät Robusta wird nur in den Küstentiefländern von Mexiko, Costa Rica und Ekuador in kleineren Mengen angepflanzt. Größere Ernten dieses Kaffees liefern dann erst wieder einige Antillen-Inseln und Trinidad. Der Anbau von Liberica-Kaffee ist auf Teile von Guadeloupe und die feuchtheißen Gebiete der Guayana-Region beschränkt.
In den großen Pflanzungsgebieten der Erde gibt der Kaffee die besten Ernten, wenn die Niederschläge im Durchschnitt zwischen 1300 und 1500 mm betragen. Robusta- und Liberica-Kaffees benötigen höhere Niederschlagsmengen und sind gegen längeres Ausbleiben des Regens

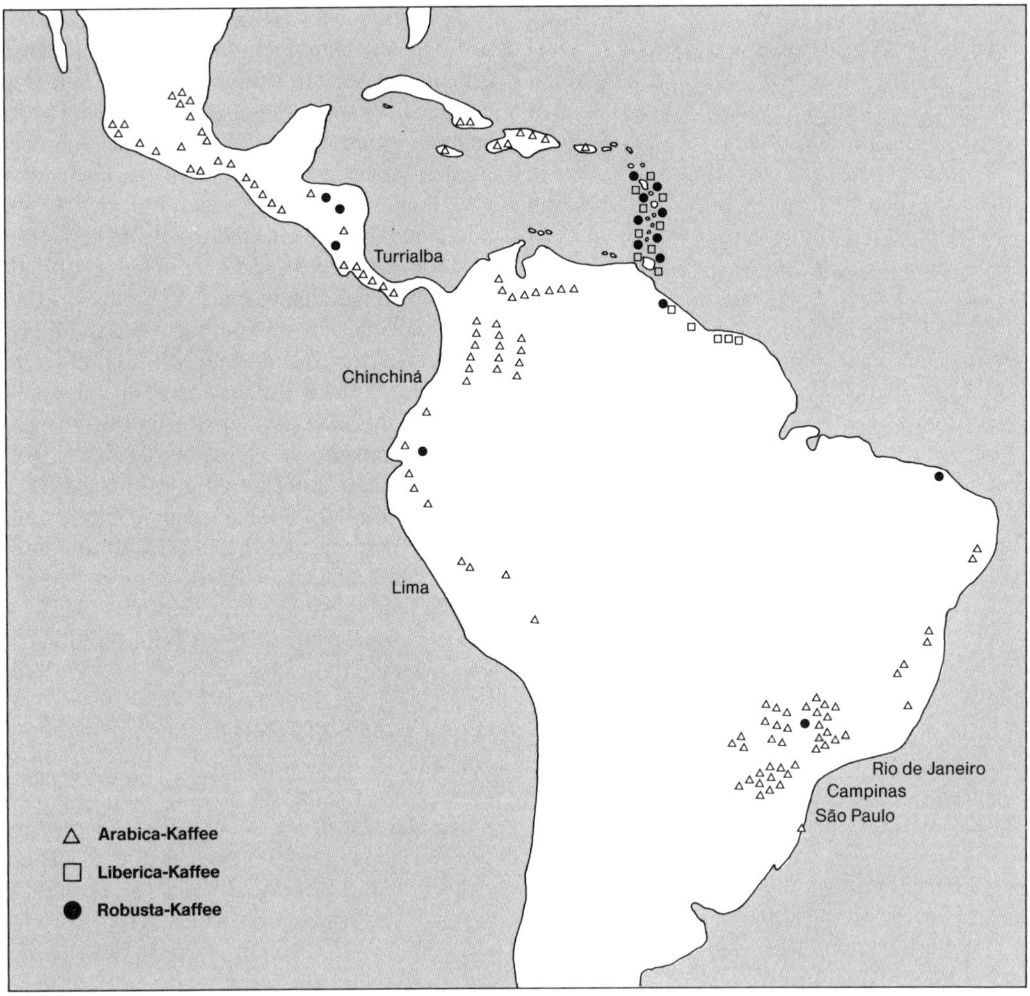

Kaffeeanbau-Gebiete in Zentral- und Südamerika.

empfindlicher. *Coffea arabica* kann bei anhaltender Trockenheit sogar die Blätter abwerfen, um den Baum am Leben zu erhalten. Anderseits wächst er aber auch dort sehr gut, wo recht hohe Niederschläge von 3000 mm jährlich auftreten und praktisch kein Monat ohne Regen ist. Hierbei verliert sich dann die Periodizität, und genau wie bei den anderen Arten können Blüte und Ernte über das ganze Jahr verteilt sein, zumindest aber nicht mehr auf nur eine Erntezeit beschränkt bleiben.

Der Wasserbedarf des Kaffees ist vor der Blüte und später während der Entwicklung der Früchte am größten. Besonders günstig wirken sich auf die allgemeine Entwicklung und Erhaltung des Baumes und damit auch auf die Quali-

tät des Kaffees zwei Regenzeiten aus, die durch kürzere Trockenperioden unterbrochen sind.
Der Kaffeeanbau ist aber nicht nur von Klima und Boden abhängig. Vergleichen wir den Kaffeegürtel mit der eigentlichen Tropenzone, in der seine Anpflanzung überhaupt möglich ist, dann ergibt sich überraschenderweise keine völlige Übereinstimmung. Manchmal, wie beispielsweise in vielen Teilen Indiens, in Burma, in Thailand und im südlichen China, sind die Lebensgewohnheiten der Bevölkerung auf ein anderes Getränk (Tee) ausgerichtet. Auch ist der Kaffeeanbau nur als Intensiv- und Dauerkultur zu betreiben. Die Anlage einer Pflanzung, und sei es auch nur als Garten von weniger als einem Hektar, erfordert Arbeit und fortwährende Pflege. Sie kann nur von seßhaften Menschen betrieben werden. Außerdem ist ein gewisses Grundkapital notwendig, um die vier Jahre bis zur ersten Ernte zu überstehen. Weil Kaffee ja nicht unbedingt zur menschlichen Ernährung beiträgt und nur als Frucht angepflanzt wird, die Einkommen erwirtschaften soll („cash crop"), müssen auch gewisse Bedingungen für die Aufbereitung, den Weitertransport zum Hafen, die Lagerung und schließlich die Verschiffungsmöglichkeit des Ernteguts gegeben sein. Für große Gebiete Afrikas fällt wegen des Vorkommens der Tsetsefliege die Verwendung von Huftieren für den Transport innerhalb der Pflanzungen aus, da die Tiere der Schlafkrankheit zum Opfer fallen würden.
Wie wichtig Arbeitstiere für den Lastentransport auch in kleineren Anpflanzungen sein können, ergibt sich aus folgenden Überlegungen:

50 kg frischgepflückte Kaffeekirschen erbringen, je nach der Art, eine Ausbeute marktfähigen Kaffees von etwa:
8 kg bei Arabica-Kaffee
12 kg bei Robusta-Kaffee
4,5 kg bei Liberica-Kaffee
7 kg bei Excelsa-Kaffee

Dabei entsprechen 50 bis 60 kg gerade der Mengen, die ein kräftiger Mensch über kürzere Strecken noch ohne Mühe tragen kann. Das erklärt auch, warum bis zum heutigen Tag in vielen Staaten Afrikas Kaffee nur in Kleinbetrieben angepflanzt wird. Größere, nach wirtschaftlichen Gesichtspunkten angelegte einheitliche Pflanzungen sind erst zu Beginn unseres Jahrhunderts unter den früheren Kolonialmächten eingeführt worden. Viele dieser Plantagen haben sich in den jungen Republiken erhalten, andere sind zum Teil in Form von Kooperativen neu entstanden. Dies bringt eine Produktions- und Qualitätssteigerung mit sich, da die Auswahl des Saatguts dem Typ des Anbaus (unter Schatten oder auf freiem Feld) und dem Boden besser gerecht werden kann. Hierbei sind jahrelange Rückstände, auch durch Neugründung oder Erweiterung bestehender landwirtschaftlicher Versuchs- und Forschungsstellen, zum größten Teil schon aufgeholt worden.

Anbau

Kaffeepflanzungen, und besonders das erstmalige Anlegen einer Pflanzung, erfordern neben viel Arbeit und Hingabe an die Sache auch noch ein größeres Grundkapital. Es ist schon viel darüber geschrieben worden, doch kaum jemand hat es aus der Praxis so treffend geschildert wie die Erzählerin Tania Blixen, wenn sie in ihrem lesenswerten Buch „Out of Afrika" (ins Deutsche übersetzt als „Afrika, dunkel lockende Welt", Manesse Verlag, Zürich 1986) unter anderem schreibt: „Auf meiner Farm wurde Kaffee gebaut. Die Gegend lag eigentlich etwas zu hoch für Kaffee, man mußte sich mühselig durchschlagen; wir sind nie reich gewesen auf der Farm. Aber eine Kaffeepflanzung ist etwas, das einen festhält und nicht losläßt, es gibt immer etwas auf ihr zu tun, und meistens hinkt man mit seiner Arbeit ein wenig hintennach."

Sie fährt dann fort: „Der Siedler, der da lebt, denkt und spricht unausgesetzt vom Pflanzen, Beschneiden oder Ernten des Kaffees und sinnt und grübelt nachts über Verbesserungen seiner Kaffeeaufbereitung. Kaffee ist eine langwierige Arbeit. Sie geht durchaus nicht so glatt, wie man sich's vorstellt, wenn man jung und hoffnungsvoll bei strömendem Regen die Kisten mit den zarten jungen Kaffeepflänzchen von der Baumschule holt und mit allem Gesinde aufs Feld zieht... Es währt vier oder fünf Jahre, ehe die Sträucher Frucht tragen." Sie spricht dann von mit Kaffeesäcken hoch beladenen Wagen, die jeweils von sechzehn Ochsen gezogen werden. Dies waren die Pioniertage des Kaffeeanbaus in Kenia, unmittelbar nach dem Ersten Weltkrieg. Im Prinzip hat sich nur wenig geändert. Der Ochsenwagen ist durch das Lastauto ersetzt worden, und eine Baumschule gibt es heute praktisch auf jeder Pflanzung.

Um Pflanzgut zu gewinnen, legt man von ausgewählten Bäumen Samen in ein Anzuchtbeet. Nach etwa 40 Tagen werden die Pflänzchen in kleine Behälter gesetzt; sie können dann nach weiteren 8 Monaten, ungefähr 0,5 m hoch, an ihren endgültigen Standort verbracht werden. Die direkte Aussaat in die Pflanzung ist nicht üblich.

Bei der schattenlosen Anpflanzung, wie sie heute in den brasilianischen Staaten Minas, São Paulo, Paraná und im benachbarten Paraguay üblich ist, werden in einer kleinen vorbereiteten Grube von etwa 0,50 × 0,50 m 3 bis 4 Bäume an den Ecken eingesetzt. Größer geworden, bilden sie dann einen einzigen dicken, zusammengewachsenen Stamm. Bis es aber soweit ist, kommt über die Grube ein kleines Gestell aus Holzscheiten, das die Pflanze vor Wind und starker Sonne schützen soll.

Die Vermehrung aus Saatgut hat sich für die Arabica-Varietäten allgemein durchgesetzt. Für Robusta-Kaffee, der als autosterile Art kaum ein einheitliches Saatgut garantiert, wird heute vielfach eine vegetative Vermehrung gewählt. Es wird entweder auf junge Unterlagen in der Baumschule gepfropft, oder es werden Schößlinge aus Stecklingen in Saatbeeten gezogen.

Abstand und Zwischenraum der Bäume sind von verschiedenen Umständen abhängig. Bei Arabica- und Robusta-Kaffee haben sich in der Praxis 1000 bis 1200 Bäume je Hektar als günstig erwiesen. Liberica- und Excelsa-Kaffee benötigen mehr Raum. Auf gleicher Fläche stehen etwa 400 Bäume.

Als ursprüngliche, natürliche Unterholzpflanze bevorzugt der Kaffeebaum Windruhe, möglichst gleichmäßigen Temperaturverlauf und vermehrte Luftfeuchte, wie sie in der Unterholzregion eines Tropenwaldes gegeben ist. Für die Assimilation, das heißt die Bildung von Pflanzenmasse und Früchten, braucht der Kaffee nicht die maximale, sondern eher eine geringe Lichtintensität. Extensive Besonnung führt zu verstärkter Blüte und damit zum Übertragen. Die Bäume altern schneller. Schattenbäume – meist schnellwüchsige, nicht zu hohe Leguminosen – pflanzt man mit einem Abstand und Zwischenraum von etwa 12 × 12 m bei der Anlage der Plantage. Liegt der Vorteil der Beschattung in längerer Lebensdauer, so bringt sie doch einige Nachteile: Pilzerkrankungen nehmen zu, die Bekämpfung tierischer und pflanzlicher Schädlinge wird schwieriger und die Erntearbeit ist aufwendiger.

Gewöhnlich im dritten Jahr nach dem Auspflanzen an seinen endgültigen Standort beginnt *Coffea arabica* zu blühen. Er ist dann etwa 4 Jahre alt. *Coffea canephora* blüht schon nach insgesamt drei Jahren. Bis zu einer ersten lohnenden Vollernte vergehen aber immerhin 7 bis 8 Jahre. Die Erträge steigern sich zunächst, nehmen dann aber nach ungefähr 15 bis 20 Jahren wieder ab. Einzelne, gut gepflegte Bäume können bis zu 50 Jahren ertragsfähig bleiben.

Die Entwicklung der Früchte von der Blüte bis zur Erntereife dauert bei Arabica-Kaffee rund 8, bei Robusta-Kaffee 10 und bei Liberica-Kaffee sogar 12 Monate. Aus dem schmucken Kaffeebäumchen wird mit zunehmendem Alter durch Bildung junger Triebe, Kronenverdichtung, Beschädigung bei der Ernte und andere Einflüsse ein wuchernder Strauch. Ein sorgfältiges Zurückschneiden und Regulieren ist notwendig. Es versteht sich von selbst, daß solche Tätigkeiten nur von fachkundigen und geschickten Leuten durchgeführt werden können. Diese haben dann auch, im Gegensatz zu den als Saisonarbeiter für die Haupternte eingestellten Wanderarbeitern, ihren festen Wohnsitz auf den Pflanzungen.

Auch der Kaffee ist Krankheiten und Schädlingen ausgesetzt – besonders, wenn die Pflanzungen auf weiten Flächen als Monokulturen angelegt wurden. Für tierische Schädlinge gibt es einfach keine Ausweichpflanzen, auch wenn ihnen der Kaffee wegen des Koffeingehaltes gar nicht besonders zusagen sollte. Natürliche Feinde der Schädlinge wie Vögel oder andere Insekten finden auf den riesigen, gleichförmigen, nur selten durch einen kleinen Flußlauf unterbrochenen Flächen keine geeigneten Nist- und Lebensmöglichkeiten. Aber nicht nur hier, sondern auch in beschatteten Pflanzungen können Krankheiten, die sowohl die gesamte Pflanze oder nur einzelne Teile wie Wurzeln, Blätter oder Früchte befallen, zu großen Verlusten führen.

Pilzerkrankungen der Blätter, wie die besonders berüchtigte Rostfleckenkrankheit, sind nur sehr schwer oder gar nicht zu bekämpfen. Wurzelälchen und anschließender Pilzbefall verursachen häufig Fäulnis im Wurzelbereich und führen zum Absterben, besonders bei jungen Bäumen. Käfer, die die Stämme und Zweige anbohren und durch ihre Fraßgänge Wasser- und Nährstoffzuleitungen beeinflussen, gibt es in unterschiedlichen Arten in jedem Erdteil. Ein besonders ungeliebter Schädling ist der Kaffeekirschenkäfer, der, wenn auch in verschiedenen Rassen, in jedem Kaffeeanbaugebiet der Erde vorkommt. Er bohrt sich an der Ansatzstelle der Blütenkrone in den Kaffee ein und legt hier seine Eier ab. Bis zu 80 % des Kaffees können bei ungenügender Bekämpfung befallen werden. Die angefressenen Bohnen leiden zwar meist geschmacklich nicht, aber ihr Verkaufswert ist stark vermindert.

Bei der späteren Lagerhaltung ist eine ständige Kontrolle notwendig. Da der Kaffee ja einige Jahre in rohem Zustand ohne Qualitätseinbußen gelagert werden kann, wäre es recht unnatürlich, wenn nicht einige Käferarten diese Nahrungsquelle entdeckt hätten. Die schon eingesackten Bohnen werden von den Käfern angefressen. Eine Bekämpfung durch Begasung der Lagerhallen ist aber einfach. Anderseits können die Verluste durch angefressene Bohnen recht hoch sein.

Ernte

Etwa eine Woche nach Einsetzen der stärkeren Regenfälle beginnt die Blüte. Es öffnen sich jedoch nicht alle Blüten gleichzeitig: dieser Vorgang kann sich über einen halben Monat hinziehen. Je gleichmäßiger die Niederschläge im Verlauf des Jahres verteilt sind, desto ausgedehnter ist die Blüte und damit auch die Zeit der Reife. Bei vielen Kaffeeunterarten stehen sogar an einem Baum oft gleichzeitig Knospen, Blüten und Früchte. Es wird natürlich nicht jede reife Kaffeekirsche gepflückt, sondern selbst auf kleineren Pflanzungen kann man erst dann ernten, wenn soviel Kaffee gereift ist, daß sich Einsatz und Betrieb der Aufbereitungsanlagen auch lohnen. Nur in bäuerlichen, gartenähnlichen Anpflanzungen (häufig in Afrika und Asien) sind heute noch Ernte und Aufbereitung kleinster Mengen gegeben.

In den meist beschatteten Pflanzungen Zentralamerikas, der Karibik, den Andenländern und Papua-Neuguinea wird in der Hauptzeit noch so geerntet, daß nur die reifen, tiefroten Kaffeekirschen gepflückt werden. Dieser Vorgang kann sich über mehrere Wochen hinziehen,

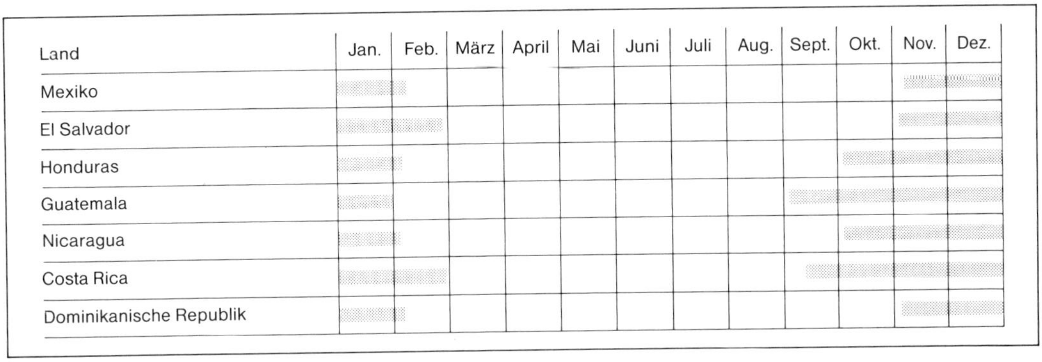

Erntezeiten des Kaffees in Zentralamerika.

was dann ein mehrmaliges Durchpflücken der Pflanzung erfordert. Bestehen im Jahr zwei deutlich getrennte Regenzeiten, wie in den Kaffeezonen Kolumbiens und auch in Westafrika, südlich des Kamerunbergs und in Uganda, dann gibt es entsprechende Erntezeiten, die aber auch von der Kaffeevarietät abhängen.
In vielen Ländern Afrikas, Asiens und vor allem im größten geschlossenen Kaffeeanbaugebiet der Erde, von São Paulo über Paraná bis Paraguay, sowie in Äthiopien ist ein anderes Ernteverfahren üblich. Man läßt den reifen Kaffee am Baum eintrocknen und erntet dann mit Beginn der winterlichen Trockenzeit. Der Kaffee wird dabei nicht mehr einzeln gepflückt, sondern einfach von den Zweigen gestreift. Versuchsweise werden auch schon Erntemaschinen eingesetzt. Die Art der Anpflanzung ohne Schat-

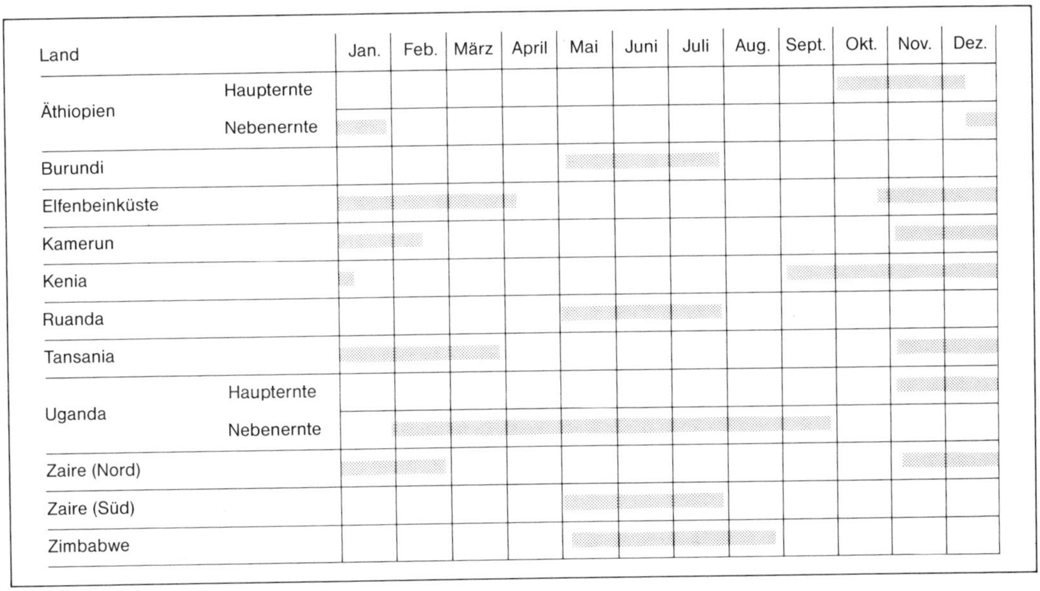

Erntezeiten des Kaffees in Afrika.

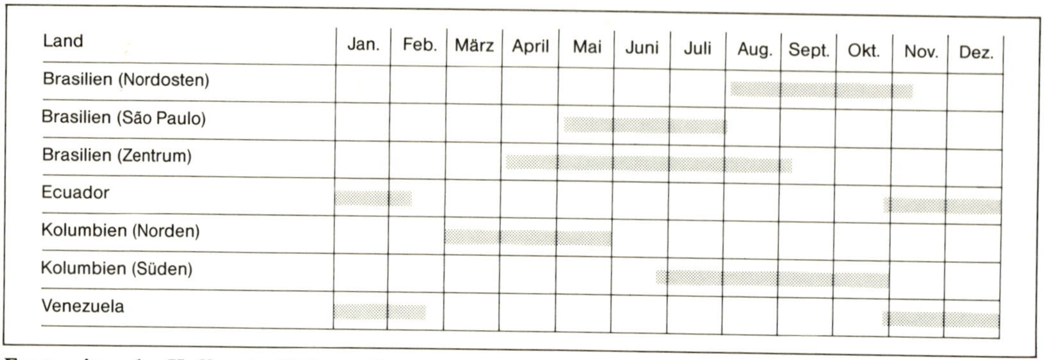

Erntezeiten des Kaffees in Südamerika.

tenbäume läßt zwischen dem Kaffee genügend Raum, der von Bewuchs freigehalten ist, damit auch die vielen bei dieser Methode auf die Erde fallenden Früchte zusammengelesen, grob abgesiebt und eingesackt werden können. Vielfach legt man unter den Kaffeebäumen noch große Tücher aus, um das Einsammeln zu erleichtern. In den älteren Pflanzungen São Paulos mit zum Teil noch höherwüchsigen Unterarten führen die Erntearbeiter Stehleitern und Haken an längeren Stöcken mit, um die Bäume abernten zu können. Zum Herunterbiegen der oberen Zweige dient der Haken, der Stock wird zum Abschlagen der Früchte benutzt. Es versteht sich, daß bei diesem Abernten oft die Bäume leiden und nicht nur erstklassige Früchte in die Körbe und Säcke wandern. Um schon vor dem Beginn der Ernte eine gewisse Qualitätsauslese zu treffen, wird zunächst der Boden unter den Bäumen von Ästen und kleinerem Abfall gereinigt und dann gefegt. Die dort schon länger liegenden, überreifen, schwarz gewordenen, zum Teil angefressenen und anderweitig beschädigten Kaffeekirschen werden abgesiebt und vorwiegend im Eigenverbrauch der Plantagen für die Arbeiter verwendet. Während aber auf den Großpflanzungen Brasiliens die Aufseher ständig unterwegs sind, um eine Qualitätsminderung durch solche vor der eigentlichen Ernte zusammengefegten Bohnen zu verhindern, ist dieses „schnelle Ernten“ gerade eine der Hauptursachen für die geringere Qualität des Kaffees aus einigen anderen Ländern.

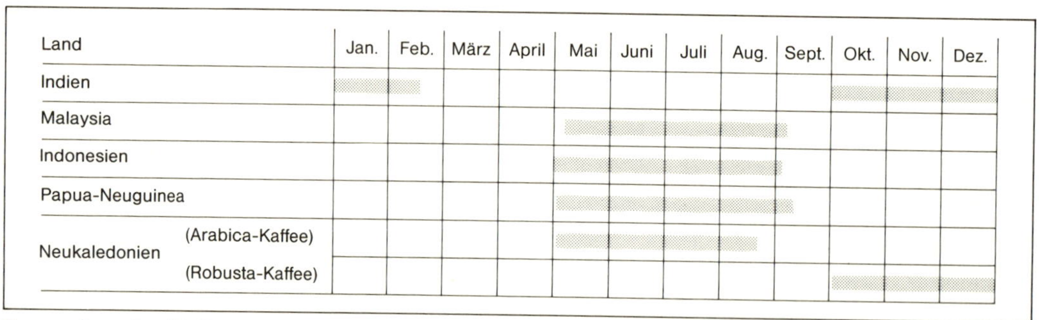

Erntezeiten des Kaffees in Asien und in der Südsee.

Die weiten, mit Kaffee bepflanzten Flächen der Südstaaten Brasiliens ohne bodenständige Bevölkerung lassen einfach eine andere Art der Ernte nicht zu. Jährlich strömen vor Beginn der Erntezeit Zehntausende besonders aus dem Nordosten des riesigen Landes und aus den Großstädten zur Arbeit auf die Pflanzungen, um etwas zu verdienen. Die Bedingungen sind sehr schlecht. Die oft unterernährten Menschen werden früh am Morgen „in den Kaffee“ gefahren und kurz vor Sonnenuntergang mit großen Lastwagen wieder eingesammelt und in ihre schäbigen Unterkünfte zurückgebracht.

Ganz von selbst stellt sich die Frage: Wieviel kann eine Person am Tag ernten? Die Antwort: Beim Einzelpflücken des reifen Kaffees etwa 35 bis 40 kg Kaffeekirschen. Ist die Pflanzung auf stärker geneigtem Gelände angelegt, wird das Pflücken natürlich mühsamer, und die Menge sinkt. Dabei wird diese nicht nach Gewicht, sondern nach gefüllten Körben als Hohlmaß abgerechnet. Da aber nur knapp ein Fünftel der Menge später marktfähigen Kaffee liefert, ist die Tagesausbeute nicht allzu groß. Wird dagegen der Kaffee durch Abstreifen geerntet (auch „Melken“ genannt), dann erhöht sich die Gesamterntemenge etwa auf das Vierfache. Da das eingetrocknete Fruchtfleisch der Kirschen weniger Raum einnimmt, steigt der Ertrag an röstfähigem Kaffee gleichzeitig auf ungefähr 25 kg pro Tag.

Damit ergibt sich eine neue Frage: Wie hoch sind die Erträge? Man könnte von Hektarerträgen sprechen, doch dem Laien sagt dies wenig. Verständlicher ist die Angabe über den Ertrag eines Baumes. Welche Menge liefert ein Baum unter normalen Bedingungen? Gewöhnlich ist die Enttäuschung groß, wenn es dann heißt, von einem Baum lassen sich im Jahr etwa 600 g geschälter Rohkaffee ernten, also nach dem Rösten gut ein Pfundpaket. Wohlgemerkt sind dies durchschnittliche Werte, einmal ist es mehr, ein andermal etwas weniger. Um ein Geringes ertragreicher als Arabica-Kaffee ist dabei Robusta-Kaffee. Liberica- und Excelsa-Kaffees erbringen die doppelte Menge. Da bei diesen Arten weniger Bäume auf gleicher Fläche stehen, ist die Gesamtausbeute aber auch nicht höher.

Aufbereitungsverfahren

Nach der Ernte muß der Kaffee aufbereitet werden, denn nur so ist er versand- und lagerfähig. Die Aufbereitung besteht im Ablösen des Fruchtfleisches und dem Entfernen der Hornschale und des Silberhäutchens. Dabei ist es gleichgültig, ob der Kaffee frisch oder bereits am Baum angetrocknet geerntet wurde.

Je nach Art der Ernte haben sich zwei Verfahren der Aufbereitung durchgesetzt. Einmal ist das die nasse oder westindische Methode (WIB = Westindische Bereitung) und zum anderen die trockene Aufbereitung. Das nasse Verfahren setzt dabei mehr Arbeitsgänge und größere Wassermengen voraus. Die andere, trockene Methode ist dort gebräuchlich, wo es zum einen an den nötigen Arbeitskräften für das individuelle Pflücken fehlt und wo zum anderen Wasser nicht so reichlich zur Verfügung steht, also etwa im südlichen Teil Brasiliens sowie in vielen Ländern Afrikas und Asiens. Für die Qualität des Kaffees ist nicht die Methode, sondern nur die Sorgfalt der Aufbereitung entscheidend. Es soll jedoch nicht verschwiegen werden, daß alle hochwertigen Kaffees, besonders aus dem mittleren und dem nördlichen Südamerika, aus Ostafrika und Papua-Neuguinea nach dem nassen Verfahren verarbeitet werden. Diese Aufbereitung erfordert aber gewöhnlich höhere Investitionskosten für die Anlage.

Nasse Aufbereitung

Bei der nassen Aufbereitung wird der frisch gepflückte Kaffee vom Sammelplatz in der

Pflanzung zur zentralen Anlage gebracht und dort in große Wasserbehälter geschüttet. In diesen meist etwas erhöht aufgebauten Zementtanks sinken die gesunden reifen Kirschen sofort unter, während kleine Zweige, Blätter und beschädigte oder angefaulte Kaffeekirschen oben schwimmen und abgeschöpft werden können. Kleine Steine und anderer Schmutz setzen sich unten ab. Der Kaffee wird also zunächst durch das ständig zufließende Wasser gereinigt. Der Tank ist an der unteren Vorderseite durch Schieber verschlossen. Wasserrinnen leiten über Quelltanks zu den Pulpern oder Entfleischern. In den Quelltanks verbleibt der Kaffee gewöhnlich einige Stunden, höchstens bis zum nächsten Morgen, damit das noch etwas feste Fruchtfleisch erweicht wird und aufquillt.

Bei der folgenden Hauptreinigung wird der Kaffee unter ständigem Aufwirbeln, um noch jeden Rest beschädigter Kirschen auszuscheiden, zu den Pulpern geschoben. Diese bestehen aus einem Trichter und einem Zylinder, der sich vor einem Schlitz dreht. Eine Platte preßt die nachrutschenden Kirschen an die mit Noppen versehene, kupferne Oberfläche des Zylinders. Der Abstand läßt sich je nach Kirschengröße verstellen. Die Bohnen mit unverletzter Hornschale springen auf der Gegenseite heraus, während unter ständigem Wasserzusatz das Fruchtfleisch in besondere Behälter abgeschwemmt, nochmals auf verbleibende Bohnen abgesiebt und dann später zur Kompostierung oder in einigen Großbetrieben auch zur Alkoholgewinnung verwendet wird.

Der noch an der Hornschale hängende Fruchtfleischrest läßt sich erst nach seiner Zersetzung entfernen. Die Bohnen werden zunächst wieder durch Rinnen von den Pulpern in große Gärtanks geschoben. Diese Tanks haben am Boden ein Sieb, das aber keine Bohnen durchläßt. Sie sind so ausgelegt, daß sie eine volle Tagesernte der Pflanzung aufnehmen können. Durch die Fermentation zersetzen sich alle den Bohnen anhaftenden, schleimigen Reste. Da der Kaffee höchstens 48 Stunden lang der Gärung unterworfen wird, werden die Bohnen selbst noch nicht angegriffen und bleiben keimfähig. Reichlich zugeleitetes Wasser bricht dann die Gärung ab und läßt alle Schleimreste abfließen.

Der gewaschene Kaffee muß dann nur noch, grob nach der Größe sortiert, getrocknet werden. Das erste Auslesen erfolgt in den Zuflußrinnen zu den Trockenplätzen: Im langsam fließenden Wasser setzen sich die größeren Bohnen zuerst ab. Ständiges Aufwirbeln mit Schiebern sorgt für den Weitertransport. Die Trokkenplätze, oft von beachtlicher Größe, sind mit einer umlaufenden Wasserrinne versehen, an der auf allen Seiten durch Schiebebretter verschließbare Auslässe sitzen. Durch Schütze wird der Kaffee an den gewünschten Stellen abgefangen, auf den einzelnen Sektionen des Platzes ausgebreitet und an der Sonne getrocknet. Oft sind auch noch ausfahrbare große Holzplatten als Trockengestelle in Gebrauch, die abends und bei Regen unter ein Dach geschoben werden. Der Trockenprozeß kann, je nach Witterung, einige Tage dauern. Zum Abend und vor zu erwartendem Regen schaufelt und schiebt man die Bohnen zusammen. Diese Haufen werden dann mit großen Planen abgedeckt. In Gebieten mit häufigeren Regenfällen werden zur Unterstützung der Sonnentrocknung noch große Trommeln eingesetzt, durch die Warmluft strömt. Ist der Kaffee in der Hornschale getrocknet, so ist er haltbar, kann gelagert und transportiert werden.

Große Plantagen haben oft eigene Schäl-, Enthülsungs- und Polieranlagen, die jedoch für die Mehrzahl der Pflanzungen zu kostenaufwendig wären. Die Kaffeeschälbetriebe arbeiten daher oft als unabhängige Unternehmen in den größeren Distriktorten oder Hafenstädten. Kaffee wird, besonders im mittleren und nördlichen Südamerika, ähnlich wie Tee oder Wein nicht nur nach der Varietät, sondern auch nach Lagen

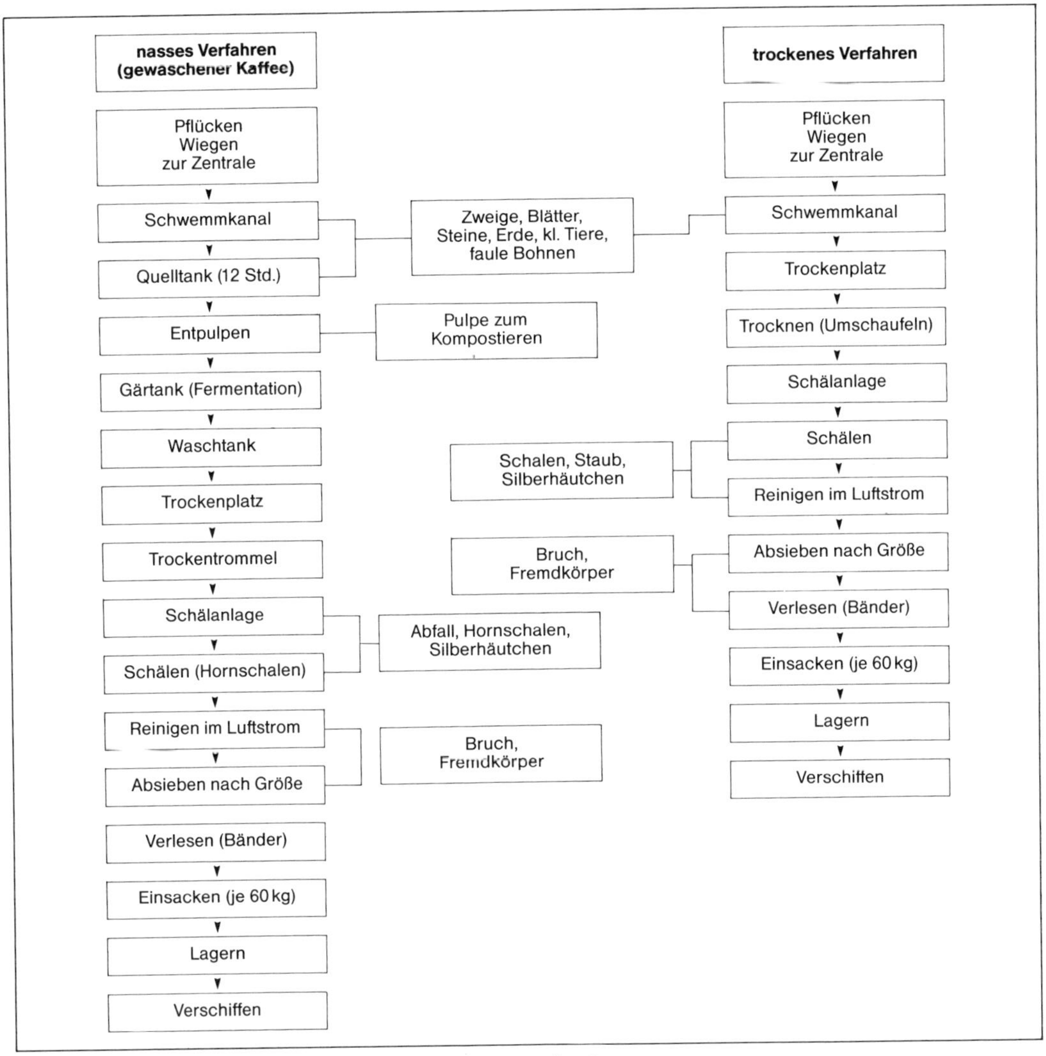

Arbeitsschema der Kaffee-Aufbereitung im Erzeugerland.

und Anbauzonen gehandelt. Daher arbeiten diese *Trilladoras* oder Dreschmaschinen immer bestimmte Partien auf. Vor allem in Afrika entfernen kleine bäuerliche Betriebe Hornschale und Silberhäutchen durch Stampfen des Kaffees im Mörser und Absieben im Wind.

Durch die Ausweitung des Anbaus, sei es durch Vergrößerungen oder durch Anlage neuer Pflanzungen, ist heute in einigen Ländern das Wasser für die Aufbereitungsanlagen schon recht knapp geworden. Es muß dann zur Wiederverwendung in großen Becken gesammelt und mechanisch gereinigt werden, damit die

Versorgung während der Ernteperiode gesichert bleibt.

Trockene Aufbereitung

Der Begriff „Trockene Aufbereitung“ ist eigentlich etwas irreführend, denn auch hierbei wird der Kaffee durch Wasser nicht nur einfach gereinigt und transportiert, sondern regelrecht gewaschen. Der Wasserverbrauch ist bei diesem Verfahren allerdings bedeutend geringer als bei der nassen Aufbereitung.

Das Erntegut – d. h. die am Baum eingetrockneten, auch noch unreifen oder überreifen oder sogar angefaulten Kaffeekirschen, versetzt mit Blättern, Zweigen, kleinen Ästen, Erde, Steinchen und wohl auch Spinnen, Skorpionen und gelegentlich mit kleinen Schlangen – wird in einen Spülkanal geschüttet. Steine und Erde setzen sich bald ab, die anderen Teile werden durch ständiges Aufwirbeln von den schwereren brauchbaren Kaffeekirschen getrennt und von der Oberfläche abgeleitet. Ohne jede weitere Behandlung wird dann der verbleibende Kaffee durch die Spülkanäle auf den Trockenplatz gebracht. Diese Trockenplätze können die Ausmaße von Fußballfeldern haben, da man für etwa 20 Kaffeebäume mit 1 m^2 Trockenfläche rechnet. Weil die Erntezeit für den Kaffee auf der Südhalbkugel in den Winter fällt und es an der Grenze der Tropen schon recht kühl werden kann, sind die mit Backsteinen oder Zement belegten Trockenplätze ganz dunkel gestrichen, damit sie tagsüber recht viel Wärmestrahlung speichern und bis in die Nachtstunden abgeben, um so die Trocknung zu beschleunigen.

Auf den Trockenplätzen werden die runzligen, am Baum eingetrockneten Kaffeekirschen dann in einige Zentimeter hohen Schichten ausgebreitet und ständig mit großen Holzrechen gewendet. Um diese Arbeit auf den großen Flächen zu vereinfachen, werden die Rechen von Pferden gezogen. Das abendliche Zusammenschieben auf große Haufen besorgen oft kleine Motorschaufeln. Um den nächtlichen Tau abzuhalten, werden Planen über den Kaffee gezogen. Am nächsten Morgen wird der Kaffee wieder ausgebreitet. Die Trocknung kann, je nach Wetterlage, bis zu acht Tagen dauern. Sie ist beendet, wenn die Bohnen beim Schütteln klappern. In besonderen Trockenhäusern sind an allen vier Außenseiten Tonrohre eingelassen, um eine Luftzirkulation zu gewährleisten. Hier wird der Kaffee dann bis zum Schälen gelagert.

Viele Pflanzungen haben eine eigene Schälanlage, die nach dem gleichen Prinzip wie für gewaschenen Hülsenkaffee arbeitet. Angetrocknetes Fruchtfleisch, Hornschale und Silberhäutchen werden in einem Arbeitsgang entfernt. Kleinere Pflanzungen liefern auch nach der trockenen Aufbereitung an zentrale Schälanlagen.

Weiterbehandlung

Der enthülste Kaffee, also die eigentliche uns bekannte Kaffeebohne, wird nach der nassen und nach der sogenannten trockenen Aufbereitung in gleicher Weise weiterbehandelt. In der Qualität zeigten sich bei Partien, die zu Versuchszwecken sowohl trocken als auch gewaschen aufbereitet wurden, keine Unterschiede. Die oft festgestellte geringere Bewertung des trocken aufbereiteten Kaffees beruht vor allem darauf, daß hierfür Kaffeekirschen in verschiedenen Reifezuständen, von rotreif-trocken bis unreif-grün, verwendet werden.

Was geschieht mit den Abfällen? Das frische Fruchtfleisch wird ja kompostiert oder kann, wenn es in größeren Mengen anfällt, zur Alkoholgewinnung genutzt werden. Hornschalen geben unter Zusatz von Öl ein gutes Brennmaterial zum Heizen der Trockentrommel. Warum aber verwertet man die Schalen, die ja

auch Koffein enthalten, nicht ebenfalls zur Bereitung eines Kaffeegetränks? Doch, dies geschieht sogar! Im Jemen und in einfachen Rasthäusern in Arabien kann man ein aus aufgebrühten Kaffeeschalen (trockenes Fruchtfleisch und Hornschale) zubereitetes, teeartiges Getränk bekommen. Dieser „Kaffee" ist dort eine Art Nationalgetränk geworden. Reichliche Gewürzzusätze lassen die Herkunft allerdings vergessen.
Mit dem Aufbereiten und Enthülsen sind für die meisten Pflanzer Pflege und Ernte des Kaffees beendet. Auf die noch folgenden Arbeiten – das Absieben und damit die Einteilung in verschiedene Größenklassen, die Luftreinigung, das Auslesen und schließlich das Einsacken, Lagern und Verschiffen – haben sie kaum noch Einfluß.

Einteilung in Handelsklassen

Der Kaffee zeigt als anspruchsvolles Naturprodukt je nach Art und Varietät, der Sorgfalt bei der Aufbereitung, dem Transport und der Lagerung sowie dem Gehalt an möglichen Verunreinigungen große Qualitätsunterschiede.
Wenn der Pflanzer seinen Kaffee auf dem Weltmarkt anbieten will, sei es bei großen Posten direkt ab Pflanzung oder über einen Zwischenhändler, bei kleinen und kleinsten Mengen über eine zentrale Ein- und Verkaufsstelle (Kooperative), dann muß vorher jeder Kaffee nach bestimmten Kriterien klassifiziert werden. Zum einen geschieht dies mechanisch: Der Kaffee wird, immer gleiche Partien vorausgesetzt, abgesiebt.
Das Absieben soll jeweils Bohnen gleicher Größe in den Handel bringen. Damit wird sowohl dem Auge des Einkäufers Genüge getan als auch beim späteren Rösten ein gleichmäßigerer Brand erzielt. Die Rohkaffeebohnen werden auf Sieben nach ihrer Größe getrennt oder separiert, wie der Händler sagt. Es hat sich der Ausdruck „Sieb" eingebürgert, wenn man Kaffeepartien bestimmter Größe bezeichnen will. Die Zahlen beziehen sich dann auf den Durchmesser der Löcher im Sieb und werden in Bruchteilen eines Zolls angegeben – ein Erbe aus dem ursprünglich ganz englisch-amerikanischen ausgerichteten Kaffeehandel. Dabei ist für den Durchmesser der Löcher des Siebs nicht die Länge der Bohnen, sondern deren Breite (Taille) maßgebend. Man unterteilt von Sieb 20 mit etwa 8 mm Lochgröße bis Sieb 10 mit noch 4 mm Breite der Bohnen. Als mittlere Bohnengröße gilt allgemein Sieb 17.
Abgesiebt kommt der Kaffee in große Windfegen. Hier werden durch einen regulierbaren Luftstrom alle Unreinheiten wie Hornschalenreste, vom Polieren noch übrige Silberhäutchen und Erdstaub abgesaugt. Nun erst kann der Kaffee verlesen werden. Das ist sehr wichtig, da sich schlechte Bohnen normaler Größe nicht durch mechanische Verfahren aussortieren lassen. Auf Förderbändern läuft der Kaffee in den Lagerhallen der Verschiffungshäfen vor dem Einsacken an flinken Frauenhänden vorbei, die sichtliche Fehlbohnen ausmerzen. Zum einen soll später der Kaffee im gezogenen Muster ein äußerlich gleiches, ansprechendes Bild ergeben, und zum anderen können wenige schlechte Bohnen geschmacklich ganze Posten schädigen. Während durch Insektenfraß und die Schälmaschinen beschädigte Bohnen nur unansehnlich sind, gefährden in das Erntegut gelangte unreife Bohnen, sogenannte Grasbohnen, mit ihrem säuerlichen Geschmack ganze Kaffeepartien. Ein Gleiches läßt sich von den braun-schwarzen bis ganz schwarzen Frostbohnen sagen, sie stammen meist von Ernten an der klimatischen Anbaugrenze. Gefürchtet sind auch die überall vorkommenden „Stinker": Widerlich nach Fäulnis schmeckend, können sie große Kaffeemengen verderben. Ihr gelblich-grünglasiges Aussehen ist die Folge einer Überfermentation, die entweder bereits am Baum erfolgte oder bei der Fermentation des Fruchtfleiches, wenn die gesamte Bohne in

Gärung übergegangen ist. Heute verlesen viele Kaffeeimporteure in Europa und den USA den gekauften Kaffee nochmals durch ein Lichtzellensystem, um eine wirklich gute Qualität garantieren zu können.

Eingekauft wird der Rohkaffee aber auch nach anderen Kriterien. Meist haben sich für die einzelnen Länder bestimmte Merkmale ausgebildet, nach denen die Qualität beurteilt wird und die Käufer ihre Partien zusammenstellen. Der großen Zahl der Länder und Gebiete, in denen Kaffee angebaut wird, entsprechen die Handelsbezeichnungen. Oft haben Behörden oder Pflanzervereinigungen die Kennzeichnungen der Güteklassen für ihren Kaffee festgesetzt. Diese gelten dann nur für die gleiche Art.

Beachtet werden unter anderem:

- Aufbereitung (naß oder trocken)
- Farbe der Bohnen (grün, blaugrün)
- Herkommen (Distrikt, Höhenlage)
- Style (äußeres Aussehen)
- Zahl der Fehler (Fremdkörper, Bruch, Schalen, Grasbohnen u. a.)

Aus der Vielzahl der Einteilungen nach Qualitätsbegriffen, die oft von Land zu Land verschieden sind, sollen hier nur einige der für Deutschland wichtigeren Kaffeeablader als Beispiel genannt werden (z.T. nach Spriestersbach).

Kolumbien: Der Kaffee wird unter dem Namen des Herkunft-Departements und der bedeutendsten Handelsplätze angeboten.

Nach der Bohnengröße klassifiziert die *Federación Nacional de Cafeteros de Colombia* den Kaffee folgendermaßen:

Supremo = Sieb 17 und 18;
Extra = Sieb 15 und 16;
Excelso = Sieb 15 bis 18 mit Perlkaffee;
Caracol = großbohniger Perlkaffe;
Caracoli = kleinbohniger Perlkaffee.

Brasilien: Der Arabica-Brasil-Kaffee wird unter dem Namen des Staates, in dem er wächst, oder des Verschiffungshafens gehandelt. Bei besonders gefragtem Kaffee kommt noch der Name des Distrikts hinzu.

Nach der äußeren Beschaffenheit geht man beim Brasil-Kaffee vom Anteil an Fehlbohnen, Beschädigungen und Fremdkörpern aus. Die Bohnengröße wird von Sieb 20 (sehr großbohnig) bis Sieb 14 eingeteilt.

Kenia: Die Qualität und die Ernten werden vom *Kenia Coffee Board* kontrolliert. Der Kaffee wird nach der Bohnengröße gehandelt.

Zentral-Amerika: (El Salvador, Guatemala, Honduras, Mexiko, Nicaragua).

Von der *Federación Cafetalera Centro America–Mexico–El Caribe* wurden sowohl nach der Behandlung bei der Aufbereitung (WIB) als auch nach der Höhenlage der Pflanzungen folgende Qualitätsmerkmale festgelegt:

- Low Grown Central (Zentral tief gewachsen), unterteilt in 3 Höhenlagen von 300 bis 700 m, von 700 bis 850 m und 850 bis 950 m.
- Standard Central, 2 Höhenlagen von 950 bis 1100 m und 1100 bis 1300 m.
- High Grown Central (Zentral auf Höhe gewachsen), Semi Hard Bean (halb-harte Bohnen) 1300 bis 1400 m, Hard Bean (harte Bohnen) 1400 bis 1500 m.
- Strictly High Grown Central, Strictly Hard Bean 1500 bis 1800 m.

Oben: Die Kaffeebäume die in ordentlichen Reihen stehen, lassen die Größe dieser unbeschatteten Pflanzung erkennen.
Unten links: Die in Büscheln an den Zweigen stehenden Kaffeeblüten, verbreiten frühmorgens in den Pflanzungen einen jasminartigen Duft.
Mitte rechts: Diese roten, erntereifen Kaffeekirschen können nach dem nassen Verfahren aufbereitet werden.
Unten rechts: Der unterschiedliche Reifegrad dieser Kaffeekirschen läßt nur die trockene Aufbereitung zu.

Costa Rica: Hier werden die Arabica-Kaffees nach der Höhe und der Lage der Pflanzung (ob auf der atlantischen Seite oder der Meseta Central gewachsen) beurteilt.

- Atlantische Zone: Low Grown Atlantic (LGA) 600 bis 900 m, High Grown Atlantic (HGA) 900 bis 1400 m.
- Meseta-Central: Hard Bean (HB) 1000 bis 1300 m, Strictly Hard Bean (SHB) 1300 bis 1600 m.

Indonesien: Ganz anders ist die von Indonesien praktizierte Einteilung. Zunächst wird nach den Arten Robusta und Arabica unterschieden. Beide werden nach der WIB (Westindische Bereitung) gewonnen. Dabei gibt es kleine Unterschiede bei der Fermentation. Robusta (WIB-1) wird nach Fehlern in 2 Grade unterteilt, während es bei Arabica (WIB-2) 6 Grade sind:

Grad 1 = 11 Fehler;
Grad 2 = zwischen 11 und 25 Fehler;
Grad 3 = zwischen 26 und 44 Fehler;
Grad 4 = zwischen 45 und 80 Fehler;
Grad 5 = zwischen 81 und 150 Fehler;
Grad 6 = zwischen 151 und 225 Fehler.

Nur die ersten Grade dürfen exportiert werden. Nach dem Verlesen im Herkunftsland wird der Kaffee zunächst eingelagert. Kaffee ist ein ideales Lagergut. Die Bestände halten sich einige Jahre ohne große Verluste, erst dann bauen sie geschmacklich ab. Die Verkäufe bleiben also nicht nur auf die kurze Zeit nach der Ernte beschränkt.

Während der noch im Herkunftsland verlesene Kaffee in Hallen gelagert und in Säcke zu je 60 kg abgefüllt wird, werden die aussortierten Bruch- und angefressenen Bohnen schon an kleine Röstereien verkauft. Im Geschmack machen diese Fehler ja nicht viel aus. „Stinker" sind aber selbst hier nicht geduldet. Andere Fehlbohnen werden oft durch scharfes Rösten geschmacklich neutralisiert oder besser totgebrannt. Es läßt sich überhaupt feststellen, daß der in den Ursprungsländern angebotene Kaffee in der Regel geschmacklich weit unter der Qualität des in Europa und den USA angebotenen liegt. Das beruht natürlich auch darauf, daß in ersteren keine entsprechenden Mischungen zusammengestellt werden können.

Feldforschung

Als vor mehr als hundert Jahren die Seuche des Kaffeerostes, des Pilzes *Hemileia vastatrix*, plötzlich die Kaffeekulturen auf der Insel Ceylon vernichtete und nach 1878 auch auf Java

---

Oben links: Der durch Abstreifen („Melken") geerntete oder vom Boden aufgelesene Kaffee muß sofort abgesiebt werden. Dabei werden auch kleine Zweige, Blätter und andere Pflanzenteile ausgelesen.
Oben rechts: Die Kaffeekirschen werden durch Spülkanäle zu den Trockenplätzen transportiert und dabei gleichzeitig gereinigt. Die Verteilung auf die verschiedenen Trockenplätze erfolgt über Schieber in den Wasserrinnen (trockene Aufbereitung).
Mitte links: Der gewaschene Kaffee in der Hornschale wird in manchen Ländern, wie hier in Kenia, auf Holzhorden getrocknet. Damit die Horden nicht beschädigt werden, müssen die Kaffeebohnen von Hand gewendet werden.
Mitte rechts: Wenn die Kaffeekirschen einzeln gepflückt wurden, werden sie anschließend in Waschkanälen von allen Fruchtfleischresten befreit und dann auf die Trockenplätze verteilt (nasse Aufbereitung).
Unten links: In São Paulo und Paraná werden die Kaffeekirschen auf Trockenplätzen ausgebreitet und tagsüber ständig gewendet. Abends schiebt man sie dann zu Haufen zusammen, die zum Schutz vor Tau und Nässe mit großen Planen abgedeckt werden.
Unten rechts: Vor dem Kaufabschluß überzeugt sich der Händler durch Musterziehen von der Qualität des Rohkaffees.

allergrößte Schäden anrichtete, machte man sich Gedanken über diese Pflanzenkrankheit, die sich seit etwa 20 Jahren, von Brasilien ausgehend, auch in den Ländern Lateinamerikas ausbreitet. Wo kommt sie her, wie tritt sie auf und vor allen Dingen, wie kann man sie bekämpfen und welchen wirkungsvollen Schutz gibt es?
Mit Beginn des plantagenmäßigen Anbaus tropischer Nutzpflanzen und der Ausweitung der Anbaugebiete entstanden die ersten, zunächst bescheidenen Forschungsstellen. Schon frühzeitig hatten einsichtige Pflanzer erkannt, daß es mit dem Sammeln neuer Arten und einem rein empirischen Probieren geeigneter Anbaumethoden nicht getan ist. Es mußte Grundlagenforschung betrieben werden.
Die niederländische und die britische Regierung richteten in ihren damaligen Kolonien Niederländisch-Indien und Indien Institute ein, die der Erforschung aller Fragen der tropischen Landwirtschaft dienten. Dem Kaffee galt eine besondere Fürsorge. Aber nicht nur frühere Kolonialmächte richteten Forschungsinstitute für tropische Landwirtschaft ein, von denen die Institute in Indien und die von Franzosen geleiteten Institute in der Republik Elfenbeinküste heute internationale Bedeutung haben. Auch in den Ländern Lateinamerikas hat die Kaffeeforschung eine längere Tradition.
Brasilien, Ende des 19. Jahrhunderts schon der Menge und dem Wert nach der Haupterzeuger von Kaffee, leistete in der Erforschung des Kaffees als Kulturpflanze Pionierarbeit. Es bleibt das große Verdienst des damaligen Kaisers von Brasilien – Dom Pedro II. –, daß er 1887 in Campinas, im großen Kaffeeanbaugebiet von São Paulo, ein Forschungsinstitut für alle mit Kaffee zusammenhängenden Probleme gründete. Er berief als Direktor den Österreicher Dr. Franz Dafert. Nach seinen Plänen wurde das Institut aus kleinen Anfängen aufgebaut, heute ist es wohl die bedeutendste landwirtschaftliche Forschungsanstalt für tropische und subtropische Kultur- und Wirtschaftspflanzen auf der Südhalbkugel. Wissenschaftler aus vielen Ländern der Erde arbeiten dort und versuchen, noch ungelöste Fragen insbesondere der Genetik, der Botanik, der Anbaumethoden, der Krankheiten und Schädlinge, der Bodenfruchtbarkeit und des Klimas zu lösen.
Für den Kaffee ist die Züchtung ertragreicher, kleinwüchsiger Arten wichtig, um die Ernte zu erleichtern. Außerdem sollen sie widerstandsfähig gegen Krankheiten sein. Ein weiteres Ziel muß es sein, klimaresistente Arten zu finden, die die gelegentlich an der Anbaugrenze auftretenden Temperaturen um und wenig unter 0 °C ohne größere Schädigung überstehen. Einer der Hauptforschungsbereiche gilt der Vermehrung einer gegen *Hemileia vastatrix* (Kaffeerost) widerstandsfähigen Art aus Samen der klonalen Züchtung Robusta × Arabica (Arabusta). Man ist auch an Einkreuzungen rostresistenter Sorten wie „Hibrido de Timor“ interessiert.
Neben Campinas im Staat São Paulo besteht seit 1938 ein rein auf die Kaffeeforschung ausgerichtetes Institut im Hauptanbaugebiet der unter Schattenbäumen wachsenden sogenannten „milden Kaffees“, die alle naß aufbereitet werden. Im Bergland der zentralen Anden Kolumbiens, in Chinchiná bei Manizales, liegt das von der *Federación Nacional de Cafeteros de Colombia* (Nationale Kaffeepflanzervereinigung) eingerichtete Forschungsinstitut, das heute auf seinem Gebiet zu den weltweit führenden Einrichtungen zählt. Die Aufgabenstellung ähnelt der anderer Institute, doch die gebirgige Lage der Kaffeegebiete in Kolumbien erfordert besondere Maßnahmen der Bodenpflege oder *conservación de suelo*, wie es dort heißt. In den lockeren Böden aus vulkanischen Aschen ist die Gefahr der Bodenabtragung durch die sehr hohen Niederschläge ständig gegeben. Besondere Pflanzverfahren, meist in zum Berg parallelen Linien, müssen gefunden werden. Dies soll natürlich wiederum im Einklang mit Möglichkeiten stehen, die Erschwernisse von Ernte und Transport vermeiden.

Boden- und Pflanzenanalysen sorgen für die richtigen Düngerangaben. Da der Anbau meist auf mittlere bis kleine Betriebe beschränkt bleibt, hat das Institut über eine Beratungszentrale auch eine sozialpolitisch wichtige Funktion. Mit anderen Worten: Das Ziel der Arbeit ist eine erhöhte Kaffeeproduktion bei niederen Kosten, einer besseren Qualität und besseren Lebensbedingungen für den bäuerlichen Kaffeepflanzer.
Daneben gibt es in fast allen Ländern mit regelmäßigem Kaffeeanbau Institute, die sich mit den wichtigsten Fragen über Varietäten, Anbau, Ernte, Aufbereitung und Vermarktung befassen. Die großen internationalen Forschungsinstitute für tropische Landwirtschaft haben meist eine besondere Sektion für alle Probleme und Fragen des Kaffeeanbaus.
Untersuchungen über Röstverfahren, industrielle Verwertung von Kaffee und Herstellung von Pulverkaffee gehören nicht mehr in das Gebiet des landwirtschaftlichen Anbaus. Sie bleiben meist den Instituten der Großfirmen auf dem Sektor der Nahrungsmittelindustrie in den Importländern überlassen.

Kaffee als Industrie-Rohstoff

Es war wohl vor allem die physiologische Wirkung des Kaffees auf den menschlichen Organismus, die seine Wandlung von einer exotischen „Kolonialware“ zum Industrie-Rohstoff gefördert hat.
Bis nach dem Ersten Weltkrieg wurde der Kaffee in der Regel vom Importeur an Zwischen- und dann an Kleinhändler verkauft, die ihn anschließend entweder aus ihren überschaubaren Röstereien oder als grünen Kaffee an die Verbraucher in den Haushalten weitergaben. Inzwischen ist der Kaffee zum Rohstoff einer großen Veredelungsindustrie geworden. Man kennt dabei unterschiedliche Phasen: Einmal das Entkoffeinieren als die am längsten bekannte „Kaffeeveredelung“. Dann das Entziehen einiger Reizstoffe, die als magenschädigend gelten, und schließlich die Verarbeitung zu sofort löslichem Kaffee. Die Röstverfahren wurden gleichfalls weiterentwickelt.
Kaffee wird vor seiner Verwendung als Getränk noch geröstet, damit ein flüchtiges aromatisches Öl frei werden kann, von dem das Aroma, der Geruch und der Geschmack abhängen. Dieses Öl, das höchstens 2 % des Gewichts ausmacht und in den einzelnen Arten und Varietäten in geringfügig unterschiedlicher Menge vorhanden ist, bedingt dann die spezifischen Geschmacksunterschiede.
Der Rohkaffee enthält, je nach Sorte und Herkunft, neben 10 bis 15 % Fett noch einmal den gleichen Anteil an Eiweiß, 6 bis 12 % Wasser, ebensoviel Saccharose, 3 bis 5 % Mineralstoffe, 5 bis 7 % Chlorogensäure und bis zu 2 % Koffein. Der Rohfaseranteil liegt mit 20 bis 30 % recht hoch.

Das Zusammenwirken dieser Stoffe zeigt dann nach dem Rösten im üblichen Kaffeegetränk die bekannten Reaktionen:
- Kleine Mengen steigern die geistige Tätigkeit. Auf das Zentralnervensystem wirkt er als Reizmittel.
- Muskel- und Herztätigkeit werden angeregt.
- Kaffee erhöht den Blutdruck und die Körperwärme, verbessert die Funktion der Nieren, vermindert aber den Austausch durch die Haut. Kaffee macht warm.
- Gleichzeitig regt er die Darmperistaltik an.
- Kaffee vertreibt den Schlaf, er muntert auf, macht geschwätzig.
- Übermäßiger Kaffeegenuß kann zu Durchfall und Erbrechen führen, er verursacht Überreizung, Schlaflosigkeit, Ohrensausen, Beklemmungsängste mit nachfolgenden Depressionen.

Nachdem man einmal die positive, aber auch die negative Wirkung des Kaffeetrinkens, die hauptsächlich vom Koffein ausgeht, erkannt hatte, bemühte sich die Forschung der Genußmittelindustrie, dem Kaffee das Koffein möglichst vollständig zu entziehen, damit er auch dem großen Kreis der Verbraucher zugänglich wird, dem er sonst aus gesundheitlichen Gründen versagt bleiben müßte.

Das Entkoffeinieren

Das Koffein ist in dem widerstandsfähigen Gewebe der dickwandigen Endospermzellen zu einem großen Teil an die Kaffeegerbsäure (Chlorogensäure) und an Fette gebunden. Es ist schwierig, das Koffein aus diesen Verbindungen zu lösen. Außerdem sollen ja keine Stoffe, die für das typische Kaffeearoma Bedeutung haben, ätherische Öle, oder Eiweißverbindungen zerstört oder mit entzogen werden.
Man hat seit 1906 unter diesen Bedingungen (kein Aromaverlust) versucht, dem Rohkaffee das Koffein zu entziehen. 1929 wurde eine Methode praxisreif. Jetzt gibt es bereits viele patentierte Verfahren. Allen gemeinsam ist, daß sie zuerst die zähen Endospermzellen der Bohnen für die Lösungsmittel durchlässig machen müssen. Dies geschieht heute meist durch Wasserdampf. Die Bohnen quellen etwas auf, die dickwandige Haut erweicht sich und läßt die Lösungsmittel eindringen. Andere Methoden erreichen dies durch Gase, Säuren oder alkalische Flüssigkeiten. Sobald die Zelle offen vorliegt, kann sich die Substanz, die zum Entziehen des Alkaloids Koffein verwendet wird, mit Koffein anreichern.
Nach dieser Behandlung enthält der Kaffee nur noch 0,05 % Koffein und gilt als koffeinarm. Natürlich überstehen die Bohnen diese „Mißhandlung“ äußerlich nicht ganz unbeschadet. Deshalb wird entkoffeinierter Kaffee meistens nur geröstet angeboten.
Das nach dem Verdunsten des Lösungsmittels gewonnene Roh-Koffein wird gereinigt. Es sind schneeweiße, seidenglänzende Kristalle. Man gebraucht es für pharmazeutische Produkte und setzt es zum Teil anderen Getränken wieder zu.

Das Rösten

Ohne das Rösten ist Kaffee wertlos. Neben der Aufbereitung nach der Ernte ist es der wichtigste Schritt für eine Verwendung als Genußmittel. Entsprechend vielfältig und aufwendig sind die Einrichtungen und Methoden für das Rösten in den Importländern, während der Kaffee in vielen Anbauländern auch heute noch nach altväterlicher Weise gebrannt wird.
Vor dem Rösten muß der grüne Kaffee frei von Schmutz und Schalenresten sein. Am besten wird in siebartig gelochten Trommeln geröstet, die sich in einer Blechkapsel über einer Wärmequelle drehen. Eine gleichmäßige Übertragung der Wärme auf die Bohnen – heute durch Gasbefeuerung oder durch elektrische Heizung möglich – muß gewährleistet sein. Beim Einwirken der Hitze entweichen zuerst Wasserdampf und dann die Produkte der trockenen Destillation – aromatisch riechende Stoffe, welche die Augen angreifen. Bei 100 °C nehmen die Bohnen ein fades Gelb an, hellbraun werden sie bei 150 °C. Gleichzeitig schwellen sie an. Der Kaffeeduft entsteht. Zwischen 200 und 250 °C ist der Kaffee fertig geröstet. Die Bohnen sind jetzt dunkelbraun, ihr Volumen hat sich stark vergrößert. Das Gewicht ist um etwa 20 % geringer geworden. Der Röstvorgang muß sofort unterbrochen werden, um jede Gefahr des Nachröstens zu verhindern. Die Bohnen werden auf eine kalte, durchlöcherte Stahlplatte geschüttet und durch ständiges Umwenden in einem Luftstrom gekühlt.
Bei Mischungen von Kaffeesorten verschiedener Herkunft muß jede Partie gesondert geröstet werden, da sonst wegen der unterschiedlichen Größe und Abweichungen in der Zusam-

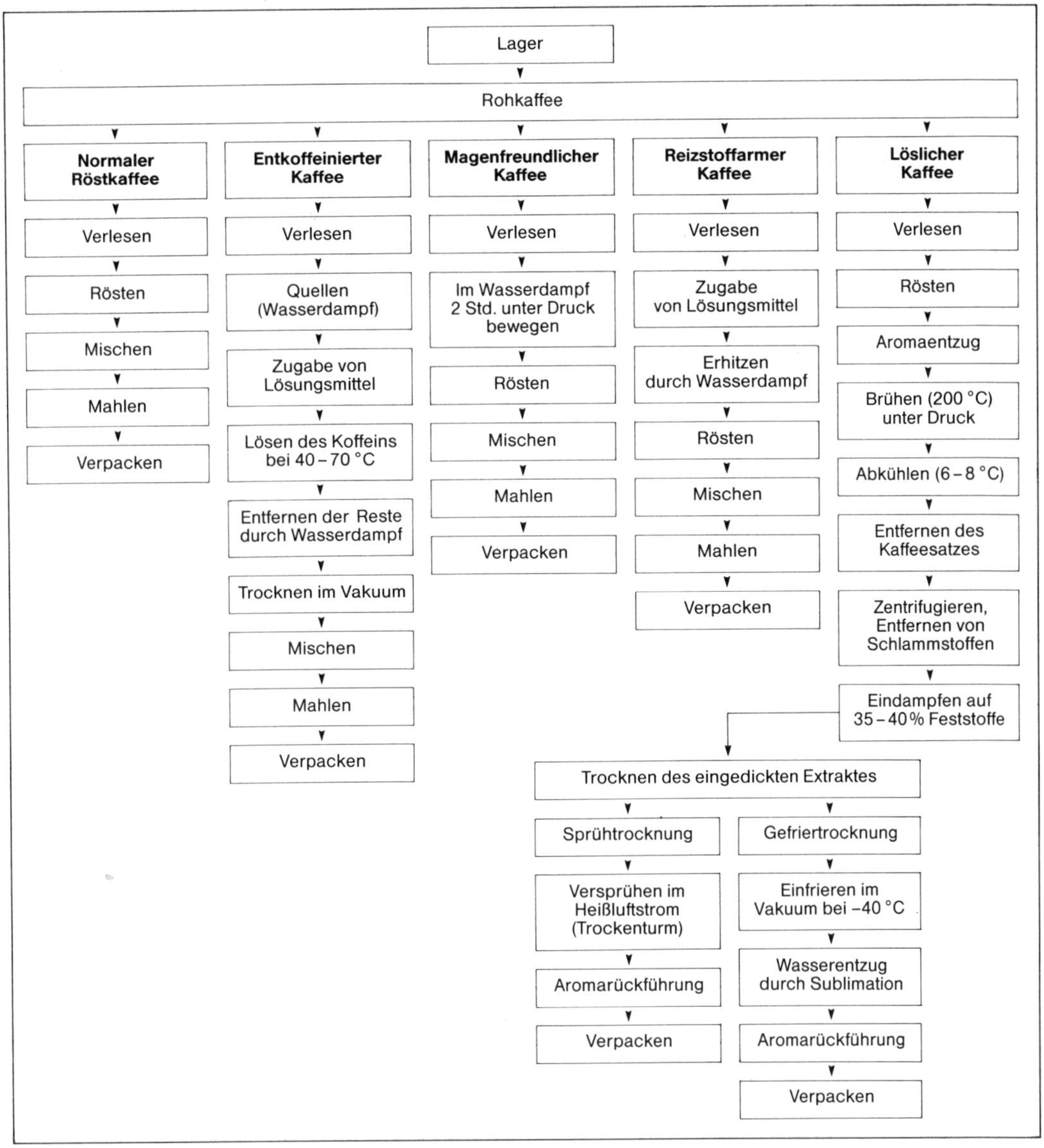

Industrielle Weiterverarbeitung des Kaffees.

mensetzung der Bohnen kein einheitliches Röstgut hergestellt werden kann. Der Koffeingehalt ändert sich durch das Rösten nicht.

Der Energieaufwand beim Rösten ist recht hoch. Jede Bohne in der Rösttrommel soll ja mit der Wärmequelle unmittelbar in Berührung

kommen. Die Hitze wird durch den Kontakt der Bohnen mit der Trommelwand übertragen. Eine längere Vorwärmzeit ist nötig.
Man kam auf den Gedanken, die Wärme direkt, ohne den Umweg über die Trommelwände, an die Bohnen abzugeben. Schon 1909 wurde ein Patent für die Heißluftröstung erteilt, 1926 ein weiteres. Die Übertragung der Wärme durch Ventilation führt zu einer Beschleunigung des Röstprozesses, weil die Bohnen die Wärme allseitig aufnehmen können. Die Zellstruktur kann sich weiter ausdehnen, und die wasserlöslichen Bestandteile des Mahlguts lassen sich besser nutzen. Ob dieses Röstverfahren in Zukunft von der Industrie überall eingesetzt werden wird, ist nicht bekannt, da der Energieverbrauch sehr hoch ist.
Diese sogenannte Kurzzeitröstung, unter der man Röstzeiten von weniger als 3 Minuten bis 90 Sekunden versteht, ist noch umstritten, da sie sich nicht für alle Provenienzen zu eignen scheint.

Der lösliche Kaffee

Der Gast, der heute in Großbritannien einen Kaffee bestellt, wird mit hoher Wahrscheinlichkeit ein Getränk bekommen, das nicht mehr nach der alten gebräuchlichen Art (Rösten, Mahlen, Aufbrühen) zubereitet wurde. Von seinem Gesamt-Kaffeekonsum entfallen etwa 90 % auf löslichen Kaffee: Großbritannien liegt damit an der Spitze aller Länder. In Japan schwankt der Anteil des Instantkaffee um 50 %, in den USA erreicht er 40 % des Gesamt-Kaffeeverbrauchs. Auch in vielen Anbauländern wird die Zahl der Liebhaber von Pulverkaffee immer größer. In Mexiko liegt sie um 40 %, und selbst in Brasilien bevorzugen bereits 10 % aller Kaffeetrinker löslichen Kaffee.
In der Bundesrepublik hat sich löslicher Kaffee noch nicht so stark durchgesetzt. Erst jede 10. Tasse wird auf diese Art zubereitet. Das

Gesamtproduktion von löslichem Kaffee in der Bundesrepublik Deutschland

1986	1987	1988
22 228 t	21 835 t	24 155 t

(Der Inlandsverbrauch ist bei rund 12 000 t anzusetzen)

Quelle: Deutscher Kaffee-Verband, Hamburg, Jahresberichte 1987, 1988.

Schlußlicht beim Verbrauch dieses Kaffees bilden die skandinavischen Länder und Italien mit etwa 4 %. (Die von der Industrie und vom Deutschen Kaffee-Verband herausgegebenen Zahlen stimmen nicht immer überein!).
Der lösliche Kaffee ist inzwischen für die Bundesrepublik Deutschland ein beachtlicher Exportartikel geworden, der in mehr als 60 Länder geliefert wird.
Die Bereitung einer Tasse Kaffee erfordert einen gewissen Aufwand. Der geröstete Kaffee muß gemahlen sein, dann kann man ihn mit kochendem Wasser überbrühen. Später muß der Satz beseitigt werden, ehe man einen trinkfertigen Kaffee erhält. Es war daher schon lange das Ziel der Erfinder, einen Kaffee herzustellen, der sich ohne Vorbereitung und Rückstände in heißem oder kaltem Wasser trinkfertig auflöst. Ein anderer Gedanke kam noch hinzu: Rohkaffee hält sich unter guten Bedingungen einige Jahre, braucht aber sehr viel Lagerraum. Nach etwa fünf Jahren verlieren sich seine Eigenschaften.
In der Weltwirtschaftskrise um 1930, als in Brasilien ganze Kaffee-Ernten verbrannt oder ins Meer geschüttet wurden, um den Preisverfall aufzuhalten, suchte man nach Möglichkeiten, den Kaffee wie andere Fruchtkonserven zu bearbeiten, damit er bei geringstem Raumbedarf noch nach Jahren genießbar bleibt. Nach vielen vergeblichen Versuchen gelang es 1938

den Forschern der Firma Nestlé in der Schweiz, einen sofort löslichen Kaffee (Instant Coffee) herzustellen. Dieser Kaffee, der mit dem heutigen, verbesserten löslichen Kaffee noch wenig gemeinsam hatte, setzte sich dann nach und nach durch. Er galt aber noch zehn Jahre später als so große Besonderheit, daß ihn sogar Thomas Mann unter dem Firmennamen in seinen jetzt veröffentlichten Tagebüchern erwähnt: „Freitag den 3. Jan. 1947. Die ersten Tage des Jahres sehr hell und heiter – Nes-Kaffee früh."*

Herstellung von löslichem Kaffee

Für löslichen Kaffee werden die gleichen Rohkaffees verwendet wie für jeden anderen Kaffee auch. Vom Augenblick der Röstung an geht die Verarbeitung allerdings in einem geschlossenen Prozeß vollautomatisch vor sich. Der geröstete Kaffee wird gemahlen und kommt in Filteranlagen. Hier wird ihm nun durch besondere fabrikeigene Verfahren (Aromabindemittel und Stabilisatoren) das wertvolle Aroma entzogen. Dann wird der Kaffee mit sehr heißem Wasser gebrüht (beim Aufbrühen im Haushalt beträgt die Temperatur nur etwa 95 °C), damit alle löslichen Anteile frei werden.

Beim Filtern wird der Kaffee bis auf das Vielfache eines starken Haushaltskaffees konzentriert. Schließlich wird der Kaffeesatz entfernt und als Heizmaterial verwendet. Durch Verdampfen nach dem Filtern wird der Kaffee dann durch Wasserentzug nochmals konzentriert. Er gelangt nun in den Sprühturm, wo das Konzentrat in einem heißen Luftstrom zerstäubt wird und zu einem feinen Pulver trocknet. Die feuchtheiße gesättigte Luft wird durch Ventilatoren abgesaugt. Am Ausgang des Verfahrens wird das abgesonderte Aroma zurückgeführt.

Bei der neueren Gefriertrocknung kommt das zähflüssige Kaffeekonzentrat in flachen Behältern in eine Gefrieranlage und wird bei –40 °C tiefgefroren. Anschließend werden die Eisplatten gemahlen, in große Metallschalen gefüllt und zum kontrollierten Gefriertrocknen in Vakuumkammern gebracht. Die Eiskristalle des Restwassers verdunsten dank Vakuum und Erwärmung. Der Pulverkaffee erhält die bekannte bröckelige Struktur. Die EG-Kaffee-Extrakt-Richtlinie vom Dezember 1985, die auch für deutsches Recht gilt, legt das Verhältnis von Rohkaffee zu löslichem Kaffee fest: 1 kg löslicher Kaffee muß aus mindestens 2,3 kg Rohkaffee hergestellt werden.

Löslicher Kaffee ist stark hygroskopisch, bei Luftabschluß aber nahezu unbeschränkt haltbar.

---

* Vorabdruck der Auszüge aus den Tagebüchern von Thomas Mann, 1946–1948 im amerikanischen Exil (Welt am Sonntag, 17. Sept. 1989).

Tee

Teeverordnung und Verbrauch

Der Tee ist als anregendes Genußmittel eine der großen Weltwirtschaftspflanzen geworden. Seit über 3000 Jahren wird er im südlichen China und im übrigen Ostasien in Hausgärten von Kleinbauern angepflanzt. Vor etwa 150 Jahren erlangte er eine weltweite Verbreitung, und heute wird Tee, der sich in gewissem Rahmen unterschiedlichen Klimaverhältnissen angepaßt hat, in Asien, Afrika, Amerika und Australien angepflanzt.
Die Erkenntnis, daß sich aus Pflanzenteilen (Blättern, Blüten, Stengeln, Rinden oder auch Wurzeln), mit heißem Wasser übergossen, ein Getränk herstellen läßt, ist wohl noch älter als die Nutzung des Tees. Um diesen von solchen einfachen Aufgüssen und auch den daraus entwickelten Kräutertees zu unterscheiden, wurden für Tee genaue Vorschriften entwickelt.
Nach den Leitsätzen für Tee, teeähnliche Erzeugnisse, deren Extrakte und Zubereitungen wird Tee folgendermaßen beschrieben (Mitteilung vom Verband des Tee-Einfuhr- und Fachgroßhandels e.V.):

1. **Tee** stammt ausschließlich aus Blättern, Blattknospen und zarten Stielen des Teestrauches (*Camellia sinensis* Linaeus, O. Kuntze), die nach den üblichen Verfahren wie Welken, Rollen, Fermentieren, Zerkleinern, Trocknen bearbeitet sind.

2. **Aromatisierter Tee** ist Tee, dem zur Aromatisierung geruch- und/oder geschmackgebende Stoffe zugesetzt sind.

3. **Teeähnliche Erzeugnisse** sind Pflanzenteile, die nicht von *Camellia sinensis* (L.) O. Kuntze stammen und die dazu bestimmt sind, in der Art wie Tee verwendet zu werden.

Als Genußmittel und Handelsgut sind für den Tee nur die Punkte 1 und 2 gültig.
Das Teetrinken und damit der Verbrauch hat sich über die ganze Erde verbreitet. Für viele Länder ist dadurch Tee zu einem wichtigen devisenbringenden Exportprodukt geworden. Die Welternte hat sich jetzt bei ungefähr 2 200 000 Tonnen eingependelt. Von dieser Menge bleiben etwa 60 % in den Erzeugerländern für den Eigenverbrauch, der Rest wird exportiert, vornehmlich nach Westeuropa und in die USA. Die Deutschen sind, von wenigen regionalen Ausnahmen (Ostfriesland) abgesehen, keine ausgesprochenen Teeliebhaber. Daher erklärt es sich auch, daß nur weniger als 1 % des in den Handel kommenden Tees von der Bundesrepublik importiert wird. Die Tabelle auf S. 59 gibt Aufschluß über die Einfuhren (im Land versteuerte Mengen) und den Pro-Kopf-Verbrauch der letzten 23 Jahre.
Interessant ist ein Vergleich des Pro-Kopf-Verbrauchs mit dem einiger anderer Länder. Die Fachzeitschrift „Der Kaffee- und Tee-Markt" hat diese Zahlen einmal zusammengestellt.

Knappe Geschichte des Tees

Die Beschäftigung mit der Verbreitung der Kulturpflanzen und ihrem Einfluß auf die politische und soziale Entwicklung der Menschheit reizt immer von neuem – ganz besonders, wenn es sich um Pflanzen handelt, die schon jahrhundertelang in anderen Kulturkreisen ihre kultische und wirtschaftliche Bedeutung hatten, aber erst spät ihren Weg in die westliche Welt gefunden haben. Der Tee gehört dazu.
Die Kenntnisse darüber, seit wann Tee als anregendes Genußmittel getrunken wird, verlieren sich, wie auch bei vielen anderen wirtschaftlich bedeutenden Pflanzen, in der Legende.
Der Tee *(Camellia sinensis)* stammt ursprünglich aus dem tropisch-subtropischen Monsun-Asien. Heute wird Tee neben den uralten

Anbaugebieten in China und später in Japan auch in Indien, Ceylon, Indonesien, an der russischen und türkischen Schwarzmeerküste, im Iran, ferner in Natal (Republik Südafrika), Malawi, Uganda, Kenia, Zaire und Kamerun angepflanzt. Geerntet wird Tee in größeren Mengen auch im Norden Argentiniens, in Mexiko und in Peru. Da der Teeanbau nur in sogenannten „Billiglohnländern“ ein Geschäft ist, mußten zunächst durchaus vielversprechende Anbauversuche in den südlichen Staaten der USA, im Tessin und in Italien bald wieder scheitern.

Die erste urkundliche Erwähnung des Tees erfolgte um 350 n. Chr. in China. Zwischen 700 und 750 n. Chr. muß der Tee dann mit buddhistischen Mönchen nach Japan gekommen sein. Zunächst wurde dieser chinesische Tee oder schwarze Tee als Medizin angesehen. Dies änderte sich erst, als – wohl eher durch Zufall – der Grüne Tee aufkam. In dieser Form wurde der Tee in Japan volkstümlich. Die japanischen Teezeremonien, die sich auf den Grünen Tee begründen, sind weltberühmt. Man hat ein Geheimnis um die Zubereitung gemacht und dieses Wissen in esoterischen Kreisen weitergegeben. Auch bei uns sind inzwischen viele Abhandlungen über die Teezeremonie als Ausdruck einer fernöstlichen Philosophie, des Teeismus, geschrieben worden.

Für den Tee als Genußmittel, als Pflanze und als Produkt der Weltwirtschaft haben solche Betrachtungen aber nur geringe Bedeutung. Diese liegt vielmehr in der anregenden, durch das dem Koffein gleiche Tein hervorgerufenen Wirkung, des geringen Gewichtes der benötigten Teemenge und der einfachen Herstellung des Getränkes.

Die ersten Nachrichten darüber und wohl auch gleichzeitig der erste Tee kamen durch die Araber in den Westen. Um 1550 brachte ein Händler Tee nach Italien. Die Jesuiten in China kannten ihn natürlich auch, und ein Portugiese, Mitglied dieses Ordens, beschrieb 1639 die in Form

Eingeführte Teemengen und Pro-Kopf-Verbrauch von Tee in der Bundesrepublik Deutschland zwischen 1965 und 1988

	eingeführte Teemengen (in kg)	Pro-Kopf-Verbrauch (in g)
1965	7 616 145	129,0
1969	9 185 060	151,0
1972	9 952 048	161,4
1975	10 393 253	168,1
1978	11 732 048	191,4
1979	13 556 847	221,0
1980	14 822 651	240,8
1981	15 897 831	257,8
1982	15 721 204	255,1
1983	14 867 711	242,1
1984	15 475 422	252,9
1985	14 870 843	243,7
1986	14 551 325	238,4
1987	14 706 747	240,5
1988	14 757 590	240,6

Quelle: Deutscher Kaffee-Verband e.V., Hamburg, Jahresbericht 1987, 1988.

Pro-Kopf-Verbrauch nach Ländern (1985)

Land	kg
Großbritannien	3,08
Republik Irland	2,96
Neuseeland	2,02
Sri Lanka	1,03
Japan	0,94
Kenia	0,81
UdSSR	0,74
Indien	0,56
BR Deutschland	0,25

Quelle: Der Kaffee- und Tee-Markt, Nr. XXXVI/9, Hamburg, 1986.

geschnittene buschige Teepflanze, die Teeaufbereitung und die Art der Verwendung.
China war damals das Teeland schlechthin. Dem großen Verbrauch entsprach auch der Anbau. Im innerasiatischen Handel war Tee ein wichtiges Handelsgut; schon früh wurde er nach Tibet und über die Karawanenwege in die Mongolei ausgeführt. In der Mitte des 16. Jahrhunderts nahmen umherschweifende Kosakenhorden den Tee mit in das westliche Rußland, das später zu einem der Hauptverbrauchsländer für Tee werden sollte. Da Tee bei großem Volumen ein geringes Gewicht hat, ermöglichte aber erst die Erfindung des Ziegeltees eine Ausweitung des Handels in Innerasien.
Die Holländer lernten den Tee um 1600 im Fernen Osten kennen. Mit den beiden fast gleichzeitig gegründeten europäischen Handelsgesellschaften, der Britischen Ostindien-Kompanie und der Niederländischen Ostindien-Kompanie, begann 1600 und 1602 die Herrschaft der großen europäischen privaten Handelsimperien. Neben ihrer üblichen Ladung brachten die Schiffe dieser Gesellschaften auch Tee in größerer Menge nach Europa, der dann seit 1610 in den holländischen Welthäfen bekannt wurde. Es erstaunt daher kaum zu hören, daß schon vierzig Jahre später in der niederländischen Kolonie Neu-Amsterdam, dem heutigen New York, Tee getrunken wurde.
Unbekannt blieb aber weiterhin die Pflanze, die den Tee lieferte. Die Holländer hatten nach der Vertreibung der Jesuiten eine Konzession erhalten, die ihnen als einzigen Europäern den Handel mit Japan erlaubte. Diese Genehmigung beschränkte sich aber nur auf das Aufenthaltsrecht auf einer wenige Hektar großen Insel in der Bucht von Nagasaki. Über diese bescheidene Niederlassung gelangten dann um 1680 einige Teesamen nach Java. Die ersten von Europäern bewußt gezogenen kleinen Teepflanzen konnten sich entwickeln.
Wegen der gefährlichen langen Reise, bei der Wasser und Nahrung oft knapp wurden, mußte auf halbem Wege ein Stützpunkt zur Erholung der Mannschaft und Ergänzung der Vorräte angelegt werden. Als geeigneter Platz wurde die Gegend um das heutige Kapstadt gewählt. Nebenbei umfaßte die große Versorgungsbasis am Kap noch einen botanischen Garten, wohin man viele Pflanzen aus dem Osten verbrachte. Diese – oder was nach der langen Seereise noch übriggeblieben war – sollten sich in neuer Umgebung anpassen. So erreichten dann an der Wende zum 18. Jahrhundert junge Teepflanzen über Kapstadt die Niederlande. In den Glashäusern des Botanischen Gartens von Kew (nahe London) wurde Tee seit 1720 als Rarität gepflegt. Natürlich gab es auch in den königlichen Gewächshäusern von Paris um diese Zeit bereits einige Teepflanzen.
Die Britische Ostindien-Kompanie, die eine Monopolstellung im Handel der Britischen Inseln mit Asien und besonders mit China innehatte, erhielt 1715 eine Handelsgenehmigung für den Hafen Kanton und belieferte England mit Seide, Tee, Porzellan und Lackwaren. Das Geschäft blühte. Die Teeverschiffung aus China nahm an Umfang zu, doch nicht aller Tee war für England bestimmt.
Von den Holländern war Tee ja schon zwei Generationen früher in Nordamerika eingeführt worden. Der Tee stammte aus China; andere Teeanbaugebiete, die den damaligen Welthandel belieferten, gab es noch nicht. Der bescheidene Markt für Tee lag ganz in den Händen der Britischen Ostindien-Kompanie.
Aus China wurde der Tee nach Europa und in die britischen Kolonien Nordamerikas ausgeführt. Hier gab schließlich die Einführung einer Teesteuer den letzten Anlaß zum Aufstand der unzufriedenen Kolonisten gegen England: drei Jahre nach der berüchtigten „Tea Party“ von Boston waren die USA unabhängig.
Die nach dem Opiumkrieg 1842 gewaltsam durchgesetzte Öffnung weiterer chinesischer Häfen für den Überseehandel hatte weitreichende Folgen. China konnte jetzt mehr Tee für

Europa liefern. Der einmal geweckte Bedarf nahm zu. Die Tee-Erzeugung ließ sich zwar noch etwas steigern, doch man darf nicht vergessen, daß der Teeanbau in China mehr als Gartenkultur in kleinen Betrieben gepflegt denn in Form von Großpflanzungen betrieben wird. Erschwerend war auch der lange und gefährliche Reiseweg. Um diesen zu verkürzen, wurden zum einen neue Anbaugebiete im Süden erschlossen, die näher an den Verladezentren nach Europa lagen; zum anderen wurde ein neuer Schiffstyp, ein Schnellsegler entwickelt: der Klipper. Auch dieses Kapitel gehört zur Teegeschichte! Die Klipper schafften schließlich die Strecke vom neuen Teeausfuhrhafen Futschou nach London über Kapstadt in nur knapp über 100 Tagen.

Doch alle diese Maßnahmen konnten den Abstieg Chinas als Hauptteelieferant für die übrige Welt nur verzögern, aber nicht aufhalten. Bis zur Mitte des 19. Jahrhunderts blieb China jedoch praktisch das einzige Land, das den Welthandel mit Tee versorgte.

Nach dem Friedensschluß 1842 mußte China ausländischen Teefachleuten Reisen durch die Anbaugebiete gestatten. Besonders Engländer, Holländer und Amerikaner nutzten diese Gelegenheit. Sie sammelten alle erreichbaren Teevarietäten und unterrichteten sich über bislang sorgsam gehütete Verfahren der Aufbereitung. Die Pflanzungen in Indien und auf den Sundainseln (hauptsächlich auf Java) zogen daraus ihren Nutzen.

Zwar hatten die Holländer Teepflanzen schon vor 1700 nach Java verbracht, wo sie auch im Garten des Generalgouverneurs anwuchsen, doch dies blieb zunächst Episode. Erst 1826 holte der deutsche Arzt Theodor von Siebold im Auftrag der niederländischen Regierung Teesamen aus Japan. Diese keimten, und die Pflanzungen weiteten sich aus. Trotzdem blieb der Teeanbau bis in die zweite Hälfte des vorigen Jahrhunderts als Monopol in den Händen der Regierung.

Verbreitung des Teeanbaus

Innerhalb des Hoheitsgebietes der Britischen-Ostindien-Kompanie hatte ein Oberst Kyd 1780 junge chinesische Teebäume in seinem Garten in Kalkutta angepflanzt. Gleichwohl dauerte es auch hier noch weit über 50 Jahre, ehe man von größeren Teepflanzungen sprechen kann.

Die systematisch geförderte Erforschung Indiens hatte in dieser Epoche gerade begonnen. Neben völkerkundlichen, geologischen und geodätischen Erkenntnissen waren es besonders die botanischen Entdeckungen, die die Wirtschaft dieses Landes nachhaltig verändern sollten.

Ein anderer britischer Oberst namens E. A. Bruce und sein Hauptmann A. Charlton fanden auf ihren Reisen im Bergland von Assam eine neue hochwachsende, bis dahin unbekannte Teevarietät, die dort in den regentriefenden Urwäldern ein dichtes Unterholz bildete. Diese neue Varietät wurde wegen ihrer Schnellwüchsigkeit und ihres hohen Ertrags viel angepflanzt und verdrängte besonders in den ganzjährig feuchtwarmen, tropischen Gebieten den schon gelegentlich gezogenen chinesischen Tee. Erst nach der Anpflanzung dieser neuen Teeart kann man von einer großzügigen Entwicklung des Teeanbaus sprechen.

Obgleich dieser *„Thea assamica"*, wie er zunächst hieß, schon 1823 entdeckt worden war, legten die Engländer erst 1834 eine größere Pflanzung dieser Varietät an. 5 Jahre später kam dann die erste Ernte in London auf den Markt. Der Tee verkaufte sich gut.

Auf der damals zur britischen Krone gehörenden Insel Ceylon hatte der plantagenmäßige Kaffeeanbau alle anderen bäuerlichen Kulturen zurückgedrängt, bis er nach der Mitte des vorigen Jahrhunderts durch den Befall mit Kaffeerost völlig zum Erliegen kam. Nach zögernden Versuchen beschloß man um 1870, den verzweifelten Pflanzern Tee als Ersatzkultur zu empfeh-

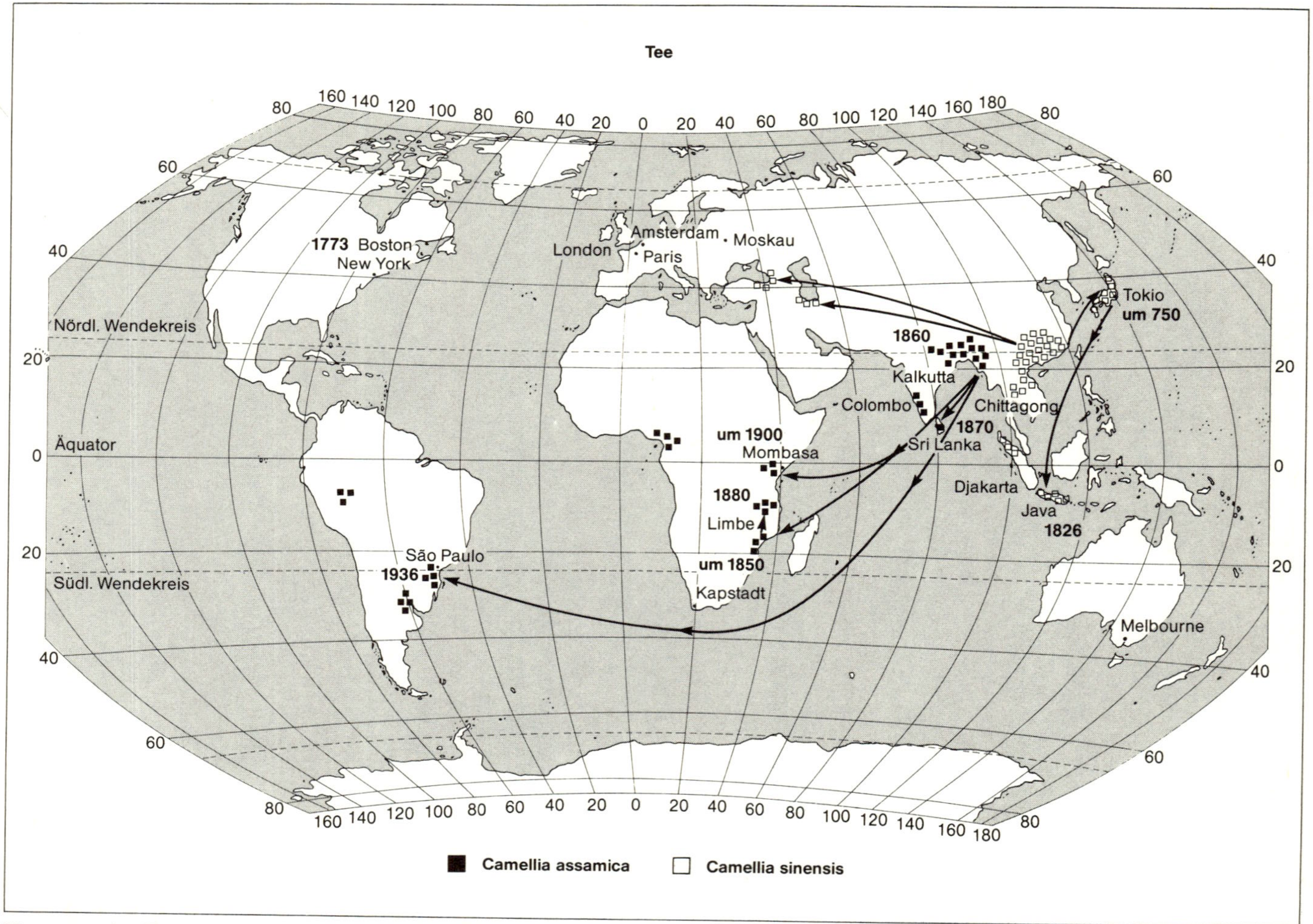

Ursprung des Tees in Asien und seine Verbreitung über die Erde.

Welt-Jahres-Teeproduktion (in Tonnen)				
Land	1935	1955	1975	1984
Indien	178 912	307 704	487 137	645 115
Sri Lanka	100 180	172 371	213 679	203 058
Indonesien	71 504	43 995	70 927	126 375
Bangladesch	–	23 805	29 009	38 211
Kenia	2 858	8 644	56 730	116 172
Malawi	2 942	8 418	26 256	37 530
Mosambik	200	6 046	13 143	14 000
Übriges Afrika	568	7 045	58 028	70 961
China	–	108 000	211 000	411 000
Taiwan	9 881	14 680	26 092	24 365
Japan	45 630	72 854	105 448	92 500
UdSSR	3 175	28 032	86 300	150 000
Iran	599	5 897	23 000	22 000
Türkei	–	1 208	55 572	113 701
Argentinien	–	1 814	27 930	41 000
Andere	287	6669	37 080	49 890
Gesamt	416 736	817 182	1 527 331	2 155 878

Quelle: A. Vollers: Indonesien. Bremen 1987.

len, weil er gegen diesen Rostpilz immun ist. Gleichwohl konnte damals niemand erwarten, daß der Teeanbau auf Ceylon einmal eine derart wichtige wirtschaftliche Stelle einnehmen werde. Wenn auch inzwischen der Name der Insel in Sri Lanka geändert wurde – Ceylon und Tee sind ein stehender Begriff geworden, und das in weniger als nur 50 Jahren.

Als das Getränk Anfang des 19. Jahrhunderts immer mehr Liebhaber fand und Tee ein wertvolles Handelsprodukt wurde, konnten die damaligen klassischen Anbaugebiete kaum genügend liefern. Man versuchte, in anderen geeigneten Ländern Pflanzungen anzulegen. Der Tee, ursprünglich aus Ostasien stammend, verbreitete sich später besonders in Indien, Ceylon und dem heutigen Indonesien.

Die Russen, seit langem als Teetrinker bekannt, begannen an der Schwarzmeerküste des Kaukasus, einer klimatisch geeigneten Zone, Tee anzupflanzen. Seit etwa 1900 versorgt Grusinien das Land mit Tee. Auch an der iranischen Küste des Kaspischen Meeres wird Tee gezogen. Die klimatisch milde Schwarzmeerküste der Türkei führte dort ebenfalls zur Anlage zahlreicher Pflanzungen, und um 1850 brachten Engländer den Tee nach Südafrika. Bald gab es auch Pflanzungen in Malawi. Nach nur ungefähr weiteren 25 Jahren wurde Tee in Uganda und Kenia erfolgreich angebaut. Wenige Jahre später folgten Mosambik und der damalige Belgisch-Kongo.

Nach dem Zweiten Weltkrieg entstand am Kamerunberg bei Buea ein größeres Anbaugebiet. Japanische Auswanderer hatten in der Zeit zwischen den Weltkriegen den Tee nach Mexiko und Südbrasilien gebracht. Auch das Zwischenstromland am Paraguay, besonders die argentinische Provinz Misiones, beliefert inzwischen den Weltmarkt mit bedeutenden Teemengen.

Botanik

Der Tee, in seiner ursprünglichen Form ein kleiner Baum und kein Strauch, wird heute botanisch allgemein als *Camellia sinensis* (L.) O. Kuntze bezeichnet. Er gehört zur Familie der Theaceae. Es ist der sogenannte chinesische Tee. Bei dem aus dem Bergland von Assam stammenden Tee handelt es sich nur um eine Varietät, die den Namen *Camellia sinensis* var. *assamica* (Mast.) nach J.W. Masters erhielt. Eine nahe Verwandte der Teearten ist die Kamelie, die bei uns als anspruchsvolle Zierpflanze in milden Wintern als immergrüne Staude im Freien durchkommen kann.
Beläßt man dem Tee sein natürliches Wachstum – was aber praktisch nur zur Samengewinnung geschieht –, dann wird der China-Tee nicht höher als 5 m, während der Assam-Tee durchaus 10 m oder mehr erreichen kann. An kurzen Blattstielen sitzen die lanzettförmigen, elliptischen Blätter mit grobgezähnten Rändern. Die Blätter wie auch die Stiele sind im Jugendzustand weich, schmiegsam und leicht behaart, im Alter dagegen wie Lorbeerblätter lederartig hart. Bei *Camellia sinensis* werden sie bis zu 9 cm lang, während der Assam-Tee, der in seinem gesamten Erscheinungsbild größer und kräftiger ausfällt, auch längere und breitere Blätter hat.
Der Teebaum ist immergrün und ähnelt jungen Birken. Zur Erleichterung des Pflückens der Blätter wird er durch Zurückschneiden nach verschiedenen Methoden auf etwa 1,20 m Höhe gehalten; dadurch erhält er dann ein buschiges, zuweilen kugeliges Aussehen. Die Blattknospen sind dünn und spitz, die Blütenknospen dagegen rund. Die weiß bis schwach rosa gefärbten, wohlriechenden Blüten erreichen einen Durchmesser von ungefähr 3 cm und erinnern in der Form an die Blüten der Wildrose. Sie hängen nickend an den Seiten der Achselknospen. Dabei sind 5 oder 7 Blütenkronenblätter, jede mit zahlreichen Staubgefäßen, an der Basis verbunden.
Die kahle Fruchtkapsel vom gleichen Ausmaß wie die Blüte enthält in Fächern 3 bis 4 schwarzbraune, glatte Samen, die oft gegeneinander etwas abgeplattet sind und ungefähr die Größe geschälter Haselnüsse haben. Die Reifezeit beträgt 12 bis 15 Monate. Die Früchte springen dann auf und die Samen fallen zu Boden. Sie werden als Saatgut zur Vermehrung genutzt. Daneben gewinnt man aber auch, hauptsächlich in China, aus den Samen ein geruchloses, nicht trocknendes Öl. Dieses Öl wird als Zusatz für Schmieröle verwendet; es ist für Speisezwecke ungeeignet.
Die Blüten können ein- oder mehrgeschlechtlich sein. Es kommt Selbstbestäubung vor, doch meist erfolgt die Bestäubung durch Insekten. Da diese mit den anhaftenden Pollen noch etwa 1 km weit fliegen können, wird eine Züchtung reiner Linien sehr erschwert. Hybriden aus China-Tee und Assam-Tee kommen ebenfalls häufig vor.

Klima und Boden

Der Teebaum ist ein Tiefwurzler. Er wächst auf unterschiedlich strukturierten und zusammengesetzten Böden. Auf leichtem Sand und nicht zu festem Lehm findet man ihn ebenso wie an steinigen Halden, ähnlich unseren Weinbergen. Dabei können die Wurzeln bis über 6 m tief in die Erde eindringen.
Alte Verwitterungsböden, jungvulkanische Gesteinsböden und Aschen wie auf den Sunda-

inseln, in Ostafrika, am Kamerunberg und auf einigen anderen Inseln lassen den Anbau ebenso zu wie die fruchtbaren Schwemmlandböden der großen Ebenen Ostasiens und von Misiones in Argentinien. Ungünstig sind dagegen ein hoher Grundwasserstand und stauende Nässe.

Der zum Strauch zurückgeschnittene Baum entwickelt ein starkes Wurzelsystem, da er, um zu überleben, seine abgepflückten Blätter sogleich ersetzen muß. Der Wasserbedarf ist daher entsprechend hoch. Wächst der Tee auf ärmeren Böden, wie noch in älteren Anbaugebieten, besonders in einigen Teilen Chinas, dann entwickelt sich die Blattmasse nicht sehr üppig. Die Erntemengen bleiben gering, und auch die Qualität ist nicht die allerbeste. Tee ist übrigens kalkfeindlich, daher liebt er mäßig bis leicht saure Böden. In vielen kleinen Betrieben Ostasiens wird der Tee auch heute noch als Pflanze im Hausgarten gezogen. Die Bäume erhalten dann eine Pflege, die eine regelmäßige Düngung mit einschließt, was auf größeren Pflanzungen nicht immer möglich ist.

Die entscheidende Voraussetzung für den Anbau von Tee liegt aber weit mehr am Klima als am Boden. Wie bei kaum einer anderen Weltwirtschaftspflanze, die nicht zur Ernährung dient, erstreckt sich das Anbaugebiet von Tee von der gemäßigten Zone auf der nördlichen Erdhälfte über den Bereich der Tropen bis in die Subtropen der Südhalbkugel.

In China findet sich ein wirtschaftlich rentabler Teeanbau von *Camellia sinensis* noch nördlich von Shanghai bei etwa 33 °. In Japan, das durch seine ozeanische Lage im Gebiet einer warmen Meeresströmung keine sehr strengen Winter kennt, reichen Teepflanzungen auf der Hauptinsel Hondo bis über 36 ° nördlicher Breite. Im milden Klima der Schwarzmeerküste in Kleinasien liegt die Anbaugrenze für Tee sogar noch weiter im Norden bei 42 °. Auf der südlichen Erdhälfte findet der Anbau bei 30 ° südlicher Breite in Natal (Republik Südafrika) und in Südamerika (Argentinien) seine polwärtige Grenze.

Besonders der China-Tee *(Camellia sinensis)* zeigt eine große Temperaturverträglichkeit. An seiner nördlichen Anbaugrenze (China, Kaukasien) kommen sogar mäßige Fröste vor, die der Tee, wenn sie nur gelegentlich auftreten und nicht zu lange andauern, bis maximal –10 °C noch übersteht. Dagegen wächst diese Teevariante aber auch bei sehr hohen Jahresmitteltemperaturen von 25 °C. Länger andauernde Hitze (bis 35 °C) verträgt sie ebenfalls ohne Schaden. Bei 20 °C liegt das für ein gutes Wachstum günstigste Mittel der Temperatur. Im Jahresdurchschnitt sollen aber 13 °C nicht unterschritten werden. Im Gegensatz dazu ist die andere Varietät, der Assam-Tee, frostempfindlich. Er verträgt aber ohne weiteres anhaltend höhere Temperaturen. Da sowohl beim China- wie auch Assam-Tee als immergrünem, vieljährigem Baum keine von einer Reifezeit abhängigen Früchte geerntet werden, ist ein jahreszeitlich bedingter Temperaturgang ohne größeren Einfluß. Es hat sich aber beim Assam-Tee die Erfahrung bestätigt, daß an der durch die Temperatur vorgegebenen Anbauhöhengrenze Sorten gedeihen, deren Blätter ein sehr geschätztes Aroma haben. Solche Bedingungen herrschen besonders in tropischen Bergregionen, die bei den Plantagen um Darjeeling bis über 2000 m an den Hängen aufsteigen.

Sehr hohe Ansprüche stellt der Tee an den Wasserbedarf und den Feuchtigkeitsgehalt der Luft. Wenn keine zusätzlichen Bewässerungsmöglichkeiten bestehen, sollen die Regenmengen 1200 mm im Jahr möglichst nicht unterschreiten. Als optimal gelten Mengen zwischen 2300 und 3500 mm jährlich. Dabei sollen die Niederschläge möglichst gleichmäßig über alle Monate verteilt sein. Solche Bedingungen gibt es, außer in Misiones in Argentinien, fast nur in Bergländern, vornehmlich der Tropen.

Am wenigsten verträgt der Tee Hitze und gleichzeitige Trockenheit. Würde man den

Baum in seiner natürlichen Form wachsen lassen, könnte er sich wohl an beides anpassen, doch er soll ja viele kleine, weiche und biegsame Blätter produzieren. Damit diese ständig nachwachsen können, ist zum einen der Bedarf an Bodenwasser recht groß und zum anderen muß die Luft sehr feucht sein. Das setzt nicht nur die Verdunstungsrate herab, sondern verhindert auch, daß die Blätter gelegentlich schon am Baum welken. Regelmäßige Regenfälle und hohe Luftfeuchtigkeit vermindern gleichzeitig den Staubgehalt, den Todfeind der Tee-Erzeugung. Daher kann Tee im Gegensatz zu Kaffee auch nicht bei künstlicher Bewässerung in Trockengebieten angebaut werden.

Der Teebaum als ursprüngliche Unterholzpflanze ist schon durch seine Herkunft empfindlich gegen ständigen Wind und starken, andauernden Sonnenschein. Die auch unter einer Wolkendecke besonders in höheren Berglagen stark auftretende kurzwellige Strahlung soll die Pflanzen kräftigen und zu einem besonders feinen Aroma führen. Deshalb wird der Tee in tropischen Tiefländern oft unter Schattenbäumen gezogen, da zu bestimmten Zeiten eine schützende Wolkendecke fehlt.

Anbau

Tee läßt sich sowohl aus Samen als auch aus Stecklingen ziehen. Aus Gründen der hybriden Aufspaltung beim Saatgut ist man heute in vielen Anbaugebieten zur vegetativen Vermehrung durch Absenker und Ableger übergegangen. Natürlich bleibt die Samengewinnung für die Neuanpflanzungen weiterhin beachtlich. Die Samen sind nicht haltbar und verlieren unbehandelt nach höchstens 3 Wochen ihre Keimkraft.

Unter rein tropischen Bedingungen, feuchtwarm und ohne ausgeprägte längere Regen- und Trockenzeiten, fehlt beim Tee eine eigentliche Blühperiode. Die Samen reifen also in allen Monaten. Man schüttelt sie von den Bäumen, liest sie auf und sortiert sie. Dann können sie ausgesät werden, entweder gleich an ihren endgültigen Standort oder in besonderen Saatbeeten unter Schattengestellen zum späteren Auspflanzen. Bei Saatbäumen beträgt die Pflanzweite etwa 5 m im Dreiecksverband, um dem Baum genügend Platz zur vollen Entwicklung zu geben.

Sollen, wie beim Tee, die Blätter geerntet werden, dann können Abstand und Zwischenraum der einzelnen Bäume eng sein. Je nachdem, ob der Tee im Flachland oder im gebirgigen Gelände angebaut wird, beträgt der Abstand zwischen den Bäumen von etwas unter 1 m bis etwa 1,50 m. Der Zwischenraum von einer Reihe zur anderen ist ungefähr 1,20 bis 1,50 m. Nach dem ersten Verschneiden sollen die Baumreihen möglichst zu einer Hecke zusammenwachsen. Sie werden dann von beiden Seiten beerntet. Da die Teebäume auf Strauch-

Oben: Teeplantage im wolkenverhangenen Bergland um Darjeeling (Himalaja). Die ständig hohe Luftfeuchtigkeit garantiert beste Teequalitäten.
Mitte links: Bei freiem Wuchs würde der auf Strauchhöhe zurückgeschnittene Tee zu einem mittelgroßen Baum heranwachsen, wie an dem kräftigen, kurzen Stamm zu erkennen ist.
Mitte rechts: Teeblüte mit Fruchtansatz. Nur zur Samengewinnung läßt man den Tee blühen und fruchten.
Unten links: Teepflückerinnen auf Java.
Unten rechts: Vor dem Verpacken werden aus dem fertigen Tee durch Handverlesen unerwünschte Verunreinigungen wie Stiele, verfärbte Blätter und Fremdkörper entfernt.

größe zurückgeschnitten werden müssen, kann man im Durchschnitt 7000 bis 8000 Bäume auf 1 ha rechnen. Größere Reihenabstände erlauben auch eine gewisse Mechanisierung der Arbeiten. Die Bäume sind für den Schnitt leichter zugänglich und lassen sich besser pflücken. Ungeziefer und Krankheiten sind einfacher zu bekämpfen. Man hat sogar schon, ähnlich wie für den Weinbau, Erntemaschinen konstruiert, die an den Reihen entlangfahren. Natürlich läßt sich mit solchen Verfahren keine besonders gute Qualität, sondern nur Massenware gewinnen. Auch einzelne tragbare Motorpflückscheren mit Sammelkörben, ähnlich unseren Heckenscheren, erleichtern die Arbeit, doch hochwertige Tees werden immer noch mit der Hand gepflückt.
Tee gehört aus diesem Grund zu den arbeitsaufwendigsten Weltwirtschaftspflanzen. Die Teepflücke erfordert viele Arbeitskräfte, die für jeden kurzfristigen Arbeitsanfall in der Zeit zwischen First und Second Flush, d. h. während der Ausbildung der jungen Triebe, einsatzbereit sein müssen. Eine nur wenige Tage verspätete Ernte kann große Qualitätsverluste nach sich ziehen, da ein Teil der Blätter dann schon zu fest geworden ist.
Die durchschnittliche Pflückleistung je Arbeitstag, d. h. von Sonnenaufgang bis in die Mittagsstunden, liegt bei 25 bis 30 kg, je nach der Hangneigung der Pflanzung. Bei der späteren Aufbereitung gehen dann etwa drei Viertel des Blattgewichts verloren. Je Hektar Anbaufläche wird mindestens eine Arbeitskraft benötigt. Die Jahreserträge schwanken zwischen 400 und 1700 kg marktfähigen, trockenen Tees pro Hektar – eine Menge, die natürlich auch von der Anzahl der jährlichen Pflücken abhängt.

Krankheiten

Als Kulturpflanze ihrer natürlichen Entwicklung als Unterholzgewächs entfremdet, wird Tee heutzutage fast nur als Monokultur auf größeren Flächen angepflanzt. Begünstigt diese Anbauform schon das Auftreten von Krankheiten und Schädlingen, so kommt noch hinzu, daß der Teebaum ja zur Strauchform zurückgeschnitten wird und daß außerdem von seiner schon stark verringerten Blattmasse durch das Abernten ständig weitere Teile entnommen werden. Es bleibt unbestritten, daß der Tee sowohl durch das ständige Pflücken der jungen Blätter, als auch durch das Zurückschneiden der Bäume auf Strauchform zum Verhindern der Blüte eigentlich mißhandelt wird. Er wird durch den Menschen regelrecht verkrüppelt. Dadurch ist der Baum in seiner Widerstandskraft erheblich geschwächt.
Gefährlich, zum Teil tödlich sind Pilzerkrankungen des Wurzelsystems sowie Erkrankungen an den Blättern, weil der Ernteertrag und die Qualität unmittelbar darunter leiden. Die

**Oben links: Blühender Kakao. Die Stamm- und Zweigblütigkeit ist deutlich zu erkennen.
Mitte: Die Kakaobohnen sind spindelförmig in das Fruchtfleisch eingebettet.
Unten links: Aus dem Fruchtfleisch gelöster, fermentierter und getrockneter Kakao. In dieser Form wird er zur Weiterverarbeitung an die Schokoladenfabriken geliefert.
Oben rechts: Die schweren Kakaofrüchte hängen mit ihrem kurzen, kräftigen Stiel direkt am Stamm oder an starken Zweigen. Je nach Varietät haben die reifen Früchte unterschiedliche Formen und Farben.
Unten rechts: Die Kakaofrüchte werden am Rande der einzelnen Parzellen der Pflanzung zusammengetragen. Faule oder beschädigte Früchte werden sofort ausgelesen. Danach bringt man die Früchte in großen Holztragen zu den Sammelplätzen zum Aufbrechen.**

Bekämpfung ist schwierig. Bei befallenen Wurzeln müssen deshalb die gesamten Pflanzen gerodet und verbrannt werden. Beim Blattbefall macht eine Spritzbehandlung die Blätter für die unmittelbare Ernte möglicherweise unbrauchbar. Als tierische Schädlinge kommen besonders Motten vor, deren Raupen sich in den jungen Blattknospen einspinnen. Ferner gibt es noch Blattwanzen, die ihre Eier in die Blattnerven legen und diese dadurch absterben lassen. Milben schädigen die Blätter ebenso wie Blattläuse und Raupen. Einige Raupenarten sind für das Pflücken besonders unangenehm, da sie durch ihre Behaarung bei Berührung mit der Haut einen starken Juckreiz hervorrufen. Grundsätzlich läßt sich aber sagen, daß die heute bekannten Krankheiten und Schädlinge des Tees die großen Plantagen und Anbaugebiete nicht so vernichten können, wie wir es von einigen Pilzen bei Kaffee und Kakao kennen.

Ernte

Der Tee kann bei günstigen Bedingungen, besonders in den wärmeren Anbaugebieten, schon nach 3 Jahren zum ersten Mal gepflückt werden. In der Regel aber vom 4. Jahr ab. Einen vollen Ertrag kann man jedoch erst im 7. Jahr erwarten. Er nimmt dann je nach Pflege der Bäume im Alter von etwa 15 Jahren wieder ab. Da der Tee für den Welthandel meistens größeren Plantagen entstammt, müssen überalterte Pflanzungsabschnitte ständig ersetzt und erweitert werden.

In den feuchtwarmen Tropen wie in Sri Lanka, Malaysia, Indonesien, im Süden Indiens, in Teilen Ostafrikas und in Kamerun kann die Ernte im Zeitabstand von einer Woche bis etwa 10 Tagen wiederholt werden, nachdem sich genügend kleine Zweige mit 5 bis 7 Blättchen neu gebildet haben. Man kann hier mit bis zu 30 Pflücken jährlich rechnen. In Anbaugebieten, deren Klima jahreszeitlich geprägt ist, wie in Japan, dem chinesischen Festland, der Türkei, dem sowjetischen Schwarzmeergebiet, im Iran und auch in Südafrika, im Süden Brasiliens und in Argentinien erfolgt die Pflücke nur drei- bis viermal jährlich, im jeweiligen Frühjahr, Sommer und Herbst. In der Höhenregion des südlichen Himalaya, um Darjeeling, mit den qualitativ am höchsten bewerteten Tees, bleibt die Zeit der Ernte klimabedingt auf etwa 6 Monate beschränkt.

Koffeingehalt der Teeblätter

Blatt	Koffein
Spitze	4,7 %
1. Blatt	4,2 %
2. Blatt	3,5 %
3. Blatt	2,9 %

Quelle: A. Vollers: Darjeeling. Bremen 1985.

Das Pflücken ist eine Tätigkeit, die nicht nur viel Fingerspitzengefühl voraussetzt. Es muß auch vorher erkannt werden, ob an einem Zweig die gewünschten Blätter sitzen. Die Pflanze soll dabei so gut wie möglich geschont werden. Bei älteren Blättern läßt die Qualität stark nach. Der Koffeingehalt ist bei den jüngsten Trieben etwa doppelt so hoch wie bei den dritten oder vierten Blättern. Die obenstehende Tabelle zeigt den durchschnittlichen Rückgang des Koffeingehalts der einzelnen Blätter.

Da nur die frischen Endknospen eines kleinen Zweiges (Pekoe) und die dann noch folgenden aufgerollten jungen Blätter Tee hoher Güte liefern, ist die Menge dieses Ernteguts recht begrenzt. Man nennt es das Feinpflücken, im Gegensatz zum größeren Ertrag versprechenden Grobpflücken, bei dem neben der Pekoespitze noch bis zu maximal 4 Blätter je Zweig gepflückt werden. Je nach dem Anteil an jüngeren und älteren Blättern kennt der Pflanzer folgende Bezeichnungen:

Imperial:	
Pekoespitze	(P)
Weiß- oder Goldpunkt:	
Pekoespitze + 1 Blatt	(P + 1)
Fein:	
Pekoespitze + 2 oder 3 Blätter	(P + 2) oder (P + 3)
Grob:	
Pekoespitze + 3 Blätter	(P + 3)
Sehr grob:	
Pekoespitze + 4 Blätter	(P + 4)

Man ist immer bemüht, alle pflückreifen Triebe und Blätter eines Baumes in einem Durchgang zu ernten. Dabei werden die Blätter abgezwickt und nicht einfach abgerissen.
Das Pflückgut wird in einen umgehängten Korb oder Sack gesammelt, der dann auf ein großes Tuch entleert wird. Die Blätter dürfen dabei nicht gedrückt werden. Die Menge fällt Jahr für Jahr gleich aus, sie hängt auch nicht von der Witterung ab, wie es bei Fruchternten der Fall ist. Eine periodische Ruhepause nach einigen Ernten ist ebenfalls nicht notwendig.
Die frischgepflückten Teeblätter sind nicht haltbar, sie müssen sofort, spätestens jedoch 6 Stunden nach dem Pflücken verarbeitet werden. In kleineren Teegärten am Haus, wie sie in China und Japan üblich sind, ist das kein Problem. Auf größeren Pflanzungen werden die gefüllten Körbe an Sammelstellen gewogen. Dann kommt der Tee in entsprechende Behälter aus Maschendraht, um eine gute Belüftung zu gewährleisten. Dann wird er auf Lastwagen oder Kabelbahnen zur „Teeverarbeitung“ in die Farbik transportiert. Der echte Schwarze Tee braucht eine sehr aufwendige Bearbeitung.
Der dem Tee eigentümliche anregende Wirkstoff, das Tein – von gleicher Zusammensetzung wie das Koffein – ist in unterschiedlichen Mengen in allen Teilen der Pflanze anzutreffen. Im Mittel liegt der Koffeingehalt bei den Blättern um 3 %, also etwas höher als beim Kaffee. Er schwankt aber je nach Herkunft, Zeit der Pflücke und Alter der Blätter am Baum. Neben diesem wichtigen, geschmacklich aber nicht wirksamen Koffeinanteil sind es noch besondere Gerbstoffe, die den Geschmack, die Farbe des Aufgusses und das Aroma beeinflussen. Die zusammenziehenden (adstringierenden) Eigenschaften des Tees rühren vom Gerbstoffanteil her, der gleichzeitig die Wirkung der Koffeinabgabe verzögert. Das ätherische Tee-Öl – nicht mit dem fetten Teesamenöl zu verwechseln – gibt dem Tee das eigentliche Aroma.

Aufbereitung und Weiterverarbeitung

Die gepflückten und grob sortierten Blätter von *Camellia sinensis* können nicht einfach getrocknet und zerbröselt als Tee genossen werden. Es bedarf einer aufwendigen Bearbeitung, um das als Tee bekannte Endprodukt zu erhalten.
Es gibt heute verschiedene Verfahren, aber alle arbeiten nach dem gleichen System. Die gepflückten und grob verlesenen Blätter müssen

1. welken
2. gerollt werden
3. fermentieren
4. trocknen
5. sortiert werden.

Diese Aufbereitung soll das Erntegut so verändern, daß es lange haltbar und leicht zu transportieren ist. Der Tee soll in einer möglichst gleichbleibenden Qualität hergestellt werden und – vor allem – sein volles Aroma bewahren, damit er ein Handelsgut wird.
Beim ersten Schritt der Herstellung von Tee soll zunächst das überschüssige Wasser verdunsten; sie müssen welken. Dann werden die Blätter unter leichtem Druck gerollt, um den Turgor

oder Saftdruck der Zellen zu zerstören. Nach dem Rollen müssen die noch grünen Blätter fermentieren, das heißt, in eine leichte Gärung übergehen. Später wird die Teemasse getrocknet und durch Absieben sortiert, wobei zu große Teile gebrochen werden. Schließlich wird er verpackt. Diese verschiedenen Vorgänge setzen eine aufwendige Organisation sowie einen Maschinenpark voraus, die zur Anlage ganzer, den Pflanzungen angeschlossenen, sogenannten Tee-Fabriken geführt haben. Da es sich beim Tee um ein hochempfindliches Genußmittel handelt, das nach dem Pflücken sofort verarbeitet werden muß, sind die Fabrikanlagen für eine bestimmte Menge festgelegt, die nicht überschritten werden kann, da das Welken, Rollen, Gären und Trocknen in erprobten Zeitabläufen erfolgen muß. Im Gegensatz zu Kaffee oder Kakao wird der Tee auf den Plantagen vom gepflückten Blatt bis zum Export sofort an Ort und Stelle bearbeitet. Er kommt also von der Plantage direkt als zum Aufbrühen fertiges Endprodukt in den Handel.

Verarbeitung zu Schwarzem Tee

Welken und Rollen

Der gepflückte Tee wird zur Fabrik gebracht, dort nochmals gewogen und meist schon vorsortiert. Kleine Zweige und vertrocknete Blätter werden ausgeschieden, ebenso regen- oder taunasse und zu große Blätter. Dann soll der Tee welken. Vom richtigen Welken hängt die weitere einwandfreie Verarbeitung ab. Die Blätter müssen so weich und biegsam bleiben, daß sie dann gerollt werden können. Während das frische Teeblatt noch um 80% Wasser enthält, wird dieser Anteil durch das Welken auf etwa 50 % gesenkt. Durch Wiegen wird dies ständig kontrolliert. Das Teeblatt selbst darf weder bis zum Brechen trocknen noch zusammenbacken. Auf dem sogenannten Welkboden in den kleineren Fabriken müssen die Blätter dünn ausgebreitet werden. Etwa 500 g frischgepflückte Blätter können eine Fläche von einem Quadradmeter einnehmen. In Gestängen übereinander hängende Drahtrahmen vergrößern natürlich die Fläche des Welkbodens.

Je nach Art des Tees, der Luftfeuchte und -temperatur dauert das Welken 6 bis 12 Stunden, in der Monsunzeit oft noch länger. Um bei dem großen Anfall von Pflückgut die Blätter bei jedem Wetter gleichmäßig schnell welken zu lassen, gibt es heute schon Welktröge mit bis zu 30 m Länge und 3 m Breite. Die Blattmasse wird etwa einen Fuß hoch in die Tröge gestreut; diese werden dann mit Folie abgedichtet und ein starker Luftstrom in wechselnder Richtung durchgeblasen. Bei feuchtem und zu kühlem Wetter wird die Luft vorher erwärmt. Dadurch wird eine kürzere Welkzeit und ein überall gleichmäßiges Welken erreicht.

Die behandelten Teeblätter werden anschließend unter leichtem bis mäßigem Druck gerollt. Das Blatt wird gedreht und teilweise gebrochen, um die innere Zellstruktur zu zerstören. Dabei wirken dann der austretende Zellsaft und die übrige Blattsubstanz aufeinander ein. Der Tee erhält damit schon seine endgültige Form.

Während man früher das Rollen mit den Händen ausführte, wobei ein geschickter Arbeiter bis zu 30 kg pro Arbeitstag rollen konnte, ist dieser Vorgang heute voll mechanisiert. Große horizontale metallene Scheiben in den Rollern, deren Andruck verstellbar ist, drehen sich jeweils über einer festen Platte. Die Scheiben haben spiralförmig von innen nach außen laufende, einige Millimeter breite Wülste. Bei einer Rolldauer von etwa 30 Minuten erwärmt sich die Teemasse etwas. Der Andruck muß dabei ständig überwacht werden. Bei einer Erwärmung auf 35 °C kann schon eine verfrühte Fermentation einsetzen. Um eine Oxidation und geschmackliche Änderung des austretenden Zellsaftes durch das Metall zu verhindern, wer-

den die Scheiben, Platten, Einfüll- und Entnahmetrichter aus Bronze hergestellt. Da sich aber immer Blätter zusammenballen, werden sie vor dem Fermentieren in leicht geneigten, horizontalen Siebtrommeln mit zunehmender Maschenweite, den Ballenbrechern, gelöst und abgesiebt.
Eine Rüttel-Siebmaschine übernimmt die grüne Blattmasse aus den Rollern zum Aufbrechen und Absieben. Das durchfallende Blattgut, bei guten Tees bis zu 50 % (das 1. Dhool) wird sofort in die Fermentieranlagen gebracht.
Beim folgenden Aufbrechen der Ballen werden weitere 30 % der Blätter, das 2. Dhool, abgesiebt. Mit einem erneuten Absieben, dem 3. Dhool, ist der Vorgang dann meist beendet. Der verbleibende Rest besteht aus grobem Blattgut, Rippen und Stielen.

Fermentieren

Die Fermentation oder Gärung, die dann folgen muß, ist für den Tee besonders wichtig und erfordert das ganze Können der Teemeister. Ähnlich einem Winzer, der seinen Wein richtig ausbaut, hängen Aroma und Farbe des späteren Aufgusses von der vorausgegangenen Gärung ab. Dies setzt eine optimale Lufttemperatur, hohe Luftfeuchtigkeit, einwandfreie Frischluftzufuhr und Vorsorge für Abluft voraus. Eine Temperatur zwischen 23 und 26 °C und eine Luftfeuchte nahe 100 % liefern das beste „Gärklima".
Der gerollte und gesiebte Tee wird auf Fließen, auf Holzgestellen oder neuerdings in tragbaren Aluminiumwannen ausgebreitet, durch deren siebartigen Boden mäßig warme Luft geblasen wird. Etwa 10 cm hoch darf die Schicht sein. Die Temperatur in der Masse steigt nun an, darf aber für die verschiedenen abgesiebten Blattgrade, die Dhools (fein bis grob) einen jeweiligen Grenzwert zwischen 27 und 30 °C nicht überschreiten – daher die Trennung der Blätter nach der Größe bei beendetem Rollen. Die Dauer der Fermentation hängt von der Blattgröße ab. Während des Gärprozesses erfolgt eine Umwandlung des Zucker-Eiweiß und anderer Stoffe durch Oxidation. Luftsauerstoff tritt hinzu, und ätherische Öle, die später dem Tee das typische Aroma geben, werden freigesetzt. Der Gerbstoffgehalt, der besonders in abgestandenem, aufgegossenem Tee einen bitteren Geschmack erzeugt, geht durch die Gärung von etwa 25 auf höchstens 10 % zurück. Der Koffeingehalt der Blätter erhöht sich gleichzeitig. Nach 3 bis 4 Stunden ist die Fermentation in der Regel abgeschlossen. Der Tee, zunächst kupferrot, bekommt beim Trocknen seine bekannte schwarzbraune Farbe.

Trocknen

Das Trocknen, auch Rösten oder Feuern genannt, beendet zum einen die Gärung und vermindert zum anderen den Wassergehalt auf etwa 3 %. Heute wird der Tee meist in mit Öl beheizten Trockenöfen auf Endlosbändern ungefähr 25 Minuten bei einer Temperatur von etwa 90 °C getrocknet. Neuerdings sind auch schon Trockner mit Heißluft im Gebrauch. Das feuchte Teeblatt schwebt nur noch einige Minuten im Luftstrom. In dünnen Lagen ausgebreitet, muß es dann sofort abkühlen. Von etwa 4 kg frischen Teeblättern verbleibt schließlich nur 1 kg trockener, fertiger Tee.

Sortieren

Sortieren und anschließendes Verlesen sind die letzten Bearbeitungsvorgänge in der Teefabrik, bevor das Produkt versandfertig gelagert und verpackt wird. Das Sortieren soll die jeweils bei einem vollen Produktionsgang anfallende Teemenge in die verschiedenen Größenklassen einteilen. Durch den Luftstrom eines Gebläses wird in einem Windkanal (Windfeger) der lang-

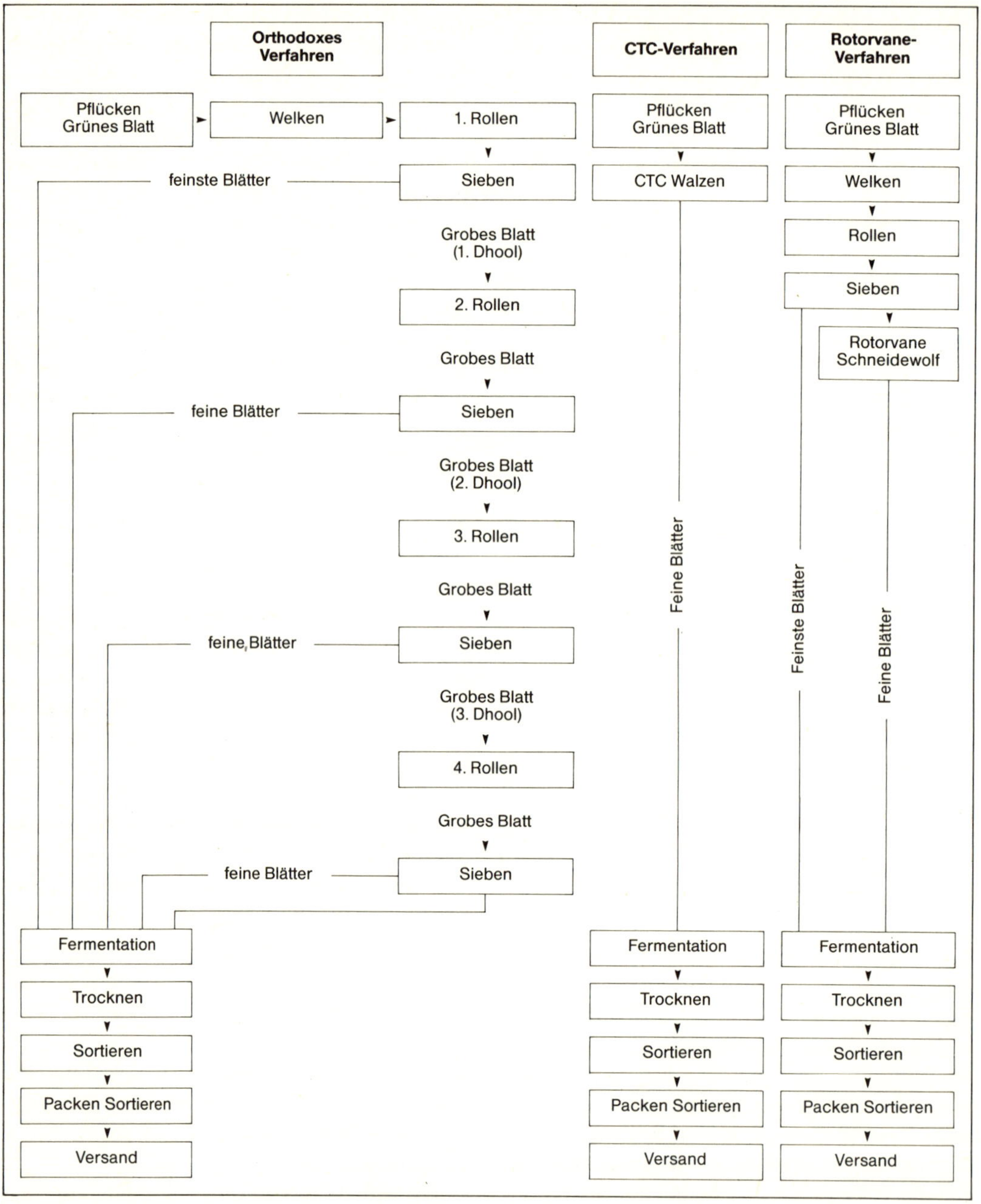

Arbeitsschema der Aufbereitung von Schwarzem Tee (aus A. Vollers: Indonesien, 1987).

sam und gleichmäßig einrieselnde Tee nach Größe und Gewicht sortiert. Schwere Teile des Tees sinken früher nieder als die leichten und kleineren und der unvermeidliche Staub, der dann nach außen abgesaugt und aufgefangen wird. Durch Öffnungen in der gesamten Bodenfläche des horizontalen Windkanals kann der Tee abschnittweise entnommen werden. Gröbere Teile kommen noch in eine Schneidemaschine, und zur letzten Feinsortierung werden die einzelnen Partien durch Siebe unterschiedlicher Maschenweite getrennt. Danach werden beim sorgfältigen Handauslesen nochmals unerwünschte Verunreinigungen wie Stiele, verfärbte Blätter und Fremdkörper entfernt.
Nach dieser gebräuchlichen orthodoxen Methode werden heute noch alle besser bewerteten Tees hergestellt. Um der großen Nachfrage gerecht werden zu können, entwickelten die Pflanzer zusammen mit der Maschinenindustrie neue Bearbeitungsverfahren. Die groben grünen Blätter werden vielfach schon nach dem ersten Rollen in Rotorvanen, einem im Stahlzylinder schneckenförmig angeordneten Schneidemesser, zerkleinert. Weiteres Rollen entfällt dadurch. Der Anteil an feinen Graden steigt. Die Qualität ändert sich nicht.

Das neue CTC-Verfahren

Eine wirkliche Umwälzung in der Teeverarbeitung brachte der Einsatz des 1931 in Assam von einem Pflanzer erfundene CTC-Verfahren, das heute in Indien und allen großen Teeanbaugebieten verbreitet ist. Rund 70 % des Konsumtees werden inzwischen nach dem CTC-Verfahren hergestellt.

CTC ist eine Abkürzung für die englischen Bezeichnungen:
C = Crushing (Zerquetschen)
T = Tearing (Zerreißen)
C = Curling (Rollen)

Das grobe grüne Blatt wird nach dem ersten Rollen in die CTC-Maschine gebracht. Sie hat, ähnlich einer Wäschemangel, zwei Stahlwalzen, die sich mit unterschiedlichen Geschwindigkeiten gegenläufig drehen. Diese Walzen sind scharf gerippt. Beim Durchlaufen der Blätter werden die Blattrippen vom übrigen Blatteil gerissen. Durch dieses Zerquetschen und Zerreißen wird die anschließende Fermentation auf etwa ein Fünftel der sonst üblichen Zeit reduziert. Auch ein zweites und drittes Rollen entfällt.

Die Vorteile des CTC-Verfahrens sind:
- schnellere, billigere Verarbeitung
- Einsatz von Endlosverarbeitung
- gleichmäßig geschnittenes Blatt.

Es liefert aber kleine Blattgrade, um 70 % Fannings (grober Teegrieß) und etwa 20 % Dust. Die Nachteile: Mangel an Aroma, Konsumtee. Ein gutes Beispiel der Erträge gibt Arend Vollers in seiner Schrift „Tee in Assam“. Nach ihm produziert eine durchschnittlich große Pflanzung um 5000 kg Tee täglich – und das 8 Monate lang während der Ernteperioden.

Einteilung des Schwarzen Tees

Die Klassifizierung des sortierten Tees ist in den verschiedenen Anbaugebieten nicht einheitlich. Es gibt aber gewöhnlich 3 Hauptgruppen von Teesortimenten, die englisch-einheimisch bezeichnet werden.

a) **Blattsorten**
1. Flowery Orange Pekoe (FOP)
2. Orange Pekoe (OP)
3. Pekoe (P)

b) **Gebrochene Sorten** (Brokens)
4. Pekoe Souchong (PS)
5. Broken Orange Pekoe (BOP)
6. Souchong (S)

c) **Mindere Sorten** (Teegrieß und Staub=Dust)
  7. Pekoe Fannings (PF)
  8. Staubtee (Dust) (D)
  9. Bohea (Stielchen und Abfall)

Beispiel einer Teegraduierung

Die Qualitätsmerkmale hängen von verschiedenen Faktoren ab. Einmal ist dies die Pflanze selbst, dann die großräumige geographische Lage des Anbaugebietes mit den Boden- und langzeitig bestimmenden Klimaverhältnissen. Dazu kommen noch örtlich besonders ausgeprägte mittelfristige Witterungserscheinungen. Schließlich sind noch ganz erheblich die Sorgfalt bei der Pflücke und der Aufbereitung maßgebend. Das Sortieren nach der Trocknung ist insofern wichtig, als die Grade mit gröberen Blatteilen mehr Aroma und, wie der Kenner sagt, feinere Tasse geben als Absiebungen mit kurzem Blatt, Fannings oder gar Staubtees. Die CTC-Tees erreichen dabei selten eine höhere Qualitätseinstufung.
Als Beispiel einer Einteilung nach Qualitätsgraden sei die von den bei den Auktionen der jetzt staatlichen Teepflanzungen Indonesiens gegeben (nach Indoham, Hamburg).

Tees nach dem orthodoxen Verfahren aufbereitet:

Special Grade (Spezial-Sortierung), gröberes Blatt:
OPS (Orange Pekoe-Souchong)
OP (Orange Pekoe)
BS (Broken Souchong)
BOP GR (Broken Orange Pekoe Grof) (grof (holl.) = grob)
BOP S (Broken Orange Pekoe Superior)
F BOP (Flowery Broken Orange Pekoe)

Main Grades (Haupt-Sortierung), 1. Sorte, kürzeres Blatt:
BOP (Broken Orange Pekoe)
BOP F (Broken Orange Pekoe Fanning)
PF (Pekoe Fanning)
Dust I
BP (Broken Pekoe)
BT (Broken Tea)

Second Grade (2. Sortierung), sehr kurzes Blatt:
PF II (Pekoe Fanning II)
Dust II
BP II (Broken Pekoe II)
BT II (Broken Tea II)

Tees nach dem CTC-Verfahren aufbereitet:

BPI (Broken Pekoe I)
PFI (Pekoe Fanning I)
PD (Pekoe Dust)
DI (Dust I)
F (Fanning)
D II (Dust II)
BM (Broken Mixed)

In anderen Anbauländern, besonders in Afrika und Lateinamerika, können diese Bezeichnungen gelegentlich anders ausfallen.

Verarbeitung zu Grünem Tee

Grüner Tee ist im Westen, d. h. in Europa und Nordamerika, weniger im Handel. Er wird aber seit altersher in China und Japan getrunken. Der Grüne Tee in einer besonderen Aufbereitungsart bildet den Mittelpunkt der klassischen japanischen Teezeremonie. Die Aufbereitung der Blätter zum marktfähigen Grünen Tee ist einfach. Die frisch geernteten Blätter müssen sogleich erhitzt werden, damit die in den Zellen gebildeten Eiweißstoffe, die Enzyme, teilweise abgetötet werden. Die Blätter werden aber nicht fermentiert wie beim Schwarzen Tee. Sie behalten daher ihre blasse grüne Farbe. Das Rollen nach dem Erhitzen geschieht meist noch mit der Hand, da der Tee oft nicht für den Massenverbrauch bestimmt ist. Das spätere Trock-

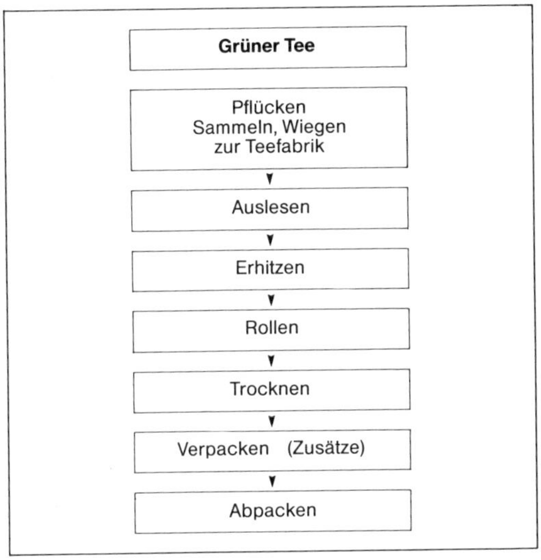

Arbeitsschema der Aufbereitung von Grünem Tee.

nen erfolgt, neben modernen Anlagen mit Heißluftstrom, auch noch über einem einfachen Holzkohlenfeuer in großen Pfannen nach alter Weise. Wenn die Sonne scheint, genügt ein etwa fünfstündiges Auslegen auf Matten. Dieser sonnengetrocknete Tee gilt als hochwertiger. Bei allen Trocknungsverfahren verliert er nur wenig seiner ursprünglichen Blattfarbe. Der hellgrüne bis schwach gelbliche Aufguß schmeckt für westliche Gaumen etwas unreif grasig, hat aber einen hohen Vitamin-C-Gehalt. Der Teinanteil bleibt bei diesem Verarbeitungsprozeß gewöhnlich etwas höher als beim Schwarzen Tee. Der Grüne Tee kann in Papiersäcken, oft unter Zusatz von Jasminblüten oder anderen stark duftenden Pflanzenstoffen, längere Zeit lagern. Vor dem Abfüllen in kleine Behältnisse werden diese Zusätze entfernt und der Tee wird nochmals kurz nachgetrocknet.

Verarbeitung zu Oolong-Tee

Oolong-Tee entsteht durch eine andere Art der Aufbereitung. Die Handelsware Oolong-Tee stammt ursprünglich aus China, kommt aber heute meist aus Taiwan. Neben einem hohen Selbstverbrauch werden 75 % in die Vereinigten Staaten exportiert. Es handelt sich dabei um ein Produkt in einer Zwischenstellung zwischen Schwarzem und Grünem Tee: er ist halbfermentiert, d. h. die Gärung wird jeweils vor Beginn der vollen Wirksamkeit abgebrochen. Man läßt den gepflückten Tee kurz welken, dann wird er gerollt und wenige Minuten fermentiert. Bevor die Gärung einsetzen kann, wird sie schon durch ein ebenfalls nur knappes Rösten in großen Pfannen aufgehalten, dem dann ein nochmaliges Rollen folgt. Auch dieses gleichfalls nur wenige Augenblicke dauernde zweite Rollen wird wiederum durch Rösten über schwachem Feuer unterbrochen. Schließlich folgt dann nach einem weiteren Rollen ein

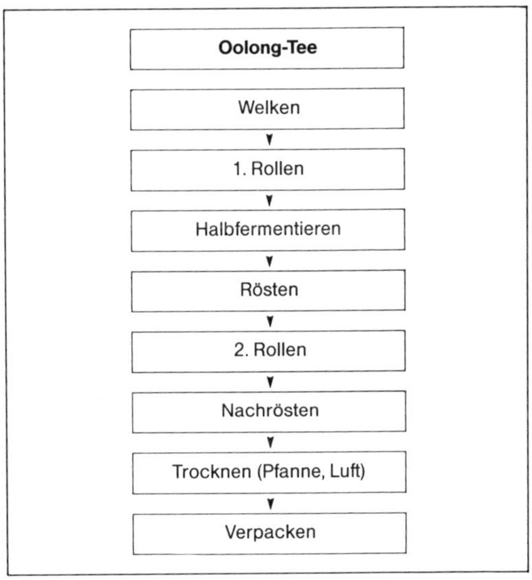

Arbeitsschema der Aufbereitung von Oolong-Tee.

längeres Trocknen, zuerst wieder in Pfannen, später an der Luft. Es versteht sich von selbst, daß diese aufwendige Arbeit meist in bäuerlichen Kleinbetrieben geschieht. Auch der Oolong-Tee wird manchmal durch Aromastoffe, wie beispielsweise Jasminblüten, parfümiert.

Versand

Die verschiedenen Assortimente, wie heute noch die Händler sagen, werden in großen Metallbehältern, meist aus Edelstahl, gelagert. Oben aufgefüllt, kann der Tee durch eine Öffnung am Boden entnommen werden.

Tee als eines der empfindlichsten Welthandelsgüter muß auf seinem oft langen Weg über Land und See besonders sorgfältig verpackt werden, denn er nimmt leicht Fremdgerüche an und wird bei einer feuchten Lagerung muffig und ungenießbar. Im alten China verpackte man den Tee in aus Bambusspänen geflochtenen, mit Papier ausgeschlagenen Körben. Bis heute verwendet man überall leichte Sperrholzkisten, mit einem inneren Weißblech- und Papierschutz versehen und verlötet. Jetzt ist schon weitgehend Aluminiumfolie im Gebrauch. Die beim Einzelhändler käuflichen Teesorten werden vielfach erst vor dem Abpacken von den großen Handelshäusern hergestellt. Anders als Kaffee verträgt Tee Zusätze, die aber ebenfalls meist erst bei der Mischung im Teeimport- und Versandhaus beigefügt werden. Bekannte Teehandlungen bieten schon bis über 30 Teesorten mit aromatischen Zusätzen an.

Man kennt heute, wenn man die Tees mit aromatischen Zusätzen unberücksichtigt läßt, im Handel den Schwarzen Tee, den Grünen Tee, den Oolong-Tee und als Besonderheit seiner Verpackungsform noch den Ziegeltee. Der Ziegeltee, eine Erfindung der Chinesen, entsteht nicht durch besondere Verfahren in der Aufbereitung. Er kann aus Schwarzem oder Grünem Tee durch Dämpfen unter Zusatz von Reiswasser gepreßt werden.

Der Schießpulver-Tee, auch unter der Bezeichnung Gun-Powder-Tee bekannt, ist eine besondere Form des Grünen Tees. Er ist aber heutzutage kaum noch im Handel. Die Blätter werden dabei zu kleinen schrotkörnerähnlichen Kugeln gerollt. Der Transport dieses Tees war aufgrund seines geringen Volumens einfacher. Der Aufguß ist aber fader, da sich durch die geschlossene Form des Blattes die Aromastoffe nicht so gut entfalten können.

Handel

Tee ist heute kein besonderes Getränk mehr. Er steht im Wettstreit mit Kaffee, Kolagetränken und den zahlreichen Kräutertees. In den letzten Jahren hat sich der Teeverbrauch stetig erhöht, besonders nach Einführen des Teebeutels, bei dem der Anteil der beim CTC-Verfahren anfallenden Fanning- und Dust-Sortierungen hoch ist.

Tee wird meist über Auktionen gehandelt. London, vor dem Krieg der größte Teehandelsplatz, hat allerdings an Bedeutung verloren. Die Auktionen werden in den Anbauländern selbst veranstaltet. Bekannt sind Kalkutta für indischen Tee, Colombo für Tees aus Sri Lanka und Mombasa für Tees aus Kenia. Daneben haben noch die Auktionen von Chittagong, Jakarta und Limbe/Blantyre (Malawi) Bedeutung.

Der verkaufte Tee wird dann in Kisten von 40 kg verschifft. Aus diesen Lieferungen stellen die Teehändler und Abpacker in Europa und den USA gewöhnlich ihre Mischungen zusammen, die sie dann unter Markennamen oder als Mischungen, die nichts über die Herkunft aussagen, verkaufen (z. B. Ostfriesenmischung). Die großen Teeanbieter wie Pflanzungen und Gesellschaften in Indien und andernorts bemühen sich seit längerer Zeit, Tee unter dem Namen ihrer Anbaudistrikte zu verkaufen, um eine bessere Qualitätskontrolle zu erzielen. So kommen heute vom besten Tee (Darjeeling) etwa 10 000 Tonnen zum Verkauf. Im Handel vervierfacht sich diese Menge dann auf wundersame Weise, ähnlich wie wir es früher beim Wein (Liebfrau(en)milch) erfahren mußten.

Tee ist ohne Qualitätseinbußen nur begrenzt lagerfähig, was natürlich Einfluß auf die internationale Preisgestaltung hat. Es läßt sich kein größerer Ausgleichsvorrat (engl. = bufferstock) anlegen. Der Handel und damit der Preis sind nur von Angebot und Nachfrage abhängig.

Um für den Tee wie für viele andere Welthandelsgüter auch ein internationales Rohstoffabkommen zu schaffen, gründete die FAO in Rom, die den Vereinten Nationen angeschlossene Ernährungs- und Landwirtschaftsorganisation, 1969 ein beratendes Gremium, die *Intergovernmental Group of Tea* (IGT). Für die Verkaufsförderung entstand später noch eine andere Gesellschaft, die *International Tea Promotion Association* (ITPA). Sie soll sich mit Marktforschung und der Lage am internationalen Teemarkt befassen.

Außerdem beschäftigen sich in der Bundesrepublik Deutschland und in Europa noch weitere Organisationen mit dem Produkt Tee. Auf nationaler Ebene ist das der *Verband des Tee-Einfuhr- und Fachgroßhandels e.V.* Hamburg, auf europäischer Ebene das *Comité Européen du Thé* (Sitz Amsterdam). Im *Comité Européen du Thé* sind die nationalen Teeverbände aus Belgien, Holland, Frankreich, Italien, Dänemark, Großbritannien und der Bundesrepublik Deutschland vertreten sowie als assoziierte Mitglieder der Schweizer Verband, dem der Schwedische Verband angeschlossen ist.

Daneben gibt es in der Bundesrepublik Deutschland die *Gesellschaft für Teewerbung mbH*. Sie ist eine Gemeinschaftsgründung der Tea Boards von Indien, Sri Lanka, Kenia und dem deutschen Teehandel.

Kakao

Die Wirtschaftspflanze

Wenn von den meistgenannten Genußmittelpflanzen die Rede ist, dann muß neben Kaffee und Tee unbedingt auch Kakao erwähnt werden. Dabei darf man nicht übersehen, daß Kakao außer einem beliebten Genußmittel auch ein Nahrungsmittel ist. Kakao und besonders die aus ihm hergestellte Schokolade werden heute von der Werbung als Genuß- und Nahrungsmittel gleichermaßen in Anspruch genommen.

Kakao ist ein wichtiges Welthandelsprodukt geworden. Ein starker Anstieg im Verbrauch sowohl in den Industrieländern, als auch in einigen Herkunftsländern (z. B. Brasilien) führte zu einer starken Ausweitung des Anbaus (z. B. Malaysia: Um 1960 wird Kakao als Exportfrucht organisiert angepflanzt, und 1988 liegt Malaysia mit seinem Kakaoexport wechselnd an dritter oder vierter Stelle der Weltproduktion). Das Kakaojahr zählt vom 1. Oktober bis 30. September.

Der Kakao ist eine der vielen Kulturpflanzen von weltwirtschaftlicher Bedeutung, die ihren Weg von Amerika aus über die ganze Erde fanden. Der Weg verlief allerdings umgekehrt wie beim Kaffee, denn heutzutage hat der Kakao seine größten und ertragreichsten Anbaugebiete in Afrika gefunden. Die Geschichte der Verbreitung des Kakaos ist spannend und nicht ohne dramatische Augenblicke.

Kolumbus begegnete auf seiner vierten Reise vor der Küste Nicaraguas einem großen Ruderboot der Eingeborenen, bemannt mit Kaufleuten der Maya. Neben Baumwollstoffen, Tongefäßen und Geräten aus Kupfer führten sie auch einige Körbe mit Früchten in ihrer Ladung mit. Die Spanier bezeichneten diese Früchte als eine Art Mandel, die sie ja von Haus aus kannten. Die Eingeborenen gaben dagegen den Hinweis,

Welt-Erzeugung von Rohkakao (in 1000 t)					
Erzeugerland	1984/85	1985/86	1986/87	1987/88	1988/89
Afrika					
Ghana	175,0	219,0	228,0	188,2	301,1
Nigeria	150,0	100,0	100,0	145,0	160,0
Kamerun	120,0	119,0	123,1	130,0	124,2
Elfenbeinküste	552,0	580,0	619,8	655,0	820,0
Äquatorial-Guinea	8,0	7,5	7,5	7,0	7,0
Togo	10,0	8,5	12,6	12,0	9,0
Sierra Leone	10,9	9,0	10,5	10,5	9,5
São Tomé + Principe	3,0	3,5	3,0	4,5	4,7
Übriges Afrika	30,1	30,5	25,2	25,4	16,7
Amerika					
Brasilien	410,0	380,0	357,6	402,0	324,0
Dominikanische Republik	40,0	40,0	39,7	40,0	48,0
Ekuador	120,0	112,2	85,0	75,0	86,7
Mexiko	42,1	39,2	40,0	40,0	42,0
Kolumbien	41,0	43,0	52,3	52,3	52,3
Venezuela	14,0	17,0	12,2	14,0	10,2
Peru	10,0	10,0	10,0	10,0	10,0
Übriges Amerika	22,9	23,6	27,0	27,4	20,9
Asien und Ozeanien					
Indonesien	25,0	34,7	42,9	47,0	78,0
Malaysia	100,0	124,8	167,0	227,0	225,0
Papua Neuguinea	32,0	34,0	31,0	34,0	39,0
Übriges Asien u. Ozeanien	18,0	18,0	20,5	21,5	18,4
Welterzeugung	1 934,0	1 961,2	2 014,9	2 167,8	2 406,7

Quellen: Cocoa Statistics, ICCO – London, Dez. 1989. Verein der am Rohkakaohandel beteiligten Firmen, Hamburg, Geschäftsbericht 1989/90.

daß diese Bohnen oder Mandeln zur Bereitung eines köstlichen Getränks und gleichzeitig als Zahlungsmittel dienten.
Wahrscheinlich ist der wildwachsende Kakaobaum von einem der Maya-Stämme zum ersten Mal in Kultur genommen worden. Die Bezeichnung *cacau* geht auf ein Maya-Wort zurück. Dieses Wort übernahmen die benachbarten Völker Mexikos als Bezeichnung für den Baum und die Früchte. Das Getränk hieß dann *choco latl*, was soviel bedeutet wie Kakaowasser.

Diese erste zufällige Begegnung der Europäer mit dem Kakao blieb zunächst ohne Wirkung. Die Kakaosamen, die großen Mandeln der Spanier, wurden nicht weiter beachtet und gerieten wieder in Vergessenheit. Es dauerte dann nochmals 18 Jahre, ehe man mehr über den Kakao erfuhr. Erst Hernán Cortez und seine Leute lernten die Verwendung von Kakao näher kennen.

Das aus dem Kakao zubereitete Getränk mundete den Europäern überhaupt nicht, selbst wenn es mit Vanille gewürzt war. Dies lag wohl daran, daß die aufgequirlte, schaumige, sehr fette Flüssigkeit keinen appetitlichen Eindruck machte. Erst später, als die Spanier von den Kanarischen Inseln das Zuckerrohr in die Neue Welt einführten und dort größere Pflanzungen anlegten, änderte sich das.

Bei Kakao oder Schokolade – Trinkschokolade würden wir wohl besser sagen – handelte es sich um ein Getränk, das aus den gerösteten, zerstoßenen und mit heißem Wasser überbrühten Kakaobohnen bestand und dann unter Zusatz verschiedener Gewürze aufgekocht wurde. Eine Art Tafelschokolade wurde durch Verkneten dieser Bestandteile mit Maismehl und Honig hergestellt. Diese Schokolade diente schon den Mexikanern als kräftigende Nahrung bei besonderen Anstrengungen auf Märschen und Kriegszügen. Später verfeinerten besonders zwei Klöster im Süden Mexikos diese „Schokolade" durch Zusatz von Zucker und verschickten sie sogar in kleinen Kisten nach Europa. Gleichzeitig erreichten die ersten ausführlichen Beschreibungen des Kakaobaums, seines Anbaus und der noch einfachen Aufbereitung der Früchte, des Röstens, Zerreibens und der Herstellung des Getränks die Alte Welt. Es fällt auf, daß im Gegensatz zu anderen geschätzten tropischen Pflanzen bis vor etwa 150 Jahren kaum ernstzunehmende Versuche gemacht wurden, den Kakao, sei es über die großen botanischen Gärten in Paris, London oder Amsterdam oder direkt von Amerika aus, in andere klimatisch geeignete Gebiete der Erde zu verbringen.

Die Zubereitung des Kakaos oder der Schokolade war umständlich und erforderte besondere Kenntnisse. So ist es zu verstehen, daß Getränk und Speise zunächst dem spanischen Hof, dem Adel und der gleichgestellten hohen Geistlichkeit vorbehalten blieben. Auch viele Rückkehrer aus den spanischen Überseegebieten wollten auf das gewohnte Getränk nicht verzichten. Andere wohlhabende Leute gewöhnten sich ebenfalls an den Genuß. Die Beliebtheit des Kakaos in Spanien nahm zu. Allerdings konnten die Schiffe nur eine jeweils geringe Menge Kakao in ihrer Ladung mitführen. Das erhöhte die Kosten in Spanien. Der Kakaoverbrauch hielt sich dort in recht engen Grenzen, während er in Neuspanien zum alltäglichen Genuß der kreolischen Oberschicht gehörte. 1615 führte Anna von Habsburg das Getränk in Frankreich ein. Von Paris aus verbreitete sich das als hoffähig und vornehm angesehene Schokoladetrinken dann auch an anderen europäischen Höfen. Selbst während des Siebenjährigen Krieges, also in einer besonderen Notzeit, war Schokolade am preußischen Hof ein beliebtes Getränk. So bittet die Gräfin Camas, die Oberhofmeisterin der Königin, in einem Brief aus Magdeburg (15. Nov. 1760) um Tassen für Schokolade und schreibt weiter „[...] ich gehe vor Mitternacht zu Bett, stehe ein wenig vor sieben Uhr auf und mein erster Gedanke ist Schokolade. Ein Magen, der ganz leer ist, braucht etwas, das ihn stärkt [...]."

Und der große König Friedrich II. antwortet ihr schon drei Tage später: „Es ist sonderbar, wie sich das Alter trifft: Seit vier Jahren habe ich auf das Abendessen verzichtet [...] und an Marschtagen besteht mein Mittagessen in einer Tasse Schokolade [...]."*

---

* Pangels, Charlotte: Friedrich der Große. Callwey-Verlag, München 1979.

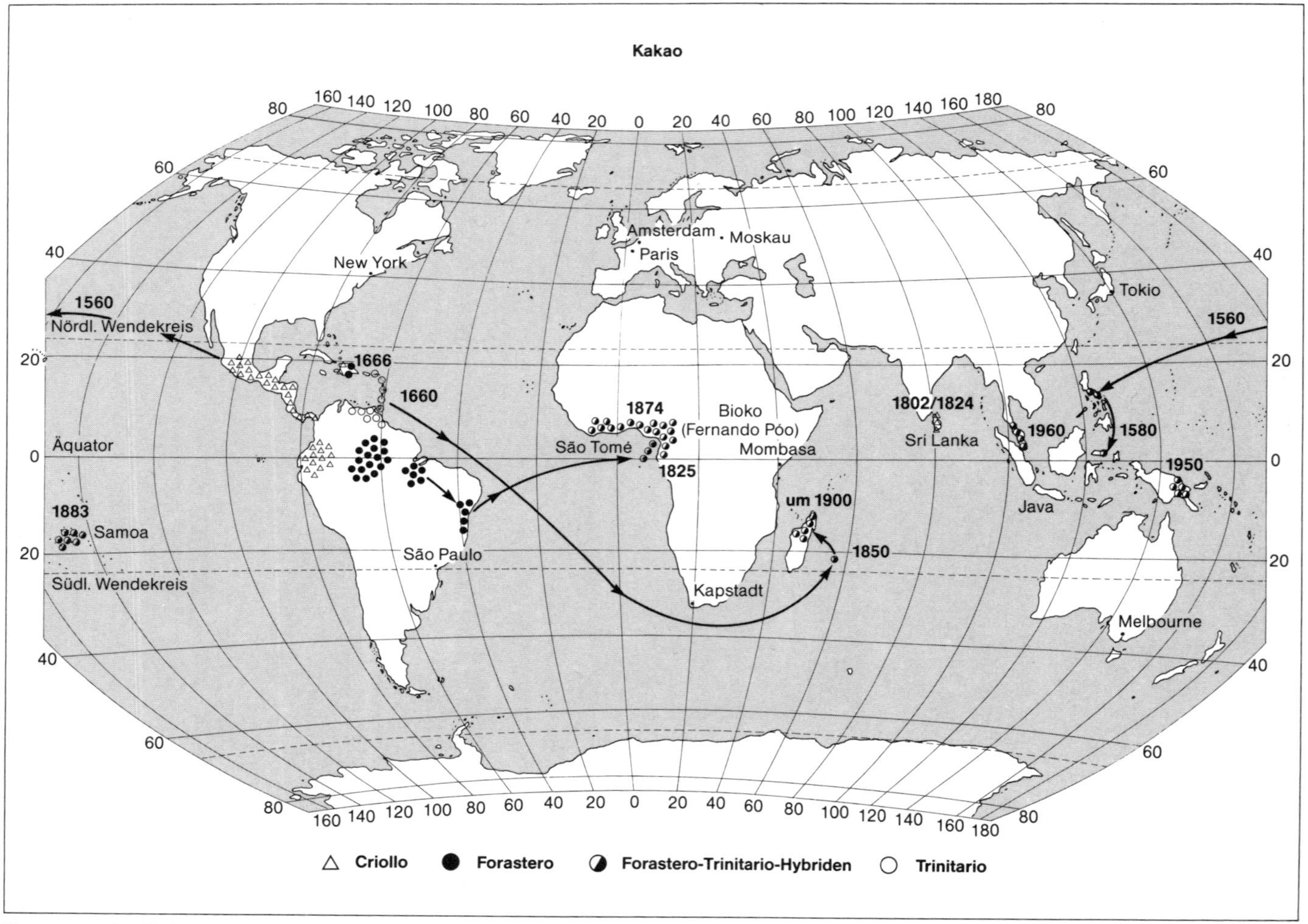

Ursprung des Kakaos in Amerika und seine Verbreitung über die Erde.

Spanien blieb noch bis weit in das 18. Jahrhundert der größte Verarbeiter und Verbraucher von Kakao in Europa. Der Preis war in den anderen Ländern, die keine direkten Einfuhren aus Übersee hatten, einfach zu hoch. Der Kakao konnte mit dem schon weiter verbreiteten Kaffee nicht in Wettbewerb treten. Es gab auch noch einen anderen Grund für den hohen Preis: die gesamte Erntemenge Amerikas war noch zu gering.
Versuche, den Kakao außerhalb der bislang bekannten Gebiete Zentralamerikas anzupflanzen, gab es 1660 in geringem Umfang auf Martinique. Auf Haiti, der größten französischen Insel, versuchten die Franzosen ab 1666, Kakao anzubauen. Zunächst wurde es ein Fehlschlag; erst um 1715 zeigten sich bescheidene Erfolge. Jetzt trat der Kakao als Tropenkultur in die Weltwirtschaft ein. Mit dem Anbau in den französischen, englischen und niederländischen Kolonien im tropischen Amerika erhöhte sich die Produktion, und trotz größerer Nachfrage gingen dann auch die Preise zurück.
Anders als bei Kaffee und Tee, die als Getränk in den Ursprungsländern schon lange gebräuchlich waren, hat sich die Zubereitung der Trinkschokolade gegenüber der zunächst bei den indianischen Kulturvölkern gepflegten Methode verändert. Die Tafelschokolade ist gleichfalls eine neuere Erfindung.

Herkunft und Verbreitung

Wo der Kakao eigentlich seine Urheimat hat, läßt sich kaum noch feststellen. Man hat wilden Kakao in Zentralamerika, auf einigen Inseln und in Südamerika, jedoch in keinem anderen Erdteil gefunden. Alexander von Humboldt beschreibt Wildformen des Kakaobaumes aus den feuchtheißen Urwäldern des oberen Orinoko. Die dort wohnenden Eingeborenen kannten, im Gegensatz zu den Kulturvölkern Zentralamerikas, keine Verwendung der Samen, sondern saugten aus den Früchten nur das Mark aus, die Pulpa. Diese entlegenen Urwaldgebiete gelten heute als die großen Genreserven für die Kakaoforschung und -züchtung. Sie bieten eine Grundlage für die Auslese wertvoller Klone.
Der Kakao, als Wildform im Unterholz in den tropischen Tiefländern von Zentral- und Südamerika wachsend, mußte im Gegensatz zu vielen anderen Pflanzen nie heimlich unter großen Schwierigkeiten in andere Erdteile verschleppt werden. Sollte Kakao woanders angepflanzt werden, weil der Bedarf im Verlauf der Zeit gestiegen war, dann besorgten das die jeweiligen Kolonialherren selbst. Von allen Europäern hatten die Spanier als erste den Wert systematisch angelegter Pflanzungen erkannt – wie beim gescheiterten Versuch, ihn zwischen 1560 und 1580 über die Philippinen auf den Molukken in Celebes (Sulawesi) einzuführen.
Die Ernten der von den indianischen Ureinwohnern angelegten und bewirtschafteten Pflanzungen Zentralamerikas konnten schon im 17. Jahrhundert den damals noch bescheidenen Bedarf kaum decken. Neue, geeignete Anbaugebiete mußten gesucht und erschlossen werden. Angelegt wurden Kakaopflanzungen zuerst auf den Großen Antillen und einigen genügend feuchten Inseln der Kleinen Antillen. Auf dem Festland gab es gute Wildkakao-Sorten, die sich dann von Venezuela bis Bahia in Brasilien in den Küstengebieten und Tiefländern des Amazonas verbreiteten. Kakaoanbau wurde hier gepflegt und es entstanden große Plantagen. Auf der pazifischen Seite Südamerikas erstreckte sich das Kakaogebiet bald bis in den Golf von Guayaquil.
Eine weltweite Verbreitung erfuhr der Kakaoanbau, der sehr gestiegenen Nachfrage folgend, etwa zwischen 1800 und 1900. Zur Zeit der niederländischen Herrschaft über Ceylon begann man Kakao auf dieser Insel anzupflanzen.
Auf Java wurde Kakao von den Philippinen heimisch; von dort gelangte er auch nach Neugui-

nea. Die Nachfolgefirma des Hamburger Handelshauses J. C. Godeffroy legte um 1883 Kakaopflanzungen auf den Tonga- und Samoa-Inseln an. Wenig bekannt ist beispielsweise, daß der Schotte Robert Luis Stevenson, der Erzähler von „Die Schatzinsel", auf seinem Besitz auf Samoa eine der ersten Kakaopflanzungen dieser Inselgruppe anlegte. Etwa zur gleichen Zeit wurde von Franzosen und Engländern begonnen, auf den Neuen Hebriden Kakao anzubauen. Schon früher, um 1850, hatten französische Pflanzer den Kakao auf die Insel Reunion im Indischen Ozean verbracht. Von dort aus war es nicht weit nach Madagaskar, das inzwischen von den Franzosen besetzt war. Da die Kakaobohnen schon nach recht kurzer Zeit ihre Keimfähigkeit verlieren, mußten immer junge Pflänzchen verschifft werden.

Weit größere Bedeutung sollte das Verbringen des Kakaos nach Westafrika bekommen. Der Anlaß hierfür war weniger ein wirtschaftlicher, als, wie so oft, ein politischer: Brasilien hatte sich von Portugal gelöst. Die Kolonie war ein vom Mutterland unabhängiges Kaiserreich geworden. Viele wohlhabende Portugiesen, Beamte und Offiziere, verließen das Land. Sie suchten oft nach Möglichkeiten, ihr bisheriges Leben in einer der portugiesischen Kolonien fortzusetzen. Portugal hatte schon seit einigen Jahrhunderten Erfahrung mit der Anlage, Bewirtschaftung und natürlich der Ausbeutung tropischer Pflanzungsanlagen. So standen die ältesten Pflanzungskolonien in den Tropen, die Inseln São Tomé und Principe im Golf von Guinea, seit 1470 und 1471 unter portugiesischer Herrschaft. Die Arbeitskräfte, eine der damaligen Hauptvoraussetzungen für jede tropische Landwirtschaft, waren billig, denn es herrschte Sklaverei. Klima und Lebensbedingungen auf den Inseln waren also ähnlich wie an der Küste von Brasilien um Bahia.

Wesentlich günstiger waren die natürlichen Bedingungen für die Anlage von Kakaopflanzungen auf der größten Insel im Golf von Guinea, auf Fernando Póo oder Bioko. Die Insel ging 1778 aus portugiesischem in spanischen Besitz über.

Um die Mitte des vorigen Jahrhunderts, als der Kakao eingeführt wurde, war ein Teil der einheimischen Bevölkerung, der Bantustamm der Bubi, extrem europäerfeindlich. Für die Pflanzungen mußten daher Kontraktarbeiter vom nahen Festland verpflichtet werden. Das hatte schwerwiegende Folgen, denn es trat das ein, was wegen der geringen Haltbarkeit der Kakaosamen woanders bisher nicht möglich gewesen war: Trotz strenger Verbote und Kontrollen gelang es einzelnen Wanderarbeitern, keimfähige Kakaobohnen nach Nigeria zu schmuggeln. Die Samen überstanden die kurze Seereise, und ab 1874 begann der Siegeszug des Kakao von Nigeria aus.

Im feucht-heißen Delta des Niger keimten die Samen gut, und aus den Früchten dieser wenigen Bäume entwickelte sich das größte Kakaoanbaugebiet der Erde. Die Hauptproduzenten sind heute die Länder Elfenbeinküste, Ghana, Nigeria und Kamerun.

Der Plantagenanbau wurde von den Europäern aus Amerika als beste der ihnen bekannten Betriebsformen auf den Inseln im Golf von Guinea eingeführt. Als der Kakao aber dann heimlich auf das Festland gebracht wurde, geschah etwas völlig Unerwartetes. Die eingeborene Bevölkerung säte den Kakao in ihren kleinen Anwesen aus. Die Erfahrung und das Wissen über den Kakaoanbau wurde von den zurückgekehrten Kontraktarbeitern schnell an die anderen Bewohner weitergegeben. Sie erlernten die Pflege der Bäume, die Ernte und erste Aufbereitung bis zur Verschiffung. Der größte Teil der Kakaoerzeugung Westafrikas stammt aus solchen kleinen bis mittleren Betrieben. Sie haben sich entwickelt, weil die Eingeborenen kein Land an Europäer, auch nicht an Libanesen und Inder, verkaufen konnten und wollten. Für Lohnarbeit waren sie außerdem zum größten Teil auch nicht zu haben.

Botanik

Der Kakaobaum, *Theobroma cacao* L., ist eine Pflanze der feuchtwarmen Tropen aus der Familie der Sterculiaceae, einer Pflanzenfamilie, deren Mitglieder nur in den warmen Gebieten der Erde vorkommen und einige Gummiarten sowie zum Teil gute Nutzhölzer liefern.
Man kennt heute 22 verschiedene botanische Arten des Kakaos, von denen aber *Theobroma cacao* die größte wirtschaftliche Bedeutung hat. Da – anders als beim Kaffee – alle Kakaovarietäten die gleiche Chromosomenzahl ($2n = 20$) haben, treten häufig Hybriden auf. In der Praxis unterscheidet man drei bedeutende Varietäten: einmal die Criollos (Einheimische), die vom westlichen Venezuela bis Zentralamerika kultiviert werden. Aus dem Amazonasgebiet stammen die Forasteros (Fremdlinge). Natürliche Kreuzungen zwischen Criollos und Forasteros haben neue Formen entwickelt, die Trinitarios, die sich hauptsächlich im Gebiet der Orinokomündung und der Insel Trinidad finden. Etwa 80 % der Welternte stammen heute von Forasteros, besonders aus von diesen hervorgegangenen Kultivaren wie Amelonado. Diese Unterart wird außer in großen Pflanzungen Brasiliens fast ausschließlich in Westafrika angebaut. Forastero ist wiederstandsfähiger gegen Krankheiten und Schädlinge, hat einen kräftigen Wuchs, was weniger Baumschäden bei der Ernte ausmacht, und ist vor allen Dingen auch ertragreicher.
Der Handel unterscheidet den Edelkakao, der von Criollobäumen stammt, und den Konsumkakao. Der Edelkakao wird preislich höher bewertet und gibt den Produkten Aroma und Würze. Seine Früchte unterscheiden sich von den Forasteros in Farbe und Form, wobei es für Einkäufer unwichtig ist, daß der Criollo nur zwischen 20 und 40 Kakaobohnen in einer Frucht enthält, was auch den niedrigen Ertrag erklärt, der Forastero dagegen mindestens 30 bis 60 Samen. Trinitarios haben ihre wirtschaftliche Bedeutung verloren.
Der Kakaobaum wird nicht allzu hoch. Steht er sehr eng, dann kann er wohl bis zu 10 m erreichen, in der Regel kommt er nur auf 5 bis 6 m. Sieht man zum ersten Mal einen solchen Baum, dann fallen neben unzähligen kleinen, am Stamm und den größeren Zweigen austretenden Blüten die Früchte auf, die direkt am Stamm stehen. Die Stiele sind dabei höchstens 2 cm lang und halb so dick. Diese Kauliflorie (Stammblütigkeit) oder Ramiflorie (Zweigblütigkeit) ist die äußerlich auffälligste Eigenart des Baumes. Er wirft auch ständig die Blätter ab und bildet neue. Der eigentliche Stamm kann vor der ersten Verzweigung bei alten Bäumen bis zu 25 cm Durchmesser erreichen. Er ist ausgesprochen kurz: bei der Stecklingsvermehrung setzt die Verzweigung schon knapp über dem Boden ein, und bei der Anzucht aus Samen wird der Stamm auch kaum mehr als 1 m hoch, bevor die Verzweigung eintritt. Am Stammende gabelt sich der Baum entweder in 3 oder 5 fächerförmig wegstrebende Seitenzweige. Kakao hat keine Terminalknospe. Aus der fächerförmigen Krone treiben dann Wasserschößlinge, die sogenannten „Chupones", senkrecht nach oben. Diese gabeln sich dann erneut, so daß der Baum bei freiem Wuchs verschiedene Stockwerke in seiner Krone bildet. Aus praktischen Gründen werden die „Chupones" aber zurückgeschnitten. Das Holz ist zwar hart, doch brüchig. Es wird nicht genutzt. Das Wurzelsystem ist oberflächlich angelegt, wenngleich auch eine Pfahlwurzel bis über 1 m in den Boden eindringt. Die länglichen, glattrandigen Blätter, die sich lederartig anfühlen, sind sowohl auf der Ober- als auch auf der Unterseite kahl. Sie erneuern sich ständig. Die jungen Blätter sind zunächst leicht rötlich, wechseln aber ausgewachsen zu mittelgrün. Bei einer Länge zwischen 10 und 30 cm werden die größten bis zu 10 cm breit. Sie enden in einer sogenannten Träufelspitze, die das Regenwasser ableiten soll. Eine Art Gelenk am

Stiel läßt geringe Drehungen zu, womit eine ständige Orientierung zum günstigsten Lichteinfall gegeben ist.
Nur etwas über 1 cm lang sind die geruchlosen, leicht rosa gefärbten Blüten, die büschelweise während des ganzen Jahres aus dem Stamm und den dickeren Zweigen austreten. Nur an den klimatischen Wachstumsgrenzen des Kakaos, wo es schon jahreszeitlich bedingte Temperaturunterschiede gibt oder wo ausgeprägte, jedoch nicht zu lange Trockenzeiten auftreten, ist die Blütenbildung davon abhängig. Hier gibt es dann Haupt- und Nebenblütenzeiten. Die Bestäubung, die den Botanikern lange Zeit ein Rätsel war, erfolgt, soweit man jetzt weiß, meist durch kleinste Fliegen, Ameisen oder Thripse. Eine Windbestäubung erscheint weniger wahrscheinlich. Die Blüten öffnen sich gewöhnlich nach den großen Nachtregenfällen und sind am Morgen voll entfaltet. Die Bestäubung erfolgt während der Hauptflugzeit der Insekten in den Morgenstunden. Nicht bestäubte oder sterile Blüten verwelken bald und fallen ab.
Die Zahl der Blüten ist ungeheuerlich. Es wurden an erwachsenen Bäumen schon bis über 70 000 im Verlauf eines Jahres gezählt. Von diesen werden aber höchstens 5 % bestäubt, und das bedeutet nicht immer eine Befruchtung. Es gibt viele selbststerile Blüten. Nur etwa 0,2 bis 0,5 % aller bestäubten Blüten werden befruchtet, und selbst von ihnen fallen noch viele aus bevor eine Frucht herauswächst und ausreifen kann. Dadurch schützt sich der Baum gewissermaßen selbst, denn die Früchte wiegen je nach Varietät zwischen 300 und 500 g und schädigen bei größerer Anzahl Baum und Zweige durch ihr Gewicht. Ein Baum mit zu vielen Früchten könnte auch Schwierigkeiten mit ausreichender Nährstoffzufuhr bekommen. Da ein Kilo der zur Weiterverarbeitung bestimmten Kakaobohnen (Samen) etwa 30 Früchte erfordert, ist ein durchschnittlicher Jahresertrag mit 2 kg Bohnen bei guten Bäumen nicht allzu hoch.
Die Früchte, die eigentlich Riesenbeeren entsprechen, sind wegen ihres Gewichtes kurzstielig und erscheinen während des ganzen Jahres. Sie brauchen etwa 5 bis 6 Monate von der Bestäubung bis zur Reife. Die Farbe der reifen Kakaofrucht wechselt von grün zu violett. In der Form rundlich bis gurkenförmig, erreichen sie je nach Sorte recht unterschiedliche Größen: etwa zwischen 10 und 20 cm lang und halb so breit. Nach dem Ausreifen fallen sie nicht ab, sondern vertrocknen oder schimmeln am Baum. Der Edelkakao hat schlanke, gefurchte Früchte. Beim Konsumkakao sind sie entweder lang- oder kurzoval. Blüten und Früchte des Kakaos bilden sich immer wieder auf dem gleichen Früchtepolster, das beim Abernten nicht beschädigt werden darf.
Die Samen, die in 5 Reihen um eine Achse, die Mittelspindel, im Fruchtmus eingebettet liegen, sind das eigentlich wertvolle Produkt. Die Größe der Kakaobohnen schwankt um 2 cm Länge und 1 cm Breite, sie ähneln Mandeln. Das Fruchtmus, die Pulpa, wird meist mit den dikken, harten Fruchtschalen kompostiert.
Im Gegensatz zu anderen Genußmitteln sind die Kakaosamen extrem fetthaltig, was sie zusammen mit ihrem Eiweißgehalt zu einem hochwertigen Nahrungsmittel werden läßt. Im Mittel werden für den Kakao die Inhaltsstoffe genannt, die in der Tabelle auf Seite 87 angegeben sind.

Klima und Boden

Kakao stellt als eine der anspruchsvollsten und aufwendigsten Kulturpflanzen die allerhöchsten Ansprüche an das Klima. Es ist die Tropenpflanze schlechthin. Der ursprünglich als Unterholzpflanze im Urwald gedeihende Kakao bevorzugt einen gleichmäßigen Temperaturverlauf bei hoher Luftfeuchte und fast keiner Luftbewegung. Diese Bedingungen sind im tropischen Regenwald gegeben. Der wirtschaft-

Inhaltsstoffe des Kakao
(nach ESDORN 1973)

Inhaltsstoff	ungeschält (%)	geschält (%)
Wasser	7,9	5,6
Rohprotein	14,2	14,1
Fett	45,6	50–60
Theobromin	1,5	1,6
Koffein	etwa 0,2	–
Stärke	5,9	8,8
N-freie Extrakte	17,1	13,9
Rohfaser	4,8	3,9
Asche	4,6	3,5

liche Anbau überschreitet an keiner Stelle die Wendekreise. Die mittlere Jahrestemperatur soll zwischen 25 und 28 °C betragen, dabei darf sie aber im kühlsten Monat 20 °C im Durchschnitt nicht unterschreiten. Auch die Nachtwerte sollen nicht öfter unter dieser Grenze liegen. Solche Bedingungen finden sich nur in den Tiefländern der eigentlichen Tropen und auf einigen Inseln in tropischen Meeren. Auf dem amerikanischen Kontinent liegt die Anbaugrenze in Mexiko bei etwa 17 ° nördlicher Breite. Auf der südlichen Erdhälfte endet das Kakaogebiet an der Küste Brasiliens auch bei etwa 17 °, dort, wo der warme Brasilstrom des Atlantiks noch einen ausgeglichenen Temperaturgang zuläßt. In Asien und im Pazifik liegen sowohl die Nord- als auch die Südgrenzen in ähnlichen Breiten. Nur in Afrika ist die Ausdehnung des Anbaus eingeschränkt. In Ostafrika bestehen selbst unter dem Äquator keine Möglichkeiten, in Westafrika bestimmen die großen Trockengebiete die Grenzen. Es gibt auch keine Kakaovarietät, die wie Kaffee oder Tee an größere Meereshöhen angepaßt ist. Der Anbau von feinen Criollo-Kultivaren ist mit wenigen Ausnahmen bis etwa 400 m Höhe möglich. Forastero kann dagegen noch bis etwa 700 m Meereshöhe gedeihen, im begünstigten Caucatal (Kolumbien) sogar bis 1000 m.

Außerordentliche Ansprüche stellt Kakao auch an die Niederschläge und an den Feuchtigkeitsgehalt der Luft. Die Regenmenge soll um 2000 mm pro Jahr liegen. Dabei ist es wichtig, daß die Niederschläge möglichst gleichmäßig über alle Monate verteilt sind. In den besten Anbaugebieten können bis zu 5 m Regen oder mehr pro Jahr gemessen werden. Längere Trokkenzeiten verträgt der Kakao nicht. Ebenso sollten die Niederschläge bevorzugt in der Nacht fallen, damit der Pollen nach dem Öffnen der Blüten bei Sonnenaufgang nicht weggewaschen wird. All diese Bedingungen können eigentlich nur in den inneren Tropen erfüllt werden.

Die Luft muß sehr feucht sein. Allerdings wird dadurch auch der Pilzbefall begünstigt. Tageszeitlich bedingte, gelegentliche geringe Luftbewegung schadet nicht, setzt aber die Luftfeuchte herab. Die Pflanzungen, in denen die Kakaobäume einen etwas höheren Stamm haben, der Stammraum also ausgeprägter ist, haben dabei gegenüber den gleich am Boden verzweigten unbedingt einen Vorteil. Stärkeren Wind verträgt Kakao nicht. Es könnten die Blüten vernichtet, die schweren Früchte abgerissen und sogar die Bäume selbst mit ihrem brüchigen Holz beschädigt werden. In einigen größeren Anbaugebieten, besonders auf Inseln, wird der Kakao daher oft im Windschutz von Bambus- oder anderen Hecken gezogen.

Ein Einfluß der Sonnenstrahlung auf das Wachstum und die Erträge des Kakaos ist unumstritten und war schon im alten Mexiko bekannt. Dort wurde er unter Schattenbäumen gezogen, die die Spanier „Madre de Cacao“, also Kakaomutter, nannten. Dabei hatte die Beschattung den Standort im Urwald vorzutäuschen und an der nördlichen Anbaugrenze in Mexiko die schon stärkeren Schwankungen von Temperatur und Luftfeuchte zu mildern. Gleichzeitig wurde die starke Sonneneinstrahlung herabgesetzt. Daß eine Pflanzung unter

Schatten einen ausgezeichneten Windschutz liefert, war den Maya und deren Vorfahren gleichfalls bekannt.
Kakao wird, wie andere Pflanzen auch, durch längere starke Sonnenbestrahlung zu verstärktem Wachstum angeregt. Dies kann für einige Jahre gute Erträge bringen, schwächt aber die Lebensdauer und Widerstandsfähigkeit des Baumes gegen Krankheiten und Schädlinge.
Die Ansprüche an den Boden sind nicht weniger hoch als an das Klima. Kakao, der neben einer dünnen Pfahlwurzel nur oberflächlich wurzelt, verlangt einen lockeren, nährstoffreichen Boden, um gute Erträge zu bringen. Das Wasserhaltevermögen muß so groß sein, daß gelegentliche kürzere regenlose Zeiten gut überstanden werden. Der Boden soll bei schwach saurer Reaktion einen guten Anteil organischer Substanz enthalten. Verwitterungsböden aus kristallinem Urgestein, vulkanische Aschen und alluviale Schwemmlandflächen in großen Flußtälern eignen sich besonders gut für den Anbau von Kakao. Die Böden dürfen aber nicht so sandig sein, daß sie schnell austrocknen. Undurchlässige Tonböden sind für Kakao nicht empfehlenswert.

Anbau

Das Pflanzmaterial kann aus den Samen gewonnen werden, die in Saatbeeten vorkeimen und später an den eigentlichen Standort ausgepflanzt werden. Ebenso kann man von guten Mutterbäumen sogenannte Blatt- und auch Triebstecklinge vorbereiten.
Um das Eingewöhnen und ein gutes Anwachsen zu sichern, sollen die Pflanzen möglichst mit Beginn der Regenzeit an den endgültigen Standort verbracht werden. Die Pflanzweite muß den Standraumansprüchen der Bäume entsprechen. Sie dürfen nicht zu eng gepflanzt werden, da sie sonst zu sehr in die Höhe wachsen, anderseits sollen sie aber ein geschlossenes Kronendach bilden. Je nach Anbaugebiet und je nachdem, ob unter Schattenbäumen gesetzt wird oder nicht, schwankt die Pflanzweite etwas. Man rechnet im Mittel mit 3,5 × 3,5 m. Damit stehen etwa 800 Bäume auf einem Hektar. Die Erträge sind aber, je nach Varietät, Boden- und Klimaverhältnissen und nicht zuletzt Pflege, recht unterschiedlich. Eine Menge von 500 kg trockener Kakaobohnen pro Hektar gilt im allgemeinen als guter Ertrag.

Krankheiten

Der Kakao leidet wie alle tropischen Kulturpflanzen unter Krankheiten und Schädlingen. Der in vielen Regionen zusammenhängende, über große Flächen ausgedehnte Anbau führt immer zu einer Veränderung des biologischen Gleichgewichtes. Zu vielen Pilzerkrankungen und tierischen Schädlingen kommen für den Kakao noch besonders gefährliche Viruskrankheiten. Wurzeln, Stamm, Blätter und auch die Früchte werden davon befallen. Anders als bei den Genußmittelpflanzen, bei denen die Früchte und Samen klein und von keiner größeren Bedeutung sind, werden diese beim Kakao schon wegen ihres Volumens oft dicht von Pilzen bedeckt, die die Früchte noch vor der Reife am Stamm verfaulen lassen. Oft entwickeln sich auch Pilze an den Wurzeln der Bäume, die schwere Schäden verursachen können. Die Blätter welken und der Kakao stirbt ab.
Neben solchen allgemeinen Pilzerkrankungen, die von den Wurzeln ausgehen, aber immer nur einzelne Bäume befallen, gibt es noch einen verheerenden Pilz, der die besonders in südamerikanischen Anbaugebieten (meist an der Westküste und auf einigen Inseln, jedoch nicht in Brasilien) gefürchtete Hexenbesenkrankheit hervorruft. Von dieser Pest, die sich durch Sporenflug verbreitet, werden nur die oberirdischen Teile des Baumes befallen. Typisches Zeichen sind die besenartig wuchernden Zweige,

eben die Hexenbesen. Neuerdings ist es gelungen, resistente Kakaovarietäten zu finden und zu züchten. Ähnlich dem gefährlichen Kaffeerost *(Hemileia vastatrix)*, der den Kaffeeanbau in einigen Ländern schwer geschädigt und sogar vernichtet hat, führte die Hexenbesenkrankheit in Ekuador nach dem Ersten Weltkrieg fast zur Aufgabe des Kakaoanbaus. Damals verlor das Land seine bevorzugte Stellung im Kakaohandel. Eine weitere, fast in allen Anbaugebieten auftretende Krankheit ist die Fruchtfäule *(Phytophthora)*. Hohe Luftfeuchtigkeit, viel Schatten und verhältnismäßig niedrige Temperaturen begünstigen die Ausbreitung.

Eine der ernsthaftesten Gefahren für den Kakaoanbau, die hauptsächlich Westafrika heimsucht und die Produktion in einigen Ländern gefährdet, ist die als Schößlingsschwellung („swollen shoot") gefürchtete Viruskrankheit. Eine Bekämpfung ist nur ganz radikal durch Ausmerzen und Verbrennen der erkrankten Bäume möglich. Die Übertragung des Virus erfolgt, soviel man jetzt weiß, durch infizierte Schildläuse, wobei Ameisen für die Verbreitung von Baum zu Baum sorgen.

Verschiedene Baumwanzen und der Kakao-Blasenfuß (Thrips) sind weitere sehr unerwünschte Parasiten, die Baum und Frucht schädigen. In den Kakaopflanzungen Brasiliens ist auch die Blattschneiderameise gefürchtet.

Ein übler Vorratsschädling ist die Kakao-Motte, die den zur Verschiffung eingelagerten, fertig aufbereiteten Kakao befällt und bei unsachgemäßer Lagerung große Schäden verursacht. Durch biologische Bekämpfung ist die Motte aber zu beherrschen.

Forschung

Man sollte annehmen, daß eine so wichtige Weltwirtschaftspflanze wie der Kakao schon früh wissenschaftlich untersucht und erforscht wurde. Leider war dies nicht der Fall. Der Verbrauch von Kakao hat mit der gestiegenen Lebensqualität in den Industrieländern nach dem Ersten Weltkrieg zugenommen. Zunächst konnte der größere Bedarf durch Erweitern bestehender Pflanzungen gedeckt werden. Einzelne Pflanzer machten ihre Erfahrungen, erkannten Schädlinge und Krankheiten beim Kakao, wußten empirisch etwas über Varietäten und Hybriden, doch eine systematische Forschung, die Selektion hochwertiger Klone und die gezielte Krankheitsbekämpfung setzten erst ab 1925 mit der Gründung des *Imperial College of Tropical Agriculture* auf Trinidad ein.

Das verstärkte Auftreten bis dahin unbekannter Krankheiten in den Pflanzungen Westafrikas führte 1944 zur Gründung eines großen Forschungsinstituts in Tafo in Ghana. Diesem folgte dann ein weiteres in Nigeria. Für das älteste Kakaoanbaugebiet, Zentralamerika, wurden in Turrialba in Costa Rica dem *Inter-American Institute of Agricultural Sciences* eine Sektion Kakaoforschung und eine 200 Hektar große Versuchspflanzung angegliedert. Neben wissenschaftlichen Arbeiten wird dort viel Wert auf die Ausbildung von Praktikanten für eine erfolgreiche Arbeit in den Pflanzungen gelegt.

Die Forschungen der Institute anderer Kakaoländer sind mehr auf die jeweils in den entsprechenden Anbaugebieten auftretenden Probleme eingestellt. Sie legen auch immer besonderen Wert auf die Praxis, die Selektion bestimmter Kultivare, Methoden der Aufbereitung, Formen der Baumpflege und die Schädlingsbekämpfung.

Ernte

Obgleich die ersten Blüten schon an dreijährigen Bäumen erscheinen, beginnt die eigentliche Tragfähigkeit erst vom 4. Jahr ab. Zwischen dem 10. und 40. Jahr erbringt der Kakao dann seine höchsten Erträge.

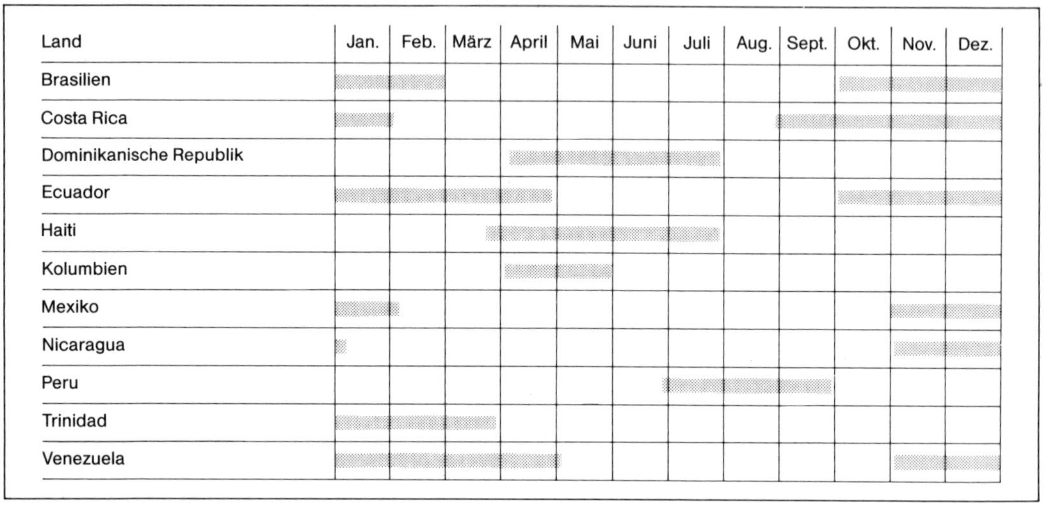

Erntezeiten des Kakaos in Amerika.

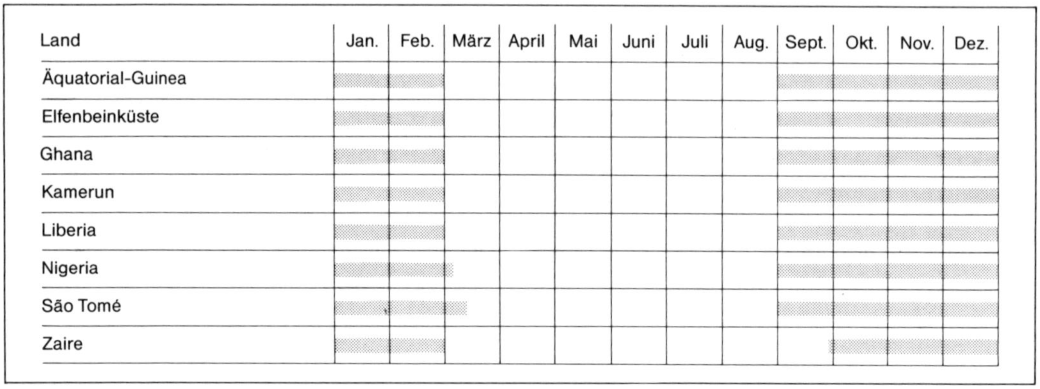

Erntezeiten des Kakaos in Afrika.

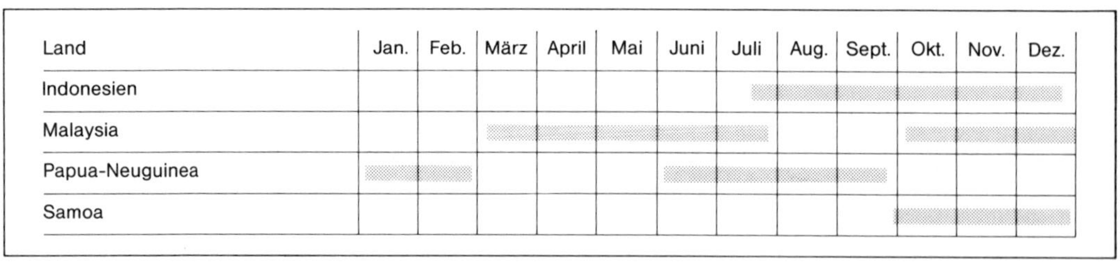

Erntezeiten des Kakaos in Asien und in der Südsee.

Je nach Klima und Boden dauert es 5 bis 7 Monate von der Blüte bis zur Fruchtreife. Da der Kakao aber immer gleichzeitig Knospen, Blüten und Früchte unterschiedlichen Reifegrades trägt, ist die Erntezeit über das ganze Jahr verteilt. Kürzere Trockenzeiten und regenreiche Abschnitte bringen indessen doch ein gewisses zeitliches Zusammenrücken von Blüte und Ernte. Wo ausgeprägte Trockenzeiten vorherrschen, beginnt die Haupternte am Ende der Regenzeit. Trotzdem kann auch in diesen Regionen nicht auf ständiges Abernten verzichtet werden, denn beim Kakao fallen, anders als bei vielen Fruchtbäumen, kranke, angefressene und überreife Früchte nicht vom Baum, sondern bleiben bis zum völligen Vermodern hängen.

Die Ernte ist zeitraubend, da die Bäume wegen des unterschiedlichen Reifegrades der Früchte ständig kontrolliert und abgeerntet werden müssen. Die Früchte werden mit einem scharfen Messer vom Stiel getrennt, wobei das Blütenpolster nicht beschädigt werden darf. Hängen sie außer Reichweite, so benutzen die Arbeiter an Stangen befestigte Erntemesser oder bei kleinbäuerlichen Betrieben auch primitive Standleitern. Das Abtrennen der Früchte, besonders von den Zweigen, erfordert besonderes Geschick, denn die Zweige geben oft nach und es kommt dabei leicht zu Beschädigungen der Bäume. Man läßt die abgetrennte Frucht einfach fallen, da die äußere Schale hart genug ist, um auf dem weichen Boden nicht zu zerplatzen.

Gibt es beim Durchernten nur wenige Früchte, dann sammelt sie der gleiche Arbeiter in einen Korb oder Sack. Fallen bei der Haupternte größere Mengen an, so liest hinter jedem Aberntner ein anderer den Kakao auf und bringt ihn zur Sammelstelle. Die Arbeit in der Pflanzung ist schwer. Zum einen ist die Luftfeuchtigkeit bei großer Wärme hoch, zum anderen werden die Arbeiter von blutsaugenden Insekten umschwirrt. Das dauernde Bücken, Wiederaufrichten und Durchkriechen unter den verzweigten Bäumen sind zusätzliche körperliche Anstrengungen. Beim jeweiligen Erntedurchgang müssen aber nicht nur die reifen, sondern auch alle angefaulten, erkrankten und vermoderten Früchte von den Bäumen entfernt werden.

An den Sammelstellen am Rande der einzelnen Pflanzungsabschnitte wird der Kakao auf Haufen geschüttet. Dabei werden die nicht ganz einwandfreien Früchte sofort aussortiert und später gesondert behandelt. Möglichst noch am Erntetag sollen die Früchte geöffnet und die Bohnen aus dem Fruchtfleisch, der Pulpa, gelöst werden. Hierfür sind also andere Arbeitskräfte zuständig. Man nimmt die Kakaofrucht in die eine Hand; ein Schlag mit dem Haumesser oder einer kleinen Holzkeule, und die Schale ist auf einer Seite gespalten. Eine kurze Drehung der Frucht in der Hand, ein neuer Schlag, und die Frucht ist geöffnet. Es ist erstaunlich, wie geschickt und schnell die „Aufbrecher" diese nicht ungefährliche Tätigkeit erledigen. Verletzungen kommen kaum vor, auch die Samen werden nicht beschädigt. Die geöffneten Früchte werden auf große, mit Bananenblättern ausgelegte Bodenflächen geworfen, damit sie nicht mit Erde oder Laub beschmutzt werden. Aus diesem Haufen lösen wieder andere Arbeitskräfte die Bohnen aus der Pulpa. Man läßt die Mittelspindel durch die Hand gleiten, und die Kakaosamen werden in Körben aufgefangen. Diese Arbeit ist körperlich nicht anstrengend und wird häufig von Frauen erledigt. Unangenehm ist nur die Fruchtsäure, die bei längerer Arbeit die Fingerspitzen angreift. Auf ihrem weiteren Weg in die Aufbereitungsanlagen dürfen die Bohnen oder auch die noch anhaftende Pulpa mit keinerlei Metall in Berührung kommen.

Aufbereitung

Die Aufbereitung besteht aus der Fermentation, anschließendem Trocknen und der Lagerung. Anders als beim Kaffee, bei dem die Gärung die Kaffeebohnen nur vom anhaftenden, vergorenen Fruchtfleisch befreien soll, verläuft sie beim Kakao viel komplizierter. Je nach der Varietät – Criollo etwa 2 Tage, Forastero bis zu 8 Tage, Trinitario liegt in der Mitte – werden bei der Fermentation die Fruchtfleischreste zerstört, die Keimblätter abgetötet, der Gerbstoffgehalt vermindert und dabei Geschmack und Aroma ausgebildet. Der Prozeß geht von der alkoholischen Gärung in eine Essigsäuregärung über, deshalb soll die Pulpa möglichst zuckerhaltig, also ganz reif sein. Vor der dann einsetzenden Buttersäuregärung muß die Fermentation abgeschlossen sein.

In großen hölzernen, ohne Nägel verzargten und am Boden durchbohrten Gärungskästen, die meist treppenförmig hintereinander angeordnet in Schuppen stehen, werden die Kakaobohnen unter ständiger Temperaturkontrolle mit Holzschaufeln umgesetzt. Die Fermentation dauert so lange, bis sich die Keimblätter („Nibs“) von Violett zu Kakaobraun verfärbt haben.

Die Arbeit an den Kästen erfordert lange Erfahrung, denn von einer gleichmäßigen Fermentation aller Bohnen hängen Qualität und Preis ab. Zu kurz fermentierte Bohnen haben im Anschnitt keine gleichmäßige Farbe, zu lange Fermentation kann leicht in Buttersäuregärung übergehen, worunter der Geschmack erheblich leidet. Je nach Außentemperatur, Varietät und Pulpagehalt der Früchte bleibt die Zeit für die Gärung, auch hier dem Weinbau ähnlich, der Erfahrung und Geschicklichkeit des Pflanzers überlassen.

Die anschließende Trocknung erfordert die gleiche Aufmerksamkeit. Sie soll nicht nur den Wassergehalt der Bohnen auf etwa 8 % herabdrücken, sondern auch die bereits begonnene Verfärbung des Kakaos fortsetzen, gleichzeitig damit den unerwünschten Gerbstoffgehalt der Bohnen noch weiter vermindern und die Aromabildung fördern. Mechanisch bewirkt die Trocknung ein Lockern der Samenkeime von der Schale. Auch beim Trocknen darf eine Höchsttemperatur von etwa 70 °C nicht überschritten werden. Das beste Verfahren ist wie überall das natürlichste. Die Bohnen werden so, wie sie aus den Gärkästen kommen, also nicht mehr gewaschen, auf Matten und Tennen in der Sonne ausgebreitet. Das ist aber nur dort möglich, wo die Ernten in die Trockenzeit fallen.

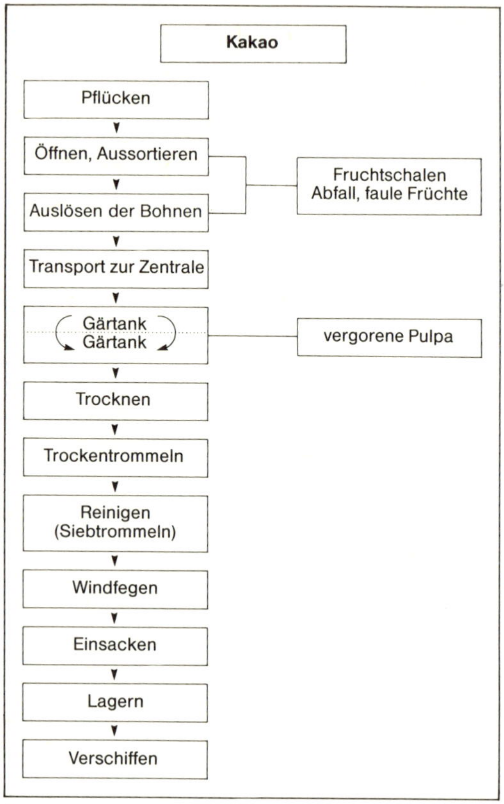

Arbeitsschema der Kakao-Aufbereitung im Erzeugerland.

Abends schiebt man die Bohnen zusammen und deckt sie zu.
Praktischer ist die Trocknung auf großen hölzernen Horden, die in Etagen übereinanderliegen und am Abend oder bei Regen unter ein festes Schutzdach gerollt werden. Die Bohnen sind in einer etwa 10 cm hohen Schicht ausgebreitet und werden mit hölzernen Rechen öfters gewendet. Man sieht auch häufig junge Männer, die den schon fast trockenen Kakao mit bloßen Füßen regelrecht treten, um ihn zu polieren, damit er ein ansprechendes Aussehen bekommt. Die Sonnen- und Lufttrocknung dauert bei günstiger Witterung etwa eine Woche. Sie ist das beste und billigste Verfahren. Regnet es allerdings während der Ernte zuviel, dann muß künstlich getrocknet werden. Ähnlich wie beim Kaffee, geschieht dies in großen Trockenhäusern. Hier werden die Bohnen auf Horden in Trockenkammern ausgebreitet, durch die Heißluft geblasen wird. Die mit Feuchtigkeit gesättigte Luft wird dann abgesaugt. Eine Berührung des Kakaos mit Rauch- oder Feuerungsgasen muß unbedingt vermieden werden. Auch bei diesem Verfahren tritt, wie so oft in den Tropen, das Problem des Heizmaterials auf. Holz ist auf allen Plantagen Mangelware! Der Gewichtsverlust bei der Trocknung ist erheblich. Man rechnet, daß 100 kg frische, fermentierte Samen etwa 45 kg trockene Bohnen ergeben. Durch Bruch und andere Beschädigungen geht dann noch mehr verloren. Am Schluß bleiben nur etwa 40 % des Ausgangsmaterials übrig als Ertrag für den Pflanzer.
Nach dem Trocknen muß der Kakao noch gereinigt werden. Rotierende Siebtrommeln sortieren den Bruch, zu flache Bohnen, grobe Unreinheiten, kleine Zweige und Steinchen aus. Windfeger blasen anhaftende Erdteilchen weg. Während die kapitalkräftigen größeren Pflanzungen eigene Anlagen für die Reinigung haben, liefert der Kleinbauer seinen trockenen Kakao bei der Kooperative oder beim Aufkäufer ab. Dort wird er dann nachgetrocknet und gereinigt, um aus vielerlei Partien ein einigermaßen einheitliches Produkt zu gewinnen. Die Aufkäufer in den Hafenstädten übernehmen auch das Verpacken und Verschiffen.
Damit ist nun die eigentliche Arbeit und vor allen Dingen das Risiko für den Pflanzer beendet. Doch während Tee und Mate schon im verbrauchsfähigem Zustand verschifft und dann in den zentralen Handelshäusern nur noch nach besonderen Geschmacksrichtungen zusammengestellt werden und beim Kaffee nur noch die Röstung und das Mahlen vor dem Aufbrühen zum Getränk notwendig sind, ist der Kakao, der in den großen Seehäfen angelandet wird, erst nach weiteren aufwendigen Veredlungsprozessen für den Menschen genießbar.

Handel

Kakao ist, wie jedes andere Agrarprodukt auch, in seinen Erträgen Schwankungen unterworfen. Um den Preis bei einer größeren Ernte stabil zu halten, haben sich die kakaoerzeugenden Länder zu einer Vereinigung, der *Internationalen Kakaoorganisation* (ICCO) mit Sitz in London, zusammengeschlossen. Läßt sich eine Jahresernte nicht vollständig verkaufen, wird der Überschuß als Polstervorrat (engl. = bufferstock) auf Lager genommen, was aber einige Schwierigkeiten mit sich bringt. Anders als etwa bei Kaffee ist die Lagerfähigkeit des Kakaos, besonders in den tropischen feuchtwarmen Erzeugerländern, begrenzt. In den letzten Jahren hat sich ein ständiger Ernteüberschuß ergeben, da Verarbeitung und Verbrauch des Kakaos mit der Erntesteigerung nicht Schritt halten. Ein starker Preisverfall war die Folge.
Bemerkenswert ist jedoch, daß schon seit vielen Jahren in einigen Erzeugerländern eine eigene Industrie für die Verarbeitung von Kakao zu Schokolade und Trinkkakao besteht. So liegt der zweitwichtigste Kakaoproduzent, Brasilien, mit seiner Eigenverarbeitung noch vor den

Gegenüberstellung der größten Kakaoerzeuger und der größten Kakaoverarbeiter					
Größte Kakao-Erzeuger im Kakaojahr 1988/89 (1987/88)			Größte Verarbeiter im Kalenderjahr 1989 (1988)		
Elfenbeinküste	820 000 t	(665 000 t)	USA	247 000 t	(240 000 t)
Brasilien	343 000 t	(402 000 t)	Bundesrepublik Deutschland	243 900 t	(224 900 t)
Malaysia	300 100 t	(188 000 t)	Niederlande	235 000 t	(216 000 t)
Ghana	220 000 t	(222 000 t)	Brasilien	198 000 t	(220 000 t)
Nigeria	160 000 t	(150 000 t)	UdSSR	160 000 t	(150 000 t)
Kamerun	124 000 t	(131 000 t)			

Quellen: Cocoa Market Report No. 336, Jan. 90. Verein der am Rohkakaohandel beteiligten Firmen, Hamburg, Geschäftsbericht 1989/90.

Rohkakaoeinfuhren in die Bundesrepublik Deutschland (Mengen in t)

Erzeugerland	1985	1986	1987	1988	1989
Ghana	12 765,6	9 238,8	10 136,1	6 962,9	9 427,8
Elfenbeinküste	90 753,4	87 945,7	89 514,4	64 225,8	87 530,9
Nigeria	8498,9	6040,3	20 176,3	33 626,3	21 323,1
Kamerun	22 578,7	15 666,8	20 423,8	19 662,5	17 780,4
Togo	2 189,9	3 523,9	1 266,1	1 686,4	1 891,2
Brasilien	8 984,1	7 819,2	6 178,4	6 165,8	1 401,0
Ecuador	4 865,3	3 242,9	2 708,8	2 806,1	3 398,0
Venezuela	107,7	103,1	154,5	269,2	55,9
Malaysia	18 479,9	18 110,0	15 459,6	39 671,7	65 400,0
Papua Neuguinea	13 347,4	13 103,9	10 637,6	15 607,0	11 489,5
Indonesien	11 780,9	11 711,6	16 075,3	15 367,3	15 768,3
Andere afrikanische Länder	17 543,4	25 951,4	14 265,2	9 874,7	9 869,0
Andere amerikanische Länder	4 224,1	4 787,0	3 272,7	3 830,6	2 463,4
Andere asiatische Länder	2 321,8	3 974,4	3 544,7	2 458,2	2 115,0
Übrige			10,1	97,8	168,0
Gesamteinfuhr	220 063,6	211 304,0	213 823,6	222 312,3	250 081,5

Quellen: Statistisches Bundesamt, Außenhandel, Reihe 2, Spezialhandel nach Waren und Ländern. Verein der am Rohkakaohandel beteiligten Firmen, Hamburg, Geschäftsbericht 1988/89

USA an der Spitze aller Länder. Kolumbien verarbeitet beispielsweise mehr Rohkakao als Italien oder Frankreich. Dabei ist aber unter Verarbeitung nicht immer die Erzeugung hochwertiger Schokoladenprodukte zu verstehen, sondern vielfach wird aus den Samen nur das Fett, die Kakaobutter, gewonnen oder der Kakao nur geröstet und geschält verkauft.

Eine im Geschäftsbericht 1988/89 vom Verein der am Rohkakaohandel beteiligten Firmen in Hamburg veröffentlichte Gegenüberstellung der größten Kakaoproduzenten mit den bedeutendsten Kakao verarbeitenden Ländern gibt einen guten Überblick der Lage am Weltmarkt. Die Bundesrepublik Deutschland ist der größte Kakaoimporteur Europas und nimmt etwa 11 % der jährlichen Ernte auf. Gesamteuropa (ohne UdSSR) bringt es dann auf mehr als 40 %. Dabei sind die Importe aus den einzelnen Ländern oft von Jahr zu Jahr beträchtlichen Schwankungen unterworfen (s. Tab. Seite 94). In der Kakaoverarbeitung der EG nimmt die Bundesrepublik gleichfalls die erste Stelle ein (s. Tab. unten).

Verarbeitung

Die Verarbeitung der angelandeten Rohkakaobohnen zu den bekannten Schokoladeprodukten ist aufwendig und heutzutage schon wegen der strengen hygienischen Vorschriften nur in modern eingerichteten Industriebetrieben möglich.

Entspricht der Rohkakao, im Bestimmungshafen eingetroffen, in seinen einzelnen Partien den festgesetzten Qualitätsmerkmalen, dann wird er an die Kakao- und Schokoladenfabriken abgegeben. Dort erfolgt die eigentliche Verarbeitung. Anders als beim Kaffee werden die Samenschalen der Kakaobohnen, die den

Rohkakao-Wirtschaft der EG (Mengen in t). Verarbeitung im Kakaojahr 1985/86 bis 1988/89

Kakaojahr	1985/86	1986/87	1987/88	1988/89
Bundesrepublik Deutschland	201 000	205 000	224 900	243 900
Niederlande	175 600	190 300	211 000	230 800
Großbritannien	83 500	93 800	99 100	112 300
Frankreich	41 000	37 800	38 000	46 000
Italien	46 000	43 000	46 000	46 000
Belgien/Luxemburg	35 000	35 000	36 000	42 000
Irland	7 000	8 300	7 500	10 500
Dänemark	2 400	2 400	2 500	2 300
Griechenland	5 000	5 100	5 200	5 800
Spanien	38 300	32 500	42 900	39 800
Portugal	200	300	300	200
	635 000	653 500	713 400	779 500

Quellen: Cocoa Statistics, ICCO-London, Dez. 1989.
Verein der am Rohkakaohandel beteiligten Firmen, Hamburg, Geschäftsbericht 1989/90

Hornschalen und dem Silberhäutchen des Kaffees entsprechen, erst nach der Röstung entfernt.
Zunächst muß der Rohkakao, der nicht gewaschen werden darf, nochmals richtig gereinigt und nach der Größe sortiert werden. Durch rotierende Bürsten wird er von anhaftenden Erdteilchen und Unreinheiten befreit, die abgesaugt werden. Siebe trennen die Samen nach ihrer Größe, eine wichtige Voraussetzung für die spätere Röstung, denn nur Bohnen gleicher Größe lassen sich gleichmäßig rösten. Nach dem Absieben läuft der Kakao über Förderbänder, wo er nochmals verlesen wird. Besonderes Augenmerk muß hierbei auf zerfressene, faulige, schimmlige oder beschädigte Bohnen gelegt werden; sie werden aussortiert. Die Röstung in großen Trommeln darf bei Temperaturen zwischen 70 und höchstens 140 °C, je nach Sorte und Herkunft des Kakaos, nur bis zu 45 Minuten dauern. Der Kakao soll durch Rösten aufgrund einer weiteren Veränderung des Gerbstoffgehalts seinen Geschmack verbessern und die Mahlfähigkeit erhöhen. Außerdem lassen sich die Keimblätter besser aus den für die Kakaoherstellung nutzlosen Samenschalen lösen. Die Samenschalen bilden mit einem Zehntel des Gewichts von Rohkakao den Hauptanteil an unerwünschten Nebenprodukten der Verarbeitung. Aus einem Teil wird Theobromin für die pharmazeutische Industrie extrahiert, doch die anfallenden Schalenmengen sind einfach zu groß. Man pulverisiert die Schalen und kann sie Futtermitteln als wertvolle Beigabe untermischen. Der Theobromingehalt setzt aber auch hier Grenzen. Eine Verwendung als Feuerungsmaterial, wie es zum Teil mit den Hornschalen des Kaffees im Ursprungsland geschieht, schließt die umweltbelastende hohe Flugaschenbildung aus. Ein Gebrauch als Kakaoschalentee ist in vielen Ländern nicht gestattet.
Der Röstmeister bestimmt das Ende der Röstung nach der Farbe der Bohnen, nach dem Geruch und Geschmack und auch am Bruch. Der Inhalt der Rösttrommel muß sofort abgekühlt werden. Nach dem Rösten wird der Kakao gebrochen. Die Schalenteile, das Samenhäutchen und auch die kleinen Keime müssen wiederum durch ein Gebläse entfernt werden. Zurück bleiben die Keimblätter, die Nibs, der eigentliche wertvolle Teil. Die Röstung hat den Kakao nochmals etwa ein Viertel seines Rohgewichtes gekostet.
Die verbliebenen Keimblätter müssen nun als Rohstoff für Kakao und Schokolade gemahlen werden. In verschiedenen Mahlgängen muß dabei eine sehr große Feinheit erreicht werden. Da sich die Masse aber bei diesem Vorgang erwärmt, wird der Schmelzpunkt bald überschritten – die Masse schmilzt durch das reichlich vorhandene Kakaofett. Zurück bleibt ein zähflüssiger, außerordentlich nahrhafter Brei, von dem 100 g etwa den gleichen Nährwert haben wie 100 g Salamiwurst!
Diese Art der Herstellung, die Röstung, das Brechen mit dem Auslösen der Schalen und Keimblätter und das Mahlen, war schon immer bekannt. Die Bohnen wurden über Feuer in von Hand gedrehten Rösttrommeln erhitzt, kurz gebrochen und die ausgelesenen Nibs auf nach innen flach gewölbten Steinplatten mit Walzen fein zerrieben. Da man aber durch diese Handarbeit selbst bei größter Anstrengung niemals eine zum Schmelzen der Masse notwendige Temperatur erreichen konnte, mußten die Platten durch ein untergesetztes Kohlebecken erwärmt werden. Man kann sich heute kaum noch vorstellen, welche körperliche und gesundheitliche Belastung diese eintönige Arbeit für den „Chocolatier“ bedeutete. In gebückter Haltung mußte der Arbeiter die Walze an diesen Tischen mit seinem ganzen Gewicht, ähnlich unserem Nudelholz, stundenlang hin- und herbewegen und war dabei ständig der schlechten, die Atmung belastenden Luft durch das Kohlebecken ausgesetzt. Hatte die Kakaomasse die notwendige Konsistenz erreicht, wurde sie in Holzkästchen gefüllt, erstarrte bald und

konnte gleich zu Schokolade verarbeitet oder verschickt werden. Von den Blöcken wurde dann für die Trinkschokolade etwas abgeschabt, mit Wasser, Milch und Zucker aufgekocht und in manchen Fällen noch ein Teil der obenschwimmenden Kakaobutter abgeschöpft. Es ist daher nicht verwunderlich, daß viele Chocolatiers über eine Erleichterung ihrer schweren Arbeit nachdachten. Zuerst, noch vor 1800, kamen durch Wasser, Arbeiter und vereinzelt auch schon durch Dampf getriebene Göpelwerke für die Kakaomühlen auf. Der Schokoladenmeister mußte nur noch die Mahlwerke beschicken und den Zustand der Kakaomasse kontrollieren. Mit unserer modernen Schokoladenindustrie hatte dies aber noch recht wenig Ähnlichkeit.

Hinderlich für die Herstellung einer leicht bekömmlichen Eß- und Trinkschokolade war immer noch der hohe Fettgehalt der Schokoladen- oder Kakaomasse. Der Anteil an natürlichem Kakaofett, der Kakaobutter, macht immerhin 50% des Rohkakaos aus. Dieser hohe Bestandteil mußte irgendwie herabgesetzt werden. Man schöpfte zunächst das auf der Schokolade schwimmende Fett ab. Kakaobutter, die übrigens nicht ranzig wird, war schon seit langer Zeit ein für den Apotheker wertvoller und begehrter Rohstoff für die Salbenherstellung.

Kakao und Schokolade

Schließlich gelang 1828 dem Holländer Coenraad Johannes van Houten die Erfindung, die unsere moderne Schokoladenindustrie einleitete. Van Houten kam auf den Gedanken, der Schokoladenmasse das Kakaofett vor dem Erkalten durch Pressen zu entziehen. Gleichzeitig konnte er den natürlichen geringen Säuregehalt des Kakaos durch Zusatz schwacher Alkalien neutralisieren.

Der entölte Kakao war erfunden. Der nach dem Abpressen der Kakaobutter zurückbleibende, steinharte Preßkuchen (das Pressen geschieht unter stärkerem Druck) brauchte dann nur noch fein gemahlen zu werden. Die Löslichkeit des Kakaos hängt vom Grad der Vermahlung ab. Dabei ist aber zu berücksichtigen, daß Kakao niemals ganz löslich sein kann, sondern immer feinschwebend in der Flüssigkeit vorhanden bleibt.

Das aus dem Kakaopulver hergestellte Getränk hat neben einem zu vernachlässigenden Koffeingehalt einen geringen Anteil an Theobromin, einem Alkaloid, das dem Koffein in seiner anregenden Wirkung gleicht.

Man unterscheidet heute stark entölten und schwach entölten Kakao. Dabei muß stark entölter Kakao noch mindestens 10% Kakaobutter enthalten und schwach entölter noch 20%. Die Kakaobutter ist bei angenehmem Kakaogeruch gelblichweiß und mit einem Schmelzpunkt um 32 °C härter als Talg. Bei 15 °C läßt sie sich leicht zu Pulver zerreiben. Zum Teil wird die Kakaobutter bei der Herstellung von Tafelschokolade wieder zugesetzt. Die Pharmazie und die kosmetische Industrie schätzen die Kakaobutter für Präparate der Körperpflegemittel.

Im Gegensatz zu den klassischen Handwerken des Nahrungsmittelbereichs war der Chocolatier nach der Erfindung des C. J. van Houten in seiner ursprünglichen Art überholt. Fortschritte auf technischem Gebiet, hauptsächlich der Einsatz von Maschinen, ließen handwerkliches Können bei der Schokoladenherstellung immer mehr schwinden. Schokolade wurde eines der ersten Produkte einer neu entstehenden Nahrungsmittelindustrie. Das hat sich heute bis zur elektronisch gesteuerten Verarbeitung und Verpackung fortgesetzt. Die Grundlage dieses Industriezweiges wurde schon Mitte bis Ende des vorigen Jahrhunderts gelegt. Damals entstanden die großen Schokoladendynastien, die heute zum Teil in Dachgesellschaften vereinigt sind.

Insbesondere die Wegbereiter der schweizerischen Schokoladenindustrie haben es verstanden, dem Land durch hervorragende Qualität ihrer Erzeugnisse ein wertvolles Handelspotential zu erschließen und der Schweizer Schokolade Weltgeltung zu verschaffen.

Als van Houten den sogenannten holländischen Prozeß einführte, der nicht nur aus dem Abpressen der überschüssigen Kakaobutter, sondern auch der Behandlung mit milden Alkalien bestand, gab es noch keine Eß- oder Tafelschokolade in unserem Sinne. Auch die Schokolade als Glasur für Zucker- und Backwaren mußte erst entdeckt werden. Unsere gesamte Süßwarenindustrie erhielt ihre Grundlage im vorigen Jahrhundert. 1847 gelang es der englischen Firma Fry and Sons, durch Wiederzusatz eines Teils der durch Pressung entfernten Kakaobutter, vermischt mit Zucker, eine eßbare Schokolade herzustellen. Es gab in dieser Zeit viele Ansätze, Schokolade für jedermann genießbar zu machen. Eine Bereicherung war die Erfindung der Milchschokolade durch Daniel Peter, der 1876 in der Schweiz Trockenmilch von Henry Nestlé zur Schokoladenmasse hinzufügte und damit die erste wirklich wohlschmeckende Milchschokolade anbieten konnte.

Andere folgten mit Zusätzen wie Kaffee und Füllungen von Nougat, Marzipan, Früchten, Nüssen, Mandeln und anderen Beimischungen. Die Schokoladenindustrie begann ihren Siegeszug um die Erde.

Soll normale Schokolade hergestellt werden, dann erwärmt man die Kakaomasse mit einem wieder zugefügten entsprechenden Anteil von Kakaobutter und anderen Bestandteilen wie Milchpulver und Zucker bis auf 40 °C und zerkleinert und vermengt die Masse sorgfältig in einer Art Kollergang, dem Melangeur. An dieses Mischen schließt sich dann das Walzen und Schleifen der erhaltenen Masse zwischen Stahlwalzen an, bis ein völlig homogener Brei entstanden ist. Damit schließt die Fertigung einfacher Schokolade auch die spätere Verwendung als Glasur und in Backwaren ein.

Nun ist für die Qualität von Schokolade und Kakaopulver nicht nur die Beschaffenheit der Rohstoffe allein bestimmend, sondern auch die Art und Weise der Verarbeitung. Gerade diese wichtige Frage wurde mit der Erfindung des Konchierens gelöst. Die hochwertige Schmelzschokolade wird noch konchiert. In großen, bis zu 1000 Liter fassenden, muschelartigen Wannen (daher der Name: von *concha* (span.) = Muschel) wird die Schokoladenmasse durch gegenläufige Walzen bis zu drei Tage lang bewegt. Dabei zerreißt sie ständig und wird wieder zusammengefügt. Sie kommt in allen Teilen ständig mit Luft in Berührung. Bei diesem Vorgang verflüchtigen sich noch unerwünschte, das Aroma beeinflussende Gerbstoffe und Säuren. Die Schokolade wird feuchter und schmelzender. Vollständig emulgiert, geschmeidig und glänzend verläßt das Gemenge, abgekühlt bis unter den Schmelzpunkt, die Koncha. Ein dauerndes Durchmischen während der Abkühlung verhindert ein spontanes Erstarren. Langsam wieder erwärmt wird sie formfähig.

Trotz sorgfältiger Verpackung ist Schokolade gegen fremde Gerüche sehr empfindlich. Sie muß kühl und gleichmäßig temperiert lagern. Ist die Aufbewahrung zu feucht, dann gibt es oft einen weißen Belag, den Zuckerreif. Wird sie zu warm gelagert, entsteht ein grauer Belag, der sogenannte Fettreif, der durch teilweises Schmelzen der enthaltenen Kakaobutter hervorgerufen wird. Geschmack und Qualität werden in beiden Fällen nicht beeinträchtigt, doch das Auge ißt ja bekanntlich mit.

Kakao und besonders Schokolade haben einen sehr hohen Nährwert. Sie liefern Kohlenhydrate, Fett, Eiweiß und Mineralien. Der Gehalt an Theobromin und Koffein wirkt schwach anregend. Dabei machen sowohl die Kohlenhydrate und die leicht verdauliche Kakaobutter die Schokolade neben einem Genußmittel zu einer ausgesprochenen energiereichen Nahrung, die besonders bei Bergsteigern wegen ihres geringen Gewichtes sehr geschätzt wird.

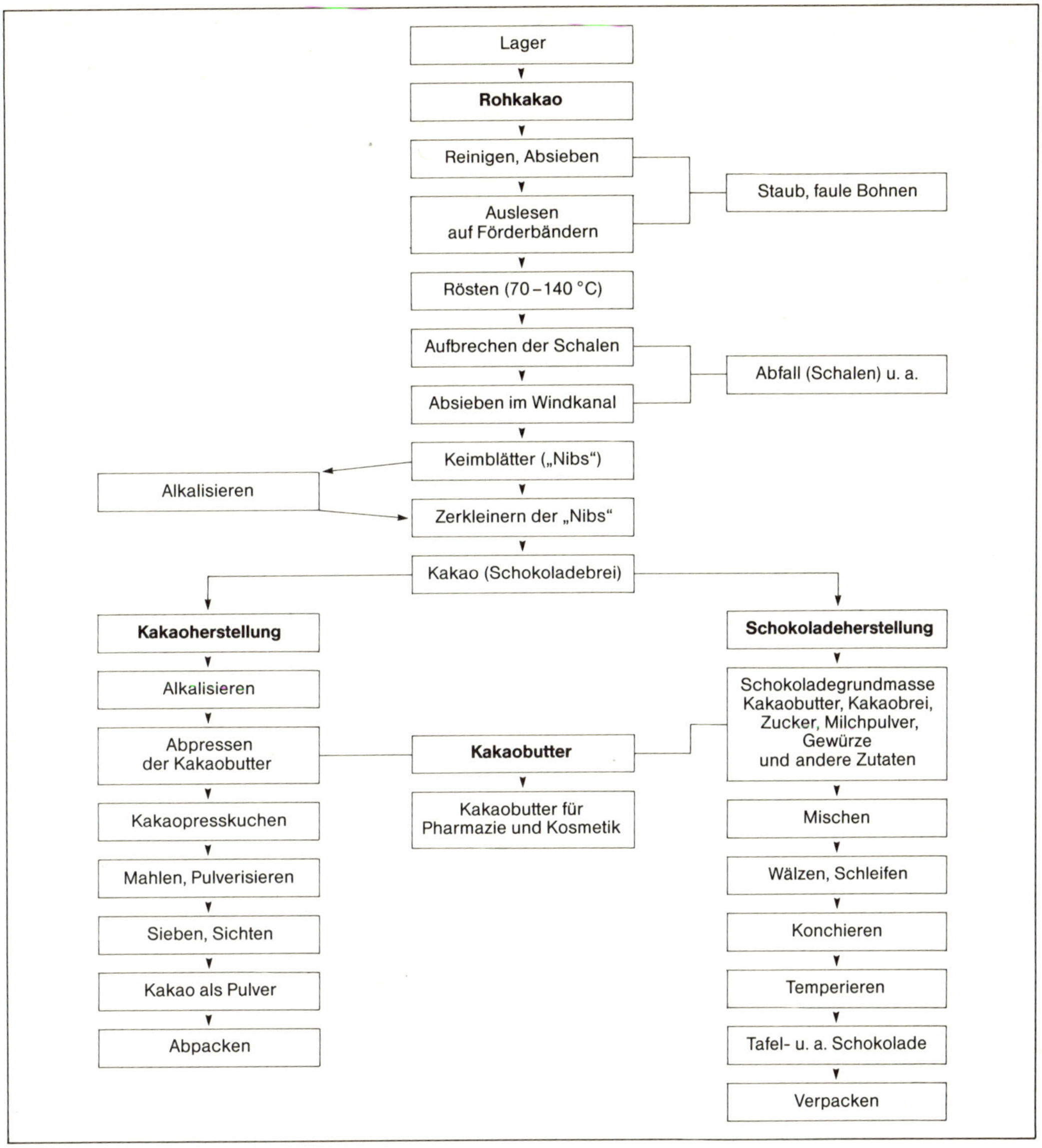

Industrielle Weiterverarbeitung von Kakao.

Mate oder Paraguay-Tee

Ende der zwanziger Jahre kam in Deutschland ein Getränk gezielt in den Handel, das vorher als Exote aus Südamerika nur bei einem kleinen Kreis von Verbrauchern bekannt und geschätzt war. Daß es oft in Reformhäusern angeboten wurde, umgab es mit der Aura von etwas Urwüchsigem, Gesundem. Es war der Mate- oder Paraguay-Tee, früher auch Jesuiten-Tee genannt. Der Verbrauch hielt sich indessen in Grenzen. Im Gegensatz zu vielen anderen Kulturpflanzen, die ausgehend vom amerikanischen Kontinent eine weltweite Verbreitung erfahren haben, ist der Anbau des Mate jedoch nicht über sein lange bekanntes Ursprungsgebiet hinausgekommen. Wie in vielen anderen Fällen auch, erwies sich das wohl leichtfertig ausgestreute Wort vom „Grünen Gold" Südamerikas schon bald als übertrieben.
Nach den schon erwähnten Leitsätzen für Tee, teeähnliche Erzeugnisse, deren Extrakte und Zubereitungen wird Mate- oder Paraguay-Tee folgendermaßen bestimmt (Mitteilung vom Verband des Tee-Einfuhr- und Fachgroßhandels e.V.):
„Mate besteht aus den über Feuer getrockneten, gedörrten, zerkleinerten, koffeinhaltigen Blättern und Teilen von Stengeln des in Südamerika angebauten Mate-Baumes (*Ilex paraguariensis* St.-Hil.), die sich zur Bereitung als Getränk eignen. [...] Die Blattstückchen sind klein, dünn, brüchig und von bräunlichgrüner (getrocknet) oder brauner Farbe (geröstet) und lassen noch größere Nerven erkennen. [...] Der Mateaufguß ist hellgrün bis braun und von würzigem und meist rauchigem Geruch und Geschmack."
Nach dem *Deutschen Mate-Informationsbüro* beträgt der weltweite jährliche Export von Mate aus Paraguay, Brasilien und Argentinien über 300 000 Tonnen. Vom gleichen Büro wird die Einfuhr von Mate in die Bundesrepublik Deutschland für 1986 mit 383 Tonnen und für 1987 sogar nur mit 139 Tonnen angegeben. Der Import in die anderen westlichen Länder (außer USA) dürfte in ähnlichen Bereichen liegen. Mate wird fast ausschließlich aus Brasilien eingeführt.
Amerika hat der Welt eine Reihe wertvollster Nahrungs- und Genußmittel beschert. Ganz besonders die Kartoffel und der Mais haben zur Ernährung der ständig wachsenden Zahl der Menschen und ihrer Bedürfnisse direkt oder auch indirekt (als Viehfutter) beigetragen. Der Austausch von Kulturpflanzen ist seit dem Entdeckungszeitalter verstärkt in Gang gekommen, und heute haben sich die Hauptanbaugebiete einzelner Pflanzen vielfach sogar in andere Kontinente verlagert.
Auf Mate trifft nichts davon zu. Anbauversuche in Afrika oder Asien wurden kaum gemacht oder blieben erfolglos. Der Paraguay-Tee ist keine für den Welthandel wichtige Pflanze geworden. Warum es so ist, vermag man nicht zu sagen. Vielleicht liegt es am weniger feinen Geschmack, vielleicht ist Mate, nach frühen Anfangserfolgen, einfach zu spät auf dem Markt erschienen. Die Versuche, ihn in Deutschland oder Europa einzuführen, brachten bisher ebenfalls noch keine größeren Erfolge. Wenngleich der Koffeingehalt des Mate nur wenig unter dem von Tee liegt, gilt dieser doch in den subtropischen Teilen Südamerikas als anregend und wird, weil er sehr vitaminreich ist, hoch geschätzt. Beim ungewöhnlich hohen Fleischgenuß gewisser Bevölkerungsschichten, lassen sich, besonders bei Neigung zu Gichterkrankungen, Ernährungsschäden ausgleichen.

Herkunft und Verbreitung

Yerba-Mate oder Paraguay-Tee, wie er auch genannt wird, ist oft eine Mischung von Blättern verschiedener *Ilex*-Arten aus der Pflanzenfamilie der Aquifoliaceae. Meist besteht der Tee aber

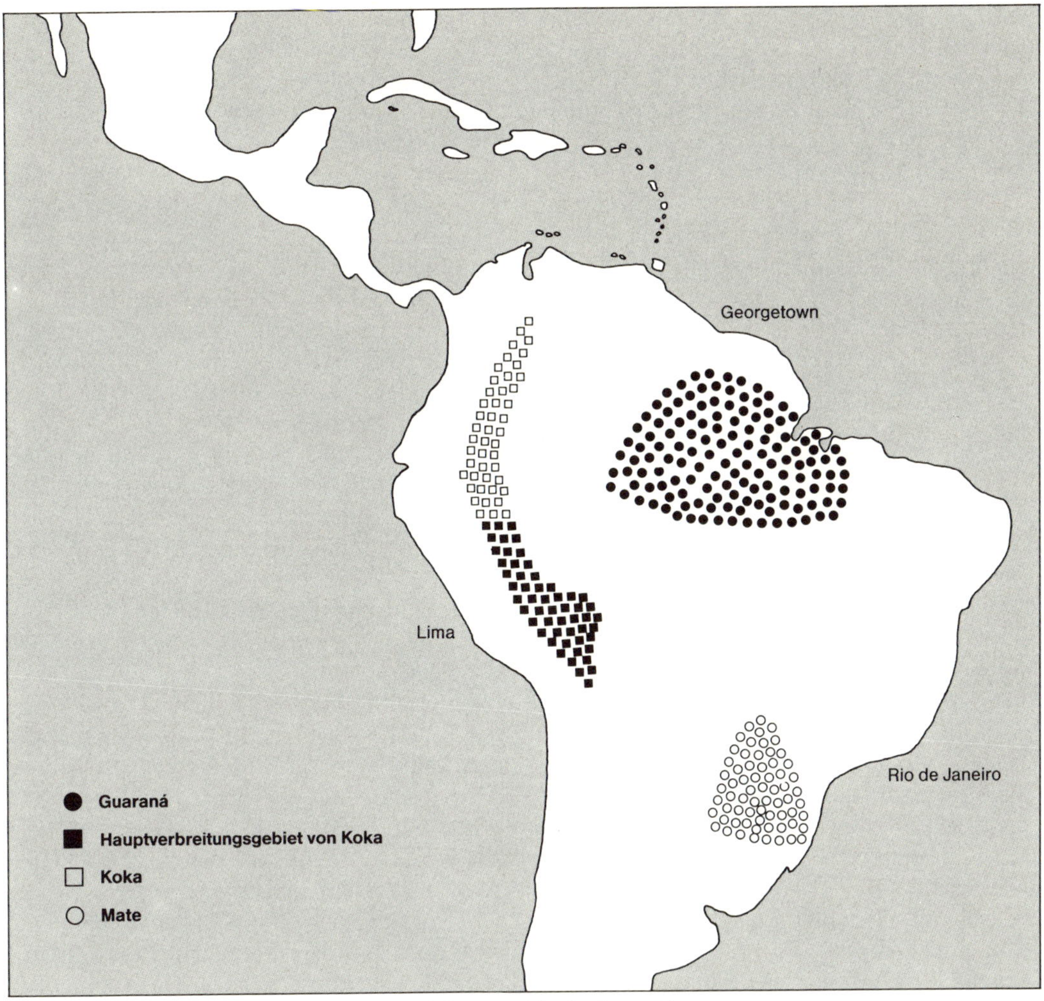

Verbreitungsgebiete von Koka, Mate und Guaraná in Südamerika.

aus Blättern, Stengeln und kleinen Zweigen von *Ilex paraguariensis*. Wie man aus Gräberfunden festgestellt haben will, soll er als Getränk schon bei präkolumbianischen Kulturen bekannt gewesen sein. Es muß also immerhin schon im vorgeschichtlichen Amerika einen Handel mit diesem Produkt gegeben haben. Da im Verbreitungsgebiet der Mate liefernden *Ilex*-Arten kein altes Kulturvolk lebte, blieb es bei der Ausbeutung von Wildbeständen. Im Gegensatz zu vielen anderen Nahrungs- und Genußmitteln erfuhren die Europäer während der Entdeckungs- und Eroberungszeit nur wenig über diese Pflanze und ihren Gebrauch.

Die Mamelucken von São Paulo (an die kriegerischen Mamelucken Ägyptens erinnernde, von den Jesuiten geprägte Wortschöpfung aus der Sprache der Tupis von *Mama* = mischen und

Ruca = Ursprung), ein oft von genialen, aber brutalen Anführern beherrschtes Gesindel, zogen von São Paulo aus nach Westen, um sich die dort wohnenden friedfertigen und intelligenten Guaranis als Sklaven einzufangen. In deren ursprünglichem Siedlungsgebiet fanden und finden sich die großen Mate-Vorkommen. Die Könige von Spanien, denen Portugal von 1580 bis 1640 ebenfalls unterstand, hatten die Versklavung der Indianer untersagt. Doch trotz des königlichen Verbots dauerten die Kriegszüge der Mamelucken von São Paulo an. Das veranlaßte die Jesuiten schließlich, die Guaranis in Reservaten zu sammeln und zu gezieltem Landbau anzuleiten. Damit beginnt die neuere Geschichte des Paraguay-Tees.

Wir machen uns heute nur noch wenig Gedanken darüber, wie die Ureinwohner großer tropischer Regionen früher lebten und daß sie trotz ihrer beschränkten Lebensmöglichkeiten doch einem gewissen, eher bescheidenen Luxus nicht abgeneigt waren. Dies setzte natürlich nicht nur eine umfassende Kenntnis ihrer Umwelt voraus, sondern auch die richtige Anwendung. So erstaunt es kaum zu hören, daß die Guarani den Mate-Tee gesüßt tranken. Zwar konnten sie keinen Zucker verwenden, da er ihnen unbekannt war, und Honig gab es wohl auch nicht, doch im Anbaugebiet der *Ilex*-Vorkommen gibt es eine Pflanze mit süßen Blättern aus der Familie der Korbblütler namens *Stevia rebaudiana* (bei den Guarani *Kaá Hêê* = süßes Kraut genannt). Dieses kurzwüchsige, einjährige Kraut entwickelt in seinen Blättern eine Süßkraft, die sogar unseren handelsüblichen Süßstoffen überlegen ist. Die Blätter werden getrocknet und zerbröselt. Die Kenntnis dieser Pflanze ging nach der Eroberung durch die Spanier und Portugiesen verloren; erst vor 100 Jahren wurde sie wieder entdeckt. Als Zuckeraustauschstoff wird sie aber heute noch nicht wieder in größerem Maße genutzt.

Der Gebrauch des Mategetränks setzte sich langsam bei allen Ansiedlern auch in den schon etwas größeren Küstenstädten durch. Die Wildvorkommen von *Ilex paraguariensis* wurden verstärkt ausgebeutet. Mate-Tee war in dieser Zeit in Europa auch als Jesuiten-Tee bekannt. Die Guaranis nannten die Pflanze und das Getränk Kaá-Mate. Die Spanier übersetzten dann *Kaá* mit *Yerba* = Kraut, die Portugiesen mit *Herva* oder *Erva*. Heute spricht man allgemein von Yerba-Mate oder Herva-Mate. Dabei bedeutete *Kaá* soviel wie Baum oder Busch, und *Mate* war das Gefäß (heute *Cuia* genannt), aus dem getrunken wurde, ein kleiner Flaschenkürbis. Getrunken wird der Tee auch heute noch vielfach in gleicher Weise durch ein löffelartiges, meist silbernes oder versilbertes Röhrchen, dessen Ende ein geschlossenes Sieb bildet. Mate blieb und bleibt das traditionelle Getränk der Region und ist bei Siedlern auf dem Land und in den Städten gleichermaßen beliebt wie bei den Gauchos oder bei den Highlife-Zusammenkünften der *Hacenderos* auf ihren feudalen Landsitzen.

Die grob zerkleinerten Blätter meist verschiedener *Ilex*-Arten ergeben, mit Wasser übergossen, den Mate. Man kann Mate auf verschiedene Arten zubereiten. In der alten, klassischen Weise füllt man das Gefäß, den Kürbis, mit dem zuvor mit kaltem Wasser gut durchfeuchteten Tee. Darüber wird heißes Wasser gegossen. Der schaumig-grünliche Aufguß *(Mate-chimarrón)* wird dann mit dem Röhrchen (*Bombilla*) aus dem Flaschenkürbis gesaugt. Das Gefäß wird im Kreis herumgereicht und immer wieder wird heißes Wasser nachgegossen, bis das Kraut, die Yerba, keinen Geschmack mehr hergibt. Das Trinkröhrchen wird von allen Personen im Kreis benutzt. In den größeren Städten hat sich die Form des *Mate-cocido* eingebürgert. Hier wird der Yerba* in einer Kanne wie anderer

* Wenn Mate-Tee ergänzt werden kann, gebraucht man meist die männliche Form; sonst ist Yerba weiblich.

Tee mit heißem, nicht kochendem Wasser aufgegossen und mit oder ohne Zucker und Milch aus Tassen getrunken. Eine dritte Form, *Mateterere*, die praktisch nur bei Arbeitern und Reitern auf dem Feld gebräuchlich ist, verzichtet auf das heiße Wasser. Mit einem Kuhhorn schöpft man frisches Wasser und fügt etwas Yerba bei.
Auch kalt übergossener Mate schmeckt und erfrischt. Die Formen des Matetrinkens sind aus der heute schon nostalgisch zu sehenden Gauchokultur nicht mehr wegzudenken.
Neuerdings hat man den Gebrauch von Mate auch auf ein mit Zitronensaft versetztes, gekühltes Getränk ausgedehnt, das für Cola und süße Limonaden eine ernste Konkurrenz geworden ist.
Von ihren Schützlingen hatten die Jesuiten auch das Geheimnis des Keimens der *Ilex*-Bäume erfahren. Nach der Vertreibung der Jesuiten aus Paraguay und Misiones und dem Verbot des Ordens kehrten die Guarani wieder in ihren Urwald zurück. Die Pflanzungen verwilderten und der Handel ging zurück. Der Mate mußte als Handelsprodukt praktisch neu entdeckt werden.

Botanik

Die neueste Geschichte des Mate setzt etwa 50 Jahre nach der Vertreibung der Jesuiten ein. Man kannte natürlich den Baum, auch einige Varietäten von *Ilex*, die Mate lieferten, man wußte um seine stimulierende Wirkung, doch die eigentliche Pflanze war botanisch noch nicht bestimmt worden.
Der Begleiter Alexander von Humboldts auf dessen großer Südamerikareise, der Arzt und Botaniker Aimé Bonpland (1773–1858) beschrieb erst 1821 die den Mate liefernde Pflanze. Ein anderer Franzose, Saint Hilaire, gab ihr ein Jahr später den botanischen Namen *Ilex paraguayensis* St. Hil., heute als *Ilex paraguariensis* aus der Familie der Aquifoliaceae bekannt – ein Baum, der mit der bei uns in Gärten und Anlagen vielfach angepflanzten Stechpalme verwandt ist.
Im Gegensatz zu vielen anderen Nutzpflanzen sind die *Ilex*-Unterarten, die den Mate liefern, auf eine geographisch fest umrissene Region beschränkt geblieben. Man findet die Unterholzbäume im Wildzustand von der Nordgrenze des Staates São Paulo bis etwa 30 ° südlicher Breite im Stromgebiet des mittleren Paraná, des oberen Uruguay und in Paraguay auf der östlichen Seite des Flusses. Westlich von Asunción findet sich nur noch sporadisch Mate, und im Gran Chaco wird er nicht mehr angetroffen.
Der Baum gleicht im natürlichen Zustand etwa unserer Birke. Er kann in den Wäldern über 12 m hoch werden, in der Regel werden die Bäume in den Pflanzungen aber auf 5 bis 6 m gehalten. Das Holz unter der glatten grauweißlichen Rinde ist nicht dauerhaft. Die immergrünen, ovalen, kerbig-gezähnten Blätter wachsen an einem sehr kurzen Stiel gegenständig und können bis 10 cm lang werden. Sie sind lederartig glatt, auf der Oberfläche dunkelgrün und etwas blasser auf der Unterseite. Die Bäume blühen gewöhnlich im Frühjahr, das heißt im Oktober bis November. In den Blattachseln gegen das Zweigende stehen die buschigen Blütenstände. Dabei sind jeweils 40 bis 50 Blüten doldenartig zusammengefaßt. Neben rein männlichen Bäumen gibt es weibliche und auch zweihäusige Blüten. Die Früchte sind kleine runde Beeren, die wie größere Erbsen aussehen. Die Samen selbst sind als 4 äußerst harte, berippte Steinkerne in die Früchte eingebettet.

Klima und Boden

Die den Yerba-Mate liefernde Pflanze, ein für die Millionenbevölkerung der Ostküste Südamerikas wichtiges Handelsprodukt, stellt ähnliche Klimaansprüche wie der Tee. Temperaturen zwischen 20 und 23 °C während des größten Teils des Jahres sagen ihr besonders zu. Dabei schaden die an der südlichen Anbaugrenze gelegentlich auftretenden leichten Fröste nicht. Ebenso verträgt der Baum die in dieser Region vorkommenden Höchstwerte von 40 °C und darüber. Die Regenmengen sollten über 1500 mm liegen, auch höhere Niederschläge während eines Jahres sind nicht schädlich. Allerdings müssen die Regenfälle möglichst gleichmäßig über alle Monate verteilt sein, denn Mate verträgt keine länger andauernden Trokkenzeiten. Da von Yerba-Mate keine einzelnen Blätter geerntet, sondern ganze Zweige geschnitten werden, spielen – anders als beim Tee – Luftfeuchte und auch Staubgehalt der Luft nur eine untergeordnete Rolle. Die Beschränkung des Vorkommens von Mate auf das mittlere Einzugsgebiet der Flüsse Paraná, Uruguay und Paraguay ist hauptsächlich auf die recht gleichmäßige Regenverteilung im Jahresablauf zurückzuführen.

An den Boden stellt *Ilex paraguariensis* ähnliche Ansprüche wie der Kaffee in Brasilien. Die tiefgründigen Verwitterungsgesteine der Terra Roxa sind für den Baum ebenso geeignet wie die Schwemmlandböden in den Niederungen der langsam fließenden Flüsse. Stark tonige und kalkhaltige Böden verträgt er allerdings nicht; ebensowenig sagt ihm ein hoher Grundwasserstand zu.

Zeit der Ausbeutung

Noch bis weit in unser Jahrhundert wurden praktisch nur Wildbestände der Mate liefernden *Ilex*-Arten genutzt. Im Auftrag von Zwischenhändlern und großen Landbesitzern durchzogen Prospektoren das Land. Hatten sie die Ausbeutung lohnende, wilde Yerbabestände gefunden, dann sicherten sie sich, ähnlich wie Goldsucher, die Nutzungsrechte. Sie stellten einige Aufseher ein und warben in den kleinen Siedlungen am Rande der Wildnis schließlich Arbeiter an. Dieses System glich praktisch einer Versklavung. Die Leute bekamen ein Handgeld als Vorschuß, das für mitzunehmende Lebensmittel, meist Bohnen, Mehl und Salz, und ein Hemd oder eine Hose ausgegeben wurde. Ein noch verbleibender Rest wurde sofort in Zukkerrohrschnaps umgesetzt. Die Geschäfte und Spelunken verkauften zu überhöhten Preisen, denn sie gehörten meist auch den großen Aufkäufern. In oft tagelangen Märschen zogen die Leute dann in die *Yerbatales*. Unter Aufsicht wurden die Bäume abgeerntet, d. h. es wurden kleine und größere Zweige mit vielen Blättern abgeschlagen und an geeigneten Plätzen sogleich im primitiven Verfahren aufbereitet. Die Arbeiter mußten sich einfache Palmstrohhütten bauen und zogen nach der Ernte weiter in den Busch. Heute gibt es dieses Ausbeuten von Menschen und Pflanzen praktisch nicht mehr, da es kaum noch verkehrsgünstig gelegene, ein Abernten lohnende Wildbestände gibt.

Anbau

Solange nur die Wildbestände ausgebeutet wurden, kümmerte man sich nicht um Aussaat und Aufzucht neuer Bäume. Die Verbreitung besorgen Vögel (Fasanenarten). Die Samen werden von ihnen aufgepickt, und auf dem Weg durch den Magen- und Darmtrakt wird die harte Außenschale des Samens soweit zerstört, daß er – wieder ausgeschieden – keimen kann. Legt man den Samen unvorbereitet in die Erde, kann der Keim die Schale nicht durchbrechen und verfault im Boden. Die Jesuiten lösten das Problem auf ihre Weise: sie mischten den Samen unter das Hühnerfutter! Diese Kenntnis ging mit der Vertreibung der Jesuiten aber wieder verloren. Später versuchte man das gleiche Verfahren, aber dabei gingen die Hühner ein.

Wahrscheinlich mutete man ihnen zuviel zu. Vor etwa 100 Jahren entdeckten deutsche Siedler ein Behandlungsverfahren mit Aschenlauge. Heute werden die Samen vor der Aussaat zerquetscht, gewaschen und ohne die äußere Schale in die vorbereiteten feuchten Saatbeete gegeben.
Seit dieser Zeit werden größere Pflanzungen angelegt. Das Verfahren ähnelt dem anderer tropischer Baumkulturen. Von den Saatbeeten kommen die Pflänzchen zunächst in die Baumschule und von dort an ihren endgültigen Standort in der Pflanzung. Da die Bäume später zum einfacheren Abernten frühzeitig zurückgeschnitten werden, beträgt die Pflanzweite etwa 3 m, also rund 1000 Bäume pro ha. *Ilex paraguariensis* ist unter natürlichen Bedingungen eine Unterholzpflanze. Sie wird daher in den ersten Monaten in den Pflanzungen, ähnlich wie der Kaffee im Süden Brasiliens, durch einfache Stroh- oder Holzgestelle beschattet. Ist der Yerba-Mate gut entwickelt, kann schon nach 3 Jahren zum ersten Mal geerntet werden. Der Ertrag ist noch gering, gewöhnlich unter 1 kg Blätter je Baum. Später steigert sich die Menge, und zehnjährige Bäume ergeben dann schon 8 kg Erntegut, während es Bäume in voller Produktion nach etwa 25 Jahren auf bis zu 30 kg Blattmasse bringen.
Ilex paraguariensis leidet, wie jede andere Pflanze auch, unter gelegentlichen Krankheiten und Schädlingen. Dazu gehören sowohl Pilzerkrankungen als auch Schädigungen durch Insekten. Gefürchtet sind besonders die südamerikanischen Heuschreckenschwärme, die aus dem Norden (Matto Grosso) und dem Gran Chaco die Matepflanzungen periodisch heimsuchen. Dazu gesellen sich die Grillen, Ameisen, verschiedene Blattläuse und Raupen. Da die Matepflanzungen nicht die Ausdehnung der Kaffee- oder Teeplantagen erreichen, finden die Insekten gewöhnlich noch genügend andere Nahrungspflanzen und werden daher nicht so leicht zu einer echten Gefahr.

Ernte

Da von Yerba keine Einzelblätter gepflückt werden, erfolgt die Ernte höchstens einmal im Jahr, gewöhnlich bei trockenem Wetter im Herbst. Diese Ernte hat recht wenig mit dem vergleichbaren Pflücken von anderen Nutzpflanzen zu tun: Die Zweige, die reichlich Blätter tragen, werden einfach abgerissen, abgehauen oder abgeschnitten. Natürlich achten die Arbeiter darauf, daß die Bäume nicht ganz aller kleinen Zweige und Blätter beraubt werden. Eine erste konservierende Aufbereitung soll sofort erfolgen. Es muß verhindert werden, daß die Blätter an der Luft bräunen, d. h. es darf keine Oxidation einsetzen.

Aufbereitung

Zunächst werden die Zweige, auf handliche Größe zurechtgebrochen oder -geschlagen, in großen Tüchern zur Sammelstelle gebracht. Dort brennt in den Wildbeständen ein Feuer. Die Zweige werden dann gleich kurz geröstet, das heißt über den Flammen hin- und hergeschwenkt, und zwar so lange, bis die Haut der Blätter, die Epidermis, aufspringt. Man hört ein Knistern und Prasseln. Bei der urplötzlichen starken Erhitzung kommt es in den Zellen zur Dampfbildung, was sie zum Platzen bringt. Dieser Vorgang dauert weniger als eine Minute. Die Blätter selbst dürfen nicht versengt werden, glimmen oder gar Feuer fangen. Der Zellsaft soll aus den gesprengten Zellen austreten und trocknen.
Die Hitze zerstört augenblicklich das Eiweiß und alle Fermente. Dadurch wird verhindert, daß durch den Zutritt von Luftsauerstoff die grüne Blattfarbe durch Zersetzungsprodukte von Gerbstoffen in Dunkelbraun verwandelt wird, wie es bei der Teeverarbeitung erwünscht ist. Das Erhitzen und Abtöten der Zellen, durch

das auch der herbe Geschmack der frischen Blätter verlorengeht, wird in der Mate-Region *Sapekieren* genannt, nach einem aus dem Guarani stammenden hispanisierten Wort für Sengen und Schwelen. Um diese Arbeit zu erleichtern, hat man drehbare, schräggeneigte Trommeln aus Drahtgeflecht gebaut, die langsam über dem Feuer gedreht werden. Die Zweige rutschen dabei nach unten und werden dort entnommen. Das Feuer soll viel Hitze und wenig Rauch erzeugen, denn bereits bei dieser ersten Behandlung entscheidet sich die spätere Klassifizierung des Mate. Wird mehr Rauch entwickelt, dann nimmt der Mate den intensiv rauchigen und typischen, leicht bitteren Geschmack an, der den Chimarrón der Landbevölkerung auszeichnet.

Ist der Yerba-Mate so vorbereitet, werden die größeren Zweige aussortiert und entblättert. Obgleich im Mate-Tee auch Stiele und kleine Zweige gebräuchlich sind, soll deren Menge doch nicht mehr als ein Fünftel, die Dicke nicht mehr als 0,4 mm betragen. So schreiben es die örtlichen Warengesetze vor!

Nach dem Sapekieren sind Oxidation und Gärung für etwa einen Tag unterbunden. Diese Zeit reicht aus, um das Erntegut zur weiteren Behandlung in den *Barbacuá* zu schaffen. An diese indianische Bezeichnung erinnert das von uns aus den USA übernommene Barbecue, ein Grillen im Freien.

Der Yerba soll nach dem Schwelen in einem Heißluftstrom von etwa 100 °C 24 bis 36 Stunden dörren. Der *Barbacuá*, der Trocknungsrost, besteht aus einer Feuerstelle und einem großen, aus biegsamen Holzlatten erbauten, glockenförmigen Gerüst. Zwischen diesen Latten, die belastbar sein müssen, sind so viele Querstangen angebracht, daß ein enger Rost entsteht und der Yerba nicht hindurchfallen kann. Ein Rundumschutz aus Stangen verhindert das Abrutschen, und ein überbautes Dach hält den Regen ab. In den kleinen Betrieben und in den Wildbeständen baut man sich diese Röst- oder Dörranlagen bei jeder Ernte neu.

Bei dieser einfachen Form des Barbacuá, das den Jesuiten schon von den Guaranis übermittelt worden war, wird in einer tiefen Grube unter dem Gerüst ein Holzfeuer entzündet. Die Grube hat einen seitlichen Zugang, um das Feuer in Gang zu halten und um die Ascherreste auszuräumen. Rauch und hauptsächlich heiße Luft durchdringen die etwa 30 bis 40 cm dicke Schicht des sapekierten Yerba auf dem Gerüst. Dabei wird Wert auf möglichst geringe Rauchentwicklung gelegt, was sich jedoch nicht immer vermeiden läßt. Der Yerba nimmt bei diesem Prozeß trotz aller Vorsorge noch einen starken Rauchgeschmack an.

Das Rösten erfordert viel Erfahrung. Die Röstmeister stehen, nur mit einem Lendenschutz bekleidet, schweißtriefend auf dem Rand des Barbacuá, wo die Hitze nicht so groß ist, und wenden den Yerba mehrmals mit großen Holzgabeln. Die unteren Schichten kommen nach oben, die äußeren nach innen. Das dem Mate eigentümliche Aroma bildet sich. Die Blätter dürfen auf keinen Fall ansengen. Ist die erste Schicht gedörrt worden, wird sie zum Nachtrocknen am Rand der Barbacuáglocke aufgeschichtet und die der größten Hitze ausgesetzte Mitte neu beladen. Die Pflanzer müssen die Tragfähigkeit des Gerüstes richtig einschätzen, damit der Barbacuá nicht zusammenbricht.

Auf größeren Pflanzungen und auch wenn der grüne Mate (also ohne Raucheinwirkung) erzeugt werden soll, wird das Feuer außerhalb des Barbacuá unterhalten. In einem meist gemauerten Kanal wird nur noch die Heißluft herangeführt. Der Rauch wird über Kamine abgeleitet und Reste durch seitliche Frischluftzufuhr fast vollständig verbrannt. Die Hitze wird durch Eisenschieber reguliert. Auch heute noch wird die Heißluft fast ausschließlich durch Holzfeuerung erzeugt, da andere Energiequellen zu teuer sind und unerwünschte Auswirkungen auf den Geschmack haben können.

Nach dem vollständigen Dörren soll der Yerba so trocken sein, daß er maximal noch 10%

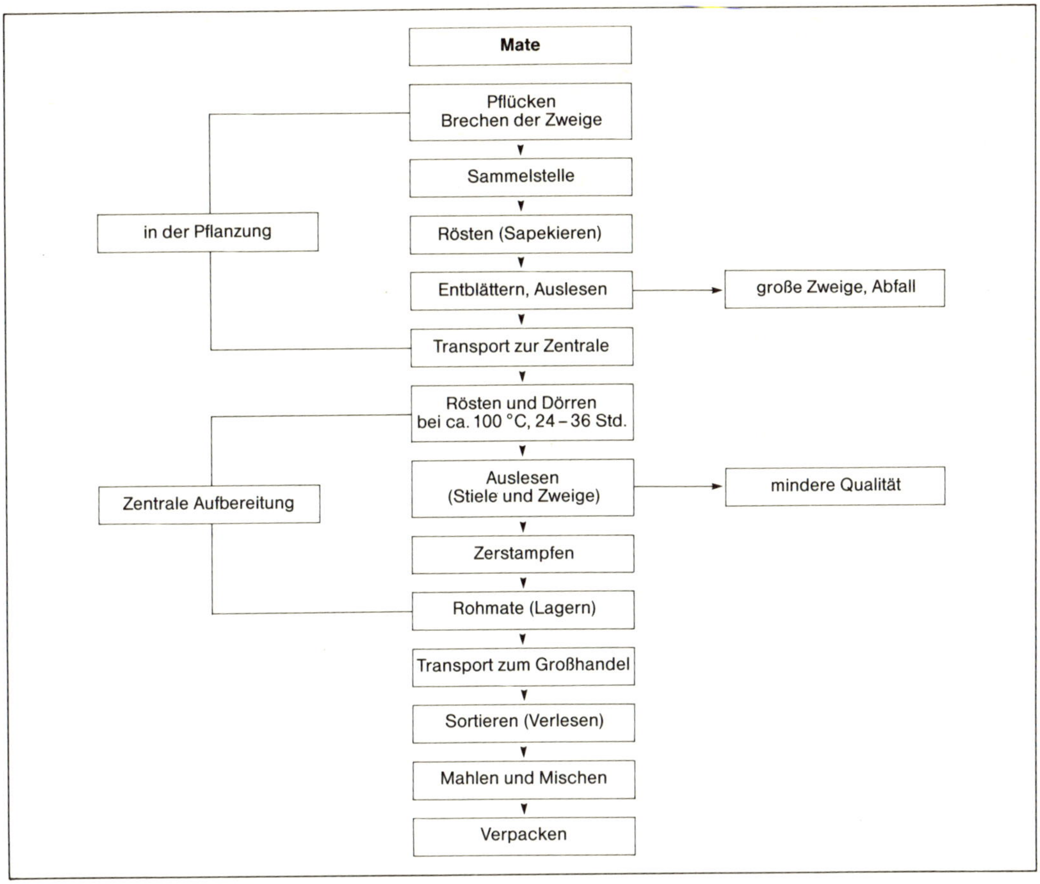

Arbeitsschema der Aufbereitung von Mate.

Feuchtigkeit enthält. Auch die kleinen Zweige und Stiele müssen brüchig geworden sein. 100 kg frisch geschlagener Yerba ergeben schließlich noch 40 kg verbrauchsfertigen Matetee.

Der gedörrte Mate muß nun zerkleinert werden. Große, mit Zähnen versehene konische Walzen werden wie ein Göpel um einen Drehpunkt bewegt. Der so behandelte Yerba wird dann entweder in großen Haufen auf Tennen aufgeschüttet oder in Jute- oder Papiersäcken eingestampft gelagert. Die Lagerung soll mindestens 6 Monate dauern, dann hat der Yerba sein volles Aroma erreicht. Welche chemischen Vorgänge dabei ablaufen, ist aber noch weitgehend ungeklärt. Verbrauchsfertig gemahlen wird Yerba-Mate dann erst in den großen Matemühlen der Provinz- oder Küstenstädte. Hier werden auch die jeweiligen Mischungen für den Handel zusammengestellt.

Obgleich der Yerba im Süden Brasiliens, in Paraguay, in Argentinien und auch in Uruguay einen sehr großen Handelswert hat und viele Erwerbsmöglichkeiten schafft, ist im Gegensatz zu den anderen tropischen Genußmitteln Kaffee, Tee und Kakao, bei denen sich hochtechnisierte Aufbereitungsverfahren durchgesetzt haben, die Art der Behandlung von Yerba Mate weitgehend altväterlich geblieben.

Zubereitung und Wirkung des Mate-Tees

Schon den Ureinwohnern war die hungerstillende und zusätzlich leistungssteigernde Wirkung ihres Mate bekannt. Die einfache Aufbewahrung – die zerbröselten Blätter halten sich über längere Zeit in Gefäßen oder, auf Streifzügen, in Basttaschen – und die natürliche Zubereitung des Getränks durch Übergießen mit heißem, warmem oder kaltem Wasser machten ihn zum beliebtesten Trank bei der Jagd oder bei der Feldarbeit.

Bei den Gauchos in Argentinien und den Vaqueros in Brasilien und Paraguay hat sich diese Tradition fortgesetzt. Die Tätigkeit als Viehtreiber läßt oft keine Zeit zur Zubereitung größerer Mahlzeiten; dann wird Mate getrunken und das Hungergefühl verschwindet. Daher gilt Mate-Tee jetzt auch bei Schlankheitsdiäten als natürlicher Appetitzügler ohne Nebenwirkungen.

Der Paraguay-Tee enthält neben einem durchschnittlichen Koffeingehalt von 1,5 % auch Gerbsäure und vor allem die Vitamine A, B_1, B_2 und C. Diese Zusammensetzung bewirkt eine Leistungssteigerung, ohne den Körper aufzuputschen.

Im Gegensatz zu Kaffee verursacht selbst der Genuß größerer Mengen Mate keine Unruhe, Herzklopfen oder gar Schlafstörungen. Man erklärt das durch das Zusammenspiel der Gerbsäure mit dem Koffeingehalt. Durch das Tannin wird das Koffein nur in kleinsten Mengen verzögert freigesetzt. Der hohe Vitamingehalt hebt gleichzeitig die mögliche Schadwirkung von starkem Fleischverzehr auf.

Guaraná

Neben Kakao, Mate und Koka stammt noch ein anderes, in Europa allerdings kaum bekannt gewordenes Produkt einer Genußmittelpflanze aus Südamerika: die Guaraná. Eine in Brasilien oft gezeigte Reklame weist auf Guaraná hin: es handelt sich um eine Flasche mit perlendem Inhalt – einer koffeinhaltigen, safrangelben Limonade, über deren Geschmack man durchaus geteilter Meinung sein kann.

Als Genußmittel hat Guaraná insofern eine Bedeutung, als der Koffeingehalt bis zu dreimal höher sein kann als der von Kaffee, und die Paste bis zu achtmal mehr Koffein enthält als Yerba-Mate.

Die Früchte der Guaranápflanze (*Paullinia cupana* H. B. K.) haben im Binnenhandel Brasiliens eine lokale Bedeutung. In die USA werden geringere Mengen für die Getränkebereitung und zur Herstellung bestimmter Pharmazeutika ausgeführt. Für die pharmazeutische Industrie wird Guaraná auch nach Europa exportiert. Die Gesamternte beträgt etwa 250 Tonnen jährlich.

Guaraná wurde der Welt erst ein Begriff, als Europäer in der Mitte des 18. Jahrhunderts bewußt über die Pflanze und ihre Anwendung berichteten. Den Indianern im Amazonasgebiet war die anregende, belebende Wirkung der Früchte allerdings schon seit Jahrhunderten bekannt.

Alexander von Humboldt lernte Pflanze und Getränk auf seiner großen Reise vom Orinoko zum Rio Negro kennen. Er beschreibt das Getränk folgendermaßen: „Ich bemerke bei dieser Gelegenheit, daß ein Missionar selten auf die Reise geht, ohne den zubereiteten Samen der Liane Cupana mitzunehmen. Diese Zubereitung erfordert große Sorgfalt. Die Indianer zerreiben den Samen, mischen ihn mit Maniokmehl, wickeln die Masse in Bananenblätter und lassen sie im Wasser gären, bis sie safrangelb wird. Dieser Teig wird an der Sonne getrocknet, und mit Wasser angegossen genießt man ihn morgens statt Tee. Das Getränk ist bitter und magenstärkend, ich fand aber den Geschmack sehr widrig." (Alexander von Humboldts Reise in die Aequinoctial-Gegenden des neuen Continents. Fünfter Band, Seite 113. Stuttgart 1862.) Die Pflanze, aus deren Früchten man die Paste herstellt, erhielt den botanischen Namen *Paullinia cupana* Humboldt, Bonpland, Kunth. Von Rio de Janeiro aus war Guaranápaste nach Frankreich gekommen. Schon 1840 wurde dann der hohe Koffeingehalt festgestellt.

Herkunft und Verbreitung

Paullinia cupana ist im mittleren Amazonasgebiet vom Rio Madeira bis zum Rio Tapajos und am Rio Negro-Orinoko zu finden. Die Verbreitung der Pflanze bleibt auf dieses Gebiet beschränkt. Versuche, Guaraná andernorts unter ähnlichen Klimabedingungen zu kultivieren, sind nicht bekannt geworden – wohl auch, weil Brasilien eine Ausfuhr keimfähiger Samen untersagt. Alle Samen müssen geröstet werden. Da Guaraná keine wichtige Welthandelspflanze ist, sind auch keine dramatischen „Entführungsversuche" unternommen worden.

Botanik

Paullinia cupana ist ein lianenartiger Kletterstrauch aus der Familie der Seifenbaumgewächse (Sapindaceae), zu der auch unsere Roßkastanie gehört. Die Pflanze kann über 12 m lang werden und klettert wild an Stützbäumen, allerdings nicht mit Ranken, sondern mit Hilfe spreizender Äste. Der verholzte Strauch hat einen glatten, aufrechten Stamm mit großen, langen Blättern, die aus 5 länglich-ovalen Einzelblättern bestehen. Aus den Achseln am Zweig erscheinen rispige Büschel von kurzstengligen Blüten. Diese sind weiß und geruchlos. Die Frucht hat etwa die Größe einer Tafeltraube. Der dreifächerige Fruchtknoten enthält gewöhnlich nur einen ausgebildeten Samen in der Form einer kleinen Kastanie. Der reife Samen mit etwas über 1 cm Durchmesser ist in eine dunkelbraun gefärbte, dünnere Samenschale eingebettet. Es gibt kein besonderes Nährgewebe. Die beiden stärkereichen Keimblätter füllen den Samen aus. Die Blüte beginnt am Ende der Regenzeit. Von der Blüte bis zur Reife vergehen etwa 3 Monate. Hummeln und Wildbienen besorgen die Bestäubung.

Klima und Boden

Die Verbreitung im innertropischen, hochwasserfreien Regenwald zeigt die enge Klimaabhängigkeit der Pflanze an. Gleichmäßig hohe Temperaturen ohne größere Schwankungen bei hohen Regenmengen (um 2500 mm jährlich) liefern geeignete Wachstumsbedingungen. Als Unterholzpflanze ist *Paullinia cupana* schattenliebend. Sie gedeiht am besten in sandigen Böden.

Anbau und Ernte

Wurde noch zu Beginn des Jahrhunderts der Bedarf an Guaranápaste aus Wildbeständen gedeckt, so sind heute Anpflanzungen an deren Stelle getreten, die zunächst von den ortsansässigen Eingeborenen bewirtschaftet wurden. Später haben hauptsächlich die aus dem Süden Brasiliens zugewanderten Japaner Pflanzungen angelegt. Die vergleichsweise geringe Nachfrage, die Schwierigkeiten der Anlage und Arbeitermangel lassen allerdings keine größeren Pflanzungen zu.

Paullinia cupana wird meist aus Stecklingen, seltener aus Samen an Stützen gezogen. Die

Pflanzen werden zurückgeschnitten, um die Wartung und Ernte zu erleichtern. Man rechnet pro ausgewachsener Pflanze je Ernte mit etwa 2 kg Früchten, die nach der Aufbereitung 1 kg Samen liefern. Wächst die *Paullinia cupana* ohne Stützmöglichkeit, dann bildet sie ein dichtbelaubtes, auf der Erde liegendes, halbkugeliges Geflecht. Die Blüten entwickeln sich dabei schlecht und können im Innern des Geflechts auch kaum bestäubt werden. Die Gerüste sind etwa 4 m hoch und durch Quer- und Längsdrähte im Schrittabstand verbunden.

Aufbereitung

Für die Aufbereitung der Samen wird, neben der von den Sammlern von Wildbeständen am Orinoko und Rio Negro üblichen Weise, wie sie Alexander von Humboldt beschrieben hat, in den Pflanzungen am Amazonas eine andere Art bevorzugt. Hierbei fällt die Gärung weg. Man legt die Früchte in Wasser und läßt die äußere Fruchthülle etwas quellen, damit sie einfacher zu entfernen ist. Die Samen werden dann leicht geröstet, damit die Stärke die Keimblätter zusammenklebt. Die in dieser Form zubereiteten Samen werden mitsamt der Schale gemahlen oder in Mörsern zerstampft. Mit Maniokstärkemehl oder auch Kakao und unter Zusatz von Wasser wird alles zu einer teigigen Paste verknetet. Diese Guaranápaste, deren Koffeingehalt, je nach der Menge der Beimischungen, erheblich schwankt, wird für den Binnenhandel in Form von etwa fußlangen, handgelenkdicken Rollen in der Sonne oder an leichtem Feuer getrocknet. Sie nimmt dabei eine dunkelbraune Farbe an. Für gute Guaranáqualitäten werden die Samen nach dem Rösten erst kurz gebrochen und dann die Schalen abgesiebt. Bei der für den Export bestimmten Guaraná werden nur die gerösteten Samen ausgeführt. Während der Ernte- und Zubereitungszeit kann ein Arbeiter etwa 100 kg Paste herstellen.

Zubereitung und Wirkstoffe

Guaraná ist, ähnlich wie Mate und Koka in anderen Teilen des Kontinents, als anregendes Mittel sehr beliebt. Aber die Paste wird nicht nur als Stimulans genutzt, sondern sie wird auch wegen ihrer Heilwirkung, besonders bei Darmerkrankungen, sehr geschätzt.

Die Zubereitung des Getränks ist denkbar einfach. Von der steinhart getrockneten Paste wird die benötigte Menge einfach abgeraspelt, in Wasser aufgelöst und getrunken. Bei der industriell hergestellten Limonade stimmt zumindest die Farbe. Die zur Verfügung stehende, nur geringe Erntemenge läßt vermuten, daß durch Beigaben anderer Herkunft (zumindest des Koffeins) die gleiche Wirkung entsteht, wie sie von einem selbstbereiteten Guaranátrunk ausgeht.

Der Gehalt der gebräuchlichen Paste an spezifischen Wirkstoffen hängt natürlich stark von den fremden Beimischungen ab. Festgestellt wurden Anteile von Koffein um 5 %, von fettem gelbem Öl mit 3 %, Gerbsäuren um 9 %, etwa 8 % Harze sowie, neben Eiweiß und Zucker, etwa 10 % Stärke, 50 % Faserstoffe und Wasser.

Koka – Genußmittel, Stimulans und Rauschgift

Als Aufputschmittel weiter Bevölkerungskreise im Hochland von Bolivien und Peru liefert der Kokastrauch (*Erythroxylum coca* Lam.) ein Genußmittel, das die Grenze zur rauschgifthaltigen Droge überschreiten kann.

Der Kokaanbau spielt heute durch das aus seinen Blättern gewonnene Alkaloid Kokain in Handel und Poltik einiger lateinamerikanischer Länder eine betrübliche Rolle. Dabei ist der legale Außenhandelswert völlig zu vernachlässigen. Die Bundesrepublik Deutschland führte 1987 nur 150 kg Kokain ausschließlich peruanischer Herkunft ein. Dagegen werden im Binnenhandel, der auf bestimmte Regionen beschränkt ist, doch erhebliche Mengen umgesetzt.

Das in den letzten Jahren weltweit gestiegene Ansehen des Kokains beruht nicht auf seiner ursprünglichen Verwendung als Anästhetikum in der Medizin, sondern vielmehr auf dem von internationalen Händlerriegen organisierten illegalen Vertrieb als Rauschgift der „guten Gesellschaft". Kokain führt im Gegensatz zu Morphium, Heroin oder auch Alkohol nicht zu einer körperlichen, sondern zu einer psychischen Abhängigkeit. Meist als Pulver geschnupft, erzeugt es ein gesteigertes Wohlbefinden, führt zur Überschätzung der eigenen Fähigkeiten und beseitigt zugleich Antriebshemmungen. Die internationale Drogenbekämpfung schätzt das von Verbrechersyndikaten 1988 in die USA eingeführte Kokain auf etwa 100 Tonnen, die Einfuhr nach Europa soll bei 50 bis 60 Tonnen liegen (Wochenzeitung „Die Zeit" Nr. 21, 1989).

Eine notwendige kritische Bemerkung zu Koka

Als die Spanier unter Pizarro das Inkareich eroberten, erfuhren sie, daß viele Arbeiter, vor allem Bergleute, Lastträger, Viehtreiber, Landarbeiter und die *Chasquis* (Stafettenläufer) in der dünnen, sauerstoffarmen Luft des Hochlandes um den Titicacasee und um Cuzco ihre schwere körperliche Arbeit nur mit Hilfe eines Stimulans ertragen konnten. Die Inkas waren nicht die ersten, die sich die Kenntnis der Kokapflanze zunutze machten. Schon die Stämme vor den Inkas und auch die Völker vor diesen kannten die Wirkung des Kauens von Kokablättern. Koka betäubt die Magennerven, beseitigt dadurch das Hungergefühl und läßt Strapazen ertragen. Es regt den Organismus an, zerstört aber bei längerem Gebrauch das Zentralnervensystem. Das Kokakauen ist die Geißel des südamerikanischen Hochlandes. Die Indianerfürsten hatten schon früher ihre Volksmassen damit betäubt und gefügig gemacht, das gleiche gilt für die Inkas, bei denen Koka eine heilige Pflanze war. Auch die Spanier hatten den Nutzen des Kokagebrauches sofort erkannt. Zunächst wollten sie ihn zwar durch Verbote und Besteuerung zurückdrängen, doch als der Erfolg ausblieb, führten sie das Kokakauen bei den Arbeitern in ihren Betrieben wieder ein.

Die Ausbeutung der großen Silbervorkommen des Cerro Rico (4829 m) in Potosí wäre ohne Einsatz der kokakauenden Eingeborenen gar nicht möglich gewesen.

Selbst heute, da die Arbeitsbedingungen in vielerlei Hinsicht leichter geworden sind, geregelte Arbeitszeiten bestehen und Arbeitsschutzgesetze geschaffen wurden, läßt sich das Problem des Sauerstoffmangels in den Wolfram-, Kupfer- und Zinnminen der Hochanden nicht ändern. Der Genuß von Koka ist bei der Bevölkerung gebräuchlich wie eh und je. Oft gehört eine bestimmte Menge Kokablätter, die dem Arbeiter zu liefern ist, zum Arbeitsvertrag; es ist gewissermaßen ein Teil des Lohns. Die Blätter werden, je nach der Gegend, gewöhnlich mit einem Zusatz von Kalk oder bestimmter Pflanzenaschen gekaut.

Zählt Koka nun nach seinen Eigenschaften für große Teile der einheimischen indianischen Bevölkerung im Hochandengebiet zu den Genußmitteln, ist es ein Rauschmittel oder muß es als gefährliche Droge betrachtet werden? Das aus Koka hergestellte Kokain ist auf jeden Fall als Rauschgift zu einer weltweiten Gefahr geworden.

Koka ist heute für große Teile der Bevölkerung in den Andenstaaten Südamerikas, besonders in Peru und Bolivien, ein – vielleicht akzeptables – Hilfsmittel. Es stärkt die Arbeitskraft, führt jedoch zu einer langfristigen Schwächung des allgemeinen Körperzustandes. Anderseits läßt es die Hochlandindianer die Trostlosigkeit ihres wirklich erbärmlichen Lebens durch seine eine Euphorie erzeugende Wirkung leichter ertragen. Das Kauen von Kokablättern macht nicht eigentlich süchtig, es ist also nicht nötig, wie bei einer Drogenabhängigkeit die Menge ständig zu erhöhen. Ein Entzug der Blätter führt jedoch oft zu einem körperlichen Zusammenbruch. Der Kokakauer bleibt also in Abhängigkeit von seiner Gewohnheit.

Die Vorbereitung zum Kauen, das Entrippen der Blätter, die Zugabe von Kalk oder Asche ist als eine kleine Unterbrechung der eintönigen Arbeit anzusehen, vielleicht ähnlich einer Kaffee- oder Teepause.

Würde man der armen Hochlandbevölkerung das Kokakauen nehmen, wie viele sogenannte Experten nach kurzem Aufenthalt im Land aus gutem Glauben empfehlen, dann nimmt man den Menschen gleichzeitig einen Teil vom Verständnis ihres Daseins.

Die Grenze zwischen Genußmittel und Rauschmittel ist für den Gebrauch der Kokapflanze nur sehr schwer zu ziehen. Vielleicht gelingt es, durch Schaffung besserer Lebensbedingungen den Kokagenuß langsam zurückzudrängen, damit Koka für diese Region nicht mehr als Genußmittel gehandelt wird.

Botanik

Der Kokastrauch ist in den tropischen Bergländern Südamerikas heimisch. Bevorzugt sind dies die zum Amazonas entwässerten Täler der Anden. Hier wird er von Kolumbien bis Bolivien angetroffen. Der Strauch aus der Familie der Geraniaceae (Storchschnabelgewächse) kann bei ungehindertem Wachstum etwa 5 m hoch werden, bei ständiger Beerntung kommt er aber kaum über 1,5 bis 2,0 m. Koka enthält in seinen Blättern als Hauptalkaloid, je nach Standort, 0,5 bis 1,5 % Kokain. Dieses wurde um 1860 erstmals chemisch isoliert und später als schmerzbetäubendes Mittel in der Medizin eingesetzt.

Schon den Ureinwohnern bekannt und später die heilige Pflanze der Inkas, wurde der Strauch zunächst in seinen Wildbeständen ausgebeutet, schließlich aber regelrecht gehegt und angepflanzt. Man kennt heute zwei Varietäten von Koka, *Erythroxylum coca* Lam. und *Erythroxylum novogranatense* (D. Morris) Hieron.

Während die in den feuchtwarmen Nebelwaldtälern (Yungas) Boliviens und in Peru wachsende Varietät *E. coca* rein grüne, etwa 6 cm lange und halb so breite Blätter mit einer starken Mittelrippe hat, wird die Varietät *E. novogranatense* mit gelblicheren, etwas kleineren Blättern in tiefer gelegenen Gegenden angetroffen.

Das eigentliche Erntegut des Kokastrauches sind die spatelförmigen, am Zweig aufsitzenden Blätter. Die Rinde erscheint etwas rötlich. Aus den Blattachseln treten bis zu 5 unscheinbare, weißgelbliche Blüten hervor. Der Fruchtknoten trägt eine rote Steinfrucht mit einem Samen.

Klima und Boden

Koka liebt entsprechend seinen natürlichen Standorten hohe Luftfeuchtigkeit (nicht nur hierin dem Tee ähnlich) und reichlich Niederschläge um mindestens 2000 mm, wobei ein beträchtlicher Teil durch den Nebel gespendet wird. Der Strauch wächst im noch frostfreien Gebiet bis etwa 2000 m Meereshöhe. Er braucht Windschutz und gilt als schattenliebend, was ja durch die starke Bewölkung und Nebelhäufigkeit der Region gegeben ist. Der Boden soll humusreich und locker sein. Häufig erfolgt im Bergland der Anbau auf Terrassenfeldern, die oft mit Asche oder Pflanzenabfällen gedüngt werden.

Anbau

Kokapflanzen zieht man fast immer aus Samen, die in feuchtgehaltenen, beschatteten Saatbeeten ausgelegt werden. Sind die Setzlinge etwa handgroß, werden sie im Abstand von ungefähr 1,5 m in Reihen an ihren endgültigen Standort während der Regenzeit ausgepflanzt. Der Zwischenraum von Reihe zu Reihe richtet sich dabei meist nach der Anlage der Terrassen, ansonsten liegt er bei 1 m. Die erste Blatternte erfolgt meist schon im zweiten Jahr, und nach 3 bis 4 Jahren geben die Pflanzen bis zu einem Alter zwischen 10 und 15 Jahren volle Erträge. Ältere Sträucher werden bei nachlassender Blattmasse stark zurückgeschnitten und schlagen dann wieder neu aus. Nach ungefähr 20 Jahren müssen sie aber meist durch neue Pflanzen ersetzt werden.

Ernte

Während der Regenzeit ist etwa alle 50 bis 60 Tage ein Abernten möglich, ist es trockener, dauert es gewöhnlich 3 bis 4 Monate. Die Blätter sollen dabei nicht einfach abgerissen, sondern regelrecht abgezwickt werden. Sind die Pflücker (auch hier sind weibliche Arbeitskräfte in der Überzahl) nicht sorgfältig genug und entfernen zu viele Blätter, dann kann sich der Strauch oft nicht mehr richtig erholen und verkümmert allmählich – ein häufiges Bild in den Kokapflanzungen von Peru, wo man neben gesunden Sträuchern viele solcher Kümmerlinge sieht.

Wie alle Pflanzen leidet auch der Kokastrauch unter Schädlingen und Krankheiten, die nach der üblichen Methode bekämpft werden. Bescheidene Ansätze zur Züchtung ertragreicherer Arten und über bessere Formen der Aufbereitung sind in Tingo Maria an der landwirtschaftlichen Hochschule im Koka-Anbaugebiet (Varietät *Erythroxylum novogranatense)* des mittleren Huallaga in Peru im Gange.

Nach der Entdeckung der Wirkung des Kokains konnten die meist kleinbäuerlichen Anpflanzungen Perus und Boliviens bei ihrem sehr hohen Eigenbedarf die Nachfrage an Kokablättern nicht mehr befriedigen. Die Holländer führten daher den Kokastrauch, und zwar die Varietät *E. novogranatense*, auf ihren damaligen kolonialen Inseln Java und Sumatra ein, die Engländer auf Ceylon. Die Anbaubedingungen in den regenreichen Gebirgen dieser Inseln entsprachen den Voraussetzungen in seiner Heimat.

Da die Bewohner in diesen Teilen Asiens andere Lebensgewohnheiten haben und außerdem mit dem Betelkauen über ein eigenständiges Genußmittel verfügen, setzte sich hier das Kauen von Kokablättern nicht durch. Es wurden aber größere Kokapflanzungen angelegt, deren Ernte zur legalen Kokainherstellung für medizinische Zwecke dient. Man rechnet mit einem Ertrag von etwa 700 kg trockener Kokablätter pro ha. Der Kokaingehalt kann dabei bis zu 1,4 % betragen.

Aufbereitung

Die Aufbereitung der geernteten Kokablätter ist, im Gegensatz zu anderen Genußmitteln, denkbar einfach. Dennoch gibt es auch für Koka zwei Formen, je nach der späteren Verwendung: einmal zur legalen Kokainherstellung, zum anderen für die Herstellung von Kokabissen. Bedingung ist in jedem Fall das Abernten der Blätter bei trockener Witterung.

Die Pflückerinnen gehen mit einem Korb oder einem umgehängten Sack durch die Reihen der Kokasträucher. Die gesammelten Blätter werden zunächst auf gestampftem Lehm- oder Zementboden aufgeschüttet. Sie müssen bei späterer Verwendung zum Kauen unbedingt ihre grüne Farbe behalten. Für die Kokainherstellung ist die Farbe des getrockneten Blattes dagegen unwichtig.

Soll aus den Blättern Kokain bereitet werden, dann müssen sie bei mäßiger Wärme entweder an der Sonne oder in den wenigen Großbetrieben künstlich getrocknet werden. Die Temperatur soll dabei 40 °C möglichst nicht übersteigen, da der Kokaingehalt der Blätter bei größerer Wärme abnimmt. Die Blätter sind trocken, wenn sie sich leicht zerbröseln lassen. In Asien werden sie dann fein zerstampft, regelrecht pulverisiert und fest in Plastiksäcken verpackt zur Weiterverarbeitung geschickt. In Südamerika preßt man sie für den Transport zu Ballen von 50 kg zusammen.

Für die Kokakauer der südamerikanischen Andenstaaten ist es dagegen wichtig, daß die Blätter sowohl Farbe als auch Form behalten. Sie müssen daher sehr sorgfältig getrocknet werden. Das kann einige Tage dauern. Sie werden auf den Lehmtennen sorgfältig auf großen Wolltüchern ausgebreitet und regelrecht gewendet. Abends und bei Regen deckt man sie zu oder bringt sie unter ein Dach. Die Blätter vertragen keine Nässe, sie bekommen davon sofort braune bis schwarze Flecken und verlieren damit viel ihres Handelswertes. Der Kokaingehalt wird allerdings nicht beeinflußt. Nach dem Trocknen müssen die Blätter noch eine gewisse Elastizität behalten. Auch der Transport zu den Märkten erfordert einige Sorgfalt. Sie dürfen unterwegs keinesfalls feucht werden, schimmeln oder gar wie Teeblätter fermentieren.

Kokakauen

Eine bildhafte, farbige Schilderung des Kokakauens gibt der Schweizer Naturforscher Johann Jakob von Tschudi in seinen Reiseskizzen aus Peru von 1838–1842. Grundsätzlich hat sich heute nichts an diesem Gebrauch geändert, außer daß die Ledertasche für die Blätter und das gegerbte und vernähte Ohr eines Alpakas für den Kalk inzwischen durch Plastiktaschen und -gefäße ersetzt wurden. So beschreibt J. J. von Tschudi (gekürzt) das Kokakauen:

„Der Eingeborene der Hochtäler und -ebenen hat immer seinen Vorrat an Kokablättern bei sich. Die Blätter werden auf den Märkten offen verkauft, oder der *Patrón* verteilt sie an seine Arbeiter. Zum Kauen nimmt der *Coquero*, das heißt der Mann oder die Frau, die das Kauen zu ihrer Leidenschaft gemacht haben, einzelne Blätter aus der Tasche, löst die starken Mittelrippen heraus und zerbeißt dann die Blatthälften so lange, bis sich im Mund eine ordentliche Kugel etwa von der Größe einer Walnuß gebildet hat. Jetzt muß dem Ballen gebrannter – ungelöschter – Kalk hinzugefügt werden. Den Kalk führt der Kauer gleichfalls in einem kleinen Gefäß mit sich. Der Kalk soll den schwach bitteren, säuerlichen Geschmack etwas verbessern und hat außerdem die Eigenschaft, die Löslichkeit der Alkaloide der Koka im Speichel zu vergrößern."

Es war vielleicht eine Zufallsentdeckung, die die Ureinwohner veranlaßte, die Blätter mit einer Prise Kalk genießbarer zu machen. Dieser Kalk wurde in früheren Zeiten aus Muschelschalen

gewonnen. Man kann häufig in Reiseberichten lesen, daß die Blätter mit gelöschtem Kalk bestreut werden, was natürlich nicht stimmt, da dieser unter Wasser aufbewahrt werden muß und sich nicht streuen läßt. Geübte *Coqueros* nehmen ein dünnes Holzstäbchen, befeuchten es mit Speichel und stecken es in den Kalk, der daran kleben bleibt. Dieses Stäbchen stechen sie dann in den Kokaballen im Mund. Sie wiederholen dies, bis der Kokasaft die richtige Würze hat. Das Verfahren ist nicht ganz harmlos und führt manchmal zu Brandwunden an Lippen, Zahnfleisch und Zunge. Da die Nerven eines Kokakauers im Mundbereich weitgehend desensibilisiert sind, werden solche kleinen Verletzungen aber nicht mehr bemerkt. Vielleicht führte der Mangel an Kalk und die Verätzungsgefahr schon in früheren Zeiten zu einem Ersatz, dem Gebrauch von Pflanzenasche. Die Asche der Halme und Blätter von Quinoa (*Chenopodium quinoa* Willd.), einem sehr proteinreichen Getreide (Reismelde), das bis 4500 m Höhe wächst, wird mit Wasser vermengt, zu kleinen Stangen geformt, getrocknet und aufbewahrt. Zum Kauen wird dann von der *Lliptu* genannten Masse etwas abgebrochen und zu den Blättern in den Mund gesteckt.
In der jüngsten Zeit hat sich die Gewohnheit des Kokakauens mit dem unkontrollierten Zustrom der Hochlandbewohner in die Küstenstädte leider weiter verbreitet. Hier herrscht auch vielfach die Gewohnheit, Koka als Tee aus aufgebrühten Blättern zu genießen. Dieser Tee ist bei adstringierender Wirkung leicht aromatisch-bitter und erhöht die Stoffwechselausscheidungen.

Kola

Der fälschlicherweise „Kolanuß“ genannte Keimling der Frucht der Kolabäume, bei uns wohl nur als Zusatz von Schokoladen, Getränken oder in pharmazeutischen Präparaten bekannt geworden, gehört zu den anregenden Genußmitteln aus den Tropen. Es erfordert vor dem Gebrauch im allgemeinen keine umständliche und besondere Bearbeitung.
Kola ist eines der pflanzlichen Produkte im Welthandel, deren Menge von Jahr zu Jahr ansteigt. Um 1900 betrug die erfaßte Gesamternte etwa 15 000 Tonnen. Die Schätzungen für die Mitte der achtziger Jahre liegen inzwischen bei etwa 400 000 Tonnen. Da in der Außenhandelsstatistik Kola zusammen mit Arekanüssen als eine Warengattung erscheinen, sind genaue Angaben über die Einfuhrmengen von Kola in die Bundesrepublik Deutschland nicht möglich. 1987 wurden 192 Tonnen beider Früchte eingeführt, von denen allerdings nur 116 Tonnen zur Weiterverarbeitung verblieben sind, da der Rest in andere europäische Länder re-exportiert wurde. Es handelt sich also um keine ins Gewicht fallenden Menge, aber trotzdem ist es als Rohstoff für die Pharmazie und als Zusatz zu Getränken und leistungssteigernden Schokoladen wichtig.

Herkunft und Verbreitung

Die Kola stammt aus dem tropischen Westafrika und hat von dort aus eine bescheidene Verbreitung in Südamerika, im Staat Bahia in Brasilien, auf Trinidad sowie in der Karibik auf Jamaika und einigen Inseln der Kleinen Antillen gefunden. Die Kolanüsse sind für das tägliche Leben der westafrikanischen Eingeborenen bis weit in die Sahelzone eine ausgesprochen wichtige Frucht. Für die Kola hat sich, ähnlich wie für den Mate-Tee in Südamerika, ein bedeu-

tender Binnenmarkt entwickelt; im Welthandel ist sie besonders in den USA gefragt.
Kolafrüchte und Kolabäume nehmen in profanen und religiösen Zeremonien der Bevölkerung, soweit sie noch ihre natürliche und kulturelle Eigenart bewahrt hat, einen hohen Stellenwert ein. Auch bei den fast ausschließlich islamischen Bewohnern der westlichen Sahelzone werden die Kolanüsse sehr geschätzt. Der Prophet soll unter einem Kolabaum ausgeruht und an seine Anhänger Kolanüsse verteilt haben. Trotzdem gehen die Nachrichten über Anbau und Gebrauch nicht allzuweit in die Geschichte zurück. Die Sache mit Mohammed ist natürlich ein ausgemachter Schwindel, denn weder in Arabien noch in Ostafrika kommt der Kolabaum vor, und in Westafrika ist der Prophet nie gewesen. Die Kolahändler sind fast ausschließlich Mohammedaner aus dem Norden, und um den Umsatz zu steigern – man denke nur an die moderne Werbung – helfen solche kleinen Tricks immer. Die islamischen Missionare trugen schon früh ihren Teil dazu bei und umgaben die Kola mit mythischem Brimborium.
In Europa wurden die Kolamassen erst gegen Ende des 16. Jahrhunderts erwähnt. Der niederländische Botaniker Carolus Clusius, bekannt geworden durch den Ausbau des botanischen Gartens in Leiden, erhielt einige ganze Kolafrüchte aus London und von einem Arzt aus Middelburg. Clusius beschrieb um 1605 tropische Pflanzen und Drogen, darunter auch die Kola. Kolasamen dienten, ähnlich dem Kakao, vielen Völkern der Region als eine Art Geld. Besonders diese Eigenschaft als Zahlungsmittel wird später, im 19. Jahrhundert, von den großen Entdeckungsreisenden erwähnt. Baum und Frucht gaben und geben auch heute noch einige Rätsel auf, denn man fand rote und weiße Samen sowie solche mit zwei und wiederum andere mit vier oder sogar noch mehr Keimblättern.
Die Kolabäume gehören wie der Kakao zur Pflanzenordnung der Malvaceae und zur Familie der Sterculiaceae. Die Heimat aller etwa 50 verschiedener Spielarten der Untergattung Colae ist Westafrika, wenngleich sich einige bis zu den großen ostafrikanischen Seen verbreitet haben und im Süden bis nach Angola anzutreffen sind. Die Anbaugrenzen sind klimabedingt. Man unterscheidet heute fünf Unterarten der Colae, von denen nur die Samen von *Eucola* (A. Chev.) eßbar sind. In dieser Gruppe finden sich auch *Cola nitida* (Vent.) Schott et Endl. und *Cola acuminata* (P. Beauv.) Schott et Endl. Es sind die beiden einzigen in größerem Umfang genützten Varietäten von den 7 als eßbar erkannten *Eucola. Cola nitida*, die zweikeimblättrige Form, ist die wirtschaftlich bedeutendere. Ihre ursprüngliche Verbreitung liegt in Westafrika am Atlantik und in den Ländern am Golf von Guinea, etwa ab 10° nördlicher Breite von Sierra Leone über Liberia, Elfenbeinküste und Ghana bis Togo. Durch den Menschen ist sie dann, der großen Nachfrage entsprechend, zu Beginn des 20. Jahrhunderts weiter nach Osten vorgedrungen. Heute wird sie auch in Nigeria, Kamerun und Zaire angepflanzt. Haupterzeu-

Oben links: Matepflanzung. Da die wild wachsenden Bestände durch den Raubbau sehr stark dezimiert wurden, stammt das Angebot heute überwiegend aus Pflanzungen.
Unten links: Auf den alten Blütenpolstern am oberen Stamm und an den jüngeren Zweigen der Kolabäume entwickeln sich die traubenförmigen Blütenstände, die einen intensiven Aasgeruch verströmen.
Oben rechts: Am Kokastrauch stehen gleichzeitig Knospen, Blüten, unreife Beeren und die reifen, roten Steinfrüchte.
Unten rechts: Die schlanken Katbäumchen stehen dicht gedrängt auf kleinen, bewässerten Terrassenfeldern.

ALTERNATIVE TO MOTHER'S MILK

ger dieser Kolanüsse waren lange Jahre die Länder Elfenbeinküste und Ghana. Die Früchte wurden früher in den Beständen des Waldes oder von spontan gewachsenen Bäumen in der Nähe der Dörfer oder Siedlungen geerntet.
Holländische und englische Pflanzer führten zu Beginn unseres Jahrhunderts Kolabäume auf Java und Ceylon (Sri Lanka) ein. Neuerdings gibt es auch kleinere Pflanzungen auf Madagaskar, Reunion in Indien und Südostasien.
Cola acuminata mit 4 Kotyledonen (Keimblättern), die andere Kolavarietät von einiger wirtschaftlicher Bedeutung, kommt im ursprünglichen Zustand von Nigeria bis Gabun vor und wird sogar noch gelegentlich in gebirgigen Gegenden im Norden von Angola angetroffen. Nach dem Zweiten Weltkrieg pflanzte man *Cola acuminata* noch in größerem Maße in der Zentralafrikanischen Republik an. Gelegentlich gelangte diese Varietät sogar in das ursprüngliche Heimatgebiet von *Cola nitida* in Westafrika. Von den Inseln im Golf von Guinea, auf denen ursprünglich keine eßbare Kola heimisch war, kam sie um 1900 in das Gebiet der Elfenbeinküste.
Eine frühe Kenntnis der anregenden, stärkenden und zum Teil heilenden Wirkung der Samen war einer der Gründe, warum Kolabäume schon frühzeitig (um 1680) in Westindien und dort besonders auf Jamaika und Trinidad angepflanzt wurden. Vielleicht war es einmal einigen Sklaven bei ihrer Verschleppung gelungen, keimfähige Samen mitzunehmen. Wahrscheinlicher ist allerdings, daß die portugiesischen, spanischen, französischen, englischen und niederländischen Sklavenhändler den Wert der Kolanüsse für die Erhaltung der Arbeitskraft und Widerstandsfähigkeit der aus ihrer Heimat und dem Stammesverband verschleppten Menschen erkannten und deshalb selbst die Kola dort anpflanzten, wo die Klimabedingungen ein Fortkommen zuließen. Von den wenigen Bäumen der *Cola acuminata* in Westindien stammen fast alle Bäume in Venezuela, auf den Kleinen Antillen und in Brasilien ab. Die alten Pflanzungen werden überall durch die Varietät *Cola nitida* ersetzt.

Oben links: Die hühnereigroßen Früchte der schlanken Arekapalme liefern einen der Hauptbestandteile des Betelbissens. Die Früchte hängen hoch oben unterhalb der Krone.
Oben rechts: Die Blätter des Betelpfeffers verleihen dem Betelbissen ein würziges Aroma.
Unten: Bei der Zubereitung des Betelbissens werden die verschiedenen Zutaten in die Blätter des Betelpfeffers eingewickelt.

Botanik

Alle *Eucola* und besonders die Bäume von *Cola nitida* und *Cola acuminata* sind mittelgroß mit geradem Stamm aus festem Holz. Sie werden zwischen 9 und 12 m hoch. Die Subgenera der nicht eßbaren Colae erreichen dagegen Höhen bis 40 m und liefern gesuchte Hölzer.
Die *Eucola* weisen einige besondere Eigentümlichkeiten auf. Die flachen, länglich-ovalen Blätter mit kleiner Träufelspitze sitzen im oberen Bereich des Baums mit kurzen, etwa 20 cm langen Stielen an den Zweigen, während die Blätter am unteren Teil des Baumes Stiele bis zu zehnfacher Länge haben. Die Größe der Blätter am gleichen Zweig schwankt ebenfalls. Die unteren erreichen Längen bis 30 cm bei nur etwa 10 cm Breite. Die anderen haben die halbe Länge und Breite. Die Stiele besitzen die Fähigkeit, durch Veränderungen des Drucks ihres Zellsafts die Lage des Blattes dem Lichteinfall anzupassen.
Die Blütenstände auf den alten Blütenpolstern am oberen Stamm und den jüngeren Zweigen sind auch hierin dem Kakao ähnlich, wenn-

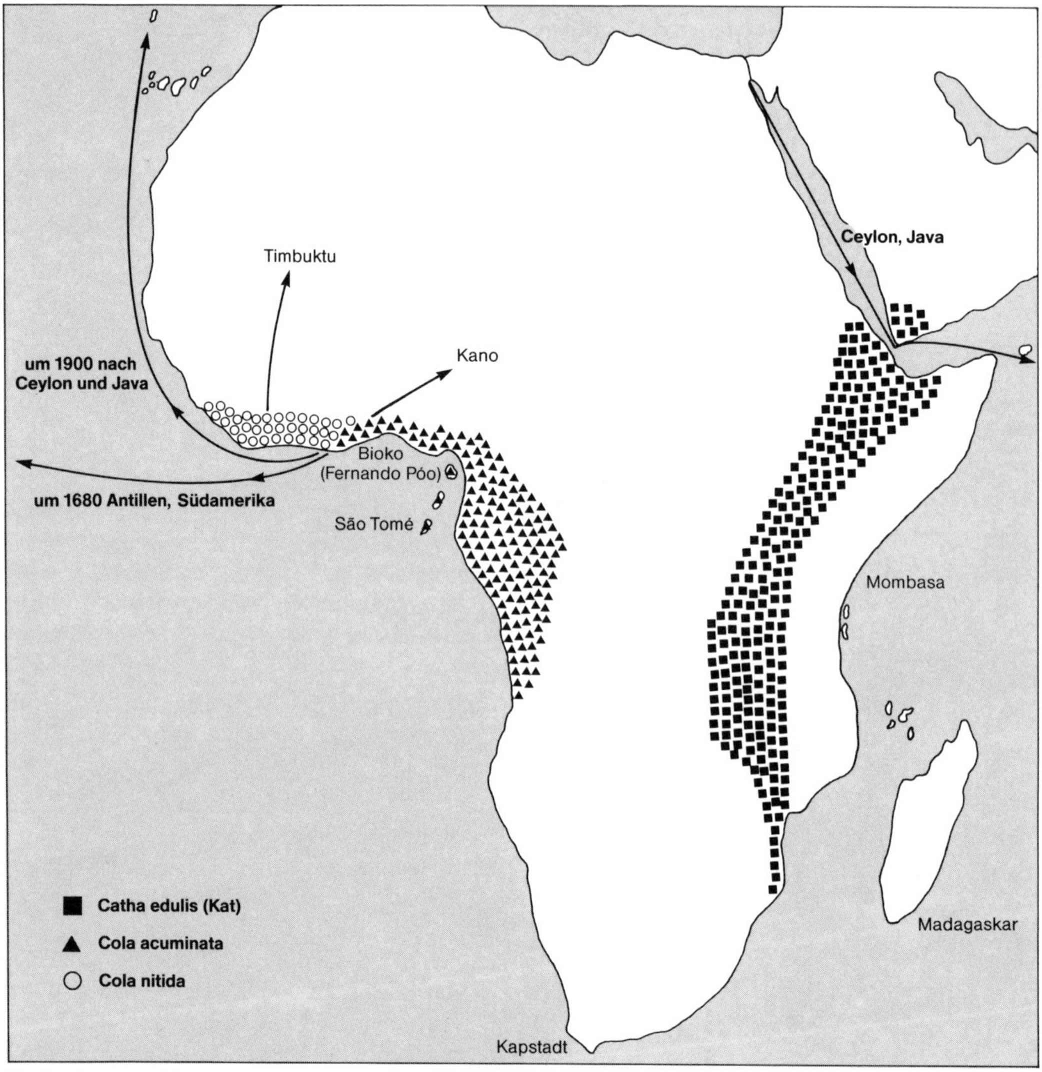

Verbreitungsgebiete von Kola- und Kat-Bäumen in Afrika.

gleich die Ramiflorie (Zweigblüte) nicht so ausgeprägt ist. Die gelblichen, sternförmigen Blüten sitzen an kleinen Stielen in Trauben zusammen. Es gibt bei den Kolabäumen kleinere männliche und weibliche neben größeren hermaphroditischen Blüten. Diese werden etwa 3 cm lang und bis zu 5 cm breit. Kolabäume blühen das ganze Jahr über. Die Hauptblütezeit liegt indessen am Ende der Trocken- und zu Beginn der Regenzeit. Männliche und zweigeschlechtliche Blüten erscheinen ebenso wie weibliche oft am gleichen Baum. Es gibt Kola-Untervarietäten mit weißen, roten oder rosafarbenen Blüten. Diese öffnen sich in den frühen

Morgenstunden. Die Anzahl der befruchteten Blüten bleibt aber immer sehr niedrig, sie liegt bei knapp über 1 % bis etwas über 2 %. Auch hier schützt sich der Baum gewissermaßen selbst, denn zuviel der manchmal mehr als 3 kg schweren Früchte würden die Zweige und Äste unweigerlich abbrechen lassen. Über die Bestäubung ist noch recht wenig bekannt. Der penetrante Kloakengeruch der Blüten lockt hauptsächlich kleinere Aasfliegen an. Alle Kolabäume blühen gewöhnlich erst nach 6 bis 7 Jahren. Die Hauptblüte dauert etwas mehr als 3 Monate. Da die Anzahl der Chromosomen (2n = 40) bei allen Varietäten gleich ist, kommen oft Hybriden vor.

Die eigentliche Kolafrucht, die nicht mit der sogenannten Kolanuß identisch ist, besteht aus mehreren (meist 5) auseinanderstrebenden Fruchtteilen und bildet eine sternförmige Sammelbalgfrucht. Die einzelnen Fruchtteile, auch Spaltfrüchte oder Balgkapseln genannt, lassen sich grob mit Walnüssen vergleichen, die an einer spitzen Seite zusammengewachsen sind – allerdings ist jede Balgkapsel etwa 12 bis 15 cm lang. Die einzelne Kapsel, deren Rücken durch einen etwas vorstehenden Kamm und deren Bauchnaht durch eine Rinne gekennzeichnet ist, wiegt zwischen 300 und 500 g. Sie endet in einer stumpfen Spitze und enthält die eigentlichen Samen. Die Farbe variiert von hellgrün bis zu gelbbraun. Im reifen Zustand ist die nur schwach gerunzelte äußere Schale weniger als 1 cm dick. Wenn man sie an der Naht öffnet, erkennt man die leicht eckigen Samen, die in Größe und Form etwa geschälten Paranüssen entsprechen.

Die Zahl der Samen pro Frucht ist recht ungleich, sie schwankt zwischen 1 und 12. Am häufigsten sind Früchte mit 5, 7 oder 9 Samenkernen. Jeder dieser Samen ist mit einem etwa 3 mm dicken Samenmantel, einer der Pulpa ähnlichen Masse, umgeben. Erst der von dieser Samenhaut befreite Keimling kommt dann als Kolanuß in den Handel. Die Bezeichnung „Nuß" ist an sich nicht richtig, hat sich aber durch die Jahrhunderte überall eingebürgert. In der botanischen Nomenklatur bedeutet Nuß ja soviel wie eine Frucht, die einen oder mehrere Samen enthält – nicht, wie bei der gehandelten Kola, nur einen Keimling ohne Samenhaut.

Dieser nun als Kolanuß bezeichnete nackte Keimling besteht aus dicken Keimblättern; bei der Varietät *Cola nitida* sind es zwei, bei *Cola acuminata* vier. Zwischen diesen Keimblättern liegen dann die Ansätze von Wurzel und Stengel. Die Farbe der Keimblätter kann eigentümlicherweise bei Samen aus der gleichen Frucht und sogar beim einzelnen Samen zwischen rot und weiß schwanken. Für den Handel ist dies insofern von Bedeutung, als die hellen „Nüsse" geschätzter sind. Das Gewicht einer Kolanuß kann recht unterschiedlich sein und ist durch die Anzahl der Samen in der Balgkapsel vorgegeben. Normalerweise wiegt eine präparierte Nuß zwischen 10 und 20 g. Man hat aber auch Samen von nur 1 g und solche mit bis zu 100 g gefunden. Zwischen Befruchtung und Reife liegen gewöhnlich 7 bis 8 Monate.

Klima und Boden

Die eßbaren Kolavarietäten stellen als ausgesprochene Tropenpflanzen, ähnlich dem Kakao, mit dem Kola besonders im Plantagenbau oft zusammen angepflanzt wird, allerhöchste klimatische Ansprüche. Die Kolabäume benötigen ein warmes und feuchtes, rein tropisches Klima. Als im Mittelbau des tropischen Regenwaldes heimische Pflanze, also über dem Unterholz, nur überragt von den Urwaldriesen, zu denen auch viele der nicht eßbaren Kola-Arten gehören, sind sie sowohl gegen starke Sonneneinstrahlung als auch gegen Wind empfindlich. Die jährlichen Regenmengen im Gebiet des Hauptvorkommens von *Cola nitida*, von Sierra Leone bis Ghana, nehmen von ungefähr 3500 mm allmählich bis auf etwa 1500 mm ab. In den westlichen Gebieten gibt es dabei noch zwei Regenzeiten im Jahr, die von kurzen Trockenperioden unterbrochen werden. Dies ist für das Gedeihen der Kola die günstigste Verteilung. Gehen dagegen wie in Togo, Benin und im westlichen Nigeria die Regenmengen stark zurück und bleiben sie außerdem auf einen zusammenhängenden Zeitraum beschränkt, dann ist ein wirtschaftlicher Anbau von Kola in Frage gestellt. Bevor man das Wasserdefizit mit Bewässerung ausgleichen konnte, war hier die natürliche Anbaugrenze der zweikeimblättrigen Kola-Arten gegeben. Weiter im Osten der Republik Nigeria, auf den Inseln im Golf von Guinea, in Kamerun, Gabun und in den anderen Gebieten mit hohen Regenmengen wird dann hauptsächlich die vierkeimblättrige *Cola acuminata* geerntet und vermarktet.

Die Schwankungsbreite der Lufttemperatur ist im ganzen Anbaugebiet eng begrenzt. Die mittleren Tageswerte liegen im Kolagürtel zwischen 23 und 28 °C, wobei die niedrigen Werte vorzugsweise während der Regenzeiten auftreten. Das Minimum unterschreitet 20 °C nicht und liegt in der Trockenzeit immer kurz vor Sonnenaufgang. In diesen Monaten gibt es dann auch in den frühen Nachmittagsstunden die höchsten Werte bis zu 34 °C.

Gleichzeitig ist die Luftfeuchtigkeit recht hoch. Nachts erreicht sie oft über 95 %, um dann am Nachmittag auf Werte zwischen 70 und 80 % zurückzugehen. Gelegentliches kurzes Abnehmen der Luftfeuchte auf 5 % oder weniger ist ohne schädigende Wirkung. Dies geschieht, wenn der trockene heiße Wüstenwind aus der Sahara, der Harmattan, bis zur Küste durchdringt und, sehr zum Ärger der Menschen, alles mit feinstem Staub bedeckt.

Die Kolapflanze ist recht lichtempfindlich. Im Westen Afrikas reicht ihr Anbau normalerweise bis etwa 8 ° nördlich des Äquators, das heißt die Sonnenscheindauer schwankt zwischen längstem und kürzestem Tag um etwa 1 Stunde. In Amerika vergrößert sich die Zeitspanne in Jamaika auf etwa 2 Stunden. Die Zeiten der längeren Tagesdauer fallen aber mit der Regenzeit zusammen, wodurch die Intensität der Strahlung gemindert wird.

An den Boden stellt Kola geringere Ansprüche als an das Klima. Verwitterte, gut strukturierte Schwemmlandböden, die wasserdurchlässig sind und noch einen genügend hohen Restmineralgehalt enthalten, sind sehr geeignet. Sie sollen außerdem eine hohe biologische Aktivität besitzen. Tonböden sind jedoch unwillkommen. Stauende Nässe verträgt Kola nicht, dagegen muß viel bewegliches, nicht gebundenes Wasser vorhanden sein, da die Kolabäume keine tief eindringende Pfahlwurzel bilden. Als ursprüngliche Regenwaldpflanze liebt der Kolabaum besonders eine sich stetig erneuernde Humusschicht.

Anbau

Der Kola-Anbau ist auch heute noch, jedenfalls in Afrika, eine bedeutende Eingeborenenkultur. Dort werden die Bäume vorwiegend in kleinbäuerlicher Weise gepflegt und beerntet. Zur Aussaat entnimmt man gute, große Samen, meist aus der Mitte der Einzelfrüchte. Diese werden ohne weitere Behandlung, das heißt mitsamt der Samenhaut, entweder in gut befeuchteten und beschatteten Saatbeeten in kleinen Behältern zum Keimen gebracht oder direkt am zukünftigen Standort ausgelegt. Das ist wegen der großen Empfindlichkeit der kleinen Pflänzchen günstiger.

Die Kolasamen einer Ernte keimen meist nach 3 bis 5 Wochen, aber es gibt immer Nachzügler, die erst nach einigen Monaten aufgehen. Die Ursache dieses Verhaltens ist bisher unbekannt. Durch Ablagerung der Samen versucht man die verschieden lange Ruhezeit auszugleichen. Eine andere Vermehrungsform besteht im Anwurzelnlassen von Reisern aus Wurzelschößlingen. Auch Veredeln ist üblich, indem Reiser von *Cola*

nitida und *Cola acuminata* auf weniger genutzte Kolavarietäten gepfropft werden. Das Auspflanzen soll immer zu Anfang der Regenzeit erfolgen.
Die Pflanzweite für Kolabäume muß dem großen Kronendach entsprechen. Man rechnet bei angelegten Pflanzungen mit einem Abstand und Zwischenraum von rund 10 m, also etwa 100 Bäumen je ha. Die jungen Kolabäume müssen zunächst unter schnellwachsenden Schattenpflanzen stehen. Vielfach sind dies Bananen und Papaya. Da Kolabäume viel größer als Kakao werden können, kommen als reguläre Schattenbäume aber nur hochwüchsige Leguminosen in Betracht. Ein großer Nachteil bei Neuanpflanzungen ist die für die Tropen lange produktionslose Zeit. Die Eingeborenen müssen also für Zwischenpflanzen sorgen. Das sind neben Bananen besonders stärkehaltige Knollengewächse wie Yams, Süßkartoffel und Maniok, dazu noch Mais und Ananas.

Ernte und Aufbereitung

Die Ernte der Kolafrüchte beginnt, wenn die Farbe der äußeren Schale vom satten Grün in ein helleres Grünbraun wechselt. Sie sollen vor dem Aufplatzen der Bauchnaht geerntet werden, denn nach dem Öffnen der Spaltfrüchte besteht die Gefahr des Befalls mit Insekten, die sich an der süßen Pulpa gütlich tun. Die unteren erreichbaren Früchte werden einfach am Stiel abgedreht, für die höher sitzenden benutzt man ein an langer Stange befestigtes Messer. Sind die Früchte aber zu weit oben, dann hilft nur Erklettern des Baumes – oder man wartet, bis sie abfallen. Der Boden unter jedem Baum wird daher vor jeder Erntezeit von Unkraut befreit, damit sich die Früchte ohne Schwierigkeiten auflesen lassen.
Die weitere Bearbeitung ist einfach. Die große Frucht wird zunächst in ihre einzelnen Spaltfrüchte zerlegt, was durch einfaches Abbrechen möglich ist. Dann müssen diese an der Nahtseite geöffnet werden, um die Samen (Kolanüsse) herauszulösen. Ein Schlag mit dem Haumesser und eine kurze Drehung genügen. Wird nun aber die Samenhaut durch einfaches Reiben entfernt, dann verfärben sich die Samen sofort an der Luft und werden braun. Diese Oxydationsbräune beeinträchtigt zwar weder die Wirkung noch den Geschmack, aber das Aussehen und damit den Wert. Man legt sie daher sofort ins Wasser oder häuft sie auf und besprengt sie ständig. Dabei färbt sich zwar die Samenhaut bräunlich, nicht jedoch der Keimling. Die Samenhaut löst sich dann nach einigen Tagen ab, wenn die Samen gewaschen werden. Später kommen die Nüsse dann in mit frischen großen Blättern (meist Pfeilwurz- oder Bananenblätter) ausgelegte Körbe. Beim Wechseln der Blätter nach jeweils 3 bis 4 Tagen werden beschädigte, angefressene oder verschimmelte Kolasamen sofort entfernt.
Eine andere Aufbereitungsmethode – wenn man davon im Gegensatz zu anderen tropischen Genußmitteln überhaupt sprechen kann –, besteht darin, daß man die Samen in etwa 25 cm dicken Schichten in kleine Gruben legt und sie vollständig mit feuchter Erde bedeckt. Nach etwa 2 Wochen wird alles ausgegraben. Diesem Verfahren kommt die lange Ruhezeit vor der Keimung zugute. Anders als beim Kakao wird der Keimling bei der Zersetzung der Samenhaut nicht angegriffen. Diese wird einfach mit Seifenwasser abgewaschen. In abgelegenen Gegenden haben die Eingeborenen noch eine ingeniöse Methode entwickelt, um die Nüsse aufzubereiten und vor tierischen Schädlingen zu bewahren: man gräbt sie an Termitenhügeln ein. Die Termiten fressen die Samenhaut fein ab und halten dabei jedes andere Insekt fern. Die Kolasamen bleiben auch feucht, da die Termiten ihre Hügel um die Kola herum bauen.
In den Kolapflanzungen Indonesiens und Amerikas werden die Samen meist wie Kakao

behandelt und zum Teil sogar künstlich getrocknet, da das äußere Aussehen für die spätere Verwendung unwichtig ist.
Wie hoch sind die Ernteerträge bei den Kola-Arten? Man geht davon aus, daß ein gesunder, kräftiger Baum, etwa 20 Jahre alt, bis zu 50 Früchte mit rund 12 kg Samen pro Jahr trägt. Oft sind es aber weniger, und wenn pro Hektar nur 100 Bäume mit je 10 kg stehen, dann sind eine Tonne Kolanüsse schon ein hoher Ertrag. Genaue Angaben sind deshalb so schwierig, weil die bäuerlichen Kleinpflanzer keine Unterlagen über die einzelnen Bäume führen. Die Erträge in landwirtschaftlichen Stationen, wo die Bäume ständig kontrolliert und gepflegt werden, sind natürlich viel höher, doch für einen durchschnittlichen Gesamtertrag nicht entscheidend. Trotzdem bleiben auch dort Fragen offen, da viele Bäume, die bis zu 100 oder mehr Jahre tragfähig bleiben, in manchen Jahren fast nur männliche Blüten und wenig weibliche oder zwittrige bekommen.
Vor Krankheiten und Schädlingen sind die Kola-Arten keineswegs gefeit. Pilze und Viren bedrohen Bäume und Ernten. Auch eine Art Kola-Hexenbesen ist festgestellt worden. Da Kola aber auf dem Weltmarkt keine größere Bedeutung hat, war die Pflanze für eine intensive Forschung lange Zeit nicht wichtig genug. Zwar wurden mit Beginn unseres Jahrhunderts von den damaligen Kolonialmächten die ersten größeren systematischen Arbeiten über Anbau und Verbreitung der Colae durchgeführt, doch eingehend beschäftigt man sich eigentlich erst seit dem Ende des Zweiten Weltkrieges mit den genetischen, phytopathologischen und auch betriebswirtschaftlichen Fragen des Kola-Anbaus. Immerhin ist Kola von den bekannteren anregenden tropischen Genußmitteln das einzige, dessen Früchte ohne jede Verarbeitung (wenn man das Entfernen der Samenhaut und das folgende Waschen und Trocknen nicht als Verarbeitung bezeichnen will) genossen werden können.

Verwendung

Der Genuß von Kola wirkt anregend auf das Nervensystem und die Muskulatur bei Ermüdung. Der eigentliche Wirkstoff ist das im Samen enthaltene Koffein, das bis zu 3,2 % betragen kann. Außerdem sind in den Nüssen noch Spuren von Theobromin vorhanden. Der Koffeingehalt ist also größer als im Kaffee und Kakao, er entspricht im Mittel dem des Tees. Außer den Alkaloiden Koffein und Theobromin enthalten die Kolanüsse noch einen etwa ebenso großen Anteil an Gerbstoff. Beim Kauen von Nüssen oder Teilen davon in frischem Zustand werden diese stark eingespeichelt. Der Speichel löst das Koffein aus den Gerbstoffverbindungen. Die ersten Minuten ist der Geschmack daher bitter und die Schleimhäute ziehen sich zusammen. Später wird der Geschmack süß. Etwa eine Stunde behält der Kolabrei im Mund seinen Geschmack. Dabei wird die Speichelabsonderung stark angeregt. Der dottergelb gewordene Rest muß später ausgespuckt werden. An der Luft wird er sofort braun. Das notwendige Ausspeien ist wahrscheinlich mit ein Grund, warum sich das Kolakauen in Europa und den USA nicht eingebürgert hat. Das Kolakauen hat einem Teil Schwarzafrikas übrigens den Alkohol und das Rauchen erspart.
Der größte Teil der Kolanüsse wird in frischem Zustand in den Regionen, in denen sie vorkommen, und den angrenzenden Gebieten der Sahelzone verbraucht. Man kaut sie dort überall ohne Zusätze. Geringe Mengen, entweder ganz oder pulverisiert, werden in die USA und nach Europa exportiert. Sie dienen der Pharmazie als Heilmittel gegen Ermüdung und als Zusatz zu anregenden Lebensmitteln, Schokoladen, Bonbons, Kaugummis und belebenden Getränken. Werden diese Lebensmittel unter der Bezeichnung „Kola“ angeboten, dann muß das in ihnen enthaltene Koffein ausschließlich aus Kolaextrakt stammen.

Kat

Kat, Kath, Qat – drei Worte für die gleiche Sache, und doch steht keines davon im Duden. Das ist um so verwunderlicher, als die Gewohnheit des Katkauens, oft nur von der männlichen Bevölkerung im Jemen, in anderen Teilen Arabiens und am Horn Afrikas ausgeübt, dank des europäischen Tourismus in diese Länder auch bei uns schon häufiger beschrieben wird, ohne daß das Kauen aber außerhalb des engen regionalen Bereichs von Südarabien und der gegenüberliegenden afrikanischen Küste gebräuchlich wäre.

Die Blätter des Katbaums sind von allen pflanzlichen Genußmitteln das einzige, das ohne jede Aufbereitung frisch vom Zweig gepflückt sofort verwendet werden kann und auch muß. Kat, das ist einmal die Pflanze mit den das Nervensystem anregenden Stoffen, zum anderen aber auch als Kat-Runde eine Form des gesellschaftlichen Lebens im südlichen Arabien. Als Kulturpflanze sind im Jemen nur strauchartig gehaltene Bäume bis zur Größe von Fliederbüschen zu finden, also 5 bis 6 Meter hoch. Eine Wildform von Kat gibt es dort nicht. Angaben über Erntemengen und deren Wert sind nirgends erhältlich.

Botanik

Catha edulis (Vahl) Forssk. ex Endl. aus der Familie der Celastraceae, den Spindelbaumgewächsen, zu der auch das bei uns häufige, als Ufergehölz und als Zierstrauch wachsende, nahe verwandte Pfaffenhütchen gehört, hat sich wahrscheinlich von der Gegend um den Tana-See in Äthiopien in den gebirgigen Teilen Ostafrikas über Kenia bis Tansania verbreitet (s. Abb. Seite 120). Neuerdings wird Kat auch im Norden von Madagaskar gepflanzt. Der Gebrauch der Blätter ist uralt, wahrscheinlich sogar älter als der von Kaffee. Kat ist hauptsächlich im Süden Arabiens bekannt geworden. Neben dem sofortigen Gebrauch der frischen Blätter wird aus den getrockneten Blättern noch ein Tee bereitet.

Die Blätter des Katbaumes *(Catha edulis)* enthalten anregende und zum Teil auch betäubende Alkaloide, die als Cathin, Cathinin und Cathidin etwa so auf das menschliche Nervensystem wirken wie eine Kombination von Koffein und Morphium. In mäßigen Mengen genossen, vertreibt das Kauen der Blätter Müdigkeit und Hungergefühl, mindert den Durst und löst eine gewisse euphorische Stimmung aus. Bei höheren Dosen kommen die dem Morphium ähnliche abstumpfende Wirkung, Benommenheit und Schläfrigkeit hinzu.

Die kleinen, sternförmigen Blüten von etwa 1 cm Durchmesser sind weiß und sitzen in kleinen Büscheln an den Zweigenden. Sie entstehen in den Blattachseln der gegenständigen Blätter.

Heute werden die Wildvorkommen wohl kaum noch ausgebeutet. Dagegen setzte sich eine Anbauform des Baumes besonders in Südarabien in den beiden Republiken Nord- und Südjemen durch. Der Baum, der zur Erleichterung der Ernte zurückgeschnitten wird, hat etwa unseren Pflaumenbäumen entsprechende, längliche, gezähnte Blätter. Nur die Blattknospen und frischen jungen Triebe enthalten genügend Alkaloide.

Klima und Boden

An das Klima stellt der Katbaum etwa dem Kaffee ähnliche Ansprüche, mit dem er ja die gleiche Urheimat teilt. Als Gebirgspflanze ist er an nicht zu hohe Durchschnittstemperaturen gewöhnt, die gelegentlich über kurze Zeit sogar knapp an den Nullpunkt heranreichen können. Er benötigt im allgemeinen um die 1200 mm Niederschlag, möglichst gleichmäßig über alle

Monate verteilt. Da diese Menge im Hauptanbaugebiet auf den westlichen Terrassen in den Gebirgen des Jemen nicht erreicht wird, ist eine regelmäßige zusätzliche Bewässerung notwendig. Weil aber keine genauen Messungen vorliegen, erfolgen die Wassergaben rein empirisch. Der Boden, der aus verwittertem Urgestein entstanden ist, bleibt auf den angelegten Terrassen locker und hält dabei doch genügend Feuchtigkeit zurück.

Anbau

Der Anbau ist recht einfach und erfolgt praktisch nur nach Erfahrungswerten. Die Bäume werden meist durch Stecklinge vermehrt. Einzelne Varietäten wurden bisher für den Anbau nicht festgestellt. Es ist auch nicht möglich, irgendwelche Ernteerträge anzugeben, da der Katbaum auf kleinen und kleinsten Terrassen von oft nur Zimmergröße angepflanzt wird. Nach etwa 3 Jahren können die ersten Zweige geschnitten werden. Die Ernte erfolgt zu allen Jahreszeiten.

Das Katpflanzen ist eine ausgesprochen kleinbäuerliche Kultur, wenngleich einige größere Grundbesitzer einen Teil ihres Landes an Pächter abgegeben haben. Der Anbau erfordert keine aufwendigere Pflege. Der Boden muß ab und zu von Unkraut befreit und regelmäßig bewässert werden. Später müssen nur jeden Morgen einige Zweige geschnitten und auf den Markt gebracht werden. Es fällt auf, daß die Katpflanzungen fast nur von Männern gewartet werden, während die Landwirtschaft ansonsten sehr oft Sache der Frauen ist.

Um den Katbaum zu reicher Blattbildung anzuregen, braucht er hohe Wassergaben, die dann an anderer Stelle fehlen. Die Preise für Kat liegen aber so hoch, daß seine Erzeugung das schnelle Geld bringt. Dabei dient diese Pflanze weder der Sicherung der Ernährung, noch bringt sie Devisen ein wie der Kaffee.

Kat ist für die fast 3000jährige Landwirtschaft Südarabiens zu einer Problempflanze geworden. Man hat längst erkannt, daß der Katanbau eine gewisse Gefahr für die Region bedeutet. Während noch bis zur Gründung der Volksrepublik Jemen (Südjemen) und der Vertreibung des Iman aus Sanaá das Katkauen nur einem kleinen Kreis der Oberschicht vorbehalten war, kam mit dem Geld der in den Ölländern beschäftigten jemenitischen Gastarbeiter viel neue Kaufkraft in das arme Land. Damit stieg sofort die Nachfrage nach Kat. Die Pflanzungen mußten ausgedehnt werden, um den erhöhten Bedarf befriedigen zu können. Dadurch veränderte sich in vielen Gegenden langsam, aber unwiederbringlich die landwirtschaftliche Struktur. Die Anbaufläche der Terrassen ist ebenso beschränkt wie das zur Verfügung stehende Wasser, welches streng zugeteilt wird. Pflanzt der Bauer mehr Kat, dann kann dies nur zu ungunsten anderer Kulturen geschehen. Hiervon sind besonders der Kaffee, aber auch die verschiedenen Hirsearten betroffen.

An den landwirtschaftlichen Ausbildungsstätten und der Hochschule in Taiz wird die Frage nach Kat diskret übergangen, man spricht einfach nicht darüber. Ein Glück für das Land ist, daß Kat nicht an der feuchtheißen Küste wachsen kann und auch auf den Hochebenen des Binnenlandes nicht gedeiht. Daher bleibt die Versorgung der Bevölkerung mit Nahrungs-, Gemüse- und Obstpflanzen wenigstens weitgehend gesichert.

Ernte und Verwendung

Nach dem morgendlichen Schnitt werden die Katzweige gebündelt und sofort auf den Markt gebracht. Wo es möglich ist, schlägt man sie zum Frischhalten in Bananenblätter ein. Der nichtverkaufte Kat verliert schnell seinen Wert. Die verwelkten Blätter müssen dann abgepflückt und getrocknet werden. Sie kommen für einen

teeartigen Aufguß in den Handel, der aber nicht die Wirkung der frischen Blätter erreicht.
Die Kat-Runde ist eine besondere Eigenart Südarabiens. Zur „blauen Stunde“, das heißt nach dem längeren Mittagessen, ziehen sich die Männer (und neuerdings in bestimmten Kreisen auch Frauen) mit Freunden zum Katkauen zurück. Im großen Hauptraum des Hauses, zum Teil aber auch in Sitzungszimmern bei Behörden, beginnt die Kat-Stunde. Die Teilnehmer bringen ihre Ration, meist zwischen 100 und 200 g Blattmasse, selbst mit. Wie bei unseren Stammtischen werden die politischen und gesellschaftlichen Ereignisse durchgesprochen. Jeder Teilnehmer pflückt sich von seinen Zweigen die ihm zusagenden Blätter ab und stopft sie in den Mund. Eine Kanne mit Wasser steht genauso bereit wie ein Napf. Die Wasserkanne geht reihum, denn die Alkaloide wirken nur, wenn durch das Trinken der mit dem Speichel vermengte Zellsaft der Blätter in den Magen gelangt. Schließlich werden die zerkauten Blätter, deren Menge die Größe eines Golfballes erreichen kann und die nicht geschluckt werden, in dem gleichfalls herumgereichten Napf abgelegt. Nach etwa 2 Stunden ist die Sitzung beendet. Zurück bleiben die entblätterten Zweige, Kanne, Napf und unordentlich verstreute Sitzkissen.
Übrigens sehen es die Frauen gar nicht gern, wenn die Männer Kat kauen. Einmal müssen sie meist die Rückstände der Runde wegräumen und die Zimmer in Ordnung bringen, und zum anderen soll das Kauen die Männer schläfrig und in jeder Beziehung träge machen.
Beim Katkauen tritt zunächst eine gewisse Heiterkeit auf. Später werden die Menschen geschwätzig. Einer Phase der Anregung folgt etwa 2 Stunden später das Auftreten von Depressionen, die bis zu mentaler Erschöpfung reichen können. Trotzdem ist Kat wohl als eine eher harmlose Droge anzusehen. Die gesundheitlichen Schäden sind, soweit bekannt, gering. Dagegen besteht eine erhebliche Schädigung des Sozialgefüges der Bevölkerung. Das Mitmachen-Müssen bei den allgemeinen Kat-Runden engt bei den hohen Preisen oft den Haushaltsplan der Familien ein und kann zur Verarmung führen.
Ist Katkauen mit dem Gebrauch von Koka zu vergleichen? Eigentlich wohl nicht! Koka wird in der Regel vom sozial schwächsten Bevölkerungsteil der Andenländer (Männern wie Frauen) zur Leistungssteigerung und Betäubung des Hungergefühls gekaut. Dagegen ist das Katkauen wegen des ständigen Abpflückens der Blätter nicht während einer Arbeitsverrichtung möglich. Dann erfolgt es meistens nach den Mahlzeiten, soll also keinen aufkommenden Hunger betäuben, und es setzt schließlich auch wegen der höheren Kosten einen gewissen sozialen Status voraus.
Kat wird kaum exportiert, da die Zweige nicht lange genug frischzuhalten sind. Lediglich den Tee kann man in westlichen Großstädten mit einiger arabischer Bevölkerung gelegentlich bekommen. Ein Versuch, Kat in Südspanien anzupflanzen, um den dort wohnenden wohlhabenden Arabern frische Blätter zu liefern, wurde nicht genehmigt.

Betelbissen (Sirihbissen)

In Indien, in ganz Südostasien und in Teilen Ostafrikas ist die Sitte des Betelkauens verbreitet. Die Erkenntnis, daß durch Kauen von Blättern, Samen oder anderen Teilen bestimmter Pflanzen das Nervensystem angeregt bzw. Müdigkeit sowie Hunger- und Durstgefühl unterdrückt werden können, ist ursprünglich nicht nur auf Amerika (Koka) oder den Westen und mittleren Norden Afrikas (Kola) beschränkt geblieben. Im Osten, besonders am Horn von Afrika und in den feuchteren Teilen Arabiens, ist der Gebrauch von Stimulanzien ebenso verbreitet. Der Katgenießer braucht nur einige Blätter vom Baum *Catha edulis* in den Mund zu nehmen um durch Einspeicheln und Herumkauen anregende Alkaloide freizusetzen. Das Betelkauen setzt dagegen zum Teil recht langwierige Arbeitsvorgänge voraus zur Bereitung der sogenannten Betelbissen, auch als Sirihbissen bekannt, die durch ein Zusammenfügen von Samen, Blättern und einem Extrakt aus Blättern und Zweigen dreier verschiedener Pflanzen hergestellt werden. Dazu kommt noch zum Aufschließen der anregenden Alkaloide und Gerbstoffe ein geringer Zusatz von gelöschtem Kalk und, je nach den örtlichen Gewohnheiten, von Gewürzen und sogar Tabak.

Die einzelnen Zutaten der Betelbissen stammen ursprünglich von unter Kultur genommenen Wildpflanzen, die alle im gleichen äquatorialen Gebiet vorkommen. Als Grundstoff dienen zunächst die etwa 2 cm langen, rohen oder gekochten Samen aus den etwa hühnereigroßen, noch nicht voll ausgereiften Früchten der Areka- oder Betelnußpalme (*Areca catechu* L.) aus der Familie der Palmae. Dazu kommen dann als Aromatikum Extrakte aus den Blättern und kleinen Zweigen der Gambir liefernden Pflanze, *Uncaria gambir* (Hunter) Roxb., aus der Familie der Rubiaceae. Die Blätter dieses oft noch wild vorkommenden Kletterstrauches werden in großen Pfannen ausgekocht, der Saft wird filtriert und eingedickt. Weiter gehören zum Betelbissen noch bis zu 3 frische Blätter des Betelpfeffers (*Piper betle* L.) aus der Familie der Piperaceae. Dieser Betelpfeffer liefert gewissermaßen die Umhüllung.

Seine Blätter enthalten ein ätherisches, leicht scharfes Öl, aber keine Alkaloide. Zur Herstellung der Betelbissen werden sie dann zurechtgezwickt und schwach mit gelöschtem Kalk, genauer eigentlich mit der Kalkmilch, bestrichen. Die in Scheiben geschnittenen Teile des Arekasamens (der Arekanuß, wie dieser Samen ähnlich wie bei der Kola fälschlicherweise genannt wird) müssen darin eingewickelt werden. Außerdem gehören zu den Bissen eine gleiche Menge der festgewordenen Gambirmasse und eventuell ein Gewürz – meist Kardamom, aber auch geriebene Nelken, Zimt oder Tabak. Nun schiebt der Betelkauer alles zusammen in den Mund und kaut den kleinen Ballen. Der Farbstoff der Arekanuß färbt Speichel und Lippen leuchtend himbeerrot. Das Kauen selbst ist gesund für Zahnfleisch und Zähne, diese werden allerdings bei öfterem Genuß der Betelbissen schwarz.

Da das Präparieren der Bissen, die auch Sirihbissen genannt werden, von den frischen Blättern des Betelpfeffers abhängt, hat sich das Betelkauen nur dort verbreitet, wo die drei Grundstoffe Arekanuß, Gambir und Betelpfeffer gleichzeitig vorkommen. Das Betelkauen gilt allgemein als harmlos und wird einer Art Rauchersatz gleichgestellt. Beim Entzug der Betelbissen läßt sich aber doch eine gewisse Süchtigkeit feststellen. Da schätzungsweise 200 bis 300 Mio. Menschen ständig oder gelegentlich Betel kauen, haben die drei benutzten Pflanzen, ähnlich wie Mate-Tee oder Kola, einen auf ihr Ursprungsgebiet beschränkten, recht hohen Wirtschaftswert.

Die Sitte des Betelbissen-Kauens ist seit über 2000 Jahren bekannt. Nach Europa gelangten

die ersten Nachrichten darüber während des Entdeckungszeitalters.
Einen sehr anschaulichen Bericht über diese Gewohnheit gibt der Kaufmann Francesco Carletti aus Florenz in der Beschreibung seiner Reise, die er 1594 begann und erst nach 12 Jahren beenden konnte. Er spricht hier von den indischen Frauen und erzählt: „So bleibt sie kurze Zeit stehen und kaut auf einem *betre*-Blatt. Das tut sie übrigens auch am Tage. Fast immer hat sie es im Munde. Das ist dasselbe, was man auf den Philippinen-Inseln *buio* nennt. Sie vermischen es mit jener Frucht, die sie *buoga* und dort in Indien *arecca* nennen. Das ist eine Frucht von der Größe einer Haselnuß, die an einem palmenartigen Baum wächst, das heißt der Stamm und die Blätter sind der Palme ähnlich, während der Baum selbst viel kleiner ist. Sie haben einen zusammenziehenden und herben Geschmack, der durch den Kalk von Seemuscheln gemildert wird. Der Kalk wird erst gelöscht und dann reiben sie das erwähnte Blatt damit ein, wenn sie es in den Mund nehmen wollen. Diese Mischung hat die gleiche Wirkung, wie ich sie bereits in meinem Bericht über die Philippinen-Inseln beschrieben habe. Ich möchte noch hinzufügen, daß der Geruch dieses Blattes, wenn es gekaut wird, an den unseres Beifuß erinnert. Es erzeugt einen Atem, der in hohem Maße zur Wollust reizt und die Zahl derer, die das Blatt kauen, ist sehr groß. Es erholt und kräftigt zugleich, so daß es erneut zu den Freuden der Venus anregt."

Betelnuß- oder Arekapalme

Von den drei für die Bissen benötigten Pflanzen ist die Areka-Palme wohl die wichtigste, da sie neben den Nüssen noch Gerb- und Farbstoffe liefert. Ein Extrakt wirkt als Mittel gegen Bandwürmer, und in der Veterinärmedizin sind die Samen auch als Abführmittel gebräuchlich. Der Stamm der Palme läßt sich gut im örtlichen Hausbau nutzen.

Botanik

Die Betelnuß- oder Arekapalme (*Areca catechu* L.) kann bis über 15 Meter hoch werden und gilt ihrem Aussehen nach als eine der ansprechendsten Palmen. Ausgewachsen hat sie einen schlanken, glatten Stamm von etwa 20 cm Durchmesser. Am Kopfende sitzt eine kleine, dichte Krone von bis zu 9 zwischen 3 und 4 m langen, breit gefiederten Blättern. Die Blütenbüschel treten unterhalb dieser Krone direkt aus dem Stamm aus, dort wo die älteren Blätter abgefallen sind. Die Blütenrispen tragen sowohl männliche als auch weibliche Blüten. Nach der Befruchtung wachsen die meist orangefarbenen Früchte zu Pflaumen- bis Hühnereigröße aus. Bei kleineren Früchten sind etwa 200, bei den größeren die Hälfte je Büschel zu erwarten. Geerntet werden kann das ganze Jahr über. Die Samen enthalten in dem fettreichen Nährgewebe mehrere Alkaloide, besonders Arecolin neben etwa 15 % Gerbstoffen. Dazu gehört auch der rote Farbstoff Arekarot. Das mit dem Nikotin verwandte Arecolin sorgt beim Kauen für die leicht betäubende, berauschende Wirkung.

Klima und Boden

Das Klima für den Anbau der Areka-Palme muß rein äquatorial-tropisch sein. Regenmengen über 2000 mm sollen gut über das Jahr verteilt fallen. Ist die Trockenzeit zu lang, dann ist zusätzliche Bewässerung nötig. Die Palme braucht zum guten Gedeihen gleichmäßige hohe Temperaturen. Der Anbau kann infolgedessen bis höchstens 800 m Meereshöhe erfolgen. Der Boden soll feucht sein. Moorige Flächen und Torfgebiete in den Flußniederungen sind gute Standorte.

Anbau und Ernte

Voll ausgereifte Nüsse dienen zur Anzucht in beschatteten Saatbeeten. Sie keimen nach einem Monat. Sind die Pflänzchen nach einem halben Jahr groß genug, dann werden sie an ihrem Standort in der Pflanzung eingesetzt. Sie brauchen zum guten Wachstum viel Sonne. Die Standweite richtet sich nach der nicht allzu großen Ausdehnung der Krone und liegt bei ungefähr 2,5 m.
Vom fünften Jahr an beginnen die Palmen zu tragen. Nach etwa 30 Jahren läßt der Ertrag schließlich nach. Die Früchte für die Betelbissen werden während des ganzen Jahres meist noch unreif geerntet. Je nach Standort, Varietät und Pflege schwanken die Erntemengen. Erträge um 1000 kg Samen je Hektar sind normal.
Die Palme läßt sich relativ leicht erklettern. Allerdings gehört schon einige Übung dazu. Die Füße werden mit einem kurzen Seil miteinander verbunden. Ein anderes Seil wird um Stamm und Leib geschlungen. Dieses zweite Seil wird dann, während die Füße sich feststemmen, am Stamm der Palme immer weiter nach oben geführt; der Körper darf den Stamm dabei aber nicht berühren.

Aufbereitung

Die Aufbereitung der Arekafrüchte ist einfach. Die unter der äußeren faserigen Hülle liegenden Samen sollen zum Zeitpunkt der Ernte noch nicht ganz verhärtet sein. Diese Hülle wird entfernt, die Arekanüsse werden mit einem scharfen Messer geteilt und dann an der Sonne getrocknet. Man kennt auch die andere Methode, die enthülsten Nüsse in wenig Wasser aufzukochen und dann zu zerschneiden. Das Wasser, in dem die Nüsse gekocht wurden, ist zu einer roten Brühe geworden und wird eingedampft. Damit reibt man dann die getrockneten Nußstücke ein.

Gambirpflanze

Herkunft und Verwendung

Gambir ist der zweite wichtige Bestandteil eines Betelbissens. Dabei ist Gambir nicht die Pflanze selbst, sondern nur ein Extrakt von *Uncaria gambir* (Hunter) Roxb. aus der Familie der Rubiaceae. Die Pflanze kommt noch wild auf den Inseln Indonesiens vor, wird aber heute überall auf dem Festland Südostasiens kultiviert (vielleicht wurde sie von den malaiischen Einwanderern mitgebracht).
Inzwischen pflanzt man sie auch auf Sri Lanka, im östlichen Afrika, auf Madagaskar und sogar im tropischen Amerika an. Hier wird *Uncaria gambir* wegen des hohen Gerbstoffgehalts als industriell nutzbare Pflanze angebaut. Die Nutzung als Zutat zu Betelbissen ist also heute etwas in den Hintergrund getreten.

Botanik

Die eiförmig-ovalen, kurz gestielten, lederartigen Blätter können bis zu 12 cm lang werden. Diese Blätter und auch die jungen Stengel des Kletterstrauches enthalten das zum Gerben wichtige Katechin.
Der Gambir liefernde Strauch ist eine an ein ausgesprochen äquatoriales Klima gebundene Pflanze. Um 2500 mm Niederschläge bei nicht zu langer Trockenzeit, eine gleichmäßig hohe Temperatur und viel Sonne sind erforderlich, damit sie gedeiht. Dagegen stellt der Strauch keine besonderen Ansprüche an den Boden. Er gedeiht recht gut in der Nähe von Flußufern. Der Boden soll gut durchlüftet sein, wasserundurchlässige Tonböden sind daher nicht geeignet.

Anbau und Ernte

Die Gambirpflanze wird durch Samen in überdachten humushaltigen Saatbeeten vermehrt.

Nach etwa 5 Monaten setzt man die Pflänzchen an ihren endgültigen Standort. Wegen der Gefahr des Austrocknens soll dies möglichst bei regnerischem Wetter geschehen. *Uncaria gambir* ist eine anspruchslose Pflanze und bedarf keiner weiteren Pflege. Wenn die Sträucher nach einem Jahr ungefähr mannshoch geworden sind, erfolgt die erste Ernte von Blättern und Zweigen. Die Haupttriebe werden dann sehr stark zurückgeschnitten, um sie zum Neuausschlagen zu reizen. Ein halbes Jahr später kann ein neuer Schnitt erfolgen. Die besten Erträge liefert der Gambirstrauch nach 6 Jahren. Mehr als 15 Jahre alte Pflanzen müssen dann ersetzt werden. Wird *Uncaria gambir* als Einzelkultur in Plantagen angebaut, können etwa 500 kg Blätter und junge Zweige je Hektar geerntet werden.

Aufbereitung

Zur Gewinnung von Gambir sind die frischen Blätter und zerschnittenen Zweige zweimal in jeweils wenig Wasser zu kochen. Nach dem Kochen werden die Pflanzenreste entfernt, der Sud mit dem vom ersten Aufkochen abgegossenen Wasser filtriert und dann zu einer sirupähnlichen Masse eingedickt. Für die Verwendung als Zutat der Betelbissen wird noch Reiskleie oder Sago zugefügt und in Formen gegossen. Ist die Masse nach etwa 12 Stunden in den Formkästen erstarrt – sie ist zunächst weiß und wird später bräunlich – dann schneidet man sie in kleine Würfel und läßt sie auf besonderen Gerüsten 2 Wochen trocknen. 10 kg Blätter und Zweige des Strauches ergeben etwa 1 kg Gambir. Für die Industrie wird *Uncaria gambir* in großen technischen Anlagen zu Gerbmaterial ohne Zusätze verarbeitet. Exportiert wird Gambir hauptsächlich in die USA.

Betelpfeffer

Als dritte unbedingt notwendige pflanzliche Zutat fehlt noch die Umhüllung des Betelbissens, die gleichzeitig den Geschmack abrunden soll. Der frühe Weltreisende Francesco Carletti ist ein sehr guter Beobachter und beschreibt den Betelpfeffer anläßlich der Schilderung eines Besuchs auf den Philippinen folgendermaßen: „Dieses Blatt wird von einer Pflanze hervorgebracht, die der Bohnenpflanze sehr ähnlich ist, und wird genau wie diese gepflegt. Man gibt ihr einen Pfahl, Stock oder Zweig, an denen sie emporrankt."
Damit ist der Betelpfeffer (*Piper betle* L.) schon beschrieben – wenngleich Carletti in der Einordnung irrt, denn weder Blüte noch Früchte entsprechen unseren Stangenbohnen. Betelpfeffer ist, wie die anderen Pfefferarten der Familie Piperaceae, eine Kletterpflanze mit größeren, herzförmigen Blättern. Neben der vielfach in abgelegenen Gegenden wild vorkommenden Pflanze wird sie in dichter besiedelten Gebieten in Hausgärten oder sogar im Feldbau kultiviert. Die benutzten Blätter können nur frisch verwendet werden. Da die Betelbissen, anders als Koka oder Kola, vorher je nach der Geschmacksrichtung zubereitet werden müssen und der Betelkauer, wenn ihn danach gelüstet, die Grundstoffe meist nicht mit sich führt, werden die Bissen zum Teil gewerbsmäßig zubereitet und täglich auf Märkten angeboten. Früher und vereinzelt noch heute führen Reisende für das Betelkauen die Zutaten mit sich. Aus diesen, in kleinen silbernen Dosen wohl geschützt, lassen sich dann jederzeit die Bissen herstellen.
Der Betelpfeffer, der heute überall dort angebaut wird, wo das Betelkauen verbreitet ist, benötigt zum guten Gedeihen die gleichen Klimabedingungen wie die beiden anderen pflanzlichen Bestandteile der Betelbissen. Die Blätter werden hauptsächlich von durch Stecklinge

gezogenen Pflanzen geerntet. Vom zweiten Jahr ab können sie gepflückt werden, nach 10 Jahren lassen die Erträge nach.

Der Anbau der drei für die Betelbissen benötigten Pflanzen erfolgt für diesen Zweck in ausgesprochenen kleinbäuerlichen Betriebsformen und ist fest in die Sozialstruktur Süd- und Südostasiens eingebunden.

In ihrem Verbreitungsgebiet haben die Betelbissen einen sehr hohen ökonomischen Wert. Für einen übergreifenden Welthandel sind sie allerdings ohne Bedeutung. Arekanüsse werden in geringen Mengen als Rohstoff für tiermedizinische Präparate und Farbstoffe für Tinten in die Bundesrepublik Deutschland eingeführt.

Die Betel- oder Sirihbissen enthalten, ähnlich wie Kat und in geringerem Maße auch die Kolanüsse, anregende Alkaloide. Sie können aber trotzdem noch nicht als Rauschdroge bezeichnet werden, zu denen Koka zu rechnen ist.

Kaschubaum

Die Grenzen zwischen Nahrungs- und Genußmittel sind oft fließend – besonders, seit sich in der letzten Zeit in den Industrieländern, meist durch die „Fernsehkultur" bedingt, die Lebensgewohnheiten vieler Menschen geändert haben. Das Sitzen und Anschauen der oft eintönigen Programme, die sich ohne aktive Teilnahme der Zuschauer abspielen, erfordert wenigstens teilweise eine Ersatztätigkeit, und sei es nur Essen und Trinken. Das Knabbern von Nüssen entspricht solcher Aktivität. Einen großen Anteil an diesem Knabber-Konsum nehmen die Kaschunüsse ein. Obwohl der Baum schon lange bekannt ist und die Früchte in vielerlei Form genutzt werden, hat die Kaschunuß bei uns als Genußmittel erst in den letzten Jahren mehr Bedeutung erlangt.

Die Samen des Kaschubaums – das Wort leitet sich aus einer Eingeborenensprache der Amazonasregion ab, man sagt auch Acajou-Baum oder Cashew-Baum – sind eigentlich ein kalorienreiches, hochwertiges Nahrungsmittel. 100 g Kaschunüsse haben einen Brennwert von 600 Kalorien. Bei 47% Fett enthält die Nuß noch 20% Eiweiß, 24% Kohlenhydrate und 5% Wasser. Der Rest besteht aus Fasern und Mineralstoffen. Daneben finden sich die wertvollen Vitamine A, B und das seltene Vitamin E.

Herkunft und Verbreitung

Wie so viele andere Pflanzen, die später eine größere Bedeutung erlangten, stammt der Kaschubaum (*Anacardium occidentale* L.) aus Südamerika. Das ursprüngliche Vorkommen, auf das innertropische Gebiet im oberen und mittleren Amazonasbecken beschränkt, deckt sich etwa mit dem von Guaraná. Allerdings erwähnt Alexander von Humboldt den Kaschubaum nicht in seiner Reisebeschreibung. Ob die

Eingeborenen den eigentlichen Wert der Früchte schon kannten, läßt sich kaum noch feststellen. Der fleischige Fruchtstiel galt allerdings als vitaminreiche, erfrischende Delikatesse. Spanische und portugiesische Missionare und Soldaten führten Kaschu als Obstbaum in Afrika und Indien ein.
Heute ist der Anbau neben Brasilien hauptsächlich in Indien, China und Ostafrika (Mosambik, Tansania und Kenia) verbreitet. Kleinere Pflanzungen auf den Antillen sind ohne Bedeutung. In Indien erkannte man wohl zuerst den großen Wert der Samen. Dort erhielten sie auch den Beinamen „Elefantenlaus". In der Weltproduktion steht Indien an erster Stelle, gefolgt von China und Brasilien, Mosambik, Tansania und Kenia sowie neuerdings auch Argentinien.
Die zunächst äußerst schwierige Gewinnung der uns bekannten Knabbernüsse beschränkte die Kultur auf weniger entwickelte Regionen mit sehr billigen Arbeitskräften, die gewillt waren, das große Hautschäden verursachende Knacken der Nüsse zu übernehmen. Erst nach 1960 ist es gelungen, Schälmaschinen zu bauen, die diese gesundheitsschädliche Arbeit durchführen.

Botanik

Anacardium occidentale aus der Familie der Anacardiaceae, zu der übrigens auch die Pistazie und die Mango-Arten gehören, ist ein Baum mit weitverzweigter, halbrunder, geschlossener dichter Krone. Er kann eine Höhe von 10 m erreichen. Stamm und Zweige haben eine glatte Rinde. Die eirund-ovalen Blätter sitzen mit dem spitzeren Teil an einem kleinen Stiel. Die zahlreichen männlichen oder zwittrigen Blüten finden sich auf endständigen Blütenrispen. Später setzen aber nur verhältnismäßig wenige der Blüten Früchte an. Der Fruchtansatz erfolgt auf den oberständigen, befruchteten Fruchtknoten. Nach der Befruchtung wächst aus dem kleinen Blütenstiel noch ein großer fleischiger Fruchtstiel heraus. An dessen Ende schließlich sitzt die eigentliche nierenförmige Frucht, der etwa 4 cm lange und halb so breite Kaschusamen (englisch *monkey-nut*). Der fleischige, saftige Fruchtstiel, auch als Scheinfrucht bekannt, den man allgemein als Kaschu-Apfel bezeichnet, hat Form und Größe eines mittleren länglichen Apfels.

Klima und Boden

Der Kaschubaum, aus den inneren feuchten Tropen stammend, hat sich klimatisch einigen neuen Standorten angepaßt. Aber auch dort benötigt er möglichst gleichbleibende hohe Temperaturen ohne größere Schwankungen. Selbst leichter Frost ist für ihn bereits tödlich. In den temperaturausgeglichenen Küstenzonen warmer Meere gedeiht der Kaschubaum gut. Hügeliges Gelände kann einen guten Windschutz bieten. Außerordentlich tolerant ist diese Baumart hinsichtlich der Niederschläge. In einigen Gebieten seines Vorkommens liegen sie unter 1000 mm jährlich, in anderen betragen sie dagegen über 3000 mm. Bei höheren Regenmengen soll der Boden gut wasserdurchlässig sein, da stauende Nässe schadet. Wächst der Baum auf trockenem, sandigem Boden, gedeiht er gut, bringt aber nur geringe Ernten. In vielen Gegenden ist er oft die einzige lohnende Kulturpflanze.

Anbau und Ernte

Die Vermehrung kann über Samen oder Stecklinge erfolgen. In trockeneren Gebieten ist die Aussaat vorzuziehen, da Stecklinge keine größeren Pfahlwurzeln bilden. Bei der Aussaat legt man gewöhnlich 2 bis 3 Samen, da nicht alle aufgehen, etwa 12 cm tief in den vorbereiteten Boden oder zieht sie in kleinen Pflanzkörben, die dann nach ungefähr 9 Monaten an die vorgesehene Stelle in die Pflanzung verbracht werden. Die Pflanzen bleiben in den durchlässigen Körben, um eine Beschädigung der Pfahlwurzel zu vermeiden. Die Pflanzweite entspricht dabei dem zu erwartenden Kronendurchmesser, also rund 12 m. Vielfach setzt man die Pflänzchen aber in der halben Weite, um sie später auszudünnen. Gepflegt werden die anspruchslosen Bäume nur in der ersten Zeit. Besonders ertragreiche Sorten lassen sich auch durch Okulieren und Pfropfen vermehren. Die Erntezeiten liegen auf der Nordhalbkugel im März und April, im Süden im November und Dezember.

Die Ernte ist einfach. Will man die Scheinfrüchte (d. h. die fleischigen Fruchtstiele) und die Nüsse gewinnen, dann werden die Früchte mit kleinen, an langen Stangen befestigten gebogenen Messern abgeschnitten und aufgesammelt. Wenn auf die Verwendung als Obst kein Wert gelegt wird, läßt man die Früchte einfach am Baum, bis sie von selbst abfallen. Dann entfernt man den halbverfaulten Stiel. Die Bäume bringen nach etwa vier Jahren die ersten Früchte, nach 10 bis 15 Jahren werden sie, je nach Boden- und Niederschlagsverhältnissen, volltragend. Die Erträge werden recht unterschiedlich angegeben. Je nach Region und Standort rechnet man pro Baum zwischen 10 und 70 kg Fruchtstiele und ungeschälter Nüsse. Nach dem Schälen bleiben dann etwa 30 % Kerne, die allerdings noch mit einer dünneren Samenhaut bedeckt sind. Die allgemein bekannten Kaschunüsse haben ungefähr ein Viertel bis ein Fünftel des ursprünglichen Gewichts behalten. Zieht man den anderweitig verwertbaren Bruch ab, dann bleiben oft weniger als 20 % übrig, die wir dann in der Knabbertüte oder Dose wiederfinden. Die Welternte ungeschälter Nüsse (Rohware) lag schon bei über 600 000 Tonnen, ging dann aber nach den Unabhängigkeitskämpfen in Mosambik von 240 000 auf unter 70 000 Tonnen zurück. Die Bundesrepublik Deutschland führt jährlich etwa 3300 Tonnen geschälte Kaschunüsse ein. Die größten Importländer sind einmal die USA mit Mengen zwischen 30 000 und 40 000 Tonnen, erstaunlicherweise gefolgt von der UdSSR mit 20 000 bis 30 000 Tonnen jährlich. Eingestuft werden die nicht beschädigten Nüsse (W = whole) nach der Zahl für ein englisches Pfund (lb = 454 g). Die Skala reicht von 200 bis 210 (W 210), 220 bis 240 (W 240), 260 bis 280 (W2 80), dann weiter (W 320) bis zu ganz kleinen Kernen 450 bis 500 (W 500), die dann weniger gut bezahlt werden. Als Standard gilt (W 320).

Aufbereitung und Verwendung

Die Kaschufrüchte werden als Nahrungsmittel in zweierlei Form genutzt. Ein dritte Form beschränkt sich auf die technische Verwendung.

Der gelbe bis rötliche Fruchtstiel wird als Obst entweder roh gegessen – er schmeckt angenehm süßlich-sauer – oder als Kompott eingekocht. Der ausgepreßte Saft ist ein erfrischen-

Oben: Aus den unreifen Früchten am Strauch von *Piper nigrum* wird Grüner Pfeffer hergestellt, während man aus den reifen Früchten Weißen und Schwarzen Pfeffer gewinnt. Unten links: An den endständigen Fruchtknospen des Kaschubaumes erkennt man den rötlich gefärbten Fruchtstiel (Scheinfrucht) sowie die an seinem Ende austretende Kaschunuß. Unten rechts: Die holunderbeergroßen Früchte des amerikanischen Pfefferbaums *Schinus molle* werden in Amerika häufig als Pfefferersatz verwendet. Neuerdings sind sie auch bei uns als „rosa Pfeffer" im Handel.

des, aber adstringierendes Getränk. Man kann den Saft auch zu Wein vergären lassen und später daraus einen geschmacklich einwandfreien Branntwein destillieren. Früher wurde auf abgelegenen Pflanzungen aus dem Wein auch noch Essig hergestellt. Frische Fruchtstiele halten sich höchstens 24 Stunden.

Die eigentliche Frucht, die Kaschunuß, erfordert ein besonderes Aufbereitungsverfahren. Das Mesokarp, d. h. die äußere, ölig-weiche, etwa 3 mm dicke Schale der Frucht, enthält nämlich in zahlreichen Öldrüsen an der Innenseite ein stark hautätzendes, giftiges und blasenziehendes Öl, das Kaschu-Schalen-Öl, aus 90 % Anacardsäure, rund 10 % Cardol und etwas Cardanol.

Das Öl ist unter dem Namen *Cashew nut shell liquid*, abgekürzt CNSL, bekannt. Der Embryo im Innern, die uns bekannte Kaschunuß, ist noch von einer zarten braunen Haut umgeben. Die ganzen Nüsse müssen sofort nach der Ernte an der Sonne getrocknet werden. Dabei ist es notwendig, sie öfters mit Holzrechen zu wenden. Sie sind trocken, wenn sie nach einigen Tagen in der Schale klappern.

Oben links: Aus dem am Boden gestutzten Stamm des Zimtbaumes treiben zahlreiche lange Adventivsprößlinge mit sehr wenigen Verzweigungen.
Oben rechts: Die Früchte des Zimtbaumes sind ein Leckerbissen für Vögel.
Mitte links: Zimtschäler bei der Arbeit. Die Rinde wird mit speziellen Messern vorsichtig von den langen Stangen gelöst.
Mitte rechts: Die abgelösten langen Rindenstücke werden zum Transport gebündelt.
Unten: Ceylon-Zimt erkennt man unschwer an der beidseitig eingerollten Rinde.

Im Verlauf der Jahre haben sich verschiedene Verfahren herausgebildet, um den geschätzten Kern zu gewinnen. Die Arbeit des Entfernens der äußeren Schale ist sehr gesundheitsschädlich. Das ätzende, giftige CNSL verursacht bei Berührung mit der Haut allergische Reaktionen wie Schwellungen, Brandbläschen und akute Hautschäden. Das versehentliche Anbeißen ganzer Früchte ruft fürchterliche Verbrennungen im Mund hervor.

Bei der älteren, auch heute noch in kleinen Betrieben üblichen traditionellen Aufbereitung werden die trockenen Nüsse in Wasser eingeweicht und auf durchlöcherten Pfannen über Holzfeuern geröstet, um ein Verbrennen zu verhindern. Die Schale springt auf, wobei ein Teil des Öls durch die Löcher in das Feuer läuft. Auch diese Arbeit ist schon gefährlich. Der Rauch ist gleichfalls giftig und gesundheitsschädlich. Der größte Teil des CNSL ist verloren, ein Rest verbleibt in der Schale. Man schüttet die aufgesprungenen Schalen in Asche oder Sägespäne, damit ein Großteil des restlichen Öls aufgesaugt werden kann.

Ein etwas neueres Verfahren taucht die ganzen Nüsse in Drahtkörben kurz in ein heißes Bad (etwa 200 °C) von CNSL. Durch die aufplatzenden Nüsse erhöht sich der Ölspiegel, und das überlaufende Kaschu-Schalen-Öl wird abgefangen. Dadurch gewinnt man etwa 50 % des Öls der Schalen. Um die größtmögliche Menge zu erhalten, werden die Körbe mit den noch heißen Nüssen nach dem Ölbad sofort zentrifugiert. In Großbetrieben extrahiert man neuerdings bis zu 80 % des CNSL durch Lösungsmittel.

Bis vor wenigen Jahren mußten die nur zum Teil von ätzendem CNSL befreiten Früchte noch durch Aufschlagen von Hand geöffnet und der eßbare Kern entnommen werden. Viele Anbauländer führten ihre Nüsse daher nach Indien aus, wo sich Menschen fanden, um diese gesundheitsschädliche Arbeit zu verrichten. Die meist von Frauen geschälten Nüsse kamen von Indien aus in den Handel. Seit es gelungen ist, Maschinen zu bauen, die die Samen schonend öffnen, werden in allen Anbauländern die Kaschufrüchte auch aufbereitet. Der Schutzmantel mit den Ölzellen sichert den Kaschufrüchten übrigens eine jahrelange Haltbarkeit, da kein Tier die Nüsse knacken wird.

Das Problem des maschinellen Entkernens liegt sowohl in der eigenartigen Form der Nüsse, als auch in der sehr unterschiedlichen Größe begründet. Erschwerend kommt noch die Zerbrechlichkeit der Kerne hinzu. Bei einem System der jetzt mit Erfolg gebauten Maschinen laufen die Früchte durch Walzen mit rotierenden Messern. Bei einem anderen System werden die Nüsse in einer Zentrifuge auf Platten geschleudert. Der Verlust durch Bruch ist bei beiden Systemen sehr hoch. Die Kaschukerne werden getrocknet und die Fruchthaut wird durch Reiben entfernt.

Die Nüsse müssen dann verlesen und nach Größe und Farbe sortiert werden. Ranzige und zerbrochene Kerne sind auszuscheiden. Das abgepreßte Fett der Kerne, meist aus Bruch, ist ein hochwertiges Speiseöl. Die Nüsse werden für den Rohgenuß nochmals leicht geröstet und zum Teil noch leicht gesalzen. Kaschunüsse, die nach einer Mischung aus Mandeln, Haselnüssen und Erdnüssen schmecken, werden in der Feinbäckerei als Austauschstoff für Mandeln (nicht Ersatz!) verwendet.

Das technisch genutzte Kaschu-Schalen-Öl (CNSL) wird hauptsächlich zu Stoffen bei Bremsbelägen und Kupplungsscheiben verarbeitet, da es eine hohe Hitzebeständigkeit zeigt. In den Anbauländern streicht man Holzbalken und Pfähle mit dem Öl als Schutz gegen Termitenfraß. Die früher gebräuchliche medizinische Anwendung gegen Warzen, Hornhaut und Hühneraugen ist zurückgegangen. Aus dem nur als Brennholz genutzten Stamm wird noch ein Harz gewonnen, das besonders in Indien als Ersatz für Gummiarabikum dient.

Der Konsum von Kaschunüssen gilt in allen Ländern auch heute noch als gewisser Luxus. Wegen des hohen Preises werden die Kerne oft gemischt mit gerösteten Haselnüssen, Mandeln, besonders aber mit Erdnüssen als Knabbergenuß angeboten.

Einfuhr von Kaschunüssen in die Bundesrepublik Deutschland (in Tonnen)

Land	1984	1985	1986	1987	1988
Indien	568	948	1 647	1 914	2 011
Mozambique	296	265	201	307	612
Tansania	85	–	–	–	–
Brasilien	305	984	902	360	482
VR China	415	572	411	149	128
Kenia	118	195	87	68	45
Sri Lanka	39	14	22	5	7
USA	–	–	–	–	20
Argentinien	–	–	–	–	50
andere Länder	58	42	32	21	25
Gesamt	1 884	3 020	3 302	2 824	3 380

Quellen:
Waren-Verein der Hamburger Börse e.V.;
Stat. Bundesamt, Wiesbaden.

Gewürze

Notwendige Bemerkungen zu den Gewürzen

Während noch bis zu Beginn unseres Jahrhunderts das handwerklich arbeitende Nahrungsmittelgewerbe wie Fleischer, Bäcker, Konditoren und Lebküchler neben den einheimischen Gewürzen auch den größten Teil der aus den Tropen stammenden Gewürze verbrauchte, sind heute große Industriebetriebe an deren Stelle getreten.

Die Bundesrepublik Deutschland steht zur Zeit, nach Menge und Wert, neben den USA an zweiter Stelle des Gewürzimports und -verbrauchs. Erst weit danach folgen Frankreich, Großbritannien und, für Kenner kaum überraschend, Saudi-Arabien. Dieses Land dürfte wohl den Rekord im Pro-Kopf-Verbrauch halten.

In der Bundesrepublik verbraucht die bedeutende Nahrungsmittelindustrie etwas mehr als die Hälfte aller Gewürze, einschließlich der einheimischen Arten wie Senf, Kümmel und die zahlreichen Küchenkräuter.

Hauptkonsumenten sind die Fleisch- und Fischwarenkonservenhersteller sowie die großen Betriebe der Backwarenerzeuger. Dazu kommt noch die Getränke- und Süßwarenindustrie. Die entsprechenden handwerklichen Nahrungsmittelbetriebe wie Fleischereien, Konditoreien und nicht zuletzt die Gastronomie schließen sich an. Der andere Teil der Gewürze geht von den Gewürzmühlen und Abpackern über den Einzelhandel direkt an den Verbraucher im Haushalt. Eine geringe Menge der importierten Gewürze – meist Bruch und weniger wertvolle oder unansehnliche Teile – werden noch für Heilmittel und Kosmetika verwendet. Deutschlands Haupthandelsplatz für Gewürze ist Hamburg, von wo auch ein starker Reexport nach Drittländern wie Skandinavien oder dem Ostblock erfolgt.

Beim Gewürzhandel wird seit undenkbar langen Zeiten spekuliert. Wurde früher eine Gewürzkarawane ausgeraubt oder gingen die Schiffe auf See verloren, dann fehlten Gewürze auf dem Markt. Der Preis stieg. Besonders die Holländer beherrschten fast zwei Jahrhunderte lang das System der Marktregulierung. Gab es gute Ernten oder blieb auf dem Seeweg der fest einkalkulierte Schiffsverlust aus, dann wurde zuviel Ware angelandet, um noch einen hohen Preis zu rechtfertigen. So verbrannten die Kaufherren 1760 in Amsterdam und später auch anderswo große Mengen von Gewürzen und nahmen sie damit „aus dem Markt“. Heutzutage hat die Ausweitung des Anbaus und der Verlust des Monopols eine gleichmäßige Belieferung aller Verbraucher gesichert.

Andererseits bleiben doch nicht alle Zweifel aus, wenn feststeht, daß in Deutschland der Preis für 1 kg Pfeffer 1983 bei etwa 4 DM lag, um dann bis 1987 eine Steigerung um 135 % zu erfahren. Jetzt ist der Pfefferpreis wieder zurückgegangen. Andere Gewürze notieren gelegentliche Preisunterschiede bis zu 40 % (Fachverband der Gewürzindustrie e.V., Bonn 1988). Ob die jeweiligen Buchungsgewinne an die meist kleinbäuerlichen Gewürzpflanzer weitergegeben werden, erscheint nach allen Erfahrungen sehr fraglich.

Es darf aber auch nicht übersehen werden, daß manche Gewürze, die bei Importen nach Deutschland nur vergleichsweise geringe Mengen erreichen, naturgemäß schon stärkeren

Einflüssen von Witterungsschäden unterworfen sind als andere tropische Massenprodukte. Gewürze unterliegen der Lebensmittelgesetzgebung. Die 1962 in der Bundesrepublik gebildete Deutsche Lebensmittelbuch-Kommission hat auch für Gewürze Leitsätze aufgestellt, die als Gutachter-Richtlinien gelten sollen. Allgemeine Beurteilungsmerkmale umfassen in drei Abschnitten Begriffsbestimmungen, Herstellung und Bezeichnung.

Unter dem Begriff Gewürze heißt es dort:
„Gewürze sind Teile (Wurzeln, Wurzelstöcke, Zwiebeln, Rinden, Blätter, Kräuter, Blüten, Früchte, Samen oder Teile davon) einer bestimmten Pflanzenart, nicht mehr als technisch notwendig bearbeitet, die wegen ihres natürlichen Gehaltes an Geschmacks- und Geruchsstoffen als würzende oder geschmacksgebende Zutaten zum Verzehr geeignet und bestimmt sind. Pilze, die wegen würzender Eigenschaften verwendet werden, gelten als Gewürz."

Über die Herstellung wird gesagt:
„Gewürze, die zum unmittelbaren Zusatz zu anderen Lebensmitteln bestimmt sind, enthalten nicht mehr als einen unvermeidlichen Gehalt an in 10%iger Salzsäure unlöslichem Aschebestandteil und nicht mehr als einen technisch unvermeidbaren Anteil an Besatz."

Eine ausführliche Zusammenstellung enthält die „Kleine Gewürzkunde, Wissenswertes von den wichtigsten Gewürzen der Welt" von Hans-Peter Berg, herausgegeben vom Fachverband der Gewürzindustrie, Bonn.
Es widerspräche den bekannten Gepflogenheiten der Menschen, wenn nicht neben der Spekulation eher gerissene als kluge Leute mit dem wertvollen Handelsgut Gewürz ihre dunklen Geschäfte durch Verfälschung machten. Gerade bei Gewürzen sind Fälschungen beliebt, da es sehr einfach ist, fremde Stoffe beizumengen, die dann oft nur sehr schwer nachzuweisen sind. Ist das Gewürz gemahlen, kann oft erst durch Laboruntersuchungen der Nachweis von Verfälschungen erbracht werden.
Bei der Einfuhr von gemahlenen und besonders präparierten Gewürzen ist die Wahrscheinlichkeit, fremde Stoffe oder Schalen und Abfallteile im Gewürz zu finden, naturgemäß größer als beim Import von unbehandelter Ware. Anderseits sind die Makler und Einkäufer an den großen Gewürzmärkten erfahren genug, um beim Musterziehen Verfälschungen rechtzeitig zu erkennen.
In Deutschland hat sich der Gewürzhandel im Verband der Gewürzindustrie e.V. in Bonn eine Dachorganisation geschaffen. In den Anbauländern, besonders wenn der Anbau von Gewürzen als Monokultur zumindest in größeren Regionen anzusehen ist, wurde der Exporthandel in meist staatlichen Handelsgesellschaften zusammengefaßt oder wird direkt über ein Ministerium kontrolliert. Beispiele sind Grenada, Jamaika, Sri Lanka, Tansania (Sansibar), Madagaskar und Indonesien (Molukken).

Verarbeitung

Gewürze sind wie alle Naturprodukte in der Vegetationszeit stark witterungsabhängig. Ein Ausbleiben der Monsune oder überreichliche Regenfälle, Wirbelstürme oder andere Kalamitäten haben einen erheblichen Einfluß auf Qualität und Quantität. Außerdem ist der Gewürzhandel auch von den politischen und wirtschaftlichen Entwicklungen in den Anbauländern abhängig.
Rohgewürze werden zum größten Teil im voraus als Warentermingeschäft gehandelt.
Haben die Händler und Gewürzmühlen die Ware übernommen, dann wird jeder Posten nach einer sorgfältigen Qualitätskontrolle entkeimt, um noch verbliebene Schädlinge und

Pilzsporen abzutöten. Die Ware wird verlesen, um beschädigte Teile und kleine Fremdkörper zu entfernen. Erst danach erfolgt die eigentliche Bearbeitung und Veredelung. Ist das Rohgewürz einwandfrei, kommt nach der Vorzerkleinerung das Feinmahlen und Absieben bis zur gewünschten Korngröße.
Da die würzenden Bestandteile meist aus ätherischen, also leicht flüchtigen Ölen bestehen, muß das Mahlen in besonderen Mühlen erfolgen, die eine Erwärmung des Mahlguts ausschließen. Später erfolgt das Abpacken. Auch Gewürze, die vor dem Abpacken nicht besonders behandelt werden müssen (zum Beispiel Vanille), unterliegen den gleichen Kontrollen.

Pfeffergewürze

Als Alexander der Große auf seinem Kriegszug gegen die Perser 327 v. Chr. den Nordwesten Indiens erreicht hatte, machten er und seine Soldaten wohl als erste Europäer schon Bekanntschaft mit dem Pfeffer. Das läßt auf einen zu damaliger Zeit bereits ausgedehnten Handel schließen, denn die Anbaugebiete für Pfeffer lagen und liegen ja im regenfeuchten tropischen Süden oder feuchten Osten, aber nicht im trockenen Bewässerungsgebiet des Indus.
In Europa war um die Zeitenwende das Römische Reich mit seinen großen Städten, an der Spitze Rom, bei einem ausgesprochen luxuriösen Lebensstil der größte Gewürzverbraucher. Plinius der Ältere (gestorben 79) gibt schon Preisnotierungen für Pfeffer an. Damals war es allerdings der Lange Pfeffer (*Piper longum* L.) aus Bengalen, der wegen seiner Schärfe, die etwas ausgeprägter ist als die des Schwarzen Pfeffers, höher bewertet wurde. Heutzutage wird in Europa und den USA vornehmlich der „echte“ Pfeffer (*Piper nigrum* L.) gehandelt.
Pfeffer war schon im Altertum von hohem Wert und diente bei den Mittelmeervölkern als das Gewürz schlechthin. Auch im nichtrömischen Europa hatte sich das herumgesprochen. Alarich, der König der Westgoten, ließ sich 408 erst nach der Lieferung von Edelmetallen, Seide und 3000 Pfund Pfeffer bewegen, die Stadt Rom wieder zu verlassen.
Mit dem Untergang des Römischen Reiches brach der Handel mit dem Orient zunächst zusammen. Pfeffer und andere tropische Gewürze aus Asien wurden durch den Zwischenhandel so verteuert, daß der Verbrauch stark abnahm. Schließlich ging der Gewürzhandel im Osten ganz in die Hände der Araber über, bis sich im hohen Mittelalter die italienischen Seestädte einschalteten und ein Handelsmonopol für die Gewürze und viele Waren

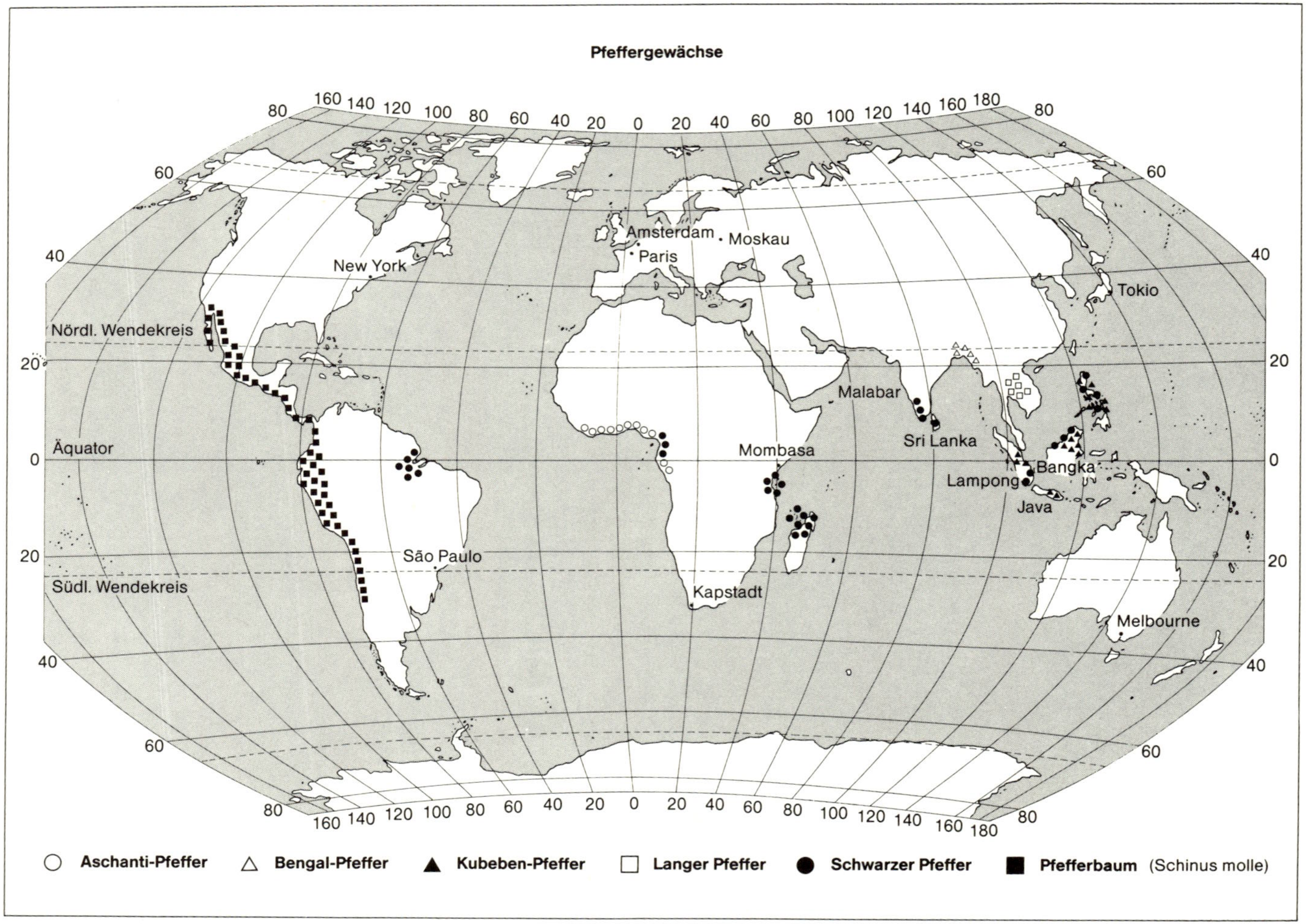

Verbreitungs- und Anbaugebiete der Pfeffergewürze.

Asiens aufbauten. Deutsche Importkaufleute und Zwischenhändler, damals respektlos „Pfeffersäcke“ genannt, verkauften Pfeffer und andere Gewürze nördlich der Alpen. Die großen Entdeckungsfahrten zu Beginn unserer Neuzeit leiteten dann eine völlig neue Entwicklung der Handelswege ein.
Dem Pfeffer kam in dem nun folgenden Gewürzrausch die Hauptrolle zu. Diese Euphorie, in der für uns kaum vorstellbare Mengen für die einzelnen Gerichte verbraucht wurden, hielt bis zur Zeit der beginnenden Aufklärung an. Es darf aber nicht vergessen werden, daß der Gesamtverbrauch an Pfeffer sowohl wegen der viel geringeren Bevölkerungszahl als auch wegen des hohen Preises mit den heutigen, in Tausende von Tonnen gehenden Mengen nicht zu vergleichen ist. Andere inzwischen in Europa bekannt gewordene Waren der Tropen wie Kaffee, Tee, Kakao, auch Zuckerrohr haben die Gewürze aus ihrer Führungsposition verdrängt; heute spielen sie, mit alleiniger Ausnahme von Pfeffer, nur noch eine untergeordnete Rolle in den Handelsbilanzen.
Pfeffer hat im Grunde genommen als Anreiz zur Entdeckung neuer Welten und Kulturen geführt. Von den Gewürzen, die einst die Welt bewegten, hat aber nur er seine große Bedeutung beibehalten können. Die Erzeugung ist gegenüber früher sehr stark gestiegen, besonders nachdem neue Anbauländer wie Brasilien langsam den eigenen Markt beliefern können. Wenn allein die Bundesrepublik Deutschland 1988 eine Menge von 12 072 Tonnen Pfeffer eingeführt hat, aber, im Vergleich dazu, nur 176 Tonnen Kardamom, dann zeigt das, welchen Stellenwert der Pfeffer als Gewürz wiedergewonnen hat. Die moderne Küche sieht in ihm das exotische Gewürz schlechthin. Ständig kommen neue Gewürzmischungen auf den Markt, deren Hauptbestandteil Pfeffer ist.

Herkunft und Verbreitung

Unser meistverwendetes exotisches Gewürz, der Pfeffer, stammt von einer ausgesprochen tropischen Kletterpflanze aus der Familie der Pfeffergewächse (Piperaceae). Dazu gehören etwa 700 Arten, von denen aber nur ganz wenige als Nutzpflanzen gelten können. Bedeutung als Gewürz konnten nur folgende Pfefferarten erlangen:

- Schwarzer Pfeffer (*Piper nigrum* L.)
- Bengal-Pfeffer, Langer Pfeffer (*Piper longum* L.)
- Java-Pfeffer (*Piper retrofractum* Vahl)
- Kubeben-Pfeffer (*Piper cubeba* L.)
- Aschanti-Pfeffer (*Piper guineense* Schumach. et Thonn.)
- Betelpfeffer (*Piper betle* L.)

Es fällt auf, daß Weißer und Grüner Pfeffer in dieser Aufstellung fehlen. Sie können auch gar nicht dabei sein, denn diese Pfeffersorten des Handels entstammen keiner besonderen Pflanze, sondern sind das Ergebnis unterschiedlicher Reifegrade bei der Ernte und verschiedener Aufbereitungsverfahren während der Weiterverarbeitung von *Piper nigrum*.
Die anderen, ebenfalls als „Pfeffer“ bezeichneten Gewürze wie Roter Pfeffer, Jamaika-Pfeffer, ferner Malagetta-Pfeffer (Paradieskörner) und die Samen des zwischen Kalifornien und Chile vorkommenden Pfefferbaums (*Schinus molle* L.), die in letzter Zeit als Rosa Pfeffer auf den Markt kommen, haben nur wegen des pfefferartigen Aromas den Beinamen Pfeffer erhalten. Vielleicht fiel auch einfach den Namensgebern keine passendere Bezeichnung ein. Mit den sechs Pfefferarten aus der Familie der eigentlichen Pfeffergewächse haben sie jedenfalls nichts zu tun.
Während nun gewissen Arten der Pfefferge-

wächse eine große regionale Bedeutung zukommt – dies gilt besonders für den Betelpfeffer – haben andere eine recht begrenzte Verbreitung gefunden. Nur *Piper nigrum*, die Pflanze, von der unsere im Handel erhältlichen Pfeffersorten stammen, hat als Wirtschaftspflanze größere Bedeutung.

Botanik

Die den bekannten Pfeffer liefernde Pflanze ist eine vieljährige, ausdauernde Kletterpflanze. Sie kann bei freiem Wuchs etwa 10 m hoch ranken. Dazu befähigen sie zahlreiche aus den Knoten hervortretende Adventivwurzeln. Der Stamm ist knotig und biegsam, er verholzt im unteren Teil, bleibt aber im letzten oberen Drittel grün. Die Pflanze rankt an Bäumen oder Stützpfählen. In Kultur läßt man sie nur zwischen 3 und 4 m lang werden. Die wechselständigen, verhältnismäßig dicken, spitzen, glänzenden glatten Blätter stehen an kurzen Stielen. Die unteren sind dabei mehr rundlich-oval, während sie etwa ab der Mitte der Pflanze eine eher länglich-ovale Form annehmen. An der Oberseite sind sie dunkelgrün, darunter heller. Bemerkenswert sind die hervortretenden 5 bis 7 Nerven. Die Länge der Blätter beträgt zwischen 7 und 15 cm, die Breite etwa 4 bis 5 cm. Am Stamm, gegenüber den Blättern, entspringen an einem langen Stiel die unscheinbaren Blüten als Ähre. Eine besondere Eigenart des Pfeffers ist die bis heute noch nicht völlig geklärte Frage des Geschlechts. Die Blüten des kultivierten Pfeffers sind eingeschlechtlich bis zwittrig und selbstbestäubend. Der Pollen wird durch leichten Wind und durch kleine Insekten übertragen. Die Wildform von *Piper nigrum*, die in Burma und Assam noch häufig gefunden wird, ist dagegen oft zweihäusig. Die walzenförmigen, lockeren Blütenähren können 15 bis 16 cm Länge erreichen und tragen dann bis zu 50 oder mehr Früchte. Es sind einsamige Steinfrüchte mit hartschaligem Samenkern. Ihre Größe entspricht etwa der von Holunderbeeren. Unreif sind die Früchte grün, sie verfärben sich dann mit zunehmender Reife von gelb bis rot. Da beim Pfeffer die Blütenähren gegenüber den Blättern an den Zweigen entspringen, muß ein guttragender Pfefferstrauch immer in vollem Laub stehen, d. h. nur bei dichtem Blattwerk entstehen viele Fruchtreben. Diese lassen sich etwa mit denen unserer roten Johannisbeere vergleichen.

Klima und Boden

Der Pfeffer *(Piper nigrum)* ist eine echte Tropenpflanze und stammt wohl ursprünglich aus Südasien. Am besten gedeiht er in Küstennähe, bis etwa 400 m Meereshöhe ansteigend, im Windschutz höherer Berge. Die ersten großen Vorkommen wurden an der südindischen Malabarküste ausgebeutet. Das Klima muß bei gleichmäßiger Wärme mit hoher Luftfeuchte ausgeglichen sein. Die Niederschläge sollten möglichst ohne längere Trockenzeiten um 2500 mm jährlich betragen. Pfeffer ist als Unterholzpflanze des Urwalds ursprünglich windempfindlich und schattenliebend. Die Kulturpflanze hat die Vorliebe für Schatten weitgehend verloren.
Die Böden müssen ausreichend wasserhaltend, aber dennoch gut drainiert sein, da Pfeffer keine stauende Nässe verträgt. Die Wurzeln dringen nicht allzu tief in die Erde. Pfeffer gedeiht am besten auf humusreichen Schwemmlandböden im tropischen Tiefland. Durch oberflächliche Düngung läßt sich oft ein besseres Wachstum erreichen; dafür werden kompostierte Abfälle um die Pflanzen angehäufelt.

Anbau

Pfeffer wird fast ausschließlich über Stecklinge

vermehrt, da sie dann schon nach 3 bis höchstens 4 Jahren die ersten kleineren Ernten ergeben. Dagegen ist die Anzucht aus Samen recht aufwendig. Zur Samengewinnung müssen gut ausgereifte Beeren etwa drei Tage in Wasser anquellen, dann wird das Fruchtfleisch entfernt und die Samen werden im Schatten getrocknet. Danach werden sie in gut durchfeuchteten, schattigen Beeten in einer Mischung aus Humuserde und viel Sand im Abstand von etwa einer Handbreite ausgelegt. Erst nach mehr als 30 Tagen beginnen sie zu keimen, und nach weiteren 6 Monaten, wenn sich vier Blätter gebildet haben, können sie an den endgültigen Standort ausgepflanzt werden. Ein großer Nachteil ist die überlange Vegetationszeit bis zur ersten Fruchtbildung: meist vergehen viele Jahre. Ganz allgemein läßt sich sagen, daß Pfeffer, wie alle altweltlichen Gewürzpflanzen, eine sehr arbeitsintensive Pflege erfordert.

Zum Pflanzen nimmt man entweder Stecklinge, die dann aus kräftigen, etwa armlangen Teilen der oberen Zweige bestehen, oder man verwendet Wurzelschößlinge. Die einfachen Stecklinge müssen erst im Keimbeet anwurzeln, bevor man sie auspflanzt. Die Wurzelschößlinge lassen sich dagegen sofort an den endgültigen Standort setzen. Man gewinnt sie, indem längere Zweige durch Einsenken im Boden zur Wurzelbildung angeregt werden.

Als Kletterpflanze benötigt der Pfeffer Pfähle oder Bäume als Stütze. Die Stützpfähle aus kräftigem, ausdauerndem und präpariertem Holz sollen die Lebenszeit der Pfefferpflanzen überstehen, und diese beträgt im Mittel bis zu 15 Jahre. Bäume haben daher einen gewissen Vorteil; außerdem fungieren sie besonders in seenahen Lagen, gleichzeitig als Windschutz. Sie erfordern aber bei der Ernte und Pflege mehr Arbeit. An Stützpfählen werden gewöhnlich 2 Stecklinge gesetzt, an Bäumen meist 3, die dann jeweils mit Bast angebunden werden. Wird Pfeffer an Pfählen gezogen, dann beträgt die Pflanzweite etwa 2,5 m. Bei Bäumen als Stütze sind größere Abstände notwendig, da sonst die Ernte zu schwierig wird.

Weil die Ergiebigkeit sehr von der Blattbildung abhängt, werden die Haupttriebe bald in etwa 1 m Höhe gestutzt, um den Seitenzweigen eine gute Entwicklung zu ermöglichen. Die Pflanzen sollen eine Höhe von 3 bis 4 m nicht überschreiten. Im Gegensatz zu den Wildformen verträgt der unter Kultur genommene Pfeffer keine starke Beschattung, deshalb müssen Stützbäume regelmäßig ausgelichtet werden. Da der Pfeffer in regenreichen Gebieten wächst, ist eine Beschattung durch die starke Bewölkung ohnehin gegeben.

Ganz besondere Aufmerksamkeit erfordert bei dieser hochgezüchteten Kulturpflanze die Bodenpflege, wobei die oberflächlich verlaufenden Wurzeln diese Arbeit erschweren. Während der Erntezeiten, bei denen zum Teil schon die reifen Beeren abfallen können, muß der Boden unter den Pflanzen peinlich sauber gehalten werden, damit man die Früchte auflesen kann. Die volle Tragfähigkeit wird nach 7 oder 8 Jahren erreicht. Um gute Erträge zu erzielen, ist aber eine ständige sorgfältige Pflege nötig. Die Reben müssen regelmäßig nachgebunden und beschnitten werden, kranke oder eingegangene Pflanzen sind nachzusetzen. Gute Düngung, vorzugsweise aus organischem Material, ist notwendig, und die Pflanzen sind von Zeit zu Zeit anzuhäufeln – kurz: der Pfeffergärtner hat ständig zu tun.

Ernte

In den meisten Anbaugebieten sind im Verlauf eines Jahres 2 Ernten zu erwarten. Von der Blüte bis zur Reife vergehen im allgemeinen 4 bis 5 Monate. Durchschnittlich enthalten die Ähren 50 Beeren je Fruchtansatz.

Zur Ernte benutzt man leichte, dreibeinige Stehleitern aus Bambus. Die Fruchtähren werden am Stiel mit den Fingern abgekniffen.

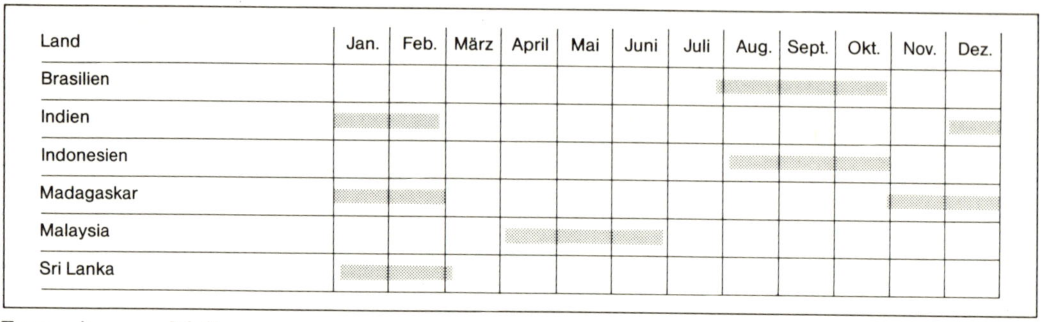

Erntezeiten von Pfeffer.

Durch das Absuchen der Pflanzen nach dem notwendigen Reifezustand der Beeren wird die Ernte erschwert. Dabei hängt dieser Zeitpunkt vom später gewünschten Gewürz ab, d. h. davon, ob Grüner, Schwarzer, Weißer oder sogar neuerdings Roter Pfeffer verlangt wird. Dafür ist oft die Tradition entscheidend. So werden in bestimmten Anbaugebieten hauptsächlich Ähren für die Aufbereitung als Schwarzer Pfeffer geerntet, in anderen dagegen werden sie zu Weißem Pfeffer verarbeitet. Der neuerdings viel gefragte Grüne Pfeffer hat seine Hauptgebiete besonders im Gebiet des Amazonas und auf Madagaskar gefunden. Grüner Pfeffer muß vor der Reife gepflückt werden, wenn die Beeren zwar schon ihre volle Größe haben, aber noch keinerlei Färbung zeigen. Schwarzer Pfeffer wird geerntet, wenn sich an den Fruchtähren die Verfärbung einzelner Beeren anzeigt. Weißer Pfeffer setzt dagegen Vollreife voraus. Für den neu in den Handel kommenden Roten Pfeffer aus *Piper nigrum* müssen die vollreifen Beeren bereits ihre rote Verfärbung angenommen haben. Sie werden dann wie Grüner Pfeffer behandelt.

Angaben über die Ernteerträge hängen naturgemäß vom Zustand der Pflanzung, von Düngung und Bearbeitung ab. Die ersten Erträge im 3. Jahr sind unbedeutend, sie wachsen dann aber im 4. Jahr auf etwa 1 kg frischer Früchte pro Pflanze an. Nach dem 5. Jahr steigen die Erträge und bleiben für etwa 10 Jahre mit ungefähr 2 bis 3 kg unverändert. Später lassen sie dann sehr nach, weshalb man die Pflanzen möglichst rechtzeitig ersetzt.

Je Hektar werden also im Durchschnitt knapp über 1 Tonne frischen Pfeffers geerntet. Da aber bei der Aufbereitung ein hoher Gewichtsverlust eintritt, bleiben beim Gewinnen von Weißem Pfeffer nur rund 28 % übrig, d. h. 1 Hektar liefert ungefähr 280 kg des geschätzten Gewürzes. Beim Schwarzen Pfeffer sind es etwas mehr, bis zu 35 %. Anders ist es beim Grünen Pfeffer: zunächst ergeben sich keine Gewichtsverluste, wird aber auch dieser Pfeffer getrocknet, dann entspricht der Ertrag dem des Schwarzen Pfeffers.

Die verschiedenen Verfahren der Aufbereitung

Schwarzer Pfeffer

Um Schwarzen Pfeffer zu gewinnen, taucht man die dafür geernteten Fruchtähren zunächst für einige Minuten in kochendes Wasser. Dadurch werden die Beeren von ansitzendem Ungeziefer und Pilzsporen befreit sowie die

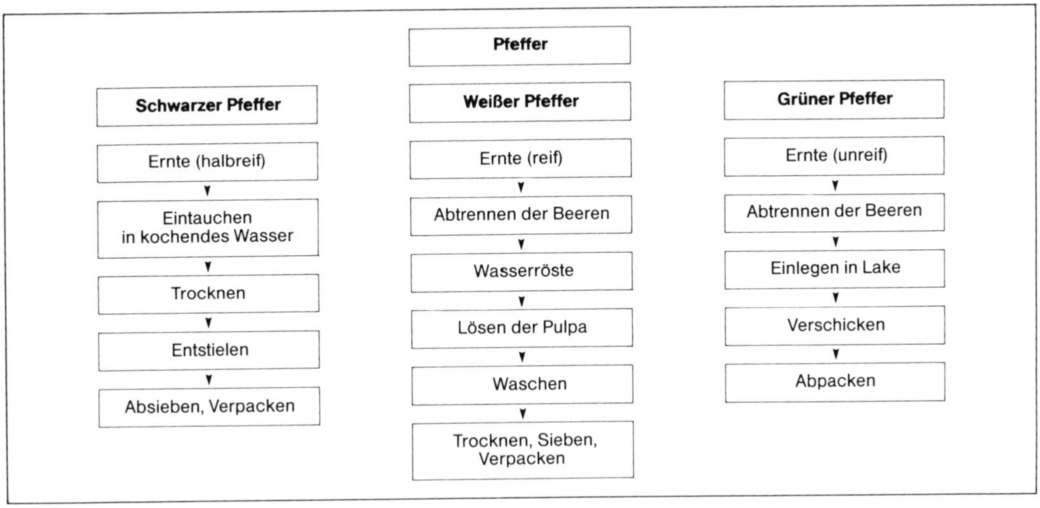

Arbeitsschema der Aufbereitung von Pfeffer.

lebenden Zellen getötet. Der Pfeffer bekommt eine einheitliche schwarze Farbe. Dann wird er auf Trockenböden oder Matten in dünnen Lagen ausgebreitet. Einige Tage muß er so trocknen. Am Abend oder vor Regen harkt man ihn zu kleinen Haufen zusammen und bedeckt ihn mit Planen. Ist der Pfeffer trocken, dann ist die äußere Fruchthaut gleichmäßig schwarzbraun gedunkelt und der fleischige innere Teil fest mit dem Samenkorn verbunden. Das Pfefferkorn bekommt die bekannte runzlige Oberfläche. Jetzt werden die Beeren von den Stielen getrennt, je nach der Menge durch Reiben, Schlagen mit Stöcken oder durch einfaches Treten mit bloßen Füßen. Abgesiebt und in Säcke verpackt ist Pfeffer sehr haltbar und übersteht auch lange Transporte.

Weißer Pfeffer

Weißer Pfeffer wird nur aus den Samenkernen der reifen Beere ohne Fruchthaut und Fruchtfleisch gewonnen; dabei ist die Bezeichnung „weiß" durchaus nicht zutreffend. Die Farbe ist ein eher schmutziges, cremefarbenes Gelb. Soll dieser Pfeffer produziert werden, dann sind die Fruchtähren bei Vollreife zu ernten, d. h. erst, wenn sie eine dunkelrote Farbe haben. Zunächst werden die Beeren von den Ähren gelöst, dann in Säcke gefüllt und zur Wasserröste in kaltes, möglichst fließendes Wasser gelegt. Dort müssen sie solange bleiben, bis sich das Fruchtfleisch vom Samen lösen läßt. Gewöhnlich ist dies nach einer Woche bis höchstens 10 Tagen der Fall. Die Säcke werden aus dem Wasser genommen und die Samen durch Reiben oder Treten von der anhaftenden Pulpa getrennt. Schmutz und Schleim werden sorgfältig unter fließendem Wasser abgewaschen. Zum Trocknen werden die Kerne in flachen Lagen auf Zementböden oder Matten ausgebreitet. Hinterher ist der Pfeffer versandfertig. Weißer Pfeffer entwickelt mehr aromatischen Duft, da die ätherischen Öle hauptsächlich im Samen vorkommen, während das die Schärfe gebende Piperin überwiegend in der Fruchthülle und im Fruchtfleisch enthalten ist.

Grüner Pfeffer

Grüner Pfeffer kam – von Frankreich ausgehend, das über seine frühere Kolonie Madagaskar Pfeffer einführte – regelrecht in Mode. Heute stammt er meist aus dem Amazonasgebiet. Die ausgewachsenen, aber noch grünen Beeren werden von der Fruchtspindel getrennt und sofort in Salzlake gelegt. Dadurch wird die Oxydation, das Braunwerden, verhindert, und die Beeren werden weich. Das Verfahren ähnelt dem von eingelegten Oliven oder Kapern. Die Aromastoffe des Pfeffers bleiben vollständig erhalten, der Geschmack ist hocharomatisch, aber weniger scharf als der des Schwarzen oder Weißen Pfeffers. Grüner Pfeffer läßt sich, auch wegen seiner weichen Konsistenz, gut den Speisen beigeben und kann sofort, ohne Zerkleinern, mitverzehrt werden. Neuerdings ist er in den Gewürzhandlungen auch gefriergetrocknet zu finden, dadurch bleiben die glatte Oberfläche und die ursprüngliche Größe erhalten. Gemahlen findet er dann, wie anderer Pfeffer, zum Nachwürzen Verwendung und gewinnt an Beliebtheit. Er kommt in großen Mengen aus Madagaskar (daher auch Madagaskar-Pfeffer genannt), aus Indien und besonders eben aus Brasilien. Gehandelt wird Grüner Pfeffer in Fässern mit Lake; im Importland wird er dann in kleine Gläser abgefüllt. Er wird aber den Schwarzen oder Weißen Pfeffer aufgrund der arbeitsaufwendigen Behandlung nicht verdrängen können.
Der neuerdings erhältliche Rote Pfeffer wird in gleicher Weise gewonnen. Dabei müssen die Beeren aber vollreif rot sein.

Handel

Pfeffer *(Piper nigrum)* wird heute in vielen Tropenländern angebaut, wenn es das Klima zuläßt. Durch die jahrtausendelange Auslese dieser Kulturpflanze haben sich verschiedene Varietäten und Unterarten herausgebildet. Sie unterscheiden sich sowohl durch die Größe und Form der Blätter, als auch besonders durch ihren Gehalt an Aromastoffen und Würzkraft. Weil ein Teil des Aromas und die dem Pfeffer seine eigentümliche, pikante Schärfe gebenden Harze in der Fruchtwand enthalten sind, wird der Schwarze Pfeffer immer die größere Würzkraft haben, da Weißer Pfeffer ja nur aus dem Samenkern besteht.
Pfefferanbau gilt als ausgesprochene Intensivkultur. Er erfordert einen sehr hohen Arbeitsaufwand und wird daher als besondere Art der Gartenkultur – in den Pfeffergärten – meist im Familienverband betrieben. Pflanzungen von wenigen Hektar zählen schon zu den Ausnahmen. Nach der Ernte und Aufbereitung wird der Pfeffer dann von Händlern oder Genossenschaften aufgekauft und kommt unter dem Namen des Distrikts oder Ausfuhrhafens in den Handel.
Besonders bekannt geworden ist der Begriff Malabar-Pfeffer von der Malabarküste in Südwestindien, einem Anbaudistrikt, der sich noch in die südliche (Alleppey) und nördliche (Tellicherry) Malabarküste unterteilt. Ferner gibt es den milden Sarawak-Pfeffer aus Nordwest-Borneo. Ebenfalls aus Südostasien stammt der hochgeschätzte Muntok, der fast ausschließlich zu Weißem Pfeffer verarbeitet und auf der zu Indonesien gehörenden Insel Bangka an der Südostküste von Sumatra angepflanzt wird. Hier waren es hauptsächlich aus China eingewanderte Pflanzer, die den Anbau zu hoher Blüte brachten. Der wohl schärfste Pfeffer stammt aus dem Distrikt um Lampong im Südosten Sumatras.
Nach dem Zweiten Weltkrieg haben japanische Einwanderer und Umsiedler aus São Paulo versucht, im feucht-warmen Amazonasgebiet in Brasilien den Pfefferanbau zu beginnen, und hatten großen Erfolg. Geschicklichkeit und Fleiß machten im Staat Pará aus diesem Versuch einen bedeutenden Wirtschaftszweig tro-

pischer Landwirtschaft. Hier ist der Anbau dem Kleinbetrieb entwachsen und auf dem Weg zu einer industriell angelegten tropischen Pflanzenkultur mit Einzelpflanzungen bis über 100 Hektar.

Einen erwähnenswerten Pfefferanbau gibt es auch auf Madagaskar, den Philippinen und in einigen Gegenden Westafrikas. Das Zentrum des Handels ist indessen Singapur geblieben. Die Handelssorten sind natürlich von unterschiedlicher Qualität.

Ähnlich unserem Wein zeigen die verschiedenen Pfeffersorten je nach ihrer Herkunft und Vorbehandlung gewisse, ganz spezifische Merkmale. Man unterscheidet in der Regel (nach Dr. Oetker, Warenkundelexikon):

Malabar-Pfeffer. 5 bis 6 mm groß, gleichmäßig rund, sehr hart, schwarzbraun, Oberfläche tief netzrunzelig.

Goa- oder Aleppi-Pfeffer. Dem Malabar sehr ähnlich; verfärbt sich während der Lagerung leicht und wird grau.

Lampong-Pfeffer. Klein und ungleichmäßig, mit hoch netzrunzeliger Oberfläche, schwarz und während der Lagerung grau werdend.

Penang-Pfeffer. Grau bis braun, selten schwarz gefärbt. Die Größe schwankt zwischen 2 und 5 mm. Das Korn ist weniger hart und der Bruch beträgt daher bis zu 10 %. Penang verfärbt sich stets bei der Lagerung und gehört zu den geringwertigen Sorten.

Singapore-Pfeffer. Durchmesser 5 mm, hart, zerbrechlich mit 1 bis 2 % Bruch, braun bis schwarz, verfärbt sich während der Lagerung bald grau. Die Oberfläche ist hoch und netzrunzelig.

Muntok-Pfeffer. Das ist eine Handelsbezeichnung für den Weißen Pfeffer. „White oder weiß curant“ ist Durchschnittsqualität, „fair Bavaria“ ist Qualitätsware.

Tellicherry-Pfeffer. Nach dem Ausfuhrhafen benannt, dem Malabar sehr ähnlich und fast gleichwertig.

Batavia-Pfeffer. Weiß, von der Insel Java.

Pfeffer ist, wie andere pflanzliche Produkte auch, in seiner Qualität stark von äußeren Einflüssen, meist der Witterung, abhängig. Um nun die unterschiedlichen Ernten besser bestimmen zu können, haben die Länder noch etwa 4 bis 8 Qualitätsmerkmale festgelegt, die aber nur für die Gewürzhändler von Bedeutung sind. So gibt es für den Pfeffer neben der Bezeichnung der Herkunft noch Angaben wie „faq“ (fair average quality, befriedigende Durchschnittsqualität), „Blue Label“ (blaues Band, vorzüglich), „Garbled“ (sortierte Qualität) und „Special“.

Für den meist in die USA exportierten Pfeffer aus Brasilien haben sich die Normen der ASTA (*American Spice Trade Association* = Amerikanische Gewürzhandel-Vereinigung) durchgesetzt. Die ASTA kennt verschiedene Grade, wobei Grad I am besten ist.

Verwendung

Die eigentlichen Würzstoffe des Pfeffers sind ätherische Öle, das Alkaloid Piperin (bis zu 9 %) und scharfschmeckende Harze mit weniger als 1%. Pfeffer ist das in der Welt wohl bekannteste Gewürz und sollte daher in keiner Küche fehlen. Die noch bis zum Ende des vorigen Jahrhunderts übliche Verwendung als verdauungsförderndes Heilmittel gegen Blähungen bei Darmerkrankungen wurde aufgegeben. Das Piperin ist auch in größeren Mengen ungiftig. Das würzige, kräftige Aroma kommt besonders bei frischgemahlenem Pfeffer, egal ob schwarz oder weiß, zur Geltung. Die brennende Schärfe besonders des Schwarzen Pfeffers kann manchmal sogar einen nicht ganz angenehmen Eigengeschmack, hauptsächlich bei Fleischwaren, überdecken. Pfeffer bildet eine der Grundlagen für die Wurstgewürzmischungen. In ganzen Körnern wird er Marinaden, Soßen und Fleischgerichten beigegeben. Ebenso würzt er eingemachte Essigkonserven; hierbei können die Körner länger ziehen. Gemahlen dient Pfeffer als Gewürz für Suppen, Salate, Gemüse und zum Nachwürzen. Es soll sogar Leute geben, die Pfeffer, außer bei Süßspeisen, gewohnheitsmäßig auf alle Gerichte streuen!

Andere Pfefferarten

Von den übrigen Spezies der Gattung *Piper* haben der **Bengal-Pfeffer** oder Lange Pfeffer (*Piper longum* L.) und der **Java-Pfeffer** (*Piper retrofractum* Vahl) in Indien und Südostasien noch eine lokale Bedeutung. Die etwas größeren Steinfrüchte ähneln im Geschmack und Geruch dem Schwarzen Pfeffer, sind aber weniger scharf. Für den Welthandel sind sie heutzutage unwichtig.

Kubeben-Pfeffer (*Piper cubeba* L. f.) kommt in seiner Heimat als kletternder, etwa 6 m hoch werdender Strauch vor. Die zweihäusigen Blüten sitzen in bis zu 5 cm langen Ähren zusammen. An den Fruchtähren entstehen dann bis zu 50 Steinfrüchte. Das Eigenartige bei diesem Pfeffer ist, daß den Früchten während der Reife ein kleiner, fester Stiel wächst, so daß sie dann etwa 1 cm von der Ährenspindel abstehen. Daher auch der Name Stielpfeffer für *Piper cubeba*. Seine Heimat hat der Kubeben-Pfeffer auf den großen Sunda-Inseln, er wird aber jetzt auch auf Sri Lanka und in Westindien angebaut, allerdings nur in geringem Umfang. Neben einem aromatischen scharfen Geschmack enthält er einige Bitterstoffe. Das aus den Früchten destillierte Öl wird manchmal Magenbittern als Wirkstoff beigefügt. Medizinisch gelten die Früchte als Heilmittel bei Entzündungen der Harnwege. Kubeben-Pfeffer wirkt übrigens auf den Gleichgewichtssinn. Schon der Genuß weniger Beeren erzeugt ein Schwindelgefühl. Als reines Speisegewürz wird diese Pfefferspezies kaum noch gehandelt.

Der **Aschanti-** oder auch **Guinea-Pfeffer** genannte *Piper guineense* Schumach. et Thonn. sieht mit seinen gestielten Früchten dem Kubeben-Pfeffer ähnlich. Die Heimat dieser Pfefferart liegt in Afrika und reicht von der feuchten Küste Liberias in Westafrika bis ins Kongogebiet. Eigenartigerweise hat aber die Bezeichnung „Pfefferküste" am Golf von Guinea nichts mit diesem Pfeffer zu tun. Die Früchte des Aschanti-Pfeffers sind etwa erbsengroß und kugelig bis eirund. Das Aroma ist nicht sehr ausgeprägt, der Geschmack nicht so scharf. In Europa wurde dieser Pfeffer daher eigentlich immer nur als Peffterersatz in Notzeiten oder während der Kriege gehandelt: wenn der „echte Pfeffer" zu teuer bezahlt werden mußte oder nicht zur Verfügung stand, streckte oder verfälschte man ihn oft durch Aschanti-Pfeffer.

Betelpfeffer (*Piper betle* L.) hat von allen Pflanzen der Piperaceae das wohl größte geschlossene Anbaugebiet. Von seiner ursprünglichen Heimat Indien aus hat er sich an allen tropischen Küsten des Indischen Ozeans verbreitet und ist heute nicht nur dort, sondern in ganz Südostasien, auf den Philippinen und den Inseln Indonesiens zu finden. Bei diesem Pfeffer werden nicht die Beeren, sondern die Blätter gebraucht. Sie werden aber nicht als Speisegewürz verwendet, sondern sind Bestandteil eines Genußmittels: des Betelbissens. Der Wirtschaftswert des Betelpfeffers ist, obgleich er nur in kleinen und kleinsten Betrieben angepflanzt und auch nicht im Welthandel geführt wird, dennoch recht groß. Er übersteigt den bekannterer Gewürze um ein Vielfaches, da gerade die Bewohner der volkreichsten Tropenländer den Betelpfeffer täglich in großen Mengen genießen.

Der **Pfefferbaum** (*Schinus molle* L.) aus der Familie der Anacardiaceae, zu der auch Kaschu- und Pistazienbäume gehören, kommt in Amerika von Mexiko bis Nordargentinien vorwiegend in trockeneren Gebieten vor. Seine einsamigen, korallenroten Steinfrüchte werden nach dem Trocknen als Pfeffergewürz verwen-

det. Die pfefferkorngroßen Früchte enthalten Piperin. Das aus den Blättern und Früchten destillierte Öl wird als Aromastoff gebraucht. Der Hauptexport von *Schinus*-Früchten und -Extrakten geht in die USA. In manchen Gewürzhandlungen ist er bei uns als Rosa Pfeffer erhältlich.
Als alte Kulturpflanze ist der Pfeffer, besonders *Piper nigrum*, in allen Anbaugebieten Krankheiten und Schädlingen gegenüber recht anfällig geworden. Besonders gefürchtet sind Fadenwürmer (Nematoden), die durch ihre Vorarbeit an den Wurzeln den Pilzen und Bakterien das Eindringen erleichtern. Wundkrebs, durch unachtsame Ernte hervorgerufen, vermindert die Erträge oft ebenso wie Insekten, Schnecken und vielerorts auch Vögel.
Wie für alle höher entwickelten Gewürz- und Kulturpflanzen gilt auch für den Pfeffer, daß seine Erbmasse verarmt. Damit wird er krankheitsanfälliger und kann auch vielfach den Veränderungen der Umwelt nur standhalten, wenn die Forschungsstellen über Wildpflanzen neues genetisches Material liefern. Pfeffer benötigt meist mehr Nährstoffe, als im normalen Boden zur Verfügung stehen. Beim Klima verträgt er hinsichtlich Temperatur und Niederschlag nur noch ganz geringe Schwankungen.

Zimt

Die Einfuhr von Zimt in die Bundesrepublik Deutschland betrug in den Jahren 1971 bis 1975 rund 925 Tonnen jährlich. 1986 erreichte sie mit einer Menge von 1300 Tonnen einen letzten Höhepunkt. Schon ein Jahr später ging die Menge auf 1002 Tonnen zurück. Der Wert aller Zimteinfuhren schwankt dabei um 5 Mio. DM, also eine im Importhandel zu vernachlässigende Summe.
Zimt ist eines der ältesten bekannten Gewürze. Die ersten Erwähnungen des aus China stammenden Kassia-Zimts liegen etwa 4500 Jahre zurück. In der chinesischen Küche und besonders am Kaiserhof wurde Zimt als beliebtes Gewürz, das gleichzeitig Arzneimittel war, hoch geschätzt. Er breitete sich, den damaligen Handelswegen folgend, schon im Altertum zunächst über die Großreiche an Euphrat und Tigris bis in den Mittelmeerraum aus. Das Pharaonenreich Ägypten schätzte den eingehandelten Zimt weniger als Speisegewürz denn als Räucherwerk für religiöse Riten. Wegen seiner Heilerfolge bei Darmerkrankungen war Zimt als Arznei beliebt, was auf seiner antibakteriellen Wirkung beruht, allerdings konnte dies erst in unserer Zeit wissenschaftlich nachgewiesen werden.
Es gab viele Gerüchte über die Herkunft der Zimtrinden. Die Chinesen hatten es verstanden, den Ursprung des Zimts mit einem Geheimnis zu umgeben, genau wie es mit der Seide geschehen war. Es blieb lange Zeit unbekannt, daß es neben dem Zimt aus dem südlichen, noch tropischen China auch noch andere Arten gab. Erst viel später, als der Seeweg vom westlichen Europa nach Indien entdeckt worden war, erkannten die Kaufleute und Verbraucher, daß der Zimt aus Ceylon und dem äußersten Südindien eine viel gehaltvollere Ware liefert als der China-Zimt, die Kassia-Rinde.

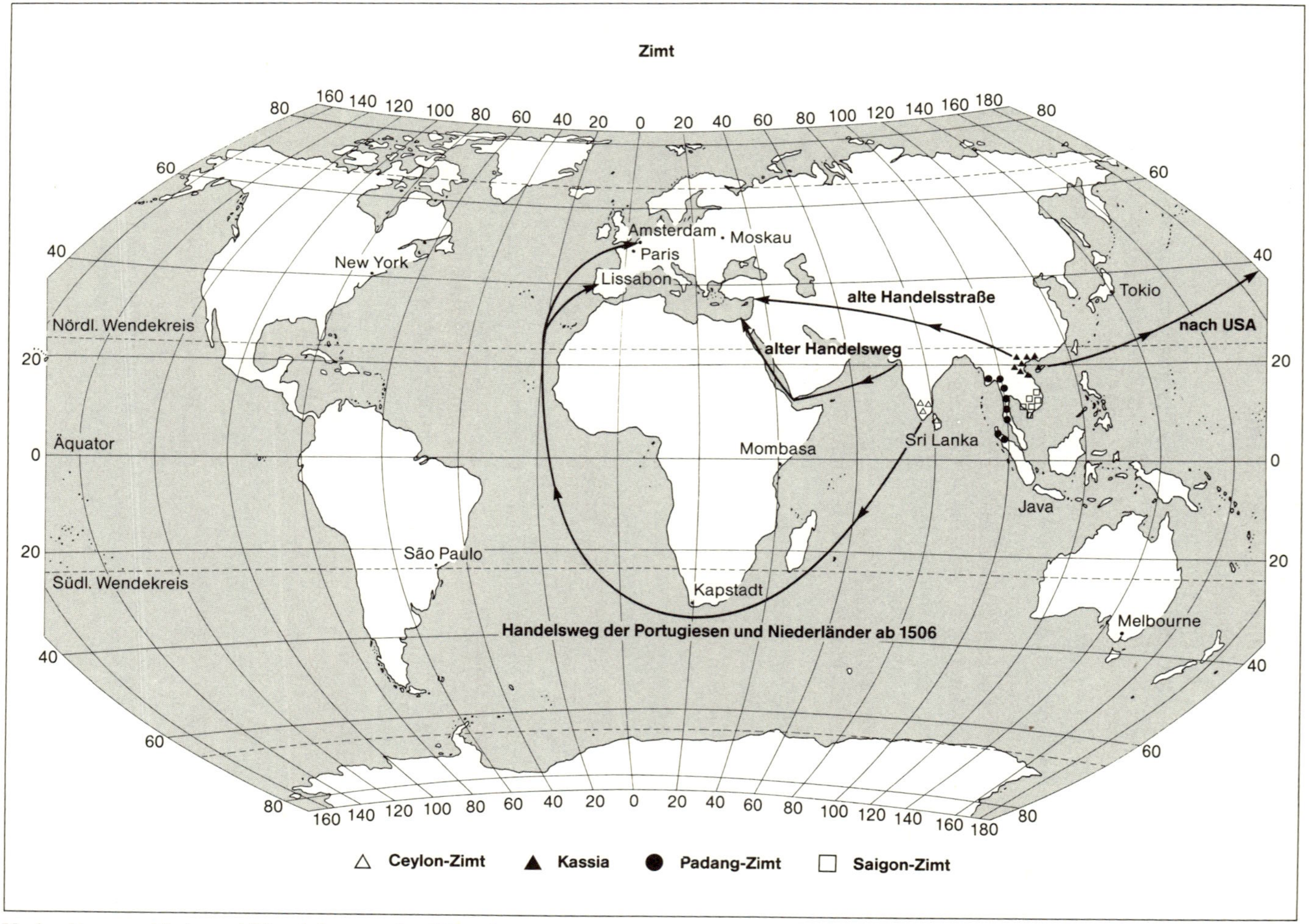

Verbreitungsgebiete und Handelswege der Zimt-Arten.

Der aus Tanger stammende Moslem Ibn Battuta, der größte Weltreisende des Mittelalters, der besonders die Länder Asiens bereist hat, erwähnt 1340 erstmals die Zimtwälder Ceylons. Diese werden dann für die Europäer bedeutsam. Nicht ganz zwei Jahrhunderte später, 1505, landeten die Portugiesen in der Nähe von Galle im Süden Ceylons. Sie sahen dort, wie gebündelte lange Zimtstangen auf die kleinen Küstensegler gebracht wurden. Zunächst war dieser Zimt für sie nicht viel mehr als eine neue exotische Spezialität, denn das in Europa schon bekannte und gehandelte Gewürz stammte von Kassia-Bäumen aus China. Die Portugiesen wären aber keine Eroberer und Händler gewesen, wenn sie nicht sehr bald den Wert dieser Ware erkannt hätten. Geschickt nutzten sie Streitigkeiten unter den drei einheimischen Königen und boten ihre Hilfe an. Nach dem Abschluß von Schutzverträgen konnten diese dann von den Portugiesen zur Zahlung von Abgaben in Form von Zimtlieferungen verpflichtet werden.

Aus den frühen Jahren der portugiesischen Anwesenheit stammen auch die ersten Beschreibungen des Zimtbaums, der Ernte und der Aufbereitung zum fertigen Handelsprodukt. Sie unterscheiden später sogar den Ceylon-Zimt nicht nur vom Kassia-Zimt, sondern auch von den anderen Zimtarten in Indochina und auf den Inseln Südostasiens. Die Schutzherrschaft der Portugiesen wurde über anderthalb Jahrhunderte, bis 1658, in unterschiedlicher Form ausgeübt. Dabei hielt Portugal aber niemals die ganze Insel besetzt.

Die Holländer, inzwischen nach Süd- und Südostasien vorgestoßen, lösten die Herrschaft des Königs aus Lissabon ab. Ceylon wurde bis 1796 eine reine Ausbeutungskolonie der Niederländischen Ostindien-Kompanie, aber auch diese konnte die Insel nicht ganz besetzen oder unterwerfen. Nach dem Niedergang der holländischen Seemacht in Europa mußte diese Gesellschaft Ceylon an die Konkurrenz abgeben. Das war die Britische Ostindien Kompanie, die bereits das festländische Indien beherrschte. Im Vertrag von Amiens wurde die Insel 1802 förmlich an Großbritannien abgetreten; sie wurde Kronkolonie.

Von 1948 bis 1972 war Ceylon eine unabhängige parlamentarische Monarchie innerhalb des Commonwealth of Nations. Seit Mai 1972 ist das Land eine Republik mit dem neuen Namen Sri Lanka.

Herkunft und Verbreitung

Zimt wurde in Ceylon und in geringerem Maße in Südindien, dessen Handel auch über Colombo abgewickelt wurde, von wildwachsenden Bäumen gewonnen. Zunächst konnte die Ausbeute, der verstärkten Nachfrage folgend, noch gesteigert werden. Dann nahm der Raubbau nach und nach immer verheerendere Folgen an. Die Holländer, die in der Behandlung der Eingeborenen ihrer Kolonien nie besonders zimperlich waren, hatten diese bei Androhung hoher Strafen zu immer größeren Kontraktablieferungen gezwungen. Eine Erschöpfung der natürlichen wilden Zimtvorkommen war vorauszusehen. Da die Holländer aber unbedingt das Monopol des lukrativen Zimthandels behalten wollten, suchten die Amsterdamer Handelsherren nach einem Ausweg. 1760 gelang es ihnen endlich, einer großen gärtnerischen Tradition folgend, Zimt als Plantagenkultur zu entwickeln. Der mittelhohe Baum konnte von da ab auf Strauchform gebracht, in angelegten Zimtgärten gepflanzt werden. Obgleich Zimt seine Geltung als weltwirtschaftliche Gewürzpflanze verlor, hat Sri Lanka seinen Ruf als Zimtinsel bewahrt.

Botanik

Von den etwa 270 Arten der zur Familie der Lorbeergewächse (Lauraceae) gehörenden Zimtbäume liefern nur vier den uns bekannten Zimt und haben dadurch eine größere wirtschaftliche Bedeutung. Alle Arten stammen aus den tropischen Gebieten von Süd- beziehungsweise Südostasien. Ihre Rinde liefert den als feines Gewürz bekannten echten Zimt. Weitere zur gleichen Gattung gehörende Bäume aus Brasilien und Australien, deren Rinde gelegentlich in der bekannten Art und Weise wie Zimt genutzt wird, haben nur eine ganz geringe örtliche Bedeutung. Als immergrüne Sträucher oder kleine Bäume sind Lorbeergewächse, die alle aus wärmeren Gegenden stammen, bei uns als festliche Umrahmung bei feierlichen Anlässen bekannt.

Im internationalen Gewürzhandel werden folgende Zimtarten unterschieden:
1. Der **chinesische Zimt** *(Cinnamomum cassia* Bl.), nach neuerer Bezeichnung auch *Cinnamomum aromaticum* Nees, der aus dem noch tropischen Südosten Chinas stammt. Dieser Baum liefert den größten Teil der Ware, die für die USA bestimmt ist.
2. Der **Ceylon-Zimt** *(Cinnamomum zeylanicum* Bl. oder auch *Cinnamomum verum* J. S. Presl). Die Rinde des Baumes liefert den als feines Gewürz sehr geschätzten, aromatischen Ceylon-Zimt oder Kaneel.
3. Der dem chinesischen Zimtbaum ähnliche **Saigon-Zimt** *(Cinnamomum loureirii* Nees), der im südlichen Vietnam und Kambodscha (Kamputschea) noch wild vorkommt.
4. Der nach seinem Hauptanbaugebiet um die Stadt Padang auf Sumatra und dem ursprünglichen Vorkommen in Burma benannte **Padang-Zimt** *(Cinnamomum burmanii* Nees Bl.). Auch dieser Zimt ist in Europa weniger bekannt und praktisch nicht erhältlich.

Der aus den Rinden der genannten Arten gewonnene Zimt wird in seinem Handelswert unterschiedlich bewertet. Der in Deutschland bekannteste Zimt stammt von *Cinnamomum zeylanicum* Bl. Der Baum, der den feinen aromatischen Ceylon-Zimt (Kaneel) liefert, ist im ursprünglichen Zustand 10 bis 12 m hoch. Seine Zweige stehen kreuzweise. Die aromatisch duftenden, immergrünen Blätter an kleinen Stielen werden bis zu 15 cm lang und etwa 4 cm breit. Von der Form her kann man sie als eiförmig bis länglich bezeichnen. An der lederartig glatten Oberseite sind sie glänzend dunkelgrün. Die Unterseite ist mehr graugrün. Bemerkenswert sind die am Stiel reliefartig hervortretenden 3 oder 5 Blattnerven, die an der Spitze zusammenkommen. Die Blätter riechen leicht nach Nelken.
Aus den kleinen, weißlichgelben, unscheinbaren, zwittrigen Blüten, die in den Blattachseln und am Zweigende als Rispen vereint auftreten, entstehen dunkelrote, etwa 2 cm lange Beeren, die einen Samen enthalten. Der Zimt blüht gewöhnlich in der kurzen Trockenzeit vor den Monsunregen. Nach etwa 4 Monaten werden die Früchte reif – ein Leckerbissen für die Vögel, vor denen sie besonders zu schützen sind, wenn man die Samen für die Anzucht ernten will. Hybridformen wären denkbar, sind bisher aber kaum untersucht worden.

Klima und Boden

Zimt stellt als ausgesprochene Tropenpflanze hohe Ansprüche an Boden und Klima. Der Boden soll tiefgründig und locker und eher sandig als lehmig sein. Als Baum mit hohen Verdunstungswerten (durch seine großen Blätter), bevorzugt er feuchte, aber doch wasserdurchlässige Standorte, frei von stauender Nässe. Es wird behauptet, daß die spätere Qualität der Rinde – das sind sowohl das Aroma als auch Farbe und Geschmack und nicht zuletzt der

Feinheitsgrad, zu dem sich die Rinde schaben läßt – sehr oft von den Bodenverhältnissen abhängt.
Gleichmäßig hohe Durchschnittstemperaturen um 26 bis 28 °C sind am günstigsten für ein gutes Wachstum. Hohe Niederschläge, möglichst gleichmäßig auf die Regenmonate verteilt, sind für einen guten Ertrag ebenfalls wichtig. Die Jahresmengen sollen um 2500 mm pendeln. Während der wildwachsende Ceylon-Zimtbaum im Mittelgeschoß des Urwaldes gut im Schatten gedeiht, bevorzugt man bei den angelegten Pflanzungen ein schattenloses Wachstum. Man geht davon aus, daß die meist starke Bewölkung die Strahlung genügend verringert.

Anbau

Die Methode der Holländer, den Zimt in Anpflanzungen zu ziehen, machte ihn zu einer reinen Gartenkulturpflanze. Der Zimtbaum kann durch Samen oder über Stecklinge vermehrt werden. Die Samen, die schon nach 2 Monaten keimen, werden entweder in besonderen, beschatteten und feuchtgehaltenen Saatbeeten ausgelegt, oder man legt 4 bis 5 Samen am vorgesehenen Ort in die Erde. Vielfach läßt man die Beeren auch einige Tage unter einer Matte schwitzen, damit sich das Fruchtfleisch zersetzt und besser lösen läßt. Dann wird die Saat gewaschen und alle freischwimmenden Kerne werden aussortiert, da diese nicht keimfähig sind. Sind die Samen auf den Anzuchtbeeten aufgegangen und die Pflänzchen etwa handgroß, dann werden sie in kleine Körbe gesetzt und später, nach einem Jahr, während der Regenzeit ausgepflanzt. Der Abstand von Pflanze zu Pflanze beträgt dann etwa 2,5 m bei einem Zwischenraum der Reihen von ungefähr 4 m. Stecklinge läßt man in Kästen mit feuchter Humuserde anwurzeln und behandelt sie dann wie gekeimte Pflanzen.

Zimt wird als Kulturpflanze ähnlich wie unsere Korbweiden gepflegt. Stamm, Blätter und Früchte sind weniger wichtig. Als wertvoll gelten möglichst zahlreiche dünne Zweige. Vor dem ersten Schnitt brauchen sie 5 bis 6 Jahre, um die gewünschte Länge von etwa 2 m zu erreichen. Man rechnet dann alle zwei Jahre mit einer Ernte vom gleichen Busch. Die Erfindung der Holländer bestand nun nicht darin, dem erwachsenen Baum die Krone abzusägen, sondern die jungen Stämme zu kürzen. Sie sollen am Boden etwa 3 cm stark sein. Man schneidet den Baum ab und verschließt die Wunde durch Anhäufeln. Der Wurzelstock wird dadurch gezwungen, neue Schößlinge zu bilden. Nach einigen Jahren gleicht die Pflanzung durch die vielen Adventivschößlinge einem dichten Gestrüpp. Dadurch erklären sich auch die großen Zwischenräume der Reihen von etwa 4 m; sie sind für die Ernte und Bearbeitung notwendig.

Ernte und Aufbereitung

Da vom Ceylon-Zimtbaum als Gewürz gewöhnlich keine Blüten, Früchte oder Blätter genutzt werden, scheint zunächst eine jahreszeitliche Abhängigkeit der Ernte nicht gegeben. Dem ist aber nicht so. Der Schnitt der Zweige muß immer am Ende einer Regenzeit erfolgen; auf Sri Lanka wird meist noch im Mai–Juni der sogenannte große Schnitt vorgenommen und im Oktober–November der kleine Schnitt. Die Rinde vom großen Schnitt wird höher bewertet, weil sie das feinere Gewürz ergibt.
Da das eigentliche Erntegut die Rinde der Zweige ist und nicht wie bei der Korbweide das Holz, muß sie sich für die spätere Aufbereitung möglichst leicht und im ganzen, großen Stück lösen lassen. Die am unteren Ende etwa daumendicken Ruten sollen daher kräftig im Saft stehen. Der Zimt kann geschnitten werden, wenn die Rinde eine ins Graue übergehende Farbe angenommen hat. Die Arbeiter überzeu-

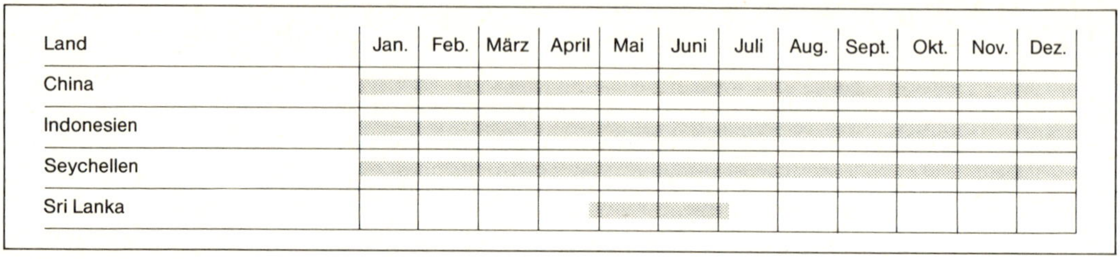

Erntezeiten von Zimt.

gen sich außerdem noch vor dem Schneiden, ob die Ruten schnittreif sind, das heißt, ob sich die Rinde leicht lösen läßt. Die kleinen Schneidemesser müssen immer scharf gehalten werden, damit ein glatter Schnitt erzielt und die Rinde nicht eingerissen wird. Das Schneiden erfolgt gewöhnlich in einem Durchgang. Die Ruten werden zu einer Sammelstelle gebracht und dort von Blättern und kleinen Seitenzweigen befreit. Auch dabei kommt es wieder auf einen glatten Schnitt unmittelbar an der Außenhaut an, da kleine, unnötige Verletzungen später die Güte der Zimtstangen herabsetzen. Am unteren und oberen Ende – jeweils bei einem Knoten – werden dann ringförmige Einschnitte bis aufs Holz gemacht; anschließend folgt ein gleichmäßiger Einschnitt über die gesamte Länge. Jetzt muß die Rute mit kurzen, geglätteten Holzscheiten rundum geklopft werden, damit sich die Rinde leicht vom Holz lösen läßt.
Eine schwierige Arbeit ist das Abschälen der Rinde. Kurze krumme Messerchen – sie sind aus Kupfer, um eine geschmacksändernde Oxidation zu verhindern – werden unter die Rinde geschoben; dann wird sie in einem Stück vom Holz gelöst.
Die langen Rindenstücke schlägt man in Matten ein, um sie sowohl vor dem Austrocknen zu schützen als auch einem gärungsähnlichen Prozeß auszusetzen. Dieser greift nur die schleimigen Teile der Innenseite an, die sich dann leichter entfernen lassen. Auch die äußere Rindenschicht, die häufig natürliche Unreinheiten wie Vogelmist oder Milben, andere Parasiten und schorfähnliche Pilze aufweist, muß entfernt werden. Diese Arbeit erfordert außerordentliches Geschick und Fingerfertigkeit. Im Verlauf der Jahrhunderte hat sich für diese Verrichtung eine besondere Kaste, die der *Chalias* oder Zimtschäler, gebildet. Die aus den Matten gewickelte Rinde wird sofort fest auf einen gerundeten Stock gelegt, und mit dem kleinen Kupfermesser werden einmal die korkartige, dünne äußere Rinde und nach dem Umdrehen die innen noch anhaftenden, schleimigen, weitgehend zersetzten Reste abgekratzt. Die Rinde darf dabei nicht eingeschnitten oder anderweitig beschädigt werden. Die bearbeiteten Rindenstücke – sie sind dann noch etwa 0,3 mm dick, werden zunächst im Schatten und später, bei gleichzeitigem Bleichen, in der Sonne getrocknet.
Beim Trocknen rollt sich die Rinde ein und verliert etwa zwei Drittel des ursprünglichen Gewichts. Beim Ceylon-Zimt geschieht das Einrollen von beiden Seiten – eine besondere Eigenart, an der man ihn sofort erkennen kann. Die Schnittfläche einer solchen Zimtstange hat dann ein bretzelähnliches Aussehen.
Der getrocknete Zimt wird später nach Farbe und Stärke sortiert zu Rollen zusammengesteckt. Den aromatischsten Zimt liefert dabei immer das obere Endstück. Von den feinsten Sorten sollen mindestens 20 Rollen, im Zimt-

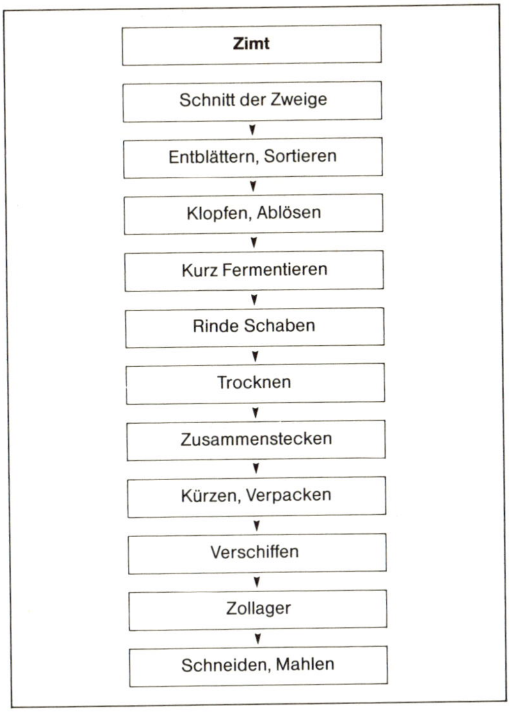

Arbeitsschema der Aufbereitung von Zimt.

handel als „Quills“ bezeichnet, auf ein englisches Pfund (454 g) gehen. Mindere Qualitäten bringen es oft nur auf die Hälfte. Die zusammengesteckten Zimtröhren werden meist auf 3 Fuß Länge gekürzt, dann in Jutesäcke verpackt und in Ballen von rund 45 kg verschifft. Von einer gut geführten Pflanzung lassen sich jährlich um 150 kg getrocknete Zimtrinde pro ha erzielen. Der erste Schnitt erfolgt etwa zwei Jahre nach dem Austreiben und wird dann wiederholt, sobald die Zweige wieder die gewünschte Länge haben. Sri Lanka liefert heute ungefähr die Hälfte der Welternte.

Hochwertige Zimtrinde soll eine schöne hellbraune Farbe haben. Ein angenehmer, aromatischer Geruch und der süßliche, volle, würzige Geschmack bestimmen die Qualität des echten Ceylon-Zimtes. Alles hängt wesentlich vom Gehalt des flüchtigen Zimt-Öls ab.

Die Abfälle beim Schneiden („Chips“), Bruchstücke („Featherings“) und die Rinde von dickeren Zweigen werden meist zu Zimt-Öl verarbeitet. Das Öl des Ceylon-Zimts ist eine hellgelbe Flüssigkeit von angenehmem Geruch und süßlich-brennendem Geschmack. Davon zu unterscheiden ist das aus dem Blätterabfall gewonnene, ebenfalls ätherische Öl. Dieses riecht, als helle Flüssigkeit, neben dem typischen Zimtgeruch leicht nach Nelken. Während der Eugenol-Gehalt des Zimtrinden-Öls nur zwischen 4 und 10 % liegen darf, beträgt sein Anteil beim Blätter-Öl bis zu 95 %.

Zimt-Öl ist stark keimtötend. Es wird sowohl in der Pharmazie als auch in der Genußmittelindustrie verwendet. So ist zum Beispiel in fast allen Magenbittern Zimt-Öl, gerade wegen seiner guten Wirkung bei Darmstörungen, enthalten. In anderen guten Likören dient es als Geschmacksverfeinerer. Das Zimtblatt-Öl, das billiger ist als das Zimtrinden-Öl, wird hauptsächlich als Geruchsträger in der Parfüm- und Kosmetikindustrie und bei der Seifenherstellung gebraucht.

Der in unseren Geschäften erhältliche, gemahlene Zimt wird fast ausschließlich erst in den Gewürzmühlen der Importländer hergestellt, um Verfälschungen – besonders die Zugabe minderwertiger Rinden – besser kontrollieren zu können.

Wie bei allen Naturprodukten haben sich auch für den Handel mit Zimt besondere Qualitätsbezeichnungen herausgebildet. Beim Ceylon-Zimt richtet sich dies nach der Farbe und Feinheit der Rinde. Helle Rinden und dünne Stangen werden, weil sie das feinste Aroma haben, am höchsten bewertet. Die Stärke der einzelnen Röhren wird dabei nach *Ekelle* bestimmt. Ekelle ist ein für besonders aromatischen Zimt bekanntes Anbauzentrum auf Ceylon. Die Bewertungsskala reicht von Ekelle 00000 bis 0 und für weniger feine Sorten noch von I bis IV.

Andere Zimtarten

Cinnamomum cassia, Kassia

Der China-Zimt oder Kassia, ein schon im Altertum bekanntes Gewürz, stammt ausschließlich aus Südchina. Er unterscheidet sich nur in einigen unwesentlichen Kleinigkeiten vom erst viel später gehandelten Ceylon-Zimt. Die Blätter des heute nicht mehr als Wildform vorkommenden Baumes sind sowohl am Stiel als auch an der Spitze stumpf und haben nur 3 Längsnerven. Die Blüten sind grünlichgelb. Der Baum kann höher und stärker werden als sein Vetter auf Sri Lanka, Ernte und Aufbereitung sind aber fast gleich. Der Kassia liefernde Baum wird dabei allerdings nicht auf Strauchform zurückgeschnitten, und es werden auch nicht ganz regelmäßig gewachsene, lange dünne Ruten geerntet. Nach dem Schnitt wird der Baum dann stark gestutzt. Die nachwachsenden Schößlinge stehen erst nach ungefähr 6 Jahren wieder für eine neue Ernte zur Verfügung. Kassia hat einen höheren Zimtöl-Gehalt und ein intensiveres Aroma als der Ceylon-Zimt. Die Rinde ist in der Regel stärker und korkreicher. Um den Geschmack nicht zu beeinflussen, wird sie mit kleinen Hornmessern vom Holz getrennt, dann werden die äußere Korkschicht und die innere schleimige Masse entfernt. Das Verfahren ist dabei das gleiche wie beim Ceylon-Zimt. Da aber die Ruten von älteren und dickeren Zweigen stammen, ist die Bearbeitung schwieriger, meist auch weniger sorgfältig. Getrocknet wird zunächst im Schatten, dann in der Sonne. Die Oberfläche der Rinde ist dunkler als die von Ceylon-Zimt. Graue Stellen auf den Zimtstangen zeigen an, wo die äußere Schicht nicht vollständig entfernt werden konnte. Da die bearbeitete Rinde im Vergleich mit dem Ceylon-Zimt recht dick ist – 1 bis 3 mm – rollt sie sich beim Trocknen auch nur einseitig auf. Die etwa 30 bis 40 cm langen Rollen schiebt man wegen ihrer Stärke nicht ineinander, sondern bündelt sie bis zum Gesamtgewicht von etwa 1 kg. Obwohl der Geschmack nicht so fein aromatisch abgestimmt ist wie der von Ceylon-Zimt, beherrscht China-Zimt doch den großen Markt der USA, während in vielen Ländern Europas nur der Ceylon-Zimt überhaupt als reiner Zimt zugelassen ist. Das aus den Zweigen und Rinden gewonnene Kassia-Zimtöl und auch das aus den Blättern destillierte Öl wird für die gleichen Zwecke verwendet, wie die vom Ceylon-Zimtbaum gewonnenen Öle.
In China hat man schon seit frühesten Zeiten die gerade befruchteten Blüten der Zimtbäume gesammelt. Diese Blüten werden vorsichtig abgenommen und an der Luft getrocknet. Der Zimtgeruch ist etwas schwächer als der der Rinde, aber sehr angenehm und aromatisch. Wegen der geringen Menge sind die Zimtblüten teurer als Kassia. Sie werden heute meist nur als Destillat beim Würzen zugesetzt.
Der China-Zimt wird nach englischer Bezeichnung verkauft; dabei wurden vom Gewürzhandel die Klassen „whole selected, broken, whole scraped und broken scraped" aufgestellt.

Cinnamomum loureirii, Saigon-Zimt, und Cinnamomum burmanii, Padang-Zimt

Noch zwei andere Arten des regional mit einiger wirtschaftlicher Bedeutung gehandelten Zimts stammen ebenfalls aus dem südlichen Ostasien. Saigon-Zimt kommt meist aus Vietnam und der Padang- oder Batavia-Zimt aus Indonesien. Sie sind nach den früheren Haupthandelsorten benannt. Sie werden ähnlich den anderen beiden, für den Handel wichtigen Zimtarten teils von wildwachsenden Bäumen, teils in Pflanzungen geerntet und bearbeitet.

Saigon-Zimt. Die Rinde des Saigon-Zimtes ist gewöhnlich stärker (bis zu 7 mm dick) und schlechter geschabt und gereinigt. An seiner

Außenhaut zeigt dieser dunkelbraun gefärbte Zimt häufig Flecken, die von früherem Flechtenbefall herrühren. Die etwa 30 cm langen Stangen sind von vielen Blattnarben gekennzeichnet. Vielfach werden auch von älteren, wildwachsenden Bäumen keine Zweige, sondern ganze Rindenstücke geschnitten. Dem Ceylon-Zimt und auch dem China-Kassia steht Saigon-Zimt an Qualität nach.

Padang-Zimt. Der Padang-Zimt, dem chinesischen Zimt verwandt, wird ähnlich wie dieser gewonnen. Er ist der China-Kassia sogar an Würzkraft überlegen. Die geschabten, aufbereiteten Rinden rollen sich beim Trocknen beidseitig ein. Die Länge dieser Zimtröhren liegt bei etwa 1 m. Er wird meist zu Zimtpulver vermahlen.
Neben den vier Zimtarten, von denen nur Ceylon- und China-Zimt von überregionaler wirtschaftlicher Bedeutung sind, gibt es noch eine ganze Reihe ebenfalls aus der Familie der Laureaceae stammenden Bäume, deren Rinde genutzt wird. Sie sind zimtähnlich, aber nur im örtlichen Handel für Gewürzmischungen bekannt.

Padang-Zimt wird nach der von der Forschungsstelle Gewürze Bonn herausgegebenen „Kleinen Gewürzkunde" folgendermaßen eingeteilt:
Prima Qualität (AA und A):
Feinste, rehbraune Ware aus 0,8 bis 1,5 cm breiten Stangen, die aus sehr dünnen Rinden manchmal nach Art des Ceylon-Zimts zusammengesteckt sind; sehr gut zum Vermahlen zu Zimtpulver geeignet.
Secunda Qualität (B):
Weniger gut geschälte Rindenstücke und bis 2 cm starke Stangen, heller gelblichbraun als AA und A.
Tertia Qualität (C):
Diese Sortierung besteht aus Bruchstücken der ersten beiden Klassen.

Um das zunächst von den Portugiesen auf die Holländer und später auf die Engländer übergegangene Zimtmonopol zu brechen, hat man schon früher versucht, auch auf anderen Inseln und Erdteilen Pflanzungen anzulegen. Zimt könnte ja eigentlich überall in den Tropen wachsen, sofern Temperatur und Niederschlagsmenge den Anbau gestatten. Aber die Versuche scheiterten, denn es fehlte eine Bevölkerung, die gewillt und fähig war, die schwierige Arbeit des Zimtschälens mit der erforderlichen Genauigkeit auszuführen. Daher sind auch heute noch Anbau und Ausbeute der kommerziell genutzten Zimtarten auf Sri Lanka, Südindien, Madagaskar, die großen Sunda-Inseln und auf das südliche China und Südostasien beschränkt.

Gewürznelken

Die Einfuhr von Gewürznelken in die Bundesrepublik betrug 1987 gerade 366 Tonnen zu einem Preis von 2,5 Mio DM. Es ist daher kaum vorstellbar, daß Nelken als eines der klassischen exotischen Gewürze einmal den Ablauf der Weltgeschichte beeinflußt haben. Schon lange vor unserer Zeitrechnung waren sie als Gewürz und wegen des aromatischen Geruchs in China und Indien bekannt. Malaiische Seefahrer hatten Nelken und auch Muskatnüsse von den Gärtnern auf den Gewürzinseln übernommen und auf das asiatische Festland gebracht; dort übergaben sie sie den Chinesen für den weiteren Handel. Von Ceylon aus gelangten die Nelken mit anderen Handelsgütern in die Hände der Araber. Die Kaufleute von Alexandrien und den Küstenstädten des heutigen Libanon übernahmen den Weitertransport nach Westen. Einige Jahrhunderte später, während der römischen Kaiserzeit, kam dieses Gewürz regelmäßig nach Europa. In Deutschland waren daher Nelken neben Pfeffer und Zimt schon vor der Jahrtausendwende bekannt. Sie wurden besonders im ehemaligen römischen Rheingebiet gehandelt.

Herkunft und Verbreitung

Der Gewürznelkenbaum stammt von einigen der vielen kleineren Molukkeninseln. Als die Portugiesen zunächst den Seeweg nach Indien und dann auch zu den Gewürzinseln gefunden hatten, konnten sie sowohl den arabischen Zwischenhandel als auch den der italienischen Seestädte Venedig und Genua ausschalten. Portugal bekam das Gewürzmonopol in die Hand; das bedeutete, daß alle Frachten aus Ostindien in Lissabon im *Casa das Indias* ausgestellt und angeboten werden mußten. Erst von hier aus übernahmen die Kaufleute und Agenten der Handelshäuser aus dem nördlichen Europa, besonders aus Antwerpen die Ladungen.

Übrigens wußten die eingeborenen Herrscher auf den verschiedenen Gewürzinseln schon seit frühesten Zeiten den Wert ihrer Ware wohl zu schätzen und unterstützten die Portugiesen und später die Holländer in ihren Bestrebungen, den Handel zu monopolisieren.

Ganz ungewollt wurde der Gewürzhandel langsam ein Teil der Weltpolitik. Der Versuch des Kolumbus, den Osten über den Westen zu erreichen, hatte das ursprünglich vorgesehene Ziel – die Gewürzinseln – verfehlt. Die Spanier rüsteten fast 30 Jahre später eine neue Flotte unter dem Befehl des von seiner Heimat enttäuschten Portugiesen Magellan aus. Von früheren Reisen kannte er schon die Sunda-Inseln, und er hatte in Indien und Malakka mit den Eingeborenen zunächst unerfreuliche Begegnungen gehabt. Stefan Zweig hat in seinem Roman „Magellan, der Mann und seine Tat" dieses einmalige Wagnis seiner Zeit beschrieben, das damals vielleicht bedeutender war als heutzutage die Landung auf dem Mond.

Noch einmal sollte also versucht werden, die Gewürzinseln auf einer Reise nach Westen statt auf dem Weg um Afrika nach Osten zu erreichen. Von den am 10. August 1519 ausgelaufenen 5 Schiffen kam nur ein einziges mit 18 halbverhungerten und zerlumpten Männern nach einer Reise von knapp über 3 Jahren nach Sevilla zurück. Unter den Heimkehrern befand sich ein junger Mann, Antonio Pigafetta, ein Patriziersohn aus Vicenza in Oberitalien. Kaiser Karl V. hatte ihm erlaubt, an der Reise teilzunehmen. Das war ein Glücksfall, denn Pigafetta gehörte nicht zu den stumpfsinnigen, wüsten Abenteurern, die aus irgendwelchen Gründen für einige Zeit aus Europa verschwinden mußten. Seinem für alle Fragen aufgeschlossenen Geist verdanken wir die erste Beschreibung der Gewürznelken. Er schrieb im November 1521 unter anderem in sein Tagebuch: „Heute begab ich mich an Land, um zu untersuchen, wie die

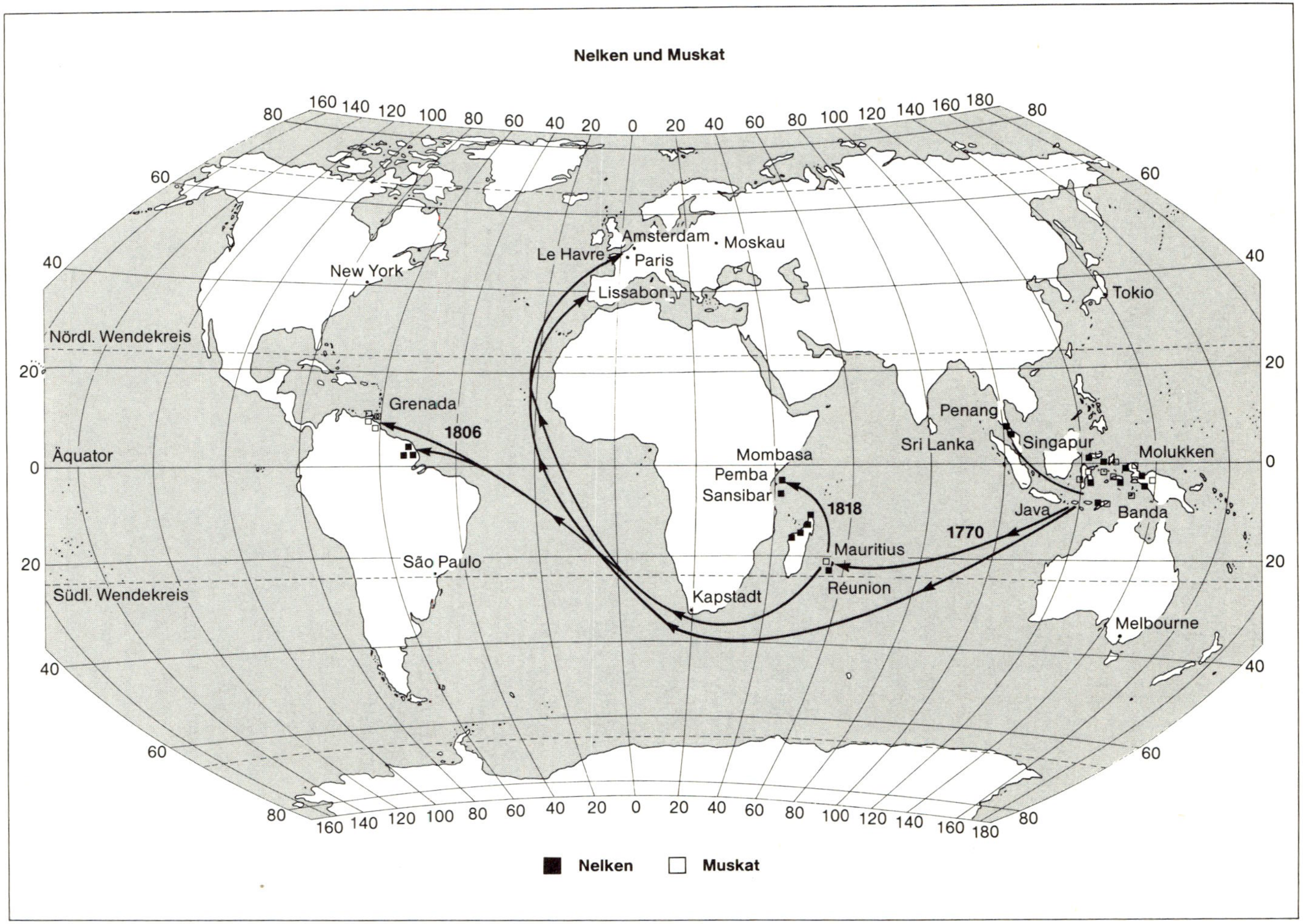

Verbreitungs- und Anbaugebiete von Nelken und Muskat.

Gewürznelken wachsen. Der Nelkenbaum erreicht eine große Höhe, sein Stamm ist ungefähr mannsdick. Die Äste breiten sich um die Mitte des Baums stark nach der Seite aus, am Gipfel bilden sie eine Pyramide. Die Blätter gleichen den Lorbeerblättern, die Rinde ist olivenfabrig. Die Gewürznelken wachsen an der Spitze kleiner Zweige in Büscheln, manchmal zehn, manchmal zwanzig. Je nach der Jahreszeit trägt der Baum auf der einen Seite mehr Früchte als auf der anderen. Zuerst ist die Frucht weiß, während der Reife wird sie rötlich, dann, wenn sie trocken ist, schwarz. Geerntet wird zweimal jährlich, einmal zu Weihnachten, das andere Mal zu Johannis..." (aus: Antonio Pigafetta, die erste Reise um die Erde; übersetzt von Robert Grün. Horst Erdmann Verlag, Tübingen 1968).
Ein alter Brauch auf den Molukken besagt, daß bei der Geburt eines Kindes die Eltern einen Nelkenbaum pflanzen sollten. Dadurch wurde dem heranwachsenden Kind gewissermaßen ein Teil des Einkommens und der Altersversorgung gesichert, und der Baumbestand auf den Inseln wurde ständig erneuert. Ein Zerstören der Bäume brachte nach dem Glauben der Eingeborenen Unheil über das Kind und das ganze Volk.
Leider wuchsen die Nelkenbäume aber ausschließlich auf den kleineren und leichter beherrschbaren Inseln. Zunächst achteten die Portugiesen die alten Bräuche – allerdings nicht aus Ehrfurcht, sondern nur, weil ihre geringe Zahl ein vernünftiges Auskommen mit den Bewohnern erforderte. Die Niederländer dagegen hielten überhaupt nichts von solchen Überlieferungen. Als sie Anfang des 17. Jahrhunderts die Portugiesen in der Herrschaft über die Molukken ablösten, ließen sie die meisten Nelkenpflanzungen rücksichtslos zerstören. Nur auf Amboina und einigen kleineren Inseln der nächsten Umgebung war der Nelkenanbau noch gestattet. Das Gewürzmonopol sollte auf alle Fälle gewahrt bleiben.
Daß die Einwohner mit den Maßnahmen der Niederländer nicht einverstanden waren, ist nur natürlich. Es kam zu ständigen Verfolgungen und Übergriffen. Man schätzt die Zahl der von den Holländern selbst oder in ihrem Auftrag dabei umgebrachten Eingeborenen auf über 60 000. Die Niederlande hatten ihr „goldenes Zeitalter"!
Natürlich konnte es auf Dauer den anderen Mächten in Europa nicht gleichgültig sein, wie die Amsterdamer Kaufherren die Gewürzpreise, neben denen anderer „Kolonialwaren", festsetzten. Daher wurde von allen Seiten versucht, das Gewürzmonopol zu umgehen, aber trotzdem blieb es 140 Jahre lang bestehen. Erst 1770 gelang es dem französischen Gouverneur der Ile de France (heute Mauritius), Nelkenstecklinge und Stecklinge von Muskatnüssen zu entführen. Ein einheimischer *Rajah* half ihm dabei. Die Holländer versuchten, die zwei französischen Schiffe einzuholen, doch diese entkamen mit ihrer Beute.
Um 1818 brachten arabische und indische Händler Stecklinge der Gewürznelken von Mauritius nach Sansibar und später vor allem auf die Nachbarinsel Pemba. Nelken wurden außerdem auf Réunion, Madagaskar und seit 1806 auf den französischen Antillen-Inseln und nahe Cayenne in Guayana angepflanzt. Später brachten die Engländer sie auf die Insel Penang an der Westküste von Malaysia. Heute werden außerdem auch geringere Mengen auf Sri Lanka und in Brasilien angebaut. Das Gewürzmonopol der Niederländer war für immer erloschen. Heute muß selbst Indonesien Gewürznelken einführen, da der Bedarf nicht mehr aus der verbliebenen Eigenproduktion gedeckt werden kann.

Botanik

Bei den Gewürznelken handelt es sich um die getrockneten, noch nicht entfalteten Blütenknospen eines Baumes aus der Familie der Myrtaceae, der Myrtengewächse. Die etwa 1800 Vertreter dieser Pflanzenfamilie sind meist immergrüne Bäume oder Sträucher, die fast ausschließlich aus den Tropen stammen. Der Gewürznelkenbaum ist die wirtschaftlich bedeutendste Gattung dieser Familie. Es gibt verschiedene botanische Namen, die aber als Synonyme die gleiche Pflanze bezeichnen. Einmal wird sie unter dem Namen *Syzygium aromaticum* (L.) Merr. et L. M. Perry und zum anderen unter *Eugenia caryophyllata* Thunb. geführt.

Der Gewürznelkenbaum mit eiförmiger, geschlossener Krone ist recht eindrucksvoll. Er kann in Einzelfällen bis zu 20 m hoch werden, in der Regel bleibt es aber bei 10 bis 12 m. Der Baum bekommt einen sehr kräftigen, dicken Stamm. Dabei verzweigt er sich mit seiner glänzenden, glatten Rinde schon in geringer Höhe in gleichstarke Äste. Die ausdauernden Blätter sind gegenständig, ganzrandig, länglich und glatt. An der Blattoberfläche sitzen in den Poren kleine Drüsen mit einem aromatischen Öl, das den typischen Nelkengeruch verbreitet. Die regelmäßigen, vierzähligen Blüten stehen in Trugdolden am Zweigende. Die Einzelblüte ist zwitterig und hat neben 4 weißen Blumenblättern einen roten Blütenboden.

Der sich fleischig anfühlende Fruchtknoten von etwa 1 cm Länge und 0,3 cm Breite ist mit zahlreichen Ölzellen durchsetzt. Zwischen den 4 kurzen Kelchblättern stehen 4 Kronblätter, die die Staubgefäße umhüllen. Die ungefähr 2 cm lange Frucht, eine etwa einer Eichel entsprechende, eirunde, dunkelrote Beere, enthält meistens einen, höchstens zwei Samen. Es ist bemerkenswert, daß alle Teile des Gewürznelkenbaumes ätherisches Öl enthalten. Trotz ihres Aromas sind aber die Früchte für den Gewürzhandel ohne Bedeutung. Sie sind als Mutternelken bekannt und werden, wenn möglich, vor der völligen Reife getrocknet oder eingemacht. In den Erzeugerländern werden sie gern als Konfekt genossen.

Klima und Boden

Als uralte Kulturpflanzen stellen die Bäume der Gattung *Eugenia* einige Ansprüche an den Boden, aber mehr noch an das Klima. Der Boden soll nährstoffreich, gut durchfeuchtet, jedoch wasserdurchlässig sein. Leicht geneigte, sanfte Hanglagen vulkanischer Ablagerungen auf mäßiger Meereshöhe (bis etwa 400 m) sind für den Anbau am besten geeignet.

Mit seiner langen Pfahlwurzel findet der Baum immer genügend Wasser; ist der Untergrund jedoch zu feucht, stirbt er ab. Die Gewürznelke ist eine ausgesprochen klimaabhängige Pflanze. Sie bevorzugt die feuchtwarmen Niederungen der inneren Tropen in Seenähe.

Inwiefern der natürliche Salzgehalt der Seeluft einen Einfluß auf das Wachstum hat, ist allerdings noch nicht ganz geklärt. Vielleicht liegt es auch nur an der ausgleichenden Wirkung des gleichmäßig warmen Meeres, das größere Schwankungen der Lufttemperaturen nicht zuläßt, denn eigenartigerweise finden sich Gewürznelkenpflanzungen außer auf Madagaskar nur auf kleineren Inseln und in geringer Meereshöhe. Alle bedeutenden Vorkommen liegen in Seenähe. Es ist daher wohl warm, über 25 °C, jedoch niemals ausgesprochen heiß.

Die jährlichen Regenmengen sind erheblich und betragen im Bereich der Molukken, dort wo die Gewürzgärten liegen, um 2500 mm jährlich. In den anderen, später neugewonnenen Anbaugebieten ist es ähnlich. Durch die langen, tief in den Boden eindringenden Wurzeln können sich die Bäume aber auch in den kleinen Zwischentrockenzeiten gut mit Wasser versorgen. Man sollte annehmen, daß durch das Bevorzugen eines Standorts in geringer Entfernung zum Meer die Nelkenbäume recht unempfindlich gegen Winde wären. Dem ist aber gar nicht so. Leichte, tageszeitliche Land- und Seebrisen vertragen die Bäume wohl, doch gegen stärkere Winde benötigen sie einen Windschutz. Im Indischen Ozean sind schon des öfteren durch die gefürchteten Mauritius-Orkane neben anderen Pflanzungen auch die Nelkengärten auf Réunion, Mauritius, Madagaskar und den beiden Inseln Sansibar und Pemba größtenteils zerstört worden.

Anbau

Nur selten zieht man die Gewürznelke aus Ablegern: herunterhängende Zweige werden am Boden festgesteckt und mit Erde bedeckt. Nach ungefähr 6 Monaten haben sie sich dann bewurzelt. Dieses Verfahren ist aber recht unwirtschaftlich, da es zu unsicher ist. Ausschlaggebend bleibt die Zucht aus den reifen Samen. Da diese sehr schnell an Keimkraft verlieren, müssen sie sofort nach der Ernte in die feuchten, beschatteten Saatbeete kommen. Diese geringe Keimfähigkeit war auch einer der Gründe für die späte Verbreitung der Nelkenbäume in anderen Anbaugebieten. Die Samen werden im Abstand von etwa 30 cm ausgelegt. Der für Sämereien recht große Abstand ist notwendig, da die jungen Pflanzen bis zu 2 Jahren auf diesen Beeten verbleiben müssen. Als kräftige, etwa 1 m hohe Pflanzen werden sie dann an ihren endgültigen Standort in die Gewürzgärten versetzt. Umgepflanzt wird immer zu Beginn der großen Regenzeit, um den Bäumchen das Anwachsen zu erleichtern. Die Pflanzweite hängt dabei von der zu erwartenden Entwicklung ab. Ist es ein fruchtbarer Boden, dann kann man die Bäume etwas weiter setzen, da sie ausladender und größer werden. Abstände und Zwischenräume können bis zu 10 m betragen. Bei weniger guten Bodenverhältnissen stehen sie enger zusammen, wobei aber immer eine problemlose Ernte gewährleistet sein muß. Daher gibt es Pflanzungen, meist als Nelkengärten bezeichnet, mit 100 und solche mit bis zu 250 Bäumen auf den Hektar. Nelkenkulturen werden aber trotzdem nur in ganz vereinzelten Fällen den Charakter großflächiger Tropenpflanzungen annehmen, wie zum Beispiel auf Pemba und Sansibar. Hier sind bis zu 50 000 Hektar mit Gewürznelken bepflanzt worden. In den ersten Jahren nach dem Umsetzen muß für die jungen Nelken noch für ausreichende Beschattung gesorgt werden. Später, wenn dann die Blüte beginnt, muß die Gewürznelke aber die volle Sonne genießen, da nur dann eine reichliche Blüte und damit Ernte der Knospen zu erwarten ist. Es dauert in der Regel 6 Jahre, bis eine zufriedenstellende Ernte erwartet werden kann. Der Ertrag an Nelkenblüten steigt dann gewöhnlich bis zum 25. Jahr. Gleichzeitig hat der langsam wachsende Baum seine größte Höhe erreicht. Um die Ernte zu erleichtern, hat sich in einigen Gegenden ein Zurückschneiden der Baumkrone durchgesetzt. Die Höhe liegt dann zwischen 8 und 9 m. Da die Blütenbildung im Bereich der Baumspitze besonders stark ist, soll allerdings ein Kappen der Spitze den Ernteertrag beeinträchtigen. Auf gute Ernten folgen, wie bei unseren Obstarten auch, meistens schlechte. Die Nelken können viele Jahre tragen. Man kennt Gewürznelkenbäume, die vor über 100 Jahren gepflanzt wurden und noch Jahr für Jahr reichhaltige Ernten erbringen.

Ernte

Die in den Handel kommenden Gewürznelken, die ja keine eigentlichen Früchte sind, müssen geerntet werden, wenn die noch geschlossenen Blütenknospen eine rötliche Farbe annehmen. Ist das Aufblühen schon zu weit fortgeschritten, dann läßt die spätere Würzkraft gewöhnlich nach. Die Ernte selbst ist recht einfach. Frauen, Männer und Kinder gehen mit langen Stöcken, die am Ende einen Haken tragen, durch die Baumreihen und ziehen die blühenden Zweige heran. Dann müssen die Knospen sorgfältig abgepflückt werden. Abschlagen und Abreißen

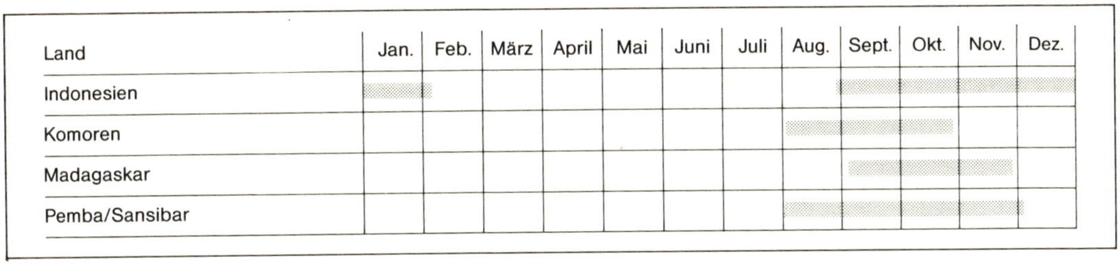

Erntezeiten von Nelken.

erleichtert zwar die Arbeit, ist jedoch für die nachfolgende neue Blütenbildung schädlich. Im oberen Bereich der Nelkenbäume werden die Blüten mit primitiven dreibeinigen Leitern erreicht. Um Äste und Zweige nicht zu beschädigen, können die Leitern nicht direkt an Stamm und Äste gelehnt werden wie bei unseren Obstbäumen. Auch hier müssen die Pflükker wieder ihren Stock oder einen kürzeren, mit Endhaken versehenen Draht benutzen, um an alle Zweige heranzukommen.

Die geernteten Blütenknospen werden zunächst auf Matten zusammengeschüttet und zum Trocknen auf luftdurchlässigen, geflochtenen Matten oder auf Zementböden in der Sonne ausgebreitet. Auf einigen Inseln trocknet man sie auch sofort über ganz leichtem Feuer in großen Metallpfannen vor und setzt sie dann erst der Sonne aus. Die anhaftenden Blütenblätter und Stiele müssen noch entfernt werden. In den kleineren Betrieben reiben die Arbeiter die trockenen Nelken dazu geschickt zwischen den Händen. In größeren Pflanzungen erfolgt diese Trennung durch einfache Maschinen. Etwa 1000 kg frische Blütenknospen ergeben nach der Trocknung etwa 250 kg Gewürznelken und 75 kg Nelkenstiele.

Liegen die Nelkenpflanzungen in den tropischen Gebieten mit zwei Regenzeiten wie auf den Molukken, an der Westküste von Malaysia, auf Pemba und Sansibar und auch Madagaskar, dann sind auch zwei Ernten möglich.

Bei den getrockneten Gewürznelken sind der Stiel und die Blütenknospen dunkelbraun geworden. Zwischen 16 000 und 18 000 solcherart getrockneter Knospen gehen dann auf 1 kg – eine ungeheuere Menge, wenn man sich vorstellt, daß die Jahresernte eines Baumes (auch bei zwei Ernten) gewöhnlich zwischen 2 und 4 kg schwankt, gelegentlich aber auch Mengen bis zu 10 kg erreichen kann. Man kennt übrigens die Ursachen dieser Schwankungen nicht. Die Ernte kann in einem Jahr recht hoch sein, einige Jahre geringer, und dann sind die Bäume wieder jahrelang ertragreicher. Eine Gesetzmäßigkeit läßt sich aber nicht ausmachen. Es werden auch nicht alle Bäume eines Nelkengartens gleichzeitig von dieser Erscheinung betroffen. Der Anbau schließt also immer ein Risiko ein.

Nach dem Trocknen werden die Nelken noch einmal abgesiebt, Stiele und Knospen werden dabei getrennt. Ein Verlesen findet gewöhnlich nicht statt. Zum Export werden die Knospen in Jutesäcke verpackt. Die eigentliche Aufbereitung ist damit beendet. Sind die Nelken richtig getrocknet worden, dann sind sie lange haltbar. Angaben von Produktionsmengen sind nur von einzelnen Bäumen möglich, da der Anbau auch heute noch meist in kleineren bäuerlichen Betrieben erfolgt.

Verwendung

Die Gewürznelken enthalten außer Gerbstoffen und geringen Mengen von Fetten bis zu

20 % eines ätherischen Öles. Dieses Öl, das brennend-aromatisch schmeckt, besteht fast vollständig aus Eugenol. Ölreiche Nelken sind wertvoller als teilentölte. Man kann dies einfach feststellen, indem man das Öl durch einen Druck mit dem Daumennagel hervortreten läßt. Vollwertige Nelken sinken auch im Wasser unter oder schwimmen senkrecht; weniger ölhaltige Nelken bleiben waagerecht auf dem Wasser liegen.
Von den Nelken werden sowohl die Blütenknospen, also die uns bekannten Gewürznelken, als auch das aus Knospen, Stielen und in minderer Qualität noch aus Blättern gewonnene Nelkenöl verwendet.
Als Gewürz dienen die Nelken wegen ihres typischen Aromas zur Geschmacksabrundung bei Gebäck – hier besonders in den Lebkuchengewürzen –, ferner bei Getränken wie Punsch und Glühweinen und bei eingemachtem Obst. Man setzt Nelken in geringer Dosierung auch Wild, Schweinebraten, Ragouts und Wurstgewürzmischungen zu. Die vielseitige Verwendung in der Küche erstreckt sich übrigens auch auf Kohlgerichte und Essigmarinaden, zum Beispiel für Gurken. Die käuflichen, handelsüblichen Currygewürzmischungen enthalten ebenfalls häufig Gewürznelken.
Das Nelkenöl, der andere wertvolle Teil des Gewürznelkenbaums, wird durch Destillation aus den Knospen, weniger gutes aus den Stielen und schließlich auch aus den Blättern gewonnen. Nelkenöl, das sehr haltbar ist, wird zum Aromatisieren von Likören, als keimtötende Beigabe zu Magenbittern sowie in der Parfümerie und Seifenherstellung verwendet. Der Gebrauch als Antiseptikum in der Zahnmedizin hat dagegen abgenommen.
Besondere Verwendung finden die Nelken noch im tropischen Asien: den bekannten Betelbissen werden manchmal gestoßene Nelken zugesetzt. Einen ganz anderen Gebrauch gibt es für die Nelken seit etwa Ende des vorigen Jahrhunderts in Indonesien. Raucher mischen in ihren selbstgedrehten Zigaretten dem Tabak bis zu einem Drittel gestoßene Nelken bei und nennen sie dann „Kretek-Zigarette“, in lautmalerischer Nachahmung des knisternden Geräusches beim Verbrennen. Diese Rauchersitte hat sich in der Bevölkerung immer weiter verbreitet. Die Herstellung der Kretek-Zigaretten ist inzwischen ein bedeutender Industriezweig geworden. Heute werden dafür schon etwa 50 % der Weltproduktion an Gewürznelken verarbeitet. Das hat dazu geführt, daß das Ursprungsland des Gewürznelkenanbaus die gestiegene Nachfrage nicht mehr aus eigener Erzeugung decken kann und Nelken einführen muß.

Handel

Die heute auf dem Weltmarkt gehandelten Gewürznelken stammen alle von *Syzygium aromaticum*. Nelkenbäume anderer Arten, die ein ungefähr gleichwertiges Gewürz liefern, sind nicht bekannt. Natürlich haben sich im Verlauf der Jahrhunderte alten Nelkenbaumpflege örtliche Besonderheiten ausgebildet.
Bemerkenswert ist, daß sich in kaum einem anderen Zweig der Agrarwirtschaft die Gewichte im Vergleich zu früheren Zeiten so verschoben haben wie im Gewürzhandel. Die Nelken machen dabei keine Ausnahme.
Hochwertige Gewürznelken kommen heute von der Insel Penang aus Malaysia und werden als „Penang handselected“ über Singapur gehandelt. Die Hauptproduktionszentren finden sich dagegen auf den Afrika vorgelagerten Inseln im Indischen Ozean. Neben den älteren Anbaugebieten Sansibar und Pemba, deren Ernte heute zum Teil gegen Produkte mit den sogenannten Staatshandelsländern getauscht wird, haben die Nelken der Republiken Malagasy (Madagaskar) und der Komoren besonders im Handel mit Europa an Bedeutung gewonnen. Sie sind auch Hauptexportländer für Nel-

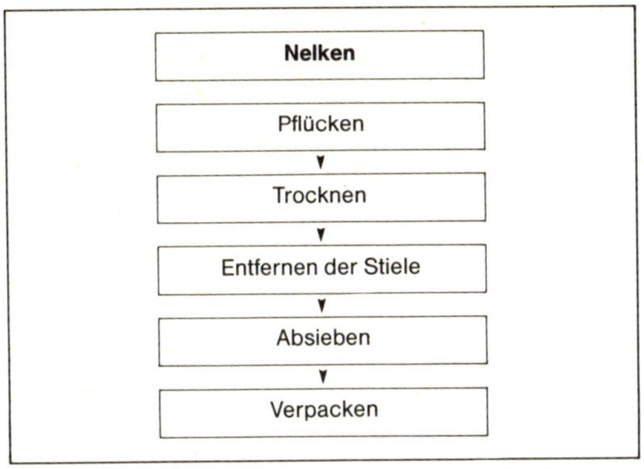

Arbeitsschema der Aufbereitung von Nelken.

ken nach Deutschland, wobei die Bindung beider Republiken an die EG über die frühere Kolonialmacht Frankreich eine wichtige handelspolitische Rolle spielt. „Madagaskar Standard III“ und „Komoren faq“ sind die bevorzugten Qualitäten.

Anfang der siebziger Jahre führte die Bundesrepublik knapp über 400 Tonnen jährlich ein. Dieser Wert stieg 1984 auf 502 Tonnen und ging dann wieder stark zurück. Ein großer Einbruch von über 20 % auf 366 Tonnen bei gleichzeitigem Preisrückgang von 30 % erfolgte zuletzt 1987.

Muskatgewürze

Jährlich werden etwa 1400 Tonnen Muskatnüsse in die Bundesrepublik Deutschland eingeführt. 1987 waren es 1351 Tonnen bei einem vergleichsweise hohen Wert von 15,6 Mio. DM. Der Import von Muskatblüte erreichte dagegen im gleichen Jahr nur 416 Tonnen.

Muskat zählt zu den Gewürzen der Alten Welt, die durch ihren Handelswert im 15. und 16. Jahrhundert mit den anderen klassischen, tropischen Gewürzen die Zeichen für eine politische, wirtschaftliche und schließlich auch geistige Neuordnung des Abendlandes gesetzt haben.

Herkunft und Verbreitung

Der Muskatnußbaum, um den es hier geht, ist auf den Molukken heimisch und steht dort, genau wie die Gewürznelken, schon seit langer Zeit unter Kultur. Auch in den Zeiten vor der europäischen Seeschiffahrt gehörte Muskat bereits zu den großen Welthandelsgütern. Heute ist allerdings der Verbrauch trotz einer vielfach gewachsenen Bevölkerung nur noch recht bescheiden.

Im Altertum, in Indien als Heilmittel und vielleicht auch Droge bekannt, war Muskat sicherlich auch schon bis China verbreitet. Muskat gehört zu den wenigen Pflanzen, die aus der gleichen Frucht zwei unterschiedliche Produkte bei doch fast gleicher Verwendung hervorbringen: das ist einmal der eigentliche Samenkern, eben die Muskatnuß, und dann die Muskatblüte oder Macis, die aus dem getrockneten, fleischigen Samenmantel (Arillus) besteht.

Arabische Händler brachten die ersten Muskatnüsse in den Westen. Um 1100 n. Chr. wurden sie bereits im Rheinland gehandelt und als geschmacklicher Zusatz dem damals wohl noch recht faden Bier beigegeben. Vom 12. Jahrhundert an werden die Muskatnüsse – ein Wort, das sich aus *nueces moschatae* = „nach Moschus riechende Nüsse" abgeleitet hat – ganz allgemein in die Heilkunde aufgenommen.

Im Jahr 1594 begann der Florentiner Francesco Carletti auf eigene Rechnung eine Reise um die Welt, die allerdings erst 1606 mit seiner Rückkehr nach Florenz enden sollte. Carletti besuchte als Kaufmann natürlich auch die Gewürzinseln und beschrieb dabei sowohl die Muskatnuß als auch die Muskatblüte: „So kommt von der Insel Banda, die anderen benachbarten Inseln den Namen gibt, die Muskatnuß und die Muskatblüte, die dort auf ein und demselben Baum wachsen. Er bringt die Nuß hervor, die von einer Schale bedeckt wird, die ebenso hart wie die unserer Walnuß, dabei aber dicker und runder ist. Mit dieser von uns als „grüne Nußschale" bezeichneten Schale bereitet man aus dem Ganzen, während sie noch grün sind, mit Zucker eine Konserve. Diese wird hoch geschätzt und besteht aus Schale, Muskatblüte und Muskatnuß. Innerhalb der Schale befindet sich eine Schicht, welche die rosafarbene Nuß umgibt, solange diese noch nicht ganz trocken ist. Dann nimmt sie die Goldfarbe an, und das ist, was man Muskatblüte oder Massa nennt."

Durchaus vergleichbar der Geschichte der Gewürznelkenkulturen verläuft auch die der Muskatgewürze. Die Portugiesen besetzten als erste Europäer auf den Molukken einige Küstenplätze. Es folgten die Niederländer, die den Anbau von Muskatnußbäumen auf die Inseln Ambon und die drei kleinen Inseln der Bandagruppe beschränkten (Banda, Neira und Ay, zusammen 44 km^2 groß). Hier ließen sich die Muskatgärten leicht kontrollieren, und damit konnten sie ihr Monopol einigermaßen durchsetzen. Trotz aller Bemühungen seitens der Niederländischen Ostindien-Kompanie, die ja die praktische Regierungsgewalt ausübte, war aber eine ähnlich vollständige Kontrolle wie beim Anbau der Gewürznelken nicht möglich. Einmal wurden die Samen der Muskatbäume, also die Nüsse selbst, durch Tauben auch auf andere Inseln verschleppt, und außerdem gibt es noch Arten aus der gleichen Familie, die ähnlich gute Nüsse liefern, aber auch auf größeren Inseln einschließlich Neuguinea vorkommen. Die weitere Geschichte ist bekannt: 1770 brachten die Franzosen von einem „Kommandounternehmen" junge Muskatnußbäume, zusammen mit den Gewürznelken, von den Banda-Inseln nach dem heutigen Mauritius und Réunion. Von dort gelangten schon wenige Jahre später die Pflanzen nach Französisch-Guayana und auf einige von den Franzosen beherrschten Inseln der Antillen. Das war der Beginn der heute so erfolgreichen Muskatnußkulturen im tropischen Amerika.

Als die Engländer die Molukken von 1796 bis 1802 besetzt hielten, nutzten sie diese Zeitspanne und führten die Gewürze auf Penang und später Singapur ein. Geblieben sind nur die

---

Oben links: Den Nelkenbaum erkennt man an der typischen, eiförmig geschlossenen Krone.
Oben rechts: Knospen und Blüten des Gewürznelkenbaums. Sobald die Rotfärbung eintritt, werden die als Gewürz geschätzten Knospen geerntet.
Darunter: Die Blütenknospen des Nelkenbaumes müssen vor dem Versand getrocknet werden.
Unten links: Die Früchte des Muskatnußbaumes erinnern in Form und Größe an Aprikosen.
Mitte rechts: Geöffnete Früchte des Muskatnußbaumes. Die rote Samenschale, die später zur Mußkatblüte verarbeitet wird, ist deutlich zu erkennen.
Darunter: Von der Samenschale befreite, getrocknete, gekalkte Muskatnüsse.

Pflanzungen auf Penang, während Singapur der größte asiatische Gewürzhandelsplatz geworden ist.
Heute stammen noch etwas mehr als die Hälfte aller Muskatnüsse und Muskatblüten aus der Republik Indonesien, der größte Teil weiterhin von den eigentlichen Molukken. Etwa 40 % der Welternte kommen jetzt von der Insel Grenada (Muskat-Insel) und auch aus Trinidad. West-Neuguinea und einige Inseln der Philippinen liefern nur minderwertige Nüsse. Der Gesamtverbrauch dieses einst so hoch geschätzten Gewürzes ist stark zurückgegangen, und es ist kaum noch zu verstehen, daß der Anbau und Handel mit Muskatnüssen indirekt einen derart großen Einfluß auf die Weltgeschichte haben konnte.

Botanik

Der Muskatnußbaum, *Myristica fragrans* Houtt., gehört zur Familie der Myristicaceae, der Gagelstrauchgewächse. Von dieser Pflanzenfamilie, die etwa 15 Gattungen mit ungefähr 250 bisher bekannten Arten umfaßt, sind die meisten in tropischen Regionen heimisch. Alle Gewürze der Myristicaceae stammen ursprünglich aus dem östlichen Teil des Malaiischen Archipels.
Muskatnußbäume sind alte Kulturpflanzen. Bei freiem Wachstum kann der Baum bis etwa 18 m hoch werden. Aus praktischen Gründen wird er aber auf ungefähr 6 bis höchstens 9 m zurückgeschnitten. Bei einem kurzen kräftigen Stamm, an dem die Verästelung schon recht tief einsetzt, bietet er mit seiner kegelförmigen Krone einen ästhetischen Anblick. Die Rinde ist von dunkler schwarzgrüner Farbe. Die lederartigen, ganzrandigen Blätter, wechselständig angeordnet, sitzen an einem kurzen Stiel und sind auf der Oberseite dunkelgrün, auf der Unterseite dagegen heller. Sie sind etwa 10 cm lang, lanzettlich und ähneln denen von Rhododendron.
Muskat ist eingeschlechtlich, d. h. die Bäume sind in der Regel entweder männlich oder weiblich – eine Tatsache, die für den Anbau gewisse Folgen haben kann. Die kleinen, gelblichen Blüten entwickeln sich an den Zweigen am oder knapp oberhalb eines Blattansatzes. Dabei stehen die kleineren männlichen Blüten in Traubendolden bis zu 10 zusammen, die größeren weiblichen dagegen einzeln oder bis höchstens zu dritt. Neben solchen unbedingt zweihäusigen Bäumen gibt es noch Pflanzen, die sowohl männliche als auch einzelne weibliche Blüten tragen, aus denen sich sogar Früchte entwickeln. Ebenso kommt es gelegentlich zu einer Änderung des Geschlechts: auf älteren männlichen Bäumen treten dann nur noch weibliche Blüten auf; umgekehrte Fälle sind aber nicht bekannt geworden. Der Muskatnußbaum blüht zu allen Zeiten, man kann also Knospen, Blüten und Früchte gleichzeitig finden. Übrigens ist noch nicht ganz geklärt, ob die Befruchtung nur durch Windbestäubung, durch Insektenbestäubung oder durch beides erfolgt.
Die männlichen Blüten haben bis zu 10 miteinander verwachsene Staubblätter; die weiblichen bestehen aus einem Fruchtknoten, der nach der Bestäubung zu einer den Nektarinen ähnlichen Frucht auswächst. An einer Naht, die über Rücken und Bauch verläuft, springt die reife Frucht dann auf. Im dicken Fruchtfleisch liegt die Nuß, umgeben von einer harten Schale, die wiederum vom Samenmantel umhüllt ist,

Oben links: Kleiner Zweig des Pimentbaumes. Das Destillat aus den Blättern findet als Zusatz für Kräuterliköre Verwendung. Oben rechts: Die Vanilleblüte ist im Vergleich zu anderen Orchideen eher unscheinbar. Unten links: Getrockneten Vanilleschoten. Unten rechts: Der dünne, grüne Stengel der Vanille rankt an den Stützbäumen empor. Die Fruchtstände mit den traubenartig stehenden Vanilleschoten (Besen) sind deutlich zu sehen.

dem Arillus, der die Muskatblüte liefert. Der am Nabel angewachsene, fleischige Arillus läßt sich aber trotzdem von den anderen Teilen der Samenschale leicht lösen. Ist diese Schale aufgebrochen, so liegt der Samen frei, die eigentliche Muskatnuß des Handels. Die Bezeichnung „Nuß" für den Samenkern ist zwar nicht ganz richtig, doch seit Jahrhunderten eingebürgert. Der Samen ist höchstens 3 cm lang, etwa Taubeneiern entsprechend, doch an keiner Seite spitz zulaufend. Die ursprüngliche Farbe ist bräunlichgrau. Ich sage ursprünglich, denn die meisten in den Handel gebrachten ganzen Muskatnüsse kennen wir nur mit einem schmutzig-weißen Überzug. Sie sind gekalkt worden! Die Oberfläche der Samen ist unregelmäßig netzartig durchzogen und runzelig. Muskatnüsse sind sehr fettreich. Das Nährgewebe besteht bis zu 35 % seines Gewichts aus einem Öl mit niedrigem Schmelzpunkt, der Muskatbutter, neben einem etwa gleichgroßen Anteil Stärke und verschiedenen organischen Säuren. Ungefähr 10 % beträgt der Anteil eines ätherischen Öls, welches das giftige Myristicin enthält.

Klima und Boden

Der Muskatnußbaum stellt als ausgesprochene Tropenpflanze ähnliche Klimaansprüche wie die Gewürznelken. Er wächst besonders gut in Seenähe, daher liegt seine Hauptverbreitung auf meist kleineren Inseln. Eine ausgeglichene Temperatur von über 22 °C ohne große Schwankungen und gleichbleibend hohe Luftfeuchte sind erforderlich. Die jährlichen Niederschlagsmengen zwischen 2500 bis über 3000 mm sollen möglichst über alle Monate verteilt fallen. Die Bäume, ursprünglich im halbhohen Unterwuchs des Urwalds zu finden, lieben den Schatten, der in Anpflanzungen, wenn starke Bewölkung fehlt, durch geeignete Schattenbäume ersetzt werden muß.

Ist das Klima in den für den Anbau von Muskatnüssen geeigneten Tropengebieten recht einheitlich, so zeigt der Boden oft große Unterschiede. Die eigentliche Heimat der Muskatnüsse, die Molukken, baut sich aus Böden vulkanischen Ursprungs auf. Auch noch in historischer Zeit wurden diese durch Ascheniederschlag bei Vulkanausbrüchen mineralisch angereichert. Anderseits wächst der Muskatnußbaum aber auch auf guten, lehmigen Böden nichtvulkanischer Herkunft, solange keine stauende Nässe auftritt. Die günstigste Höhe für den Anbau des Muskatnußbaums liegt zwischen dem Meeresspiegel und höchstens 600 m.

Anbau

Die sehr langsam wachsenden Muskatnußbäume werden durch Samen vermehrt. Diese müssen reif vom Baum stammen und sollen recht bald ausgelegt werden, da sich ihre Keimkraft nicht lange hält. 4 bis 6 Wochen später gehen die Nüsse auf. Sie werden nach dem Auflaufen in Körbe gesetzt und in Saatbeete verpflanzt, die durch ein einfaches, lichtdurchlässiges Grasdach geschützt sind. Die Beete müssen gut befeuchtet werden. Haben die Bäumchen in ihren Bambus- oder heutzutage auch Plastikkörben nach etwa einem Jahr eine Höhe von 30 cm erreicht, dann verpflanzt man sie an den endgültigen Standort. Sie kommen in große, gut gedüngte Gruben, die im Abstand von mindestens 8 bis 10 m ausgehoben werden. Zunächst stehen sie unter den vorher gesetzten Schattenbäumen, die sie auch gegen stärkere Winde schützen sollen.
Ein sehr großes Problem bei der Anlage von Muskatnußpflanzungen ist das vorher nicht erkennbare Geschlecht der Bäume. Es hat sich aus der Erfahrung ergeben, daß, je nach den Windverhältnissen, ein männlicher Baum auf etwa 20 weibliche genügt, um einen ausreichenden Fruchtansatz zu sichern. Leider läßt sich

vor der ersten Blüte jedoch nicht erkennen, welchem Geschlecht die jungen Bäume angehören. Man muß also meist 6 bis 8 Jahre abwarten, ehe der Baum zum ersten Mal blüht. Dann kann man die überzähligen männlichen Bäume ganz entfernen und mit viel Glück weibliche nachpflanzen, oder es werden weibliche Reiser auf männliche Bäume gepfropft – ein Verfahren, das nach 1790 zum ersten Mal von einem Deutschen – Josef Huber – auf Mauritius angewandt wurde. Leider entwickeln sich die nachgepflanzten oder gepfropften Bäume nur mäßig. Seit etwa 20 Jahren versucht man die Erbanlage wertvoller Bäume klonal weiterzugeben. Alle Methoden, das Geschlecht der Pflanzen schon aus der Größe, Form oder Farbe der Samen zu erkennen, brachten bisher keinen Erfolg. Daher lassen sich auch keine Flächenerträge bei angelegten größeren Pflanzungen bestimmen.

Wie alle Kulturpflanzen leiden auch die Muskatnußbäume, anders als die wildwachsenden Verwandten, oft unter Schädlingen, Krankheiten und der Witterung. Die eifersüchtige Bevormundung des Anbaus und die Kontrolle des Monopols in früheren Zeiten, besonders durch die Holländer, hat zu einer Verarmung der Erbsubstanz beigetragen und die Kultur der Muskatnuß durch ständige Inzucht geschwächt. Eine Folge davon ist die nachlassende Widerstandsfähigkeit gegen Schädlinge und Pilzerkrankungen. Auch ein Aufspringen der äußeren Fruchtfleischkapsel vor der vollständigen Reife, verursacht durch einen Krebs auf den Früchten, gehört zu diesen Schädigungen. Ein Käfer *(Phlocosomos cribatus)*, der hauptsächlich die jüngeren Zweige befällt, zerstörte vor etwa 100 Jahren die großen Pflanzungen auf Penang und Singapur. Nur auf Penang hat sich der Anbau wieder erholen können. Die Larven von Motten, Blattläusen, Ameisen und anderen Insekten finden ebenfalls großen Gefallen an der Muskatnuß. Als Lagerschädling ist der Muskatnuß-Bohrkäfer gefürchtet, der die Samen auffrißt. Witterungsbedingte Schäden treten hauptsächlich im westindischen Anbaugebiet auf. Die dort gefürchteten Hurrikane der Karibik richten oft so schwere Verwüstungen in den Pflanzungen an, daß der Ertrag auf Jahre hinaus ausfallen kann.

Die Muskatnußbäume beginnen erst zwischen dem 8. und 10. Jahr richtig zu tragen. Die Menge der Früchte steigt dann bis ungefähr zum 15. Jahr und hält sich lange auf dem gleichen Stand. Wenn die Bedingungen gut sind und keine Krankheiten, Schäden durch Wind oder mögliche Trockenheit eintreten, bleiben selbst Bäume von 100 Jahren noch ertragreich. Von der Blüte bis zur Reife dauert die Entwicklung der Frucht meist 9 Monate, nur gelegentlich ist sie schon etwas früher abgeschlossen. Obwohl das ganze Jahr stets reife Früchte am Baum zu finden sind, gibt es doch für gewöhnlich zwei ausgesprochene Erntezeiten. Dies ist eine Folge des erhöhten Fruchtansatzes zu Beginn der großen und kleinen Regenzeit in den meisten Anbaugebieten.

Ernte und Aufbereitung

Die Ernte beginnt zur Zeit der Vollreife. Das Fruchtfleisch spaltet sich längs der Naht, und der rötlich gefärbte Samenmantel (Arillus) wird sichtbar. In manchen Anbaugebieten läßt man die reifen Muskatfrüchte einfach abfallen und liest sie dann auf. In anderen Regionen, besonders auf den Molukken, pflückt man sie aber sorgfältig. Mit kleinen, etwa 25 cm langen Bambuskörbchen, die oben und unten spitz zulaufen und nur auf der Seite ein Viertel geöffnet sind, werden die Früchte regelrecht eingefangen. Die Körbchen sind auf langen Bambusstangen befestigt und werden wie unsere Obstpflükker an die Muskatfrüchte geführt. An der oberen, offenen Außenseite des kleinen Behälters sitzen zwei Hölzer, die den Reißzähnen der Raubtiere nachgebildet sind. Damit zieht der Pflücker die Früchte von den Zweigen.

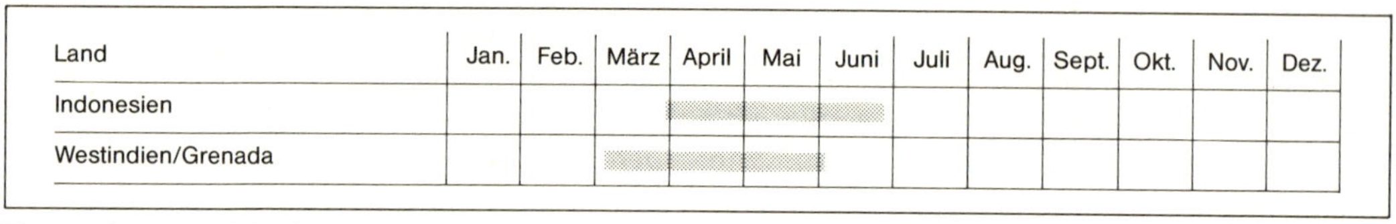

Erntezeiten von Muskat.

Das Erntegut wird gesammelt und zur zentralen Aufbereitung gebracht. Angefressene, angefaulte und anderweitig beschädigte Früchte werden gleich aussortiert. Im ersten Arbeitsgang wird zunächst das Fruchtfleisch vom Samen mit der rötlichen Samenhülle getrennt. Dieses Fruchtfleisch wird entweder für sich gezuckert als Kompott eingekocht oder, bei zu großem Anfall, einfach kompostiert. Der Arillus muß im zweiten Arbeitsgang sorgfältig mit einem kleinen Messer oder auch mit der Hand von der Samenschale abgezogen werden. Bedingung ist, daß die Samenhaut möglichst unbeschädigt bleibt, denn das unversehrte Doppelblatt des Samenmantels wird höher bewertet als ein zerrissenes. Die Macis (Muskatblüte) muß nun gesondert behandelt werden. Beim Abziehen noch rot, verfärbt sie sich beim Trocknen zunächst gelbrot und wird nach einiger Zeit gelblich. Als dritter Arbeitsgang wird die Macis auf flachen Bambustellern von etwa 1 m Durchmesser vorsichtig ausgebreitet und der Sonne ausgesetzt. Sind die Blättchen welk und schlapp, dann müssen sie einzeln mit der Hand glattgestrichen werden – eine gewiß zeitraubende Angelegenheit. Während des Trocknens – bei gutem Wetter eine Sache von wenigen Tagen, die aber bei Regen oft bis zu 2 Wochen dauern kann – wird die Macis hornartig und brüchig. Sie ist dabei ständig auf Schimmelbildung zu untersuchen. In anderen Gegenden legt man die Arilli einzeln zwischen Bretter, wodurch sie ihre flache Form bekommen. Erst während des Trocknens erhält die Muskatblüte ihr charakteristisches, leicht beißendes Aroma.

Die vom Samenmantel befreiten Samen werden anders aufbereitet. Sie werden auf Gestellen unter Schattendächern getrocknet. Ein Trocknen an der Sonne ist der Qualität abträglich, da der Schmelzpunkt des Fettes, der Muskatbutter, bei 38 °C liegt – einer Temperatur, die in voller tropischer Sonne weit überschritten wird. Das Fett könnte in diesem Fall aus den Samenkernen austreten. Moderne Pflanzungen und die von Kleinbetrieben aufkaufenden Handelshäuser haben Trockenkammern mit regulierbaren Temperaturen. Während des Trocknens müssen die harten Samenschalen mit den Kernen alle 2 bis 3 Tage gewendet werden. Die „Muskatnüsse“ sind trocken, wenn der innere Samenkern beim Schütteln klappert. Oft ist dies erst nach 5 bis 8 Wochen der Fall.

In kleinen bäuerlichen Betrieben werden die Schalen durch Aufschlagen geknackt. Bei den Aufkäufern und auf größeren Pflanzungen besorgen dies Maschinen. Nach dem Aufknakken werden die Samen verlesen. Große, glatte, gut gerundete und unbeschädigte Nüsse sind die wertvollsten; sie werden durch Absieben nach der Größe sortiert.

Die Erträge der Bäume schwanken erheblich. Gewöhnlich liegen sie bei guter Pflege um 1000 Nüsse pro Jahr. Im Durchschnitt liefert ein Baum daneben ungefähr 500 g Macis.

In besonders anspruchsvollen Feinkostläden ist inzwischen auch bei uns das eingemachte Fruchtfleisch zu finden, von dem schon Francesco Carletti berichtet hat. Oft besteht sogar in einigen Herkunftsländern nach diesem Einge-

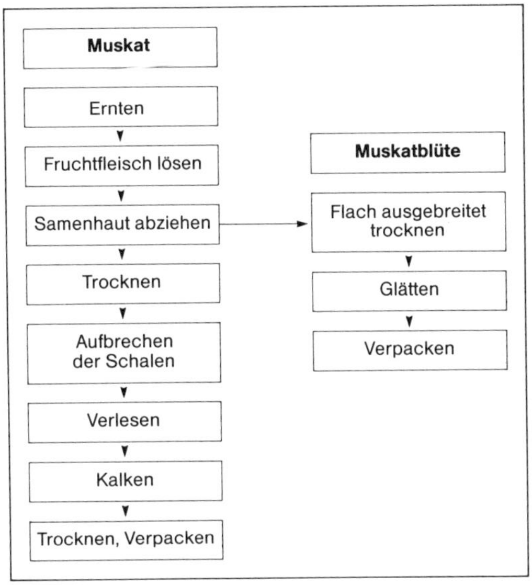

Arbeitsschema der Aufbereitung von Muskat und Muskatblüte.

machten eine größere Nachfrage als nach den Nüssen selbst.

Ist die Nuß einmal freigelegt, dann bietet die harte äußere Samenschale keinen Schutz mehr gegen tierische Lagerschädlinge und Schimmel. Die Holländer kamen daher schon recht früh auf den Gedanken, die Nüsse mit Kalk zu bespritzten oder mit Kalkpuder einzureiben. Später tauchte man sie einfach in mit Seewasser bereitete Kalkmilch. Der Nebengedanke war außerdem, die Keimkraft zu zerstören, um ein Verpflanzen in andere tropische Gebiete zu verhindern. Heute wissen wir allerdings, daß diese Annahme falsch war, denn nur frische, reife Nüsse bleiben kurze Zeit keimfähig. Das Kalken erfordert nochmals einen großen Zeit- und Arbeitsaufwand, da die nassen Nüsse zunächst zum Abtropfen auf grob geflochtenen Bambusgestellen ausgelegt werden müssen, bevor man sie wiederum trocknen läßt. Aus alter Gewohnheit hat sich das Kalken aber erhalten, und die meisten Muskatnüsse kommen mit eincm grauweißen Überzug in den Handel. Man bezeichnet die so behandelten Nüsse auch als holländische Muskatnüsse, während die naturfarbenen, unbehandelten als englische Muskatnüsse bekannt sind, die meist aus Penang oder für die USA aus Grenada stammen. Muskatblüte wird oft mit Schwefel behandelt oder mit neueren keimtötenden Mitteln begast.

Handel

Allgemein wird zwischen westindischen und ostindischen Muskatgewürzen unterschieden. Muskatnuß und -blüte aus dem alten Anbaugebiet von Ambon und den Banda-Inseln werden etwas höher bewertet als die gleichen Produkte aus der Karibik. Vor dem Versand sortiert man die Nüsse nach der Größe. Gerechnet wird die Anzahl der Nüsse auf ein englisches Pfund (454 g). Bei Klasse 1 liegt diese bei 80 Nüssen, bei Klasse 3 bis 130.

Muskatblüte (Macis) wird nach Größe und Farbe bewertet. Macis soll goldgelb, von schwach fettig-glänzendem Aussehen und hornartig-brüchiger Beschaffenheit sein. Die Einteilung reicht vom ganzen Doppelblatt über gebrochene Blätter bis zum gesiebten Abfall. Macis wird meist schon im Herkunftsland gemahlen. Muskatblüte aus Ostindien hat einen dunkleren Farbton als die blassere westindische Macis. Auch der Gehalt an ätherischen Ölen ist etwas höher als der der westindischen Kultivare.

Allgemein hat sich neben der Beurteilung nach Gewicht, der hohen Anfälligkeit der Muskatnüsse gegen Insektenfraß und Bruch Rechnung tragend, für den Handel eine besondere Qualitätsbeschreibung durchgesetzt. Diese handelsübliche Bezeichnung von Muskatnüssen und Muskatblüte ermöglicht es dem Käufer, schon bei der Bestellung die spätere Verwendung zu berücksichtigen.

Muskatnüsse
Papua, BWP (Broken, Wormy, Punky (engl.) = Bruch, wurmig, faulig)
Papua, ABCD (A besser als B)
Siauw/Ambon, BWP
Siauw/Ambon, geschrumpft
Siauw/Ambon, ABCD
Siauw/Ambon, sortiert
(80 bzw. 110 Nüsse auf 454 g)
Grenada, Defectives
Grenada, sortiert

Muskatblüte
Padang, faq.
Siauw/Ambon, Bruch
Siauw/Ambon, ganz
Papua, Bruch
Papua, ganz
Grenada, Bruch
Grenada, ganz

Verwendung

Der etwas süßliche, warme, doch dabei pikant aromatische Geschmack macht Muskatnuß und Macis zu einem beliebten Gewürz. Ihre Anwendung ist fast gleich. Die Nüsse werden meist fein gerieben, die Muskatblüte wird gemahlen verwendet. Man gebraucht sie bevorzugt als geschmacks- und aromagebend für Suppen, bei Fleischgerichten, Gemüseeintöpfen, in Mischungen für Wurstgewürze und in letzter Zeit auch für Fertigsoßen. Macis verfeinert bei richtiger Dosierung den Geschmack von Dauergebäck, besonders in der weihnachtlichen Lebkuchenbäckerei und bei einigen Puddings. Viele geschmackliche Nuancen bei Likören, Magenbittern und anderen Getränken beruhen auf der Beigabe von Macis. Das aus den Muskatnüssen und der Muskatblüte destillierte ätherische Öl ist ein wichtiger Zusatz für die Parfüm-, Kosmetik-, Zahnpasten- und Seifenindustrie. Der hohe Anteil an leicht schmelzbarem, talgartigem Fett, der Muskatbutter, wird durch einfache Warmpressung aus zum Verkauf ungeeigneten Nüssen gewonnen. Das sind die zu kleinen, verwachsenen, wurmstichigen oder auch beim Aufknacken zerbrochenen Samenkerne. Die Muskatbutter findet bei der Herstellung von Kerzen, bei Salben, Pflastern und gewissen Einreibemitteln Verwendung. Der früher größere medizinische Gebrauch ist jedoch in den letzten Jahren zurückgegangen.
Die ätherischen Öle der Muskatnuß und der Muskatblüte enthalten bis zu 4 % einer höchst giftigen Substanz: das Myristicin. Dieses verursacht bei zu hohem Konsum schwere gesundheitliche Schäden, besonders an der Leber. Daher dürfen die Öle den Speisen nur in ganz geringen Mengen zugesetzt werden. Weiterhin ist bekannt, daß größere Dosen des Gewürzes eine stark berauschende und betäubende Wirkung haben. Orts- und Zeitsinn können nach der Einnahme vorübergehend verlorengehen. Um sich aus der Wirklichkeit zu stehlen, hat es sich besonders in den USA als Ersatz für härtere Drogen in einigen Kreisen eingebürgert, gemahlene Muskatnuß teelöffelweise zu essen. Beim Abklingen der Wirkung stellen sich dann regelmäßig Übelkeit, Schwindel und Kopfschmerz ein. Man kann es als Glück bezeichnen, daß ein Übermaß des Muskatgeschmacks auf die Dauer eine Abneigung bis zum Widerwillen erzeugt.
Die gehandelten Muskatnüsse stammen von der nur noch als Kulturform bekannten Gattung *Myristica fragrans*, dem echten Muskatnußbaum. Meist weniger wertvolle Früchte werden aber von einigen Arten der gleichen Familie geerntet, die heute noch als Wildformen zu finden, zum Teil aber auch angepflanzt sind. Die Papua- oder Makassar-Nuß (*Myristica argentea* Warb.) wächst auf Neuguinea und einigen benachbarten Inseln. Die Samenkerne sind bei geringerem Durchmesser länger als die der Banda-Nüsse, sie ähneln großen Eicheln. Das Aroma ist weniger intensiv. Ihr Handelswert ist

gering und sie gelangen kaum über die Grenzen des Ursprungslandes hinaus. Im Süden Indiens wachsen die fast geruchs- und aromalosen Bombay-Nüsse, die Samenkerne von *Myristica malabarica* Lam. Diese Muskatnüsse, die ihren Namen von ihrem Ausfuhrhafen haben, werden dem gemahlenem Muskatgewürz eigentlich nur zum Strecken beigegeben. Andere Wildformen der *Myristica* haben zur Zeit keine Bedeutung, könnten aber mit ihrem Erbgut bei Neuzüchtungen eine Rolle spielen.

Vanille

Deutschland führt jährlich ungefähr 230 Tonnen Vanille vorwiegend aus Madagaskar, den Komoren und Indonesien ein, wovon allerdings etwa ein Fünftel wieder reexportiert wird – vorzugsweise nach Skandinavien, Großbritannien und einzelne Länder des Ostblocks. Die Weltproduktion, die klimatisch bedingt schwanken kann, beträgt durchschnittlich 1500 Tonnen jährlich. Die Erträge richten sich dabei nach der Sorte, der Aufbereitung und auch nach den Anbaugebieten. Für 1 Tonne Vanille werden zwischen 20 000 und 25 000 Schoten benötigt.

Vanille ist wohl von allen bekannten Gewürzen das bemerkenswerteste. Geschmack und Geruch sind einmalig und lassen sich aus der feinen Küche und modernen Süßwarenherstellung nicht mehr wegdenken. Vanille gilt wegen ihres kräftigen, doch angenehm-lieblichen Aromas als besonders charakteristisch und ist damit unbestritten die Königin aller Gewürze geworden.

Für die Gewürzpflanzer und -händler mag es nun besonders tragisch gewesen sein, daß es schon vor über 100 Jahren gelang, ausgerechnet den wichtigsten aromatischen Duft- und Geschmacksstoff, das Vanillin, in völlig gleichartiger Form synthetisch herzustellen. Da es preiswert ist und in gleichbleibender Qualität in großen Mengen erzeugt werden kann, hat es in vielen Gebäcken und Schokoladen die natürliche Vanille weitgehend verdrängt. Erst in neuerer Zeit gewinnt die „echte Vanille" einen Teil ihres früheren Marktes zurück. Es hat sich nämlich gezeigt, daß sich einige das Aroma ausmachende, ätherische Öle doch nicht ersetzen lassen. Die Verwendung von Vanillin – wie der Austauschstoff auch amtlich heißt – muß übrigens bei allen damit gewürzten Produkten angezeigt werden.

Sehen wir vom Cayennepfeffer ab, dann ist die Vanille das einzige Gewürz von weltweiter Bedeutung, das uns Amerika beschert hat. Die Vanille ist in den tropischen Regenwäldern des südöstlichen Mexikos und in Mittelamerika heimisch. Es wird wohl immer ein Geheimnis bleiben, welche Bewohner dieser keineswegs lebensfreundlichen, feuchtheißen und sumpfigen Niederungen zuerst die Bedeutung der rankenden Großorchidee als Gewürz erkannt haben, denn ohne eingehende Behandlung sind deren Früchte nicht zu verwenden.

Schon lange vor der Ankunft der Spanier war die Vanille in Mexiko bekannt. Sie wurde hochgeschätzt und galt, ähnlich dem Kakao, auch als Zahlungsmittel. Steuern wurden zum Teil durch Lieferung von Vanille abgegolten. Die Spanier lernten sie kennen, als der von ihnen gefangengehaltene Aztekenkaiser Montezuma seine mit Vanille gewürzte Morgenschokolade trank. Diese bestand aus gerösteten, gestoßenen Kakaobohnen, gemahlenem Mais und Honig. Alles wurde mit genügend Wasser angesetzt und aufgekocht, dann wurde Vanille als Gewürz hinzugefügt. Später fanden auch die Spanier Gefallen an dieser Schokolade. Doch erst gegen Ende des 16. Jahrhunderts – später als den Kakao – nahmen sie die Vanille mit in ihre Heimat. Man setzte dieses Gewürz hauptsächlich in der damals noch recht einfachen Schokoladenherstellung als Geschmacksverbesserer

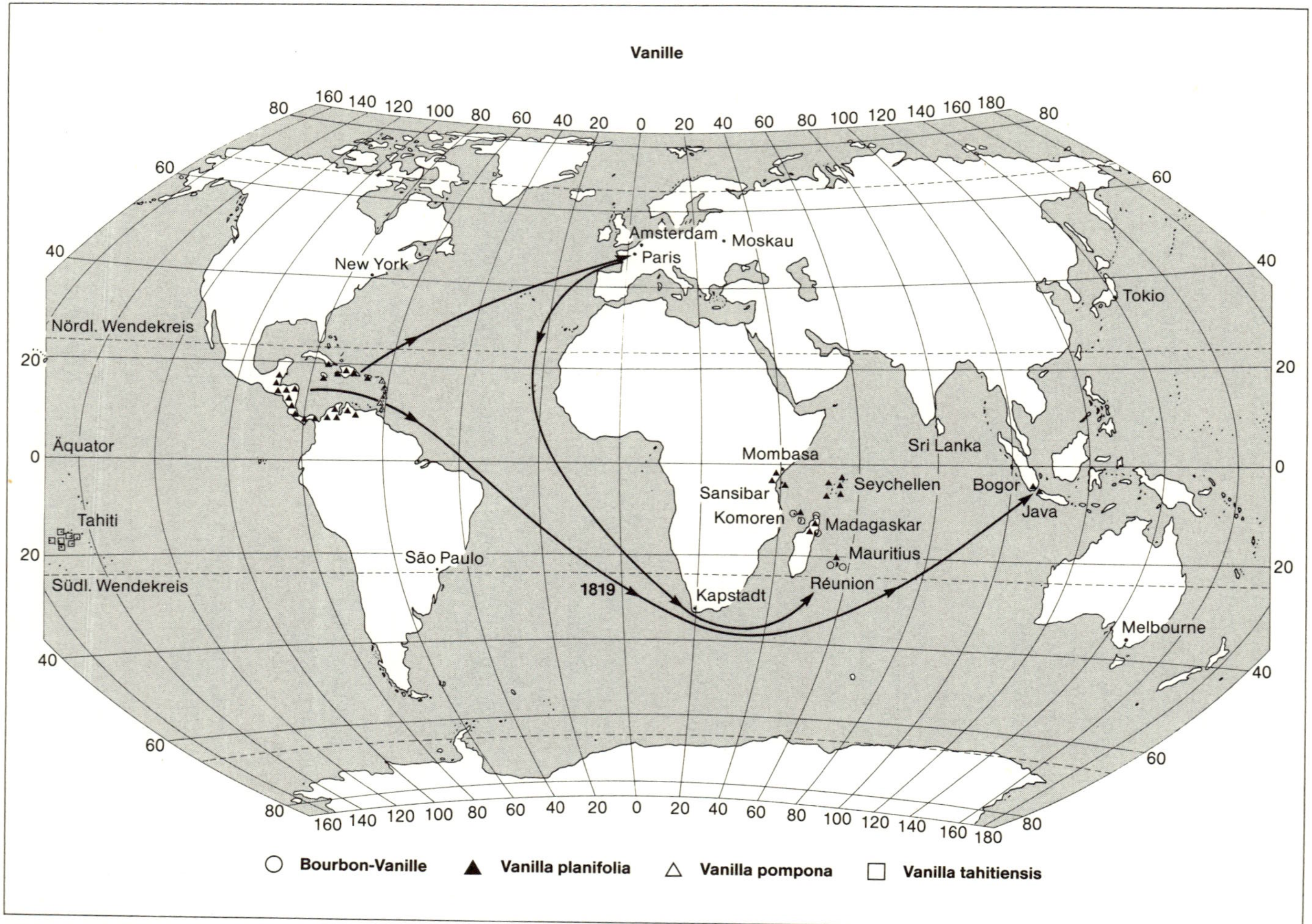

Ursprüngliche und heutige Anbaugebiete der Vanille.

zu. In Frankreich kam man auch noch auf den Gedanken, den Tabak damit zu würzen.
Das Geschäft mit der Vanille wurde für die Kreolen immer einträglicher, und sie erkannten rasch den hohen Handelswert dieses Gewürzes. Mexiko hatte ein absolutes Monopol. Es war natürlich, daß andere Länder mit Kolonien in klimatisch ähnlichen Landstrichen danach trachteten, dieses Vanille-Monopol zu unterlaufen, um selbst an diesem gewinnbringenden Handel teilzuhaben. 1819 gelang es den Holländern, nachdem sie ihr Gewürzmonopol für Nelken, Muskat und Zimt schon längst verloren hatten, Vanillestecklinge nach Java zu entführen. Buitenzorg (heute Bogor) war schon damals der führende Botanische Garten der Tropen. Hier wurden die ersten Vanillepflanzen im Freien außerhalb Mexikos gezogen. Es ließ sich alles recht gut an: die Vanille gedieh großartig, sie blühte und verblühte, doch es gab keine Früchte! Die Pflanze blieb unfruchtbar. Nach längerem Forschen fand man die Lösung: Der Bau der Blüte war so eigenartig, daß nur langschnäblige Kolibris oder eine bestimmte Bienenart die Pflanze bestäuben konnten. Diese beiden in Frage kommenden Tierarten gab und gibt es in Ostasien aber nicht.
Die Franzosen unternahmen nun, wohl unabhängig von den Holländern, einen anderen Versuch, den Anbau von Vanille in ihr Herrschaftsgebiet zu verlegen. Irgendwann hatte jemand einige Stecklinge nach Frankreich gebracht. Sie wurden dort in einem Gewächshaus gehegt und durch Ableger vermehrt. Es war ein Zeitalter, in dem in den vielen Orangerien allerlei exotische Pflanzen gezogen wurden. Der Gouverneur der Insel Bourbon (heute Réunion) im Indischen Ozean ließ sich einige Stecklinge aus Frankreich mitbringen, die sich gut durch Ableger vermehrt hatten, und setzte sie in seinem Garten aus. Es muß ein hartnäckiger Herr gewesen sein, dem heute die Bourbon-Vanille ihren Weltruf verdankt, denn erst beim dritten Versuch wuchsen die Pflanzen an.
Die Befruchtung der Vanille, die im Ursprungsland so problemlos scheint, blieb viele Jahre ein Hindernis für die Verlagerung des Anbaus in andere klimatisch geeignete Tropengegenden. Erst die Lösung des Geheimnisses der Befruchtung ermöglichte das Anpflanzen außerhalb Mexikos. Nachdem zunächst der Pollen künstlich durch Pinsel übertragen wurde, fruchteten die Vanillepflanzen auf Java. Später entwickelten die Pflanzer eine spezielle Methode, um die Blüte zu befruchten – ähnlich einem Kolibri, der den Pollen auf Nektarsuche durch seinen langen Schnabel auf die Narbe drückt.
Nachdem sie auf Bourbon heimisch geworden war, legte man schon wenige Jahre später auf der Nachbarinsel Mauritius, die damals nicht mehr französisch war, Vanillepflanzungen an. Später folgte der Anbau auf den Seychellen, dann auf Madagaskar einschließlich der Komoren. Der westliche Teil des Indischen Ozeans wurde so mit knapp 85 % der Gesamtwelternte zum Hauptproduktionsgebiet guter Vanille. Die sogenannte Bourbon-Vanille, die über den Umweg eines französischen Gewächshauses direkt von der mexikanischen abstammt, gilt heutzutage als Kulturvanille schlechthin. Später legten die Franzosen auch auf Tahiti Vanillepflanzungen an. Hawaii, die Philippinen, ganz Indonesien und Sansibar, ferner Brasilien und einige Inseln Westindiens (Jamaica, Puerto Rico) folgten. Der weltwirtschaftlich noch begrenzte Handelswert, zusammen mit einer fehlenden Erfahrung bei der Behandlung der geernteten Vanille, schränken aber eine Ausweitung des Anbaus ein. Über 70 % der Weltproduktion entfallen heute auf Madagaskar, rund 11 % auf die Komoren und 2,5 % auf La Réunion.

Botanik

Die Gattung Vanille aus der sehr großen Pflanzenfamilie der Orchidaceae, aus der praktisch nur drei Kulturarten bekannt geworden sind, ist eine mehrjährige, im Boden verwurzelte, epiphytisch rankende Pflanze. Sie bildet aus den Knoten ihres Stengels heraustretende Haft- und Luftwurzeln, mit denen sie sich an ihren natürlichen Standorten bis in die Wipfel großer Urwaldbäume emporrankt, ohne aber von den Nährstoffen der Stützpflanzen zu zehren.

Die wirtschaftlich wichtigste Art ist *Vanilla planifolia* (Andr.) (*V. fragrans* (Salisb.) Ames), die besonders wegen ihres Aromas geschätzt wird. Sie kommt ursprünglich aus Mexiko, und alle Pflanzungen im Gebiet des Indischen Ozeans stammen von dieser Art ab.

Eine andere häufig gehandelte Vanille-Art ist *Vanilla tahitiensis* (J.W. Moore), die von Tahiti und anderen Inseln Polynesiens und Hawaiis bekannt wurde. Als Vanille minderer Qualität gilt dagegen *Vanilla pompona* (Schiede) aus Westindien. Vielfach sieht man auch die Tahiti-Vanille nur als eine Varietät der westindischen Art an.

Vanille ist eine Kletterpflanze mit einem saftigen, etwa kleinfingerstarken, dunkelgrünen Stengel. Er ist biegsam und verholzt auch im Alter nicht. Die Pflanze entwickelt ovale, dickfleischige Blätter, die je nach dem Grad ihrer Beschattung eine gelbliche bis dunkelgrüne Farbe annehmen. Mit etwa 15 cm Länge und 7 cm Breite sind sie recht groß. Gegenständig zu den Blättern bilden sich kurze Haftwurzeln, die der Pflanze beim Emporranken Halt geben. Gleichzeitig sprießen in Bodenrichtung wachsende, längere Luftwurzeln, die an ihrem etwas verdickten Ende mit feinen Härchen besetzt sind. Die traubenförmigen Blütenstände treten aus den Blattachseln hervor. Die etwa fingerlangen und bis zu zwei Finger breiten Blüten haben wohl die typische Form, sehen aber im Gegensatz zu den anderen farbenprächtigen Orchideenblüten mit ihrem weißlichen Grün recht unansehnlich aus. Die kurzgestielten, etwa 8 bis 10 Blüten der einzelnen Trauben, von denen niemals mehr als eine pro Tag blüht, entwickeln sich nacheinander im zeitlichen Abstand von etwa 2 bis 3 Tagen. Sie öffnen sich nur einmal in der Frühe bei Sonnenaufgang und sind nur wenige Stunden aufnahmefähig für den Pollen. Die Zeit der Blüte richtet sich nach den örtlichen Verhältnissen. Sie verteilt sich auf bis zu 3 Monate. Bei zu später Befruchtung bleibt die Blüte steril und stirbt ab. Eine einzige Vanillepflanze kann über 1000 Blüten hervorbringen, von denen jedoch nur ein ganz geringer Teil befruchtet wird, um ein Übertragen zu vermeiden. Mehr als 50 Früchte sind daher bei einer Pflanze nicht zu finden. Auf einer Traube, auch „Besen" genannt, lassen sich oft schon große, entwickelte Kapselfrüchte, die fälschlicherweise Schoten genannt werden, sowie auch noch Blütenknospen beobachten. (Kapselfrüchte entstehen ja durch das Verwachsen von mindestens zwei Fruchtblättern, während sich bei den Schoten die Fruchtblätter bei der Reife durch Spalten öffnen und von der verbleibenden Scheidewand ablösen.) Wenige Stunden nach der Befruchtung verwelken die Blütenblätter und fallen ab. Die grünliche, einer Stangenbohne ähnliche Frucht bildet sich dann einige Tage später aus. Nach einem Monat hat sie schon ihre volle Größe von etwa Handlänge erreicht. In einem balsamartigen Fruchtmark eingebettet, finden sich die unzähligen kleinen Samen. Die Befruchtung der selbstbestäubenden (autogamen) Vanille ist recht schwierig und erfordert beim gewerbsmäßigen Anbau einen sachgemäßen fremden Eingriff – eine Entwicklung, die sich heute sogar in Mexiko durchgesetzt hat, um eine möglichst gleichbleibende Ernte zu erzielen. Die Narbe des Stempels ist durch eine Überwachsung (Rostellum) von den Staubgefäßen (Pollinium) getrennt. Im Heimatland der Vanille gibt es die schon erwähnten Insekten

und Vögel, die beim Blütenbesuch die Bestäubung vornehmen.
Man hat nun nicht versucht, die Tiere in den neuen Anbaugebieten einzuführen, sondern verschiedene Methoden zur Befruchtung entwickelt. Bei der heute allgemein um den Indischen Ozean üblichen und andernorts übernommenen Methode wird die Blütenkrone mit einem Stäbchen, meist einem Bambussplitter, aufgeschlitzt. Dabei werden Staubgefäße und Narbe freigelegt und das Rostellum hochgestoßen. Beide werden miteinander in Verbindung gebracht, der Blütenstaub kommt an die Narbe. Diese Arbeit der künstlichen Bestäubung wird meistens von Frauen und Kindern durchgeführt, vielleicht wegen der beweglicheren Hände, wahrscheinlicher aber wegen der geringeren Bezahlung. Der ganze Vorgang dauert gewöhnlich nur wenige Sekunden, denn eine geübte Person muß in den Vormittagsstunden eines Tages viele Hundert Blüten befruchten. Die Tagesleistung liegt bei 1200 Blüten! An jeder Liane werden zunächst etwa 10 % mehr Blüten behandelt, als später zur Fruchtbildung vorgesehen sind. Schon nach der ersten Entwicklung, ungefähr 4 Wochen später, entfernt man dann zu kurze oder schlecht gewachsene Schoten, um ein möglichst einheitliches Erntegut zu erzielen. Erntereif sind die Vanilleschoten dann nach etwa 8 Monaten.

Klima und Boden

Die Vanille als ausgesprochene Tropenpflanze gedeiht in den Gebieten zwischen 20° nördlicher und südlicher Breite, die ein gleichmäßig warmes Klima mit hohen Durchschnittstemperaturen über 25 °C ohne große Tages- oder Jahresschwankungen garantieren. An die Niederschlagsmengen paßt sich die Pflanze besser an, wenn die Regenfälle möglichst gleichmäßig über das Jahr verteilt sind. Die Menge kann dabei 1500 mm bis über 3000 mm betragen, wie zum Beispiel im Norden und Nordosten von Madagaskar. Durch die Temperatur ist auch eine Höhenabhängigkeit gegeben. Man findet die Pflanze daher im Gebirge nur noch an besonders geschützten Stellen; 1000 m sind hier die äußerste Grenze. Je näher zum Meer sie wächst, desto günstiger entwickelt sich die Vanille. Dabei muß sie aber vor Wind und als Pflanze des Urwalddickichtes vor zuviel direkter Sonneneinstrahlung geschützt werden. Letztere sollte durch Schattenspender auf die Hälfte bis ein Drittel reduziert werden.
Vanille gedeiht, wie viele andere tropische Nutzpflanzen, am besten auf tiefgründigen, humus- und nährstoffreichen Böden. Stauende Nässe verträgt sie nicht. Sehr geeignet sind verwitterte vulkanische Böden mit hohem Mineralstoffgehalt. Vanille verlangt einen starken Humusanteil, der am natürlichen Standort im Urwald gegeben ist. Bei mehr sandhaltigem Boden soll auf den Pflanzungen mit Abfällen, die besonders bei den Kokosnüssen in der Aufbereitung zu Kopra entstehen, für den notwendigen Humusgehalt gesorgt werden. Wie empfindlich Vanille ist, zeigt auch die Erfahrung, daß sich selbst der beste Boden nur für eine gewisse Zeit zum Anbau eignet. Neuanpflanzungen sind dann erst nach 15 bis 20 Jahren wieder möglich.

Anbau

Da die Vanille als Kletterpflanze bis über 20 m Länge erreichen kann, muß sie, um die Befruchtung und die Ernte zu ermöglichen, möglichst niedrig gehalten werden. Sie stellt daher einige Ansprüche an die Pflege. Es gibt Verfahren, sie ähnlich wie unsere Weinreben an Spalieren zu ziehen. In den Hauptanbaugebieten auf Madagaskar und den benachbarten Inseln, läßt man sie dagegen an etwa ein Jahr zuvor gesetzten Stützgewächsen emporranken. Die außerdem noch notwendigen Schattenbäume werden

schon bis zu zwei Jahren vorher gepflanzt. Buschartige Gewächse werden als Stützen bevorzugt. Natürlich dürfen diese Sträucher nicht mit der Vanille um Bodenfeuchte und Nährstoffe konkurrieren. Der Abstand der einzelnen Vanillepflanzen, von denen jede ihre Stützpflanze hat, beträgt etwa 0,5 m. Eine gut geführte Pflanzung weist 1 bis 1,5 m breite Beete auf. Ungefähr 2 m^2 stehen für jede Staude zur Verfügung. Schmale Wege für die Arbeit bei der Befruchtung und für die Ernte sind dann schon einbezogen. Man rechnet zwischen 4500 und 5000 Pflanzen pro Hektar.
Die Vermehrung erfolgt fast ausschließlich durch Stecklinge. Eine Anzucht aus Samen ist sehr langwierig und scheitert oft an der geringen Keimfähigkeit. Die kleinen Samen – die schwarzen Punkte in unserem Vanilleeis –, können nämlich nur in Gemeinschaft mit bestimmten Wurzelpilzen, der sogenannten Mykorrhiza überleben und keimen. Als Pflanzmaterial werden bis 1,5 m lange Teilstücke der Liane gleich hinter den Endknospen genommen. Ein Viertel dieses Rankenstücks wird dann vorsichtig entblättert und in einige Zentimeter tiefe, kleine Gräben um die Stützpflanze ausgelegt, mit Erde bedeckt, angegossen und mit einem kleinen Grasdach beschattet. Der nicht eingegrabene Teil der Orchidee wird mit den Luftwurzeln an der Stützpflanze oder dem Gerüst festgebunden. Das andere Ende soll möglichst aus dem Boden herausragen, damit die Schnittfläche an der Luft schnell vernarbt und nicht fault. Da die Vanille als Kletterpflanze bald eine Höhe erreichen würde, die Befruchtung und Ernte sehr erschweren könnten, muß sie regelmäßig geschnitten werden. Dieses Zurückschneiden erhöht gleichzeitig die Produktivität. Die Blüte beginnt nach dem Pflanzen der Stecklinge gewöhnlich im zweiten Jahr.
Krankheiten, die der Vanille zusetzen, sind neben Pilzen, die Stengel und Blätter befallen und einigen Schaden anrichten können auch solche, die die Wurzeln angreifen. Daneben verursachen tierische Schädlinge, Blattwanzen und Käfer mit ihren Larven Verluste bei den reifenden Früchten. Die Bekämpfung ist meist recht schwierig, da ja zum Teil auch die Stützpflanzen befallen werden. Oft hilft nur Entfernen und sofortiges Verbrennen der kranken Pflanzen.

Ernte

Die Ernte der Vanilleschoten, wie die Früchte im Handel genannt werden, erfordert große Erfahrung und entscheidet maßgebend über die Qualität und damit den Preis. Während die Aufbereitung in den einzelnen Anbaugebieten – Mexiko oder Indischer Ozean – durchaus noch unterschiedlich sein kann, muß, wenn eine gute Ware gewünscht wird, immer nach dem gleichen System geerntet werden.
Eine normal gewachsene, kräftige, regelmäßig beschnittene, ungefähr 4 Jahre alte Vanillepflanze soll im ganzen nur 4, höchstens 5 Fruchttrauben (Besen) zu nicht mehr als 10 Früchten entwickeln. Etwa 8 Monate nach der Befruchtung reift die länglich-fleischige Fruchtkapsel. Da die Reife aller Früchte an einer Traube nicht gleichmäßig erfolgt, müssen die zur Ernte anstehenden Früchte in den Pflanzungen täglich abgenommen werden.
Weil es, besonders in kleinen Pflanzungen, einmal vorkommen kann, daß der Nachbar „aus Versehen" fremde reife Schoten mit seinen eigenen verwechselt, werden die Früchte gekennzeichnet. Bei den Kleinbauern auf Madagaskar hat sich eine eigene Methode durchgesetzt. Früher wurde ein kleines Korkstückchen mit dem Zeichen der Pflanzung mit einer Nadel an den Früchten befestigt. Der Durchstich schadet der Vanille dabei nicht. Heute siegelt oder stempelt man die Schoten mit einem kleinen Petschaft, an dessen Ende kleine bronzene Stacheln in Form der Initialen der Pflanzung angeordnet sind. Die durch das Stempeln verletzte Gewebe-

Land	Jan.	Feb.	März	April	Mai	Juni	Juli	Aug.	Sept.	Okt.	Nov.	Dez.
Indonesien	■	■										■
Komoren					■	■	■					
Madagaskar/Reunion						■	■	■				
Mexiko	■	■										■

Erntezeiten von Vanille.

stelle vernarbt in der Form des Siegels. Bei Bedarf läßt sich so die Herkunft jeder einzelnen Schote nachprüfen.

Während die Früchte ihre volle Länge schon einige Wochen nach der Befruchtung erreichen, werden sie erst dann pflückreif, wenn die Farbe vom Grünlichen ins Gelbliche wechselt. Sie bekommen längs durchlaufende, noch hellere Streifen.

Den richtigen Reifegrad zu erkennen, erfordert größte Erfahrung. Dabei sind längere Schoten wertvoller als kürzere. Bei zu frühem, aber auch bei verspätetem Pflücken entwickelt die Vanille im weiteren Verarbeitungsprozeß nicht ihr volles Aroma. Ein Tag kann dabei schon entscheidend sein. Bei verspätetem Pflücken fangen die Schoten an aufzuplatzen, was zum völligen Öffnen der Kapsel und Ausfallen der Samen führen kann. Dabei wird das weißliche Fruchtfleisch sichtbar.

Die Ernte selbst erfolgt ohne Hilfsmittel. Um die Frucht zu lösen, genügt eine leichte Drehung mit der Hand. Die Früchte werden wie unsere Stangenbohnen in Körbe gepflückt und in einem Schuppen nach Größe und Zustand sortiert. Zu kleine, offene, angefressene oder noch zu grüne Schoten sind von den normalen zu trennen. Da Vanille sehr unterschiedlich reift, verteilt sich die Erntezeit auf 3 bis 4 Monate. Im 5. Jahr gibt es gewöhnlich die ertragreichste Ernte. Die Pflanze selbst wird kaum älter als 12 Jahre.

Die Erntezeiten sind unterschiedlich.

Aufbereitung

Die zum richtigen Zeitpunkt geerntete Vanille ist geruchlos. Sie wird nun, wenn sie nach dem mexikanischen Verfahren aufbereitet wird, zu großen Haufen zusammengeschüttet. Die Früchte sollen schwitzen, d. h. welken und etwas fermentieren. Bei diesem Vorgang schrumpfen sie. Nach einigen Tagen breitet man sie einige Stunden in der Sonne aus, legt gegen Mittag Decken darüber, läßt aber alles am gleichen Ort. Abends werden die Decken mit den Früchten eingerollt und zum weiteren Schwitzen in dichte, verschlossene Kästen gelegt. Dieser Prozeß wiederholt sich, je nach dem Zustand der Vanille, von etwa 8 Tagen bis zu einem Monat. Durch ständige Kontrollen müssen schimmelnde oder faulende Schoten immer sofort entfernt werden.

Das Schwitzen, bei dem sich – ähnlich wie in festgepackten Heuhaufen – große Wärme bis zur Selbstentzündung entwickeln kann, muß das Chlorophyll zerstören und die auf den Früchten haftenden Schädlinge, meist Pilze, abtöten. Anders als bei vielen tropischen Produkten wie zum Beispiel Kaffee, Kakao oder Zimt sollen sich hier keine Teile der Frucht oder Rinde zersetzen, sondern die geringe Fermentation soll eine chemische Aufspaltung einleiten. Der Geruchs- und Aromastoff Vanillin ist der Hauptbestandteil der Vanille; daneben kommen noch andere Geruchsstoffe, ein Balsam, Zucker und ein fettes Öl vor. Das Vanillin ist in der balsamartigen Masse enthalten, die sich in der inneren Schicht der Frucht bildet. Diese tritt in den Hohlraum der Kapsel aus und soll beim Prozeß der Aufbereitung die gesamte Schote durchdringen. Um die Samen und die öligen Substanzen des Fruchtmarks gleichmäßig in der Schote zu verteilen und um sie geradezubiegen, wird jede einzeln von Arbeitern durch die Finger gezogen. Die anschließende Trocknung soll alle Vorgänge im richtigen Augenblick unterbrechen. Vom Erkennen dieses Zeitpunktes hängt die Bildung des feinen Aromas und damit der Handelswert der Vanille ab. Die Farbe der aufbereiteten Vanillestangen ist das typische Schwarzbraun. Gleichzeitig müssen die vorher harten Schoten weich und biegsam geworden sein.

In den Anbaugebieten um den Indischen Ozean wird bei der Aufbereitung etwas anders verfahren. Die geernteten, nach Länge und Reifegrad sortierten Früchte werden in Schuppen in Körbe gelegt und bis zu zwei Minuten in große Kessel mit etwa 70 °C heißem Wasser getaucht. Dann läßt man sie kurz abtropfen und schüttet die Schoten, die nun die Farbe gekochter grüner Bohnen haben, in mit Decken ausgelegte Kisten, die möglichst luftdicht verschlossen werden. Hier verbleibt die Vanille einen vollen Tag. Aus den Kisten genommen, legt man die Früchte zwischen Decken und setzt sie jeden Morgen bis zur Mittagsstunde der Sonne aus. In vielen modernen Betrieben trocknet man heute auch schon unter Infrarot-Lampen, wenn die Sonne fehlt. Nach etwa 1 Woche hat die Vanille auch hier die bekannte braunschwarze Farbe angenommen und ist weich und biegsam geworden. Danach kommt das Trocknen. In luftigen Räumen liegt die Vanille – jede Frucht einzeln – auf Stellagen. Dort bleibt sie unter ständiger Beobachtung noch etwa einen Monat. Sie muß dabei von Zeit zu Zeit gedreht werden, um von allen Seiten gleichmäßig zu trocknen. Damit die Schoten ihre natürliche Form wieder annehmen, werden sie nach der Trocknung gestreckt und anschließend mit Hilfe eines polierten Holzstückes geglättet.

Die Qualität der handelsüblichen Vanille-Schote wurde 1692 durch ein Edikt des Königs von Spanien erstmals festgelegt. Heute sind die Bestimmungen über die Qualität in nahezu allen Ländern identisch.

Nach der Trocknung werden die Schoten zunächst in zwei Kategorien unterteilt: In gespaltene und nicht gespaltene Früchte. Anschließend werden die nichtgespaltenen Schoten in vier Qualitätsklassen aufgeteilt.

1. Qualität:	die schönsten, fettigsten, öligsten, schokoladenbraunsten, aromatischsten, saftigsten, fleckenlosen Schoten
2. Qualität:	etwas dünnere Schoten mit kleinen äußerlichen Fehlern (Flecken oder Narben)
3. u. 4. Qualität:	abhängig von der Dicke, der Farbe, der Gleichmäßigkeit, der Anzahl der Flecken sowie dem Grad der Trockenheit

Handel

Vanille-Bündel lassen sich nicht lose verschikken und werden, um das Austrocknen zu verhindern, in mit Wachspapier ausgelegten Weißblechdosen verpackt. Die Behälter werden dabei ständig überwacht, besonders wegen möglicher Schimmelbildung und runzlig werdender, übertrockneter Stangen. Die Vanille baut sich nun, ähnlich einem guten Wein, gewissermaßen aus. Nach einigen Monaten in den Behältern treten auf den Vanillestangen oft feine weiße Vanillinkristalle aus. Bei der Bourbon-Vanille beträgt der Vanillingehalt etwa 2 %, mexikanische Vanille hat geringfügig weniger.

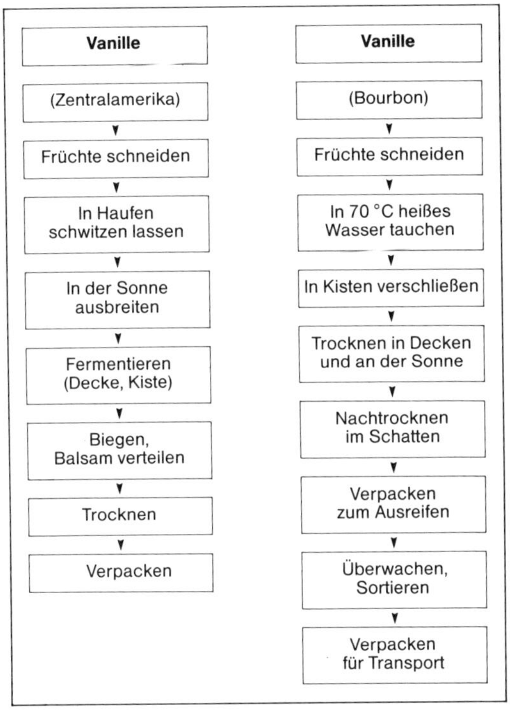

Arbeitsschema der Aufbereitung von Vanille.

Da heute der Hauptanbau in französischsprachigen Ländern oder Territorien erfolgt, hat sich für diesen Vorgang der Ausdruck „die Vanille givriert“ (von franz. *givre* = Rauhreif) eingebürgert.
Die „ausgereifte“ Vanille muß noch sortiert werden. Alle Stangen werden zunächst, ähnlich wie Spargel, mit den Kopfenden auf einer Seite nach Länge, Breite und Farbe eingeteilt. Stangen mit kleinen Fehlern – meist handelt es sich um kleinere Verletzungen durch die Erntemethoden – haben einen geringeren Wert. Dann kommen sie in die Dosen, pro Dose zwischen 20 und 30 Bündel (8 bis 10 kg), die verlötet werden. Anschließend wird die Vanille in Form eines aus ganzen und gespaltenen Schoten bestehenden Sortiments, das in seiner Zusammensetzung variabel ist, verkauft. Da Vanille aufgrund ihrer Herkunft unterschiedliche Qualitäten aufweist, wird sie mit dem Ursprungsland deklariert.

Die 4 Hauptarten in der Reihenfolge ihres Handelswertes sind:

Vanille aus Mexiko *(Vanilla planifolia)*
(Wird fast ausschließlich in die USA exportiert). Die Schoten dieser feinsten Vanille-Sorte sind abgeflacht, 20 bis 25 cm lang, 6 bis 9 mm breit. Das Fleisch ist fest, die Haut rauh und trocken, das Aroma angenehm weich, aber anhaltend.

Bourbon-Vanille *(Vanilla fragrans)*
Diese Sorte umfaßt die Produkte der Inseln Madagaskar, der Komoren, La Réunion und der Seychellen. Die Schoten sind zwischen 12 und 22 cm lang und zwischen 3 und 8 mm breit. Sie haben ein glänzendes, wachsartiges Aussehen und fühlen sich weich an. Das Aroma ist delikat und zart, jedoch weniger anhaltend als das der mexikanischen Vanille. Diese Früchte erfreuen sich einer hohen Wertschätzung. Sie stellen den größten Teil der Weltproduktion.

Vanille aus Tahiti *(Vanilla tahitensis)*
Sie weicht in ihrem Aroma und in ihrem Aussehen von den beiden ersten Gruppen ab. Die Schoten sind durchschnittlich 14 cm lang, dick, schwärzlich und krumm. Die Tahiti-Vanille ist als andere Art der Kulturvanille nach der Aufbereitung rötlicher, nicht ganz so lang, dafür aber breiter. Auf dem Weltmarkt wird sie geringer eingeschätzt. Der Verbrauch ist neben Frankreich hauptsächlich auf die USA beschränkt.

Vanille aus Guadeloupe *(Vanilla pompona)*
Hauptanbausorte ist Vanillon. Diese Schote wird selten für Nahrungsmittel verwendet. In erster Linie dient sie der Herstellung von Parfüms und Arzneimitteln. Außerdem wird sie für die künstliche Alterung von Alkohol und bei einigen Tabakmischungen eingesetzt.

Vanille ist wegen der aufwendigen Pflege, Befruchtung und Ernte sowie der anschließenden Aufbereitung eine der arbeitsintensivsten Kulturen überhaupt, und schon aus diesem Grund erscheint ihr hoher Preis gerechtfertigt. Erträge von etwa 150 kg je Hektar gelten als guter Durchschnitt. Etwa 200 frisch gepflückte Früchte, also die Ernte von 4 bis 5 Pflanzen, wiegen ungefähr 1 kg. Von dieser Menge bleiben dann bei der versandfertigen Vanille aber nur etwa 250 g übrig.

Es konnte nicht ausbleiben, daß sich in den über 150 Jahren des Vanilleanbaus außerhalb Mexikos einige Kultivare der Art *Vanilla fragrans* herausgebildet haben. So sind die Früchte der Bourbon-Vanille kleiner und dunkler als die der mexikanischen. Die Mauritius-Vanille ist dagegen geringfügig heller und von schwächerem Geruch. Vanille aus Java und von den anderen Inseln Indonesiens, einschließlich der Philippinen, hat gewöhnlich eine etwas härtere Schale.

Im Handel wird Vanille hauptsächlich als Schote, aber auch als Pulver sowie in Form von Vanillezucker und Extrakten verkauft.

Der hohe Verkaufspreis guter Vanille und die verhältnismäßig geringe benötigte Anbaufläche für eine gewinnbringende Pflanzung verleitete vor Jahren zu einer Ausweitung des Anbaus. Man versuchte sie in andere Tropenländern, besonders Südamerika, einzubürgern. Der Erfolg blieb fast immer aus. Das Geheimnis der Befruchtung war natürlich bekannt, doch diese Arbeit und die weitere aufwendige Behandlung erforderte den Einsatz geschickter, arbeitswilliger Menschen, der nicht überall gegeben war.

Obgleich die Vanille im Welthandel nur eine eher zu vernachlässigende Rolle spielt, ist es den Produktionsländern doch seit über zweieinhalb Jahrzehnten gelungen, sich auf eine bestimmte Handelspolitik festzulegen.

Aufgrund unregelmäßiger, meist klimatisch bedingter, schwankender Ernten war der Vanillemarkt starken Unwägbarkeiten und damit Spekulationen und Preisschwankungen ausgesetzt. Die Vertreter der produzierenden Länder im Bereich des westlichen Indischen Ozeans trafen sich daher 1964 in Saint Denis auf La Réunion, um ihre Handelspolitik aufeinander abzustimmen. Diesem Übereinkommen folgte wenige Monate später die erste gemeinsame Konferenz der Produktionsländer und der Interessenvertreter der europäischen und amerikanischen Importeure und Händler, die sich seither regelmäßig treffen.

Um die Anliegen der Importeure in den Verbrauchsländern – hauptsächlich den USA und Europa – zu garantieren, wurden daraufhin die Organisation *Vanilla Beans Association* in den USA und das *Syndicat Européen du Comerce des Vanilles* mit Sitz in Paris gegründet.

Seit 1965 ist ein Anstieg des Vanilleverbrauchs in den Ländern der EG festzustellen. Dagegen ging der Verkauf der Bourbon-Vanille aus Madagaskar, den Komoren und La Réunion in die USA zurück.

Oben: Kardamom wird immer unter Schattenbäumen gepflanzt, weil er bei geringen Temperaturschwankungen und hoher Luftfeuchte am besten gedeiht.
Mitte, von links nach rechts: Kardamomzweig mit Blüte und Früchten. Kardamomfrüchte. Blühende Gelbwurzel.
Unten links: Handelsfertig aufbereitete Knollen der Gelbwurzel.
Unten rechts: Ingwerknollen.

Piment oder Allgewürz

Piment hat heute viel von seiner früheren Bedeutung verloren. Bei einem geringen Handelsvolumen führt es die Statistik meist unter anderen Gewürzen. In Deutschland ist der Handel mit Piment zu vernachlässigen. Dabei hätte gerade dieses Gewürz größere Beachtung und einen höheren Verbrauch verdient.

Ein deutscher Name für dieses Gewürz fehlt einfach. Man nennt den oder das Piment auch Nelken-Pfeffer, Gewürzkörner, Jamaika-Pfeffer, was auf seine Herkunft hinweist, oder Neugewürz, weil es erst in der Neuzeit in Europa bekannt wurde; auch Bezeichnungen wie Allerleigewürz und Allgewürz sind im Gebrauch. In der Tat hat dieses Gewürz etwas von der Schärfe des Pfeffers mit einem Hauch von Gewürznelke und einer Prise Muskat, abgerundet mit dem Aroma von Zimt – eigentlich das ideale Gewürz, das eine ganze Reihe anderer ersetzen könnte.

Als Kolumbus in die Neue Welt kam, machten ihn einige seiner Leute auf diese Gewürzkörner aufmerksam. Man nahm sie zur Kenntnis, aber wie so viele Pflanzen aus Amerika blieben sie zunächst unbeachtet.

Oben: Sternanisbaum in voller Blüte. Das ätherische Öl, das den typischen Anisgeschmack bedingt, ist nur in den Schalen der kleinen Sammelbalgfrüchte enthalten.
Unten links: Zermahlene, reife rote Chilischoten liefern den scharfen Cayennepfeffer. Der Extrakt aus den Schoten ist ein wichtiger Bestandteil scharfer Soßen („hot sauces“).
Unten rechts: Der vitaminreiche Gemüsepaprika wird neuerdings überall in Europa angebaut. In manchen Gegenden muß er im Gewächshaus gezogen werden.

Ein Wundarzt aus Sevilla brachte die erste Nachricht von diesem neuen Gewürz, das er auf einigen westindischen Inseln fand, nach Europa. Doch erst Francisco Hernandez, der im besonderen Auftrag von König Philipp II. durch Mittelamerika reiste, berichtete, daß diese Körner den Eingeborenen, neben der Vanille, zum Verfeinern ihres Schokoladetrunks dienten.

Zunächst glaubte man im Piment einen Ersatz für Pfeffer gefunden zu haben, aber dem war nicht so. Zwar nannten die Spanier das Gewürz ebenfalls *Pimienta*, doch es entsprach nicht den Erwartungen, die man in den Pimienta, den echten Pfeffer aus Indien setzte. Später benutzten die meist britischen Seeräuber und später die Seeleute der Karibik – in damaliger Zeit wohl eine Bezeichnung für den gleichen Beruf – Piment, wie sie es dann nannten, um ihre Fleischvorräte auf den langen Reisen zu konservieren. Sie übernahmen damit indirekt, ohne davon Kenntnis zu haben und so makaber es scheinen mag, die lange vor der Ankunft der Spanier von den mexikanischen Ureinwohnern ausgeübte Kunst des Einbalsamierens der Körper Verstorbener. Auch dafür wurden nämlich, neben anderen Ingredienzien, die Früchte des Pimentbaumes verwendet.

Um 1600 wurde Piment in größerem Maße besonders nach England ausgeführt. Jamaika, inzwischen britisch geworden, war der große Lieferant. Der englische Handel stellte diesen „Jamaika-Pfeffer“ wegen seiner vielseitigen Anwendbarkeit noch über den „Echten Pfeffer“.

Botanik

Der Piment ist die Frucht eines Baumes aus der Familie der Myrtengewächse (Myrtaceae). Dieser Baum, *Pimenta dioica* (L.) Mer. früher (*Pimenta officinalis* Lindl.) liefert das einzige Gewürz, das kommerziell ausschließlich in der Westhemisphäre angebaut wird. Von den fünf Arten der Gattung *Pimenta* der Familie Myrtaceae, haben nur zwei für den Handel größere Bedeutung erlangt: *Pimenta dioica* und *Pimenta racemosa* ([Mill.] J.W. Moore). Zur gleichen Pflanzenfamilie gehört übrigens als naher Verwandter auch die Gewürznelke.

Der immergrüne, schlanke, in der Regel nur 6 bis höchstens 10 m hoch werdende Baum hat eine glatte, gräulich wirkende Rinde, deren äußere Schicht er alljährlich abwirft. Die lederartigen, ganzrandigen, länglich-eiförmigen Blätter sind mit leicht hervortretenden Adern auf der Oberseite leuchtend grün und etwas größer als Lorbeerblätter. Kleine, weiße Blüten stehen in dichten Dolden traubenartig zusammen. Die Früchte gelten botanisch als Beeren. Sie sehen aus wie kleine Kugeln, sind zunächst grün, werden aber mit zunehmender Reife rot und erreichen bei einem Durchmesser zwischen 5 und 8 mm etwa die Größe von Erbsen. Im Innern entwickeln sich in Einzelkammern meistens 2 Samen, in seltenen Fällen auch 3. Die Heimat des Baumes liegt in Westindien auf den Antillen. Besonders auf Jamaika ist er weit verbreitet, auf den Gegengestaden des Festlandes in Zentral- und dem nördlichen Südamerika kommt er seltener vor. In den feuchten Urwaldgebieten finden sich dann auch vereinzelt an günstigen Standorten größere Exemplare mit Höhen bis zu 30 m.

Der Pimentbaum ist zweihäusig, und das bringt, genau wie beim Muskatnußbaum, häufig einige Probleme für die Pflanzungen mit sich. Aus den Früchten läßt sich nicht erkennen, ob der zukünftige Baum später männlich oder weiblich sein wird. Erst nach 5 bis 6 Jahren, wenn der Baum zum erstenmal geblüht hat, läßt sich das feststellen; aber selbst dann läßt sich nicht immer gleich auf das wahre Geschlecht schließen: In manchen Jahren tragen nämlich auch die sonst männlichen Bäume bei hermaphroditischen Blüten eine geringere Anzahl Früchte. Nach etwa 8 Jahren liefern die Pimentbäume die ersten größeren Ernten, mit etwa 15 Jahren bringen sie die vollen Erträge. Bis über 100 Jahre lang können die Bäume dann fruchten. Dabei gibt es eine weitere Besonderheit bei *Pimenta dioica*: nur die Ernte jedes 3. Jahres soll befriedigend ausfallen. In dieser Zeit werden neben den Beeren verstärkt auch die Blätter eingesammelt, um daraus das ätherische Öl zu gewinnen.

Klima und Boden

Pimenta dioica gehört zu den Nutzpflanzen, die stark von Boden und Klima abhängen. Der Baum ist zwar recht anspruchslos und gedeiht auch noch in steppenartigen und karstigen Gebieten, benötigt aber bei seiner Vorliebe für kalkhaltige, lehmige Böden, die wasserdurchlässig und tiefgründig sein sollen, möglichst gleichmäßige Temperaturen um 25 °C. Die Höhengrenze liegt bei etwa 500 m. Bei den Regenmengen ist die Toleranz größer. Sie schwankt im allgemeinen zwischen 1000 und 2000 mm. Erwünscht ist eine Trockenzeit, die dem Baum etwas Ruhe bringt. Es soll also, kurz gesagt, ein tropisches Savannenklima vorherrschen. Diese Bedingungen werden besonders auf den Inseln im Karibischen Meer und dem nahegelegenen Festland erfüllt – dort, wo der stetig wehende Passat langsam einschläft. Solche Klimavorteile gibt es jedoch nicht überall in den Tropen. Daher ist ein Ausdehnen des Anbaus auf Gebiete in Afrika ohne größeren Erfolg geblieben und wird auch nicht fortgesetzt. Früchte aus Indien und Indonesien erreichen bei weitem nicht das Aroma des Piments aus Jamaika.

Anbau

Pimentbäume werden gewöhnlich aus Samen von ausgereiften, sortierten Früchten gezogen. Die Samen werden mit den Fingern aus dem dünnen Fruchtfleisch ausgequetscht und sofort in Saatbeete gelegt. Nach 2 Wochen beginnen

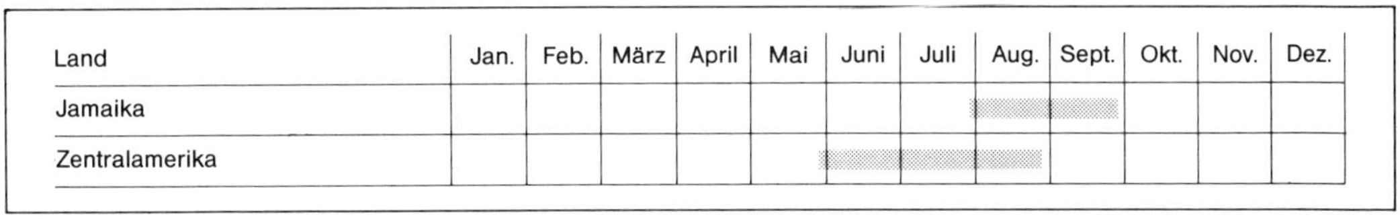

Erntezeiten von Piment.

sie zu keimen. Sind die Pflänzchen kräftig genug, dann kommen sie, bei feuchter und schattiger Haltung, in kleine geflochtene Körbe oder heute auch in die bekannten durchlöcherten Plastikbeutel. Nach einem Jahr, wenn sie etwas über 30 cm hoch sind, verbringt man die Pflanzen an ihren endgültigen Standort. Da es aber nicht möglich ist, das Geschlecht der Bäume sofort zu erkennen, setzt man, um die späteren Ausfälle minimal zu halten, in vielen Gegenden jeweils 3 Pflanzen in eine vorbereitete Grube. Die Pflanzengruppen stehen dabei in einem Abstand von etwa 7 bis 8 m. Stehen die Bäumchen enger zusammen, wachsen sie zwar gut in die Höhe und die Blattbildung ist besser, doch die Ernte der Früchte wird erschwert. Die überschüssigen männlichen Bäume werden ausgeschlagen, wobei man einen männlichen Baum auf etwa 10 weibliche rechnet, damit die Bestäubung gesichert bleibt. Um jedes Risiko auszuschließen, geht man auf Jamaika mehr und mehr dazu über, Piment klonal zu vermehren. Am erfolgreichsten ist das Verfahren des sogenannten Flaschenklons: Das Pfropfreis eines ausgesuchten weiblichen Baumes kommt in eine Flasche mit feuchter fruchtbarer Erde. Nach dem Ausschlagen wird es dann dem Stamm aufgepfropft und bleibt mit der eigenen kleinen Wurzel noch bis zum Einwachsen in der Flasche, die dann entfernt wird. Die Hauptblüte beginnt in Westindien allgemein am Ende der ersten Trockenzeit im April–Mai. Geerntet werden kann dann 4 Monate nach der Blüte, kurz vor der Reife. Eine häufig auftretende zweite Blüte bringt kaum noch Früchte.

Ernte

Das eigentliche Erntegut des Piments sind einmal die ganzen Früchte mit ihren Samen und, in geringerem Maße, die Blätter. Will man hauptsächlich die Blätter ernten, dann pflanzt man die Bäume recht eng und hält sie zur Erleichterung der Ernte buschartig zurückgeschnitten, etwa auf Höhe unserer Sauerkirschbäume.
Beim Piment beginnt die Ernte etwa 3 bis 4 Monate nach der Blüte. Die Beeren haben sich schon zur ganzen Größe entwickelt, sind aber noch grün. Nur in diesem Zustand haben sie ihr volles Aroma. Werden sie dagegen zu reif geerntet, dann verlieren sie viel davon und büßen damit an Handelswert ein.
Die Ernte ist recht einfach, um nicht zu sagen primitiv. Ganz selten werden die Früchte bei jungen Bäumen einzeln gepflückt, in der Regel aber schneidet man die ganzen Dolden ab, oder bricht einfach die Zweige ab. Da aber hier nicht nur, wie auf Jamaika und einigen anderen Antillen, von angepflanzten Bäumen geerntet wird, sondern auch von wilden oder verwilderten Exemplaren, kommt es immer wieder vor, daß ganze Bäume umgehauen werden. Solchen Raubbau verursachen häufig die Chicle-Sucher in den Urwäldern Zentralamerikas, die neben dem Rohstoff für den Kaugummi auch gleichzeitig Piment einsammeln.
Auf Jamaika beginnt die Ernte Anfang August und dauert etwa 2 Monate. In Zentralamerika erntet man schon früher, von Juni bis September.

Aufbereitung

In den Pflanzungen werden die Zweige mit den unreifen, grünen Fruchtdolden zunächst 7 bis 10 Tage auf Betonböden in der Sonne getrocknet. Bei Regen und zum Schutz vor Tau in der Nacht werden die Dolden zusammengefegt und mit großen Planen bedeckt. In größeren Betrieben sind auch Darröfen im Betrieb. Später werden die Früchte mit der Hand von den Stielen abgerieben, grob verlesen und verpackt. Sie sind dann dunkel- bis rötlichbraun, die Oberfläche ist feinwarzig rauh. Um den Scheitel verläuft ringförmig ein Rest des Blütenkelchs. Im Innern befinden sich in den Kammern die halbkugeligen, schwarzbraunen, glänzenden Samen.
Getrockneter Piment ist fast unbegrenzt haltbar. Die Angaben über die Erträge schwanken zwischen 1 und 40 kg. Eine gute durchschnittliche Jahresernte dürfte bei 10 kg getrockneter Pimentkörner je Baum liegen.

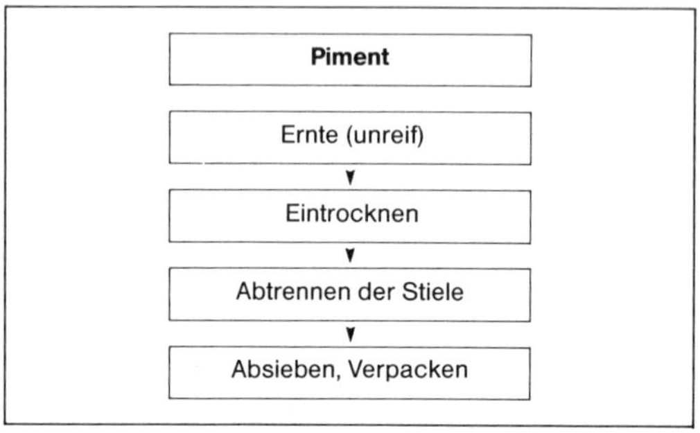

Arbeitsschema der Aufbereitung von Piment.

Handel und Verwendung

Die Pimentbäume werden meist in kleinen bäuerlichen Betrieben gezogen. Die Ernte kaufen Händler auf, die die Körner aufbereiten oder an die Exporteure liefern. Die Regierung von Jamaika kontrolliert dabei Ernte und Handel. Weil Piment praktisch nur aus Jamaika in den Welthandel gelangt, kann die Regierung von Jamaika die Pimentpreise monopolistisch festsetzen. Der Hauptexport geht in die USA und nach Skandinavien, wo die Fischkonservenindustrie der bedeutenste Abnehmer ist. Die Ernten aus Mexiko und anderen Ländern Zentralamerikas werden meist örtlich gehandelt und im Land verbraucht.
Die kleineren Samen, besonders aus Jamaika, genießen im Handel wegen ihres feineren Aromas mehr Ansehen als die größeren Sorten aus Mexiko, Honduras und Guatemala. In diesen Ländern werden fast nur Wildbestände ausgebeutet. Die Beeren werden noch kurz aufgekocht, um sie haltbar zu machen, worunter natürlich das Aroma leidet. Auf Jamaika und den Antillen ist dieses Verfahren nicht gebräuchlich.
Pimentkörner enthalten im Mittel etwa 4 % eines ätherischen hellen Öls, das Nelkenpfeffer-Öl Eugenol, das das eigentliche Aroma trägt. Man kann das Öl durch Wasserdampfdestillation aus den Gewürzkörnern und den Blättern gewinnen. Wegen seines etwas unangenehmen Geruchs und Geschmacks hat das Öl aus den Blättern allerdings einen geringeren Wert. Das Nelkenpfeffer-Öl (Piment-Öl) dient als Zusatz für Kräuterliköre und wird bei der Herstellung von Parfüms, Kosmetika und Seifen zugesetzt.
Die getrockneten ganzen Körner würzen Fleisch- und Fischgerichte, besonders aber Fischkonserven. Gemahlen sind sie Teil von Gewürzmischungen unterschiedlichster Art – z. B. von Lebkuchengewürz und von Wurstgewürzen.
Eine ebenfalls aus Westindien stammende Art der Gattung *Pimenta, Pimenta racemosa,* liefert nur minderwertige Gewürzkörner. Dagegen wird aus den Früchten, Blättern und Zweigspitzen das bekannte gelbliche, dünnflüssige Bay-Öl extrahiert. In Alkohol (weißer Rum) gelöst und mit Wasser verdünnt, liefert dieser Baum

den bekannten Bay-Rum, der als Haarwasser, Rasierwasser und Körperpflegemittel weltweit geschätzt ist.
Eine besondere Eigenart der Pflanzungen auf Jamaika sind die „Pimento-walks“. Meist durch Vögel verbreitete, wilde Anpflanzungen wurden ausgedünnt, und die oft sehr kräftigen Bäume bilden dann regelrechte schattige Alleen, ähnlich unseren früheren Apfel- oder Kirschbaumpflanzungen längs der Landstraßen.
Eine Modetorheit führte vor rund 100 Jahren fast zum Erliegen des Pimentanbaus auf Jamaika. Die festen, geraden Stämme und Äste von *Pimenta dioica* eigneten sich vorzüglich zur Anfertigung von Spazierstöcken und Schirmen. Bald gab es keinen wirklichen Gentleman, der nicht einen Jamaikastock benutzte. Diese Sitte führte schließlich so weit, daß man die Bäume gar nicht erst bis zur ersten Blüte wachsen ließ, um das Geschlecht zu erkennen. Schließlich mußte die damalige britische Kolonialverwaltung durch Verordnungen eingreifen, um diesem Raubbau ein Ende zu machen und den Pimentanbau zu retten.

Ingwer

Bei den Kulturvölkern von Ost- und Südasien werden Gewürze aus der Familie der Ingwergewächse seit altersher geschätzt. Wäre das nicht so, dann könnte den Chinesen und Indern der Vorwurf gemacht werden, eine Reihe der typischen Gewürze ihrer Heimat in ihrem reichhaltigen Küchenzettel außer acht gelassen zu haben. Während bei uns der Ingwer aus dieser Gruppe der Gewürze vielfach nur in Form schokoladeüberzogener Stäbchen oder kleiner, kandierter Stücke bekannt ist und erst neuerdings wieder, wie schon im Mittelalter, in Gewürzläden und Feinkostgeschäften auch getrocknet oder in frischen Knollen verkauft wird, kommen die anderen Gewürze ähnlicher Art meist in Gewürzmischungen, besonders im Currypulver, in den Handel.

Gewürze aus der Familie der Ingwergewächse (Zingiberaceae)

Die Ingwergewächse gehören in ihrem Ursprungsgebiet, dem tropischen Asien, zu den großen klassischen Gewürzen. Diese stehen dabei den anderen in Handel und Verbrauch an Beliebtheit und Wert durchaus nicht nach. Alle Gewürze aus der Familie der Ingwergewächse zeichnet ein feiner, aromatischer Duft aus sowie ein Geschmack, der von brennendscharf über feurig-würzig bis leicht aromatisch-bitter reicht. Von überregionaler Bedeutung sind hauptsächlich die folgenden vier Gewürze:

Ingwer	(*Zingiber officinale* Rosc.)
Gelbwurzel	(*Curcuma longa* L.)
Galgant	(*Alpinia officinarum* Hance)
Kardamom	(*Elettaria cardamomum* (L.) Maton)

Während Ingwer, Gelbwurzel und Galgant – neben einigen anderen, weniger bedeutenden –

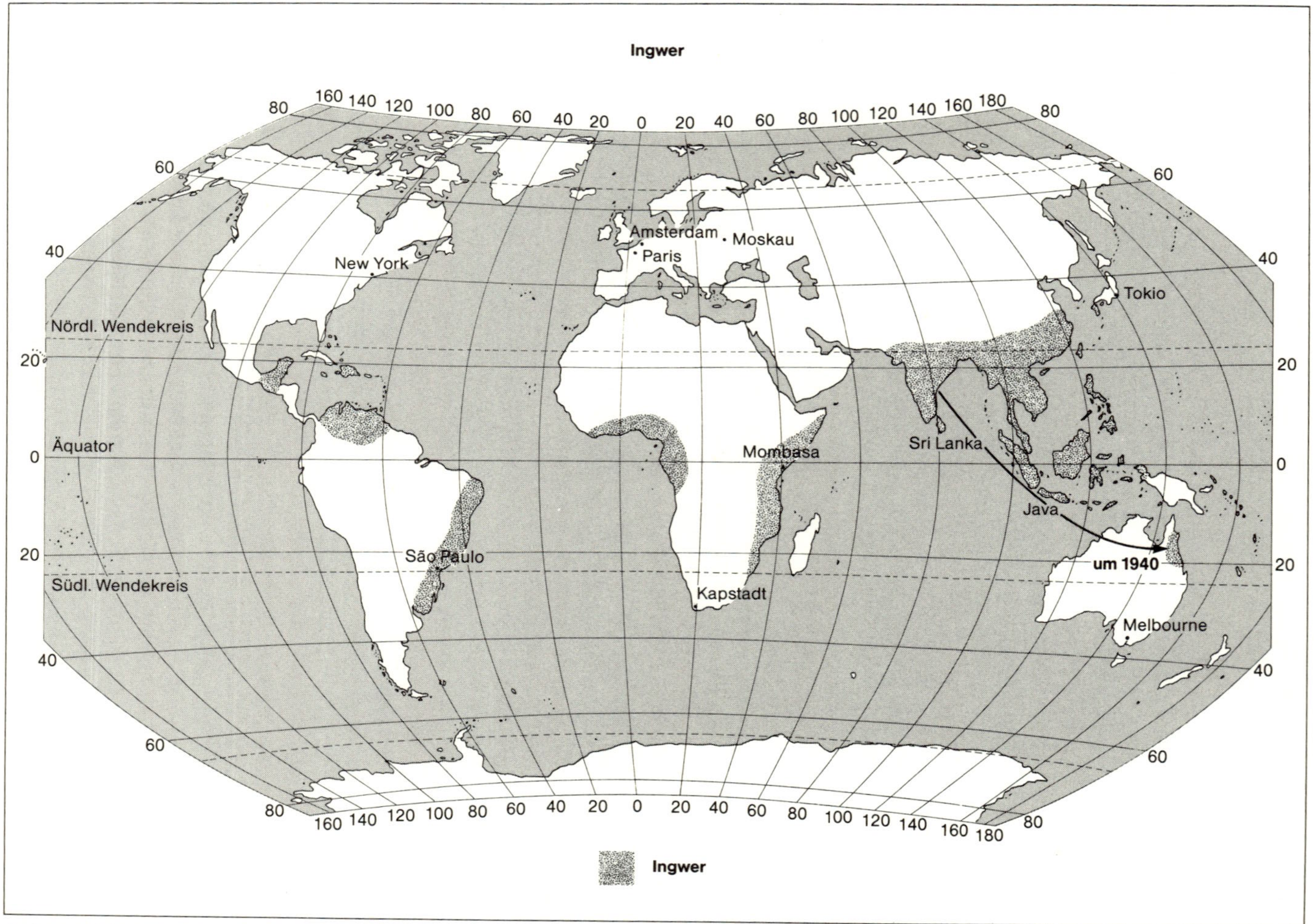

Anbaugebiete von Ingwer.

zu den Wurzelgewürzen gehören, werden von Kardamom die Samen als Gewürz verwendet. Der Gehalt an ätherischen Ölen kennzeichnet den Geschmack aller genannten Arten. Pikantscharf, bei höchst aromatischem Geruch, lassen sich alle vier Gewürze vielen Speisen – sowohl Fleischgerichten wie auch Gebäck, Kompott und einigen Getränken – als Geschmacksabrundung beifügen. Besonders die chinesische und orientalische Küche kommt ohne diese Gewürze nicht aus.

Wurzelgewürz bedeutet, daß die in einer Pflanze enthaltenen ätherischen Öle und Wirkstoffe nicht in den Blättern, Blüten oder Früchten vorhanden sind, sondern in den fleischigknolligen Wurzelstöcken (Rhizomen) stecken. Diese werden den Speisen zum Teil ohne größere Aufbereitung, meist aber getrocknet, zerstoßen oder gemahlen, auch in Zuckerlösung kandiert zugesetzt oder ohne Beigaben genossen. Die bei uns bekanntesten Gewürze aus der Familie der Zingiberaceae sind der Ingwer und die Samen der Kardamompflanze.

Herkunft und Verbreitung

Der Ingwer erfreut sich in der Bundesrepublik Deutschland steigender Beliebtheit. Wurden in den Jahren 1969–1978 durchschnittlich 761 Tonnen Ingwer in allen drei gebräuchlichen Formen – frisch, konserviert und getrocknet – importiert, so stieg die Einfuhr 1988 auf 1249 Tonnen. Ingwer liegt damit mengenmäßig im Mittelfeld der tropischen Gewürzeinfuhren. Der Hauptlieferant der Bundesrepublik Deutschland ist nicht etwa Indien mit einer Jahresproduktion um 50 000 Tonnen, sondern China.

Wahrscheinlich in Südasien heimisch, war der Ingwer schon im Altertum bekannt und geschätzt. Heute scheint seine Wildform ausgestorben zu sein, dagegen trifft man oft verwilderte Pflanzen an. Heute ist der Ingwer über alle Gebiete der Tropen verbreitet. Schon im Altertum kam er mit den anderen asiatischen Gewürzen durch arabische Händler nach Europa. Ingwer war neben Pfeffer das meistgehandelte und beliebteste Gewürz jener Zeit. Im Mittelalter war Ingwer als Handelsgut überall in Europa verbreitet. Dieser Wertschätzung war es auch zu verdanken, daß er neben dem Zuckerrohr als eine der ersten Pflanzen der „Alten Welt“ nach Amerika eingeführt wurde – und das schon zu Anfang des 16. Jahrhunderts.

Ähnlich wie bei den anderen Gewürzen und Waren, die durch ihre Hände gingen, verstanden es die Araber meisterhaft, die Herkunft des Ingwers zu verschleiern. Noch bis ins hohe Mittelalter wußte man in Europa zunächst nicht, wo Ingwer und die ihm verwandten Gewürze wirklich wachsen und wie sie angebaut und behandelt werden. Marco Polo, ein Kaufmann aus Venedig, der von 1271 bis 1295 den Fernen Osten und Südostasien bereist hatte, lernte den Ingwer und seine Aufbereitung in China kennen.

Daß diese schilfartige Staude neben ihrer Verwendung als Gewürz und Heilmittel auch eine Gemüsepflanze ist, beschreibt erstmals der uns schon bekannte Antonio Pigafetta: „Ferner gedeiht auf dieser Insel Ingwer, den wir grün anstelle des Brotes aßen. Das Gewächs, von dem er stammt, ist kein Baum, sondern ein Strauch, der aus der Erde spannenlange Schößlinge und Blätter treibt, die dem Schilfrohr ähnlich, aber schmäler sind. Die Schößlinge sind nichts wert, nur die Wurzel macht den Ingwer aus, der gehandelt wird. Der grüne Ingwer ist nicht so scharf wie der getrocknete, den man mit Kalk vermischt, damit er haltbar wird.“ (aus: Antonio Pigafetta, Die erste Reise um die Erde. Horst Erdmann Verlag, Tübingen 1968).

Botanik

Ingwer (*Zingiber officinale* Rosc.) aus der Familie der Ingwergewächse oder Gewürzlilien (Zingiberaceae) gehört zur großen Pflanzenklasse der Einkeimblättrigen und darin zur Ordnung der Lilienblütler. Die Familie umfaßt 24 Gattungen mit etwa 300 tropischen Arten, davon 20 Arten von *Zingiber*. Ingwer ist eine schilfartige, äußerlich den Schwertlilien ähnliche Pflanze. Sie kann bis 1,5 m hoch werden, bleibt aber meist darunter. Die wechselständigen Blätter der mehrjährigen, ausdauernden Staude sind ganzrandig, schwertförmig-lanzettartig und werden bis spannenlang (ungefähr 25 cm); in der Form erinnern sie an kleinere Tulpenblätter.

Die Pflanze selbst entwickelt einmal die Blattstengel- und dann die Blütenstengelsprossen, wobei die Blattsprossen größer werden als die beschuppten, nur etwa 30 cm langen Blütensprossen. Die Blüten sind eiförmig, ungefähr 5 cm lang und werden aus Deckblättern gebildet, die dachziegelartig übereinander liegen. Die grünen Deckblätter hellen sich zum Rand etwas auf. In den Achseln stehen dann die gelblichgrünen Blüten. Früchte mit Samen entwickeln sich nur sehr selten. Die Pflanze vermehrt sich vorwiegend vegetativ durch den Wurzelstock, der oftmals bizarre, geweihförmige Verzweigungen aufweist.

Klima und Boden

Als in den Feuchtgebieten der Tropen heimische Pflanze ist der Anbau von Ingwer an hohe, gleichmäßige Temperaturen ohne große tägliche oder auch jährliche Schwankungen bei gleichfalls hoher durchschnittlicher Luftfeuchte gebunden. Die jährlichen Regenfälle sollen, bei guter zeitlicher Verteilung, mindestens 2000 mm betragen. Wird diese Menge nicht erreicht, ist zusätzliche Bewässerung empfehlenswert. Da der Ingwer Schatten meidet, ist in regenfreien Stunden eine hohe Sonneneinstrahlung erwünscht. Mit der Wärmeabhängigkeit ist auch eine Höhenbegrenzung für das Wachstum gegeben. Gut gedeiht der Ingwer von Meereshöhe bis etwa 1000 m. Nur auf einigen Inseln, zum Beispiel auf Jamaika, erbringen die Ingwerpflanzen auch in größeren Höhen noch gute Ernten.

Ingwer wächst am besten in nährstoffreichen, leichten, sandigen Lehmböden. Der Boden soll bei genügender Belüftung und guter Wasserführung ausreichend organische Substanz aufweisen, denn das Bodengefüge hat auf die spätere Beschaffenheit der Rhizome einen großen Einfluß. Die Wurzelknollen werden bei zu leichten Böden weich und schrumpfen, bei schweren Tonböden können sie sich dagegen nicht recht entwickeln und bleiben hart und klein. Da die Staude den Bodennährstoffgehalt stark beansprucht, braucht Ingwer eine kräftige Düngung und stetige gute Bodenpflege. Gelegentlich kann Ingwer als Zierpflanze sogar in Deutschland gedeihen, wenn er vor dem Winter rechtzeitig in beheizte Räume gebracht wird.

Anbau

In vielerlei Hinsicht ähnelt der Anbau von Ingwer dem unserer Kartoffeln. Die Vermehrung erfolgt, wie schon erwähnt, ausschließlich vegetativ; auch verwilderte Pflanzen breiten sich in dieser Form durch Verzweigung der Wurzelstöcke aus, da es kaum zur Samenbildung kommt. Zum Pflanzen nimmt man meist die für den Verkauf ungeeigneten Rhizomteile. Diese werden dazu in kleine Stücke mit belassenen Augen geschnitten, wobei dann jedes Stück eine neue Pflanze hervorbringt. Obgleich Ingwer als Staude eine mehrjährige Pflanze ist, wird fast nach jeder Ernte neu gepflanzt. Können die Wurzelstöcke wegen schlechter Witterung, Arbeitermangel oder anderen Gründen

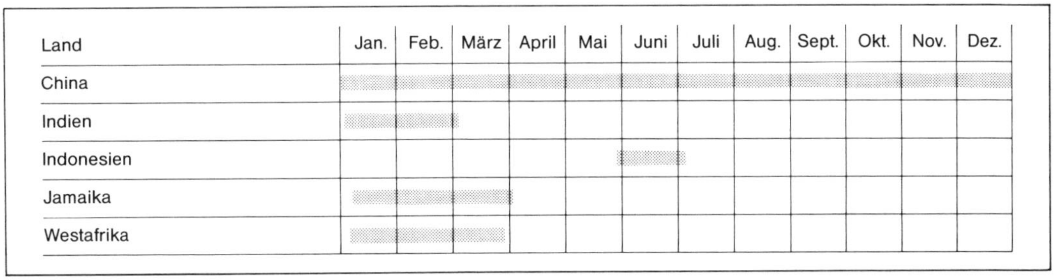

Erntezeiten von Ingwer.

nicht rechtzeitig geerntet werden, schadet es nichts, wenn die Rhizome längere Zeit auf dem Feld bleiben. Vor dem Auslegen muß der Boden tief umgearbeitet und von Unkraut und Wurzeln befreit werden. Nach dieser Vorbereitung werden jeweils am Ende der Regenzeit reihenweise Furchen gezogen und gleichzeitig im Abstand von gut 60 cm kleine Erdwälle aufgeworfen. In diese kommen dann in etwa 5 cm Tiefe die höchstens fingergliedergroßen Rhizomstücke. Je nach den äußeren Bedingungen dauert die Vegetationsperiode 9 bis 12 Monate. Die normale Ernte beginnt, wenn die Blätter anfangen, sich gelb zu verfärben und zu verwelken.

Ernte

Die Ernte des Ingwers und vor allem seine Aufbereitung sind sehr arbeitsintensiv. Eine wichtige Voraussetzung bei der Bearbeitung der Ware Ingwer ist eine geschickte Hand. Daß der Anbau aber nicht nur in dichtbesiedelten tropischen Gebieten bei Völkern mit alter landwirtschaftlicher Tradition möglich ist, zeigt das Beispiel Australien. Hier wurde während des letzten Weltkrieges der Ingweranbau in dafür geeigneten Gebieten (Queensland) eingeführt. Heute wird selbstverständlich nicht mehr nach altväterlicher Weise gearbeitet. Die Rhizome werden wie Kartoffeln ausgepflügt, wobei allerdings die Beschädigungen der Stöcke größer sind als bei der herkömmlichen Ernte. Trotzdem bleiben auch diese Betriebe überschaubar.

Der Ingwer muß sorgfältig geerntet werden. Die äußeren Sprossen und Blätter werden umfaßt und die Wurzelstöcke mittels einer kleinen Hacke herausgedreht. Die Knollen dürfen dabei möglichst nicht beschädigt werden. Die anhaftende Erde wird abgeschüttelt, gleichzeitig werden Faserwurzeln und Reste der Stengel entfernt. Gewöhnlich werden die Rhizome in einen Eimer mit etwas Wasser gelegt, um ein Antrocknen der restlichen Erde zu vermeiden, denn das würde der späteren Farbe schaden und damit Aussehen und Qualität beeinflussen. An der Sammelstelle wäscht man die Wurzelstöcke einzeln und taucht sie danach kurz in sehr heißes Wasser. Dadurch sollen Pilze, Bakterien und andere Schädlinge abgetötet werden. Später werden die Rhizome nach Größe und Aussehen sortiert.

Aufbereitung

Je nach Herkunft sind für die Aufbereitung des Ingwers verschiedene Verfahren in Gebrauch, wenngleich sich solche Unterschiede heutzutage immer mehr verwischen. Es werden unterschieden:

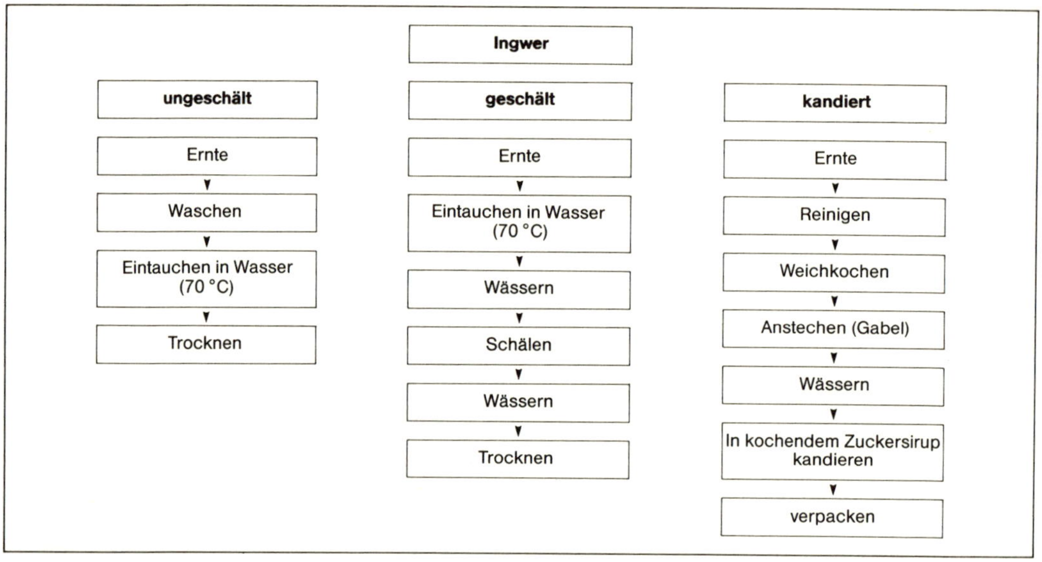

Arbeitsschema der Aufbereitung von Ingwer.

- getrockneter Ingwer, geschält (weiß) und ungeschält (schwarz)
- nicht eingetrockneter Ingwer
- eingemachter (kandierter) Ingwer

Der kandierte Ingwer kommt vorzugsweise aus dem südlichen China.

Die gewaschenen und durch das heiße Wasser teilweise sterilisierten Rhizomstücke tropfen auf einfachen, nicht metallischen Sieben ab und können dann weiterbehandelt werden. Man trocknet sie auch ungeschält, wie es vielfach in den westafrikanischen Anbaugebieten üblich ist. In Indien hat sich vor dem Schälen eine kurze Wässerung über Nacht eingebürgert. Darauf wird entweder nur, wie im Osten, dem Gangesgebiet, die äußerste Korkschicht abgekratzt, oder man entfernt diese Schicht vollständig, wie es an der Malabarküste und um Bombay im Westen geschieht. Zum Abkratzen und Schälen benutzt man kleine, aus Bambus geschnittene Messer oder Schabstäbchen, da Metall den Geschmack beeinträchtigt. In Westindien, besonders in Jamaika, wo ein im Handel hoch bewerteter Ingwer angebaut wird, wäscht man zunächst die Rhizome, die dann geschält und vor dem Trocknen nochmals einige Zeit gewässert werden. In vielen Gebieten Indiens wird der Ingwer noch kurz in Kalkmilch getaucht, um ihn aufzuhellen und ihn noch zusätzlich zu konservieren. Man trocknet die vorbereiteten Knollen an der Luft und in der Sonne – ein Prozeß, der bis zu einer Woche dauern kann. Die Rhizome verlieren dabei bis zu 75 % des ursprünglichen Gewichts.

Aus Ostasien – hauptsächlich China – ist ein Verfahren zur Bereitung von kandiertem Ingwer bekannt. Kurz bevor die Blütenstengel austreiben, werden die noch weichen, nicht ausgereiften Wurzelstöcke geerntet. Nach sorgfältiger Reinigung durch Abbürsten in kaltem Wasser werden sie zunächst mit heißem Wasser übergossen und so weich gekocht, bis sie leicht mit einer Gabel durchstochen werden können.

Dann bleiben sie für einige Zeit, meist bis zu drei Tagen, in täglich erneuertem kaltem Wasser liegen. Schließlich übergießt man sie mit kochendem konzentriertem Zuckersirup, bis der Ingwer keine Lösung mehr aufnimmt, nach dem Abtropfen der Siruplösung wird das Übergießen wiederholt. Entweder wird der auf diese Weise zubereitete Ingwer wie Zitronat getrocknet und verpackt, oder er kommt in der Zuckerlösung als Konserve in den Handel.

Handel

Obgleich nun der eigentliche Ingwer *(Zingiber officinale)* heute über alle Länder der Tropen verbreitet ist und besonders in den asiatischen Erzeugergebieten einen ansehnlichen örtlichen Markt- und Handelswert besitzt, wozu seine Nutzung in den verschiedensten Formen – als Gemüse und als frische „Knollen", als gemahlenes und zerstoßenes Gewürz oder als Konfitüre und Marmelade – beiträgt, haben sich weltweit doch verschiedene Hauptanbaugebiete herausgebildet.

Im Handel unterteilt man den frischen, einfach getrockneten und aufbereiteten Ingwer nach Herkunft, Qualität, Aroma (Inhalt an Würzstoffen) und Aussehen in Klassen oder Sorten. Bekannt sind:

1. Der geschälte **Jamaika-Ingwer.** Er hat das feinste Aroma und gilt als die beste Sorte. Die Einzelstücke werden bei faserigem Bruch bis zu 10 cm lang.
2. Eine weitere gute Qualität stammt von der **Malabarküste** in Indien; auch dieser **Ingwer** kommt geschält oder wenigstens halb geschält auf den Markt.
3. **Westafrikanischer Ingwer,** hauptsächlich aus Nigeria und Sierra Leone, hat von allen Ingwer-Kultivaren die größte Schärfe und den höchsten Anteil an ätherischem Öl. Er wird daher bevorzugt zur Gewinnung von Ingwer-Öl und Gingerol verwendet.
4. **Chinesischer Ingwer** wird überwiegend als kandierter Ingwer oder in Zuckerlösung exportiert.

Im Gewürzhandel sind noch folgende Bezeichnungen üblich:

- China Stücken No 1 faq
- China Flakes 501
- China Flakes 502
- Cochin faq
- Nigeria Split

Inhaltsstoffe und Verwendung

Der scharf-pikante Geschmack des Ingwers ist durch Substanzen bedingt, die nicht durch Destillation, sondern nur unter dem Einfluß von Wärme und Alkalien isoliert werden können. Dagegen findet sich das ätherische Öl, das dem Ingwer den charakteristischen Geruch verleiht, mit einem Gesamtgehalt von höchstens 3 %, in Sekretzellen unter der Korkschicht. Daher wird die Korkschicht ganz vorsichtig abgezogen – der Ingwer darf also nicht etwa, wie Kartoffeln, grob geschält werden. Das fahlgelbe Öl wird durch Dampfdestillation der Schalen gewonnen. Als Speisearoma findet es wenig Verwendung, es wird meist in der Parfümerie verwendet. Viele Rasierwasser enthalten Anteile von Ingwer-Öl.

Die geschmacksbildenden Grundlagen des Ingwers, früher als Gingerin, heute auch als Oleoriin bezeichnet, bestehen zur Hauptsache aus Gingerol, einer gelblichen, öligen Mischung von phenolhaltigen Stoffen, die den scharfen Geschmack verursachen, sowie aus verschiedenen Harzen, Zucker und Fett. Das Gingerol wird neuerdings sehr häufig als Geschmacksträger für alkoholfreie oder schwach alkoholische Getränke, wie beispielsweise Ingwerbier, verwendet. In der Likörbereitung hat Ingwer gleichfalls einen hohen Stellenwert. Geriebener oder gemahlener Ingwer ist wegen seines schar-

fen, aber doch warmen Geschmacks in Speisen wie Suppen, Soßen und Fisch- und Fleischgerichten, besonders bei Geflügelfleisch, aber auch in Backwaren, Kompotten und in vielen Gewürzmischungen zu finden. Besonders die im Handel erhältlichen Curry-Gewürze enthalten immer einen Ingweranteil. Gut geschälter Ingwer aus Jamaika, außen gelblich bis orange, innen dagegen von etwas mehr bräunlicher Farbe, wird in den Geschäften vielfach ungemahlen in ganzen Stücken verkauft. Viele roh geschälte oder ungeschälte Ingwersorten aus anderen Ländern kommen dagegen getrocknet, als Pulver oder als Destillat in den Kleinhandel.
Vom Ingwer sind noch einige Varietäten mit allerdings mehr örtlicher Bedeutung bekannt. Die Anwendung ist aber die gleiche wie die von *Zingiber officinale*. So gibt es in Japan die Varietät *Zingiber mioga* (Thunb.) Rosc. Dieser fehlt das feine, natürliche Aroma des „echten" Ingwers, aber ihr Geschmack ist schärfer. Als Pflanze eines rauheren Klimas wurde diese Ingwer-Art sogar in Frankreich eingeführt, wo die frischen Wurzeln als Gemüse genossen werden. Ingwer ist – noch vor Pfeffer – das neben Chili auf der Erde am häufigsten verwendete Gewürz und wird besonders in den Tropen und Subtropen sehr geschätzt.
Nach dem Verzehr von Ingwer kommt es zunächst zu einer Erweiterung der äußeren kleinen Blutgefäße, zu vermehrter Schweißabsonderung und damit, durch dessen Verdunstung, später zu einem Gefühl der Abkühlung auf der Haut. Das Gewürz ist in vielen Ländern von einer Beigabe zum Essen zur wesentlichen Zutat und sogar zum eigenständigen Gemüse geworden. Ingwer wird den Speisen nicht in homöopathischen Dosen zugesetzt wie Muskat oder Pfeffer, sondern schon in etwas größeren Mengen. Wo ein ganz klein wenig geriebene Muskatnuß genügt, müssen vom Ingwer schon über 50 g genommen werden.
Mehr als die Hälfte der Jahresernte des Ingwers wird in den Erzeugerländern selbst verbraucht, wobei Indien der größte Erzeuger, aber auch gleichzeitig Exporteur ist. Haupteinfuhrländer sind Großbritannien und die Arabischen Länder, gefolgt von den USA.
Die Erträge an getrockneten Ingwerwurzeln können ganz unterschiedlich sein. Als Durchschnitt gelten in den westlichen Anbaugebieten 4 Tonnen pro Hektar. In den alten Heimatländern der Pflanze, in Südostasien, betragen sie aber als Ergebnis der sehr intensiven Bearbeitung und sorgfältigen Ernte meist das Doppelte. Ausfälle gibt es nur wenig, da Ingwer kaum von Schädlingen und Krankheiten befallen wird. Richten Pilze doch einmal Wurzelschäden an, so müssen die befallenen Teile verbrannt und die restlichen gut desinfiziert werden.

Kurkuma, Gelbwurzel (Gelbwurz)

Die Bundesrepublik Deutschland führt im Jahr etwa 600 Tonnen Gelbwurzel (Kurkuma) ein. Das ist bei einer in den Handel kommenden geschätzten Menge von 25 000 Tonnen unbedeutend. Die Hauptlieferländer sind Indien, die Türkei und Haiti. Die Hauptimportländer sind der Iran und die arabischen Länder, Japan und USA. In Europa liegt Großbritannien an der Spitze.

Die Gelbwurzel oder Kurkuma ist ein bei uns fast nur noch in Mischungen enthaltenes Gewürz aus der Familie der Ingwergewächse (Zingiberaceae). Die Kurkuma, auch unter ihrer englischen Bezeichnung als Tumeric (deutsch: Tumerek) bekannt, stammt von einer sehr alten Nutzpflanze ab. Im Altertum wurde diese in ihrem ursprünglichen Verbreitungsgebiet im südlichen Asien hauptsächlich wegen eines Grundstoffes, der eine warme, intensiv gelbe Farbe liefert, sehr geschätzt. Man färbte damit Baumwolle und Seide. Später folgt der Gebrauch als Gewürz, als Heilmittel und schließlich als Nahrungsmittel. Daher kommt der Kurkuma in Asien eine vielfache Bedeutung zu:

Einmal ist sie ein sehr viel gebrauchtes und beliebtes ingwerähnliches Gewürz, zum anderen dient sie als ungiftiger, intensiver und lichtechter Farbstoff. Weiterhin gilt die Wurzel als Heilmittel, besonders bei Magen- und Leberleiden, und schließlich ergibt die entbitterte Stärke ein vorzügliches Nahrungsmittel.

Kurkuma wurde daher, wie die anderen altweltlichen Gewürze auch, durch orientalische Händler bald in Südeuropa bekannt. Seit dem 7. Jahrhundert wird Kurkuma im tropischen China angebaut; sie gelangte etwa um 1200 nach Westafrika und wurde später auch in die Karibik verbracht. In vielen Fällen konnte sie den sehr viel teureren Safran ersetzen. Im Mittelalter wurde gemahlene Gelbwurzel in Deutschland als „Indischer Safran“ gehandelt, obgleich es mit diesem Gewürz nicht verwandt ist.

Gelbwurzel (*Curcuma longa* L. oder auch *Curcuma domestica* Val.), ursprünglich in Südasien, besonders aber in Indien beheimatet, ist eine robuste, ingwerähnliche Staude mit einem fleischigen, knolligen Wurzelstock, von dem dann noch längliche sekundäre Rhizome abzweigen. Gehandelt werden beide Arten: die primären Rhizome, meist oval bis birnenförmig, als „Curcuma rotunda“ oder „rotundifolia“ und die länglichen als „Curcuma longa“. Wohlgemerkt: Das sind in diesem Fall nur Handelsbezeichnungen, die nichts mit dem botanischen Gattungsnamen gemein haben. Kurkuma zählt zu den scharfen Gewürzen, vergleichbar dem Cayennepfeffer. Die Gelbwurzel hat einen ingwerähnlichen, aber etwas bitteren, brennend scharfen Geschmack.

Botanik

Aus dem Wurzelstock von *Curcuma longa* L. entspringen krautige, ausdauernde Blattsprosse, die bis zu 1 m hoch werden können. Die etwa 30 cm langen, elliptischen Blätter der Sprosse umschließen diese scheidenartig. Sie ähneln denen unserer Maiglöckchen, sind aber etwas länger. An einem besonderen, dickeren Blütensproß bilden sich die etwa 15 cm langen Blütenstände, die in einem dichten Büschel grünlichweißer Tragblätter enden, das an einen aufrechtstehenden Kiefernzapfen erinnert. Die Blüten sind rahmgelb. Wenn überhaupt Früchte reifen, sind sie klein und unansehnlich, und die Samen sind zum Aussäen ungeeignet. Da die ganze Kraft der Pflanze in die Wurzelstöcke gehen soll, werden die Blütentriebe meist noch vor ihrer vollen Entfaltung ausgebrochen.

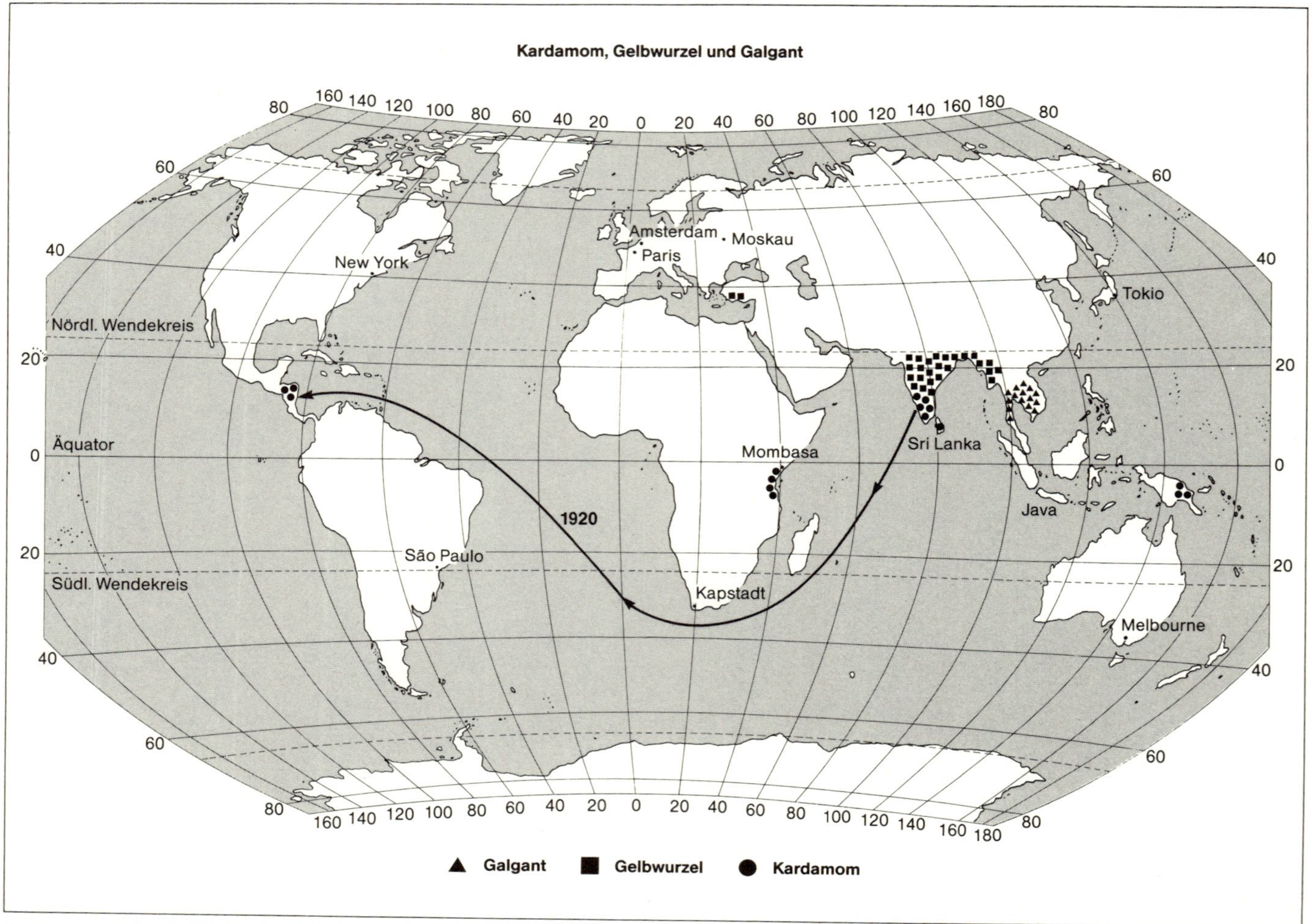

Anbaugebiete von Gelbwurzel, Galgant und Kardamom.

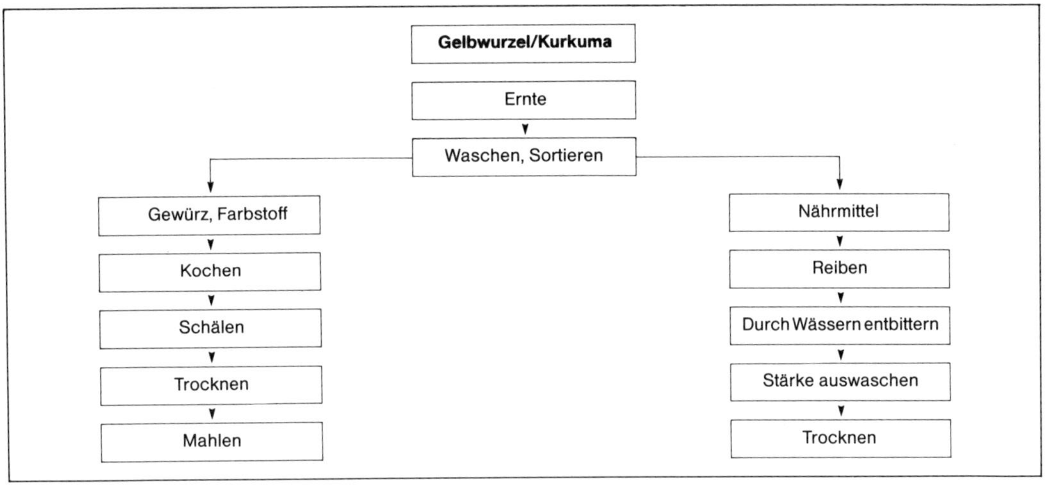

Arbeitsschema der Aufbereitung von Gelbwurzel/Kurkuma.

Klima und Boden

Die Ansprüche an Klima und Boden entsprechen denen des Ingwers. Das Klima soll tropisch sein, ganzjährig frostfrei bei ausgeglichener Temperatur und Feuchte. Kurkuma kann dabei aber noch in etwas größeren Höhen als Ingwer, bis etwa 2000 m Meereshöhe, gut gedeihen. Wegen des Klimas läßt sich in Indien auch eine gewisse Anbaugrenze feststellen. Der Boden soll nährstoffreich, gut zu bearbeiten und, wie für alle rhizombildenden Pflanzen, leicht und durchlässig sein.

Anbau

Der Ingwer kann als Leitpflanze für alle Mitglieder der Familie Zingiberaceae gelten, soweit sie Gewürze liefern, also auch für Gelbwurzel – besonders, wenn die Wurzelstöcke das Erntegut sind. Die zerschnittenen Teile der Rhizome mit den Augen werden in Reihen mit einem Zwischenraum von etwa 1 Fuß fingertief in den Boden eingesenkt. Dies sind die üblichen, jedem Arbeiter geläufigen und zur Verfügung stehenden Maße. Der Abstand der Reihen wiederum beträgt 3 Fuß. Ungefähr 10 Monate nach dem Auslegen fangen die Blätter und Sprosse an zu welken. Es beginnt die Zeit der Ernte. Die Wurzelstöcke müssen sehr sorgfältig ausgegraben werden. Man rechnet, je nach Boden und Wachstumsbedingungen, mit etwa 25 Tonnen frischer Kurkuma je Hektar. Nach dem Aufbereiten und Trocknen bleibt dann ungefähr ein Viertel der Gesamtmenge. Dieser Ertrag entspricht etwa dem des Ingwers.

Ernte und Aufbereitung

Nach dem Ausgraben müssen die Rhizome von Erdresten und kleinen Wurzeln befreit und gewaschen werden. Man trennt dabei die fingerförmigen Nebenknollen („Curcuma longa“) von den dickeren Hauptstöcken. Sie ergeben später die beste Handelsqualität. Gelbwurzel muß im Gegensatz zu den anderen Wurzelgewürzen aus der Familie der Ingwergewächse nicht nur gebrüht, sondern kurz gekocht werden. Das kochende Wasser erweicht die das lebende Gewebe umgebende, abgestorbene

Korkschicht, die dann abgeschält wird. Durch das Erhitzen in kochendem Wasser verkleistert sich die reichlich vorhandene Stärke, weil der Inhalt der Zellen zu einer pastenartigen Masse anschwillt. Die Knolle bekommt eine hornartige Beschaffenheit. Gleichzeitig treten gelbe Pigmente, das Curcumin, aus den äußeren Zellen in die umgebende Stärke. Dadurch erscheint später, anders als beim rohen Wurzelstock, die Schnittfläche gelb, und das Gewürz entspricht seinem Namen. Die so vorbereiteten Rhizome müssen sofort unter ständiger Kontrolle auf Schimmelbildung an der Sonne getrocknet werden. Dies dauert, je nach Luftfeuchte, mindestens zehn Tage.

Die wesentlichen Bestandteile von Kurkuma sind ein sehr hoher Stärkeanteil, einige Harze und fette Öle. Dazu kommen etwa 5 % ätherisches Öl und der schon erwähnte gelbe Farbstoff, der allerdings nur ein halbes Prozent ausmacht.

Die Finger der „Curcuma longa“ werden auf etwa 3 cm Länge zurechtgeschnitten. Dabei sind sie auch höchstens fingerdick. Gesondert getrocknet, werden sie später zum gelblichen Gewürzpulver vermahlen, das den extrem niedrigen Feuchtigkeitsgehalt von höchstens 4 % hat. Es wird entweder als eigenständiges Gewürz oder als einer der Grundbestandteile für die Zubereitung von Curry gebraucht.

Das ätherische Öl wird durch Dampfdestillation aus den getrockneten Gelbwurzknollen gewonnen. Dieses Kurkuma-Öl wird heute noch gelegentlich in der Parfümerie und zur geschmacklichen Abrundung bei Magenbitter verwendet.

Verwendung

Kurkuma wird vielseitig genutzt. Während die Pflanze bei uns praktisch nur als Gewürz in Mischungen bekannt geworden ist, diente der intensiv gelbe Farbstoff der Wurzelknollen, das Curmarin, seit etwa 3000 Jahren zum Färben von Baumwolle und Seide. Das Curmarin hat allerdings durch den Gebrauch der billigen Anilinfarben an Handelswert verloren und ist daher nur noch von örtlicher Bedeutung. Auf eine Anwendung dieser ungiftigen Farbe zur Körperbemalung und bei verschiedenen Riten im Leben der Eingeborenen soll hier nicht eingegangen werden. Als Testfarbe für chemische Analysen ist Curmarin aber heute auch bei uns noch zu finden. Zum Nachfärben von zu blassem Käse, von Butter und Margarine wird die gelbe Farbe vereinzelt, bei Senf noch häufiger verwendet. Medizinisch bleibt Kurkuma als Leber- und Gallenmittel indessen nur noch auf die Naturheilkunde beschränkt.

Die großen Mengen der geernteten Kurkumarhizome, die den Bedarf an Gewürz und Farbstoff weit übersteigen, sind ein hochwertiges Nahrungsmittel. Das feine Stärkemehl der Wurzelknollen gilt als ein in der Süßwaren- und Nährmittelherstellung geschätzter Grundstoff.

Oben links: Vom Basilikum werden die aromatischen, hellgrünen Blätter wegen ihres würzig-scharfen Geschmacks geschätzt.
Oben rechts: Die Anisblüten stehen in endständigen Dolden an der etwa 50 cm hohen Pflanze. Die Samen, die meistens gemahlen werden, sind das eigentliche Gewürz, Das Destillat der Samen wird Aperitivs und Heilmitteln zugesetzt.
Unten links: Bei Dill werden nicht nur die Blätter und Blüten, sondern auch Fruchtdolden und Samen als Küchengewürze verwendet.
Unten rechts: Die grünen Blätter der Fenchelstaude sind eine beliebte Beigabe zu Salaten. Die Blattscheiden werden als Gemüse verzehrt. Die Früchte werden für Tees verwendet und dienen als Gewürz für Brot, Gurken u. a. Das destillierte Fenchelöl ist oft Bestandteil von Hustensäften.

Durch Wässern werden den geriebenen Rhizomen die Bitterstoffe entzogen und die Stärke ausgewaschen. Sie ist der besten Pfeilwurzstärke oder Arrowroot gleichwertig. Weil sie leicht verdaulich ist, wird sie zu diätischen Lebens- und Nährmitteln, besonders für Kleinkinder, verarbeitet. Bekannt geworden ist das Stärkemehl aus den Kurkumarhizomen unter den Bezeichnungen Bombay-Arrowroot, Malabar-Arrowroot und Ostindischer Arrowroot.
Das eigentliche Arrowroot ist von anderer pflanzlicher Herkunft. Es wurde von den Indianern im Orinoko-Gebiet als Gegenmittel bei Vergiftungen durch Pfeile gebraucht, daher wohl der Name. Anderseits sehen auch die großen Blätter dieses „echten" Arrowroot (*Xanthosoma sagittifolium* L. Schott) wie Pfeilspitzen aus.
Obgleich in ganz Indien Kurkuma angepflanzt wird, liegen die meist kleinbäuerlichen Anbaugebiete der Gelbwurzel südlich der Linie Bombay–Kalkutta. Indien liefert bei weitem den größten Teil von Kurkuma für den Welthandel. Von der Gesamterzeugung werden aber mindestens 95 % im Land selbst verbraucht. Andere bedeutendere Gebiete, in die der Anbau später eingeführt wurde, finden sich auf Jamaika und einigen anderen Inseln der Karibik, auf Taiwan, in Indonesien und auf den Philippinen.

Oben, von links nach rechts: Blühender Koriander. Reife Korianderfrüchte. Getrockneter Koriander.
Unten links: Auf felsigem Grund wachsender Kapernstrauch. Die ungleich großen Kelch- und Blütenblätter sind deutlich zu erkennen.
Unten rechts: Der zweijährige Kümmel ist ein vielseitiges Gewürz. Er kann aber erst im zweiten Jahr geerntet werden.

Galgant

Die Einfuhr von Galgant in die Bundesrepublik Deutschland ist ohne Bedeutung, obwohl der Handel im Ursprungsgebiet recht beachtlich ist. Auf der chinesischen Insel Hainan und den angrenzenden Küstenstrichen des südlichen China ist die Heimat einer anderen Gewürzpflanze aus der Familie der Zingiberaceae zu suchen. Es handelt sich um den Galgant. Die Galgantpflanze (*Alpinia officinarum* Hance) wurde erstmals von dem in Padua lebenden Professor der Botanik Prosper Alpinia (1553–1617) beschrieben. Galgant ist ein Wurzelgewürz, das in seinen Rhizomen oder Wurzelstökken, den unterirdisch wachsenden verdickten Sproßachsen, Stärke und andere Stoffe speichert. Die Rhizome riechen angenehm gewürzhaft, sind dabei aber nicht so pikant scharf wie der eigentliche Ingwer, obgleich sich beide Pflanzen recht nahe stehen. Man bezeichnet Galgant daher auch als milden Ingwer.
Im Altertum waren aber weder die Galgantpflanze noch das Gewürz in Europa bekannt. Erst die Araber brachten den Galgant im frühen Mittelalter nach Westen. Zunächst waren es arabische Ärzte, die den Galgant schätzten. Als Gewürz und Heilmittel verbreiteten dann später Kaufleute aus Arabien den Galgant auch im Westen Europas. Hildegard von Bingen berichtete im 12. Jahrhundert über die Wirkung der Galgantwurzel bei Erkrankungen von Magen und Darm.
Da sich der Anbau von Galgant heute in ganz Südostasien, besonders in Thailand, verbreitet hat, kennt man auch die Bezeichnung „Siam-Ingwer". Neben dem Gebrauch als Gewürz aus getrockneten, geriebenen oder gemahlenen Wurzelstöcken ist er in seinem Verbreitungsgebiet auch als Naturheilmittel sehr beliebt. Bei uns ist Galgant als Einzelgewürz im Haushalt wenig bekannt und fast nur als Bestandteil von Gewürzmischungen zu finden. Wegen seiner

wohltuenden Wirkung auf den Magen wird er oft Likören, besonders den Magenbittern, beigegeben.

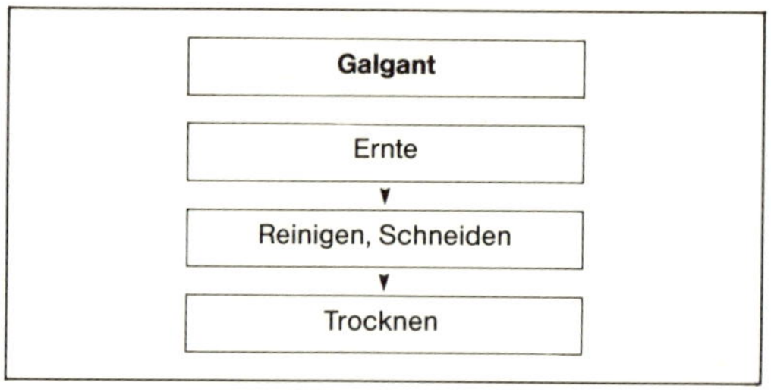

Arbeitsschema der Aufbereitung von Galgant.

Botanik

Der Stengel der schildartigen *Alpinia officinarum* wird höchstens 1,5 m hoch, bleibt aber meist darunter. Er wird von den großen, linealartig geformten Scheiden der Blätter eingehüllt, die bis zum abgerundeten oberen Ende gleich breit sind. Die an kurzer aufrechter Traube aus dem Blütenstand hervortretenden Blüten sind in der Grundfarbe weiß und bei schwach rötlicher Schattierung etwas geädert. Der einzig verwertbare Teil der Pflanze, der horizontal in der Erde wachsende Wurzelstock, kann fast ebenso lang werden wie die Blätter. Bei seiner großen Länge ist das Rhizom von nur etwa fingerdickem Durchmesser recht schmächtig. Wie die anderen Wurzelgewürze vermehrt sich auch der Galgant vorwiegend vegetativ. Die Pflanze verlangt ein rein tropisches Klima, d. h. hohe Lufttemperatur, hohe Luftfeuchte und ausgiebige, möglichst gleichmäßig verteilte Regenmengen. Daher ist ein Ausweiten des Anbaus außerhalb der Tropen nicht gegeben. Für den Boden sollen die Bedingungen auch denen des Ingwers gleichen. Allerdings erschöpft der Galgant wegen seiner langen Wachstumszeit die Böden nicht in gleichem Maße.

Anbau, Ernte und Verarbeitung

Angepflanzt wird der Galgant wie Ingwer. Man bringt kleine, zurechtgeschnittene Rhizomstücke in die gut vorbereitete Erde, dann heißt es erst einmal abwarten. Galgant reift im Gegensatz zum Ingwer erst nach 4 bis 5 Jahren. Die langen dünnen Rhizome müssen wegen der Gefahr des Abbrechens besonders vorsichtig aus der Erde geholt, dann von anhaftender Erde und kleinen Wurzeln befreit, gewaschen und in kleine handliche Stücke zerschnitten werden. Schadstellen werden dabei entfernt. Die Teile, einfach verzweigt oder auch knollig verdickt, sind etwa fingerlang. Sie werden dann sofort an der Sonne getrocknet und verlieren dabei über zwei Drittel ihres ursprünglichen Gewichts. Das Trocknen dauert bis zu einer Woche und erfordert eine ständige Kontrolle wegen möglicher Schimmelbildung. Die Galgantrhizome werden nicht geschält. Von außen sehen die Stücke rotbraun aus, an den Schnittflächen wechselt die Farbe mehr zu orange. Die Ansätze der einzelnen Wachstumsstellen und die Blattscheidenreste sind an quergeringelten helleren Stellen zu erkennen. Galgant zeichnet sich durch einen angenehmen, aromatischen Geruch und einen würzigen, etwas bitteren, jedoch nicht so stark brennenden Geschmack aus.

Für Galgant liegen keine Zahlen über Hektarerträge vor, da diese Pflanze fast ausschließlich in bäuerlichen Kleinbetrieben angebaut wird. Sie dürften aber unter denen von Ingwer liegen. Die einzelnen Bauern verschicken ihre Ernte in Ballen, die mit Bast- oder Rohrmatten umhüllt sind, an die Aufkäufer in den Hafenstädten. Dort wird die Ware dann für den Export verlesen und verschifft.

Der Wurzelstock enthält in geringen Mengen (bis zu 1 %) ein ätherisches Öl, einen Bitterstoff,

das Galganol und weiterhin geschmacklose Stärkekörper.
In Ostasien haben noch weitere Varietäten der Galgantpflanze eine gewisse Bedeutung erlangt, ohne jedoch nach Europa oder überhaupt in den Handel zu kommen. Es sind dies einmal der Java-Galgant (*Alpinia galanga* (L.) Willd.) mit kleineren, dickeren, weniger aromatischen Rhizomen und dann noch der Chinesische Galgant (*Kaempferia galanga* L.). Diese Art wird hauptsächlich im Anbaugebiet zum Würzen von Reis verwendet.

Kardamom

Als eines der feinsten und teuersten Gewürze führte die Bundesrepublik Deutschland im Jahr 1988 176 Tonnen Kardamom ein. 65 Tonnen wurden allerdings wieder in andere Länder ausgeführt. Der Kilopreis betrug 6,30 DM. Von der Gesamtmenge stammten dabei über 53 % aus Guatemala und rund 37 % aus Papua-Neuguinea. Im Vergleich mit anderen Importen ist das natürlich kaum erwähnenswert. Doch Kardamom ist etwas Besonderes und wird auch in den Statistiken einzeln aufgeführt. Im Gegensatz zu vielen anderen Gewürzen ist seine Würzkraft recht ausgeprägt und hochgeschätzt. Kardamom hat ein unverkennbares, charakteristisches Aroma. Er schmeckt etwas süßlich, ist dabei aber noch kräftig brennend. Der Kardamom ist neben Safran und Vanille das teuerste Gewürz.
Wer jemals im arabischen Teil des Orients einen einheimisch zubereiteten Kaffee getrunken hat, dem bleibt ein typischer, das Eigenaroma leicht überdeckender Geschmack in Erinnerung: Der Kaffee war mit Kardamom gewürzt. Als nämlich das Kaffeetrinken aufkam und die Technik des Brennens mehr einem An- oder Verbrennen entsprach, mußte der schwarze Trank etwas schmackhafter gemacht werden, und dies geschah damals wie heute noch durch eine Prise Kardamom.
Der Gebrauch des Gewürzes Kardamom ist natürlich viel älter. Die griechischen Kaufleute brachten es im Altertum über Kleinasien und Ägypten in die Mittelmeerländer. Der Handel florierte. Die Römer hatten einen großen Bedarf an diesem Gewürz – nicht um des Würzens willen, sondern als verdauungsförderndes Heilmittel. Wie heute noch oft die Teilnehmer an langen und schweren Essen ihre Tabletten gegen Völlegefühl und Übermaß an Magensäure einnehmen, so half den Römern bei ihren ausschweifenden Gelagen Kardamom gegen die gleichen Beschwerden. In Deutschland und überhaupt in Westeuropa wurde das Gewürz aber eigenartigerweise erst im hohen Mittelalter bekannt.
Als Kardamom kennt der Gewürzhandel eine ganze Reihe aromatischer Kapselfrüchte von Arten der Gattung *Elettaria*, die auch zur Familie der Zingiberaceae oder Ingwergewächse gehören. Während aber von den anderen Mitgliedern dieser Familie nur die Wurzelknollen geerntet und als geschätzte Gewürze aufbereitet und verwendet werden, die Samen aber völlig vernachlässigt werden können und man sie oft gar nicht ausreifen läßt, ist es beim Kardamom gerade umgekehrt. Die Wurzelknollen sind überhaupt nicht gefragt, sondern es sind gerade die Samen, die das außerordentlich teure Gewürz ergeben.

Botanik

Kardamome (Einzahl der oder das Kardamom) heißen die Pflanzen sowie die trockenen, reifen Früchte und Samen von *Elettaria cardamomum* (L.) Maton aus der schon bekannten Ingwerfamilie. Die schilfartige, mehrjährige Staude, die hauptsächlich in zwei Varietäten bekannt ist, kann je nach Standort zwischen 2

und 3 m hoch werden. Sie ist in den feuchten, tropischen Gebirgswäldern Südindiens, besonders an der Malabarküste, südlich von Goa und in Sri Lanka beheimatet. Dem Malabar-Kardamom, *Elettaria cardamomum* var. *minor*, mit kleineren Früchten und Samen, steht der Ceylon-Kardamom, *Elettaria cardamomum* var. *major* (Sm.) Thwaites gegenüber. Er hat größere Blätter, Früchte und Samen. Der Malabar-Kardamom gilt als wertvoller.
Aus kräftigen Rhizomen entspringen mit länglich-lanzettförmigen Blättern besetzte Laubsprossen von der ungefähren Dicke eines Besenstiels. Die Blätter selbst können etwa 0,75 m lang und gut handbreit werden. Neben diesen Laubsprossen entstehen besondere, flachliegende, fast bodenparallele kurze Blütensprosse, die an ihren unteren Enden mit kleinen, schuppenartigen Blättern besetzt sind. Die sich aufrichtenden Blütenähren stehen in den Achseln kleiner Tragblätter mit einem röhrenförmigen Kelch. Die Einzelblüten sind auf einer Seite zu einer rötlich gefärbten Lippe verwachsen und haben ungefähr die Größe unseres Fingerhuts. Die Frucht ist eine grünlichgraue bis gelblichgrüne, nicht aufspringende, dreifächerige, dreieckige Samenkapsel, bis zu 2 cm lang und 1 cm breit. Jedes ihrer Fächer enthält, in zwei Reihen geordnet, die kleinen, rötlichbrauen Samen. Eine klebrige Samenhaut (Arillus) umgibt die runzeligen, unregelmäßig eckigen, bis 3 mm langen Kerne.

Klima und Boden

Kardamom ist eine ausgesprochen tropische Pflanze, die zwar keine besonders hohen Temperaturen liebt, doch ein gleichmäßig warmes, feuchtes Klima braucht. Daher gedeiht der Malabar-Kardamom am besten in Höhenlagen von 600 bis 1200 m. Für den Ceylon-Kardamom sind etwas höhere Lagen zwischen 1000 und 1500 m geeigneter. Die Niederschläge sollen mindestens 2500 mm im Jahr betragen, aber selbst Regenmengen über 4000 mm schaden den Pflanzen nicht. Die Luftfeuchte ist dabei natürlicherweise recht hoch. Als dem untersten Stockwerk des Urwalds entstammendes Gewächs liebt Kardamom den Schatten. Die Böden sollen feucht, humusreich und frei von stauender Nässe sein.

Anbau

Die Samen werden auch heute noch sowohl von wildwachsenden Pflanzen gesammelt als auch von solchen, die unter Halbkultur stehen – d. h., daß deren Umgebung sorgfältig von Gestrüpp gereinigt wurde. Da sich aber auf diese Weise keine gleichmäßigen zufriedenstellenden Ernten erzielen lassen, ist man zum Anbau in einer Art Gartenkultur übergegangen.
Man zieht die Stauden entweder aus dem Samen – ganz im Gegensatz zu den anderen Gewürzen der Ingwerfamilie –, oder aber man schneidet die Rhizome in entsprechende Stücke. Die Samen werden dabei zunächst auf Saatbeeten ausgesät, die Rhizome direkt in die Pflanzung ausgelegt. Die Samen keimen recht langsam und benötigen bis zum Auflaufen etwa 4 Monate. Weil die Kardamompflanzen eine Strauchform bilden und die Blütensprossen mit den Früchten sternförmig um die Stauden herumwachsen, braucht man eine recht große Pflanzweite von 2 bis 2,5 m unter leichten Schattenbäumen.
Das Gewürz ist in vielen Gebieten Asiens ein Bestandteil der Betelbissen geworden. Es wird daher häufig unter die leicht schattenspendenden Betelnuß- oder Areka-Palmen gepflanzt. Erst nach ungefähr drei Jahren läßt sich von der Staude eine kleine Ernte erwarten. Der volle Ertrag wird ab 6 Jahren erreicht. Die Ertragsfähigkeit hält bis zu 15 Jahren an, dann muß nachgepflanzt werden. Die Erntemengen schwanken erheblich. Im Durchschnitt betragen sie bei

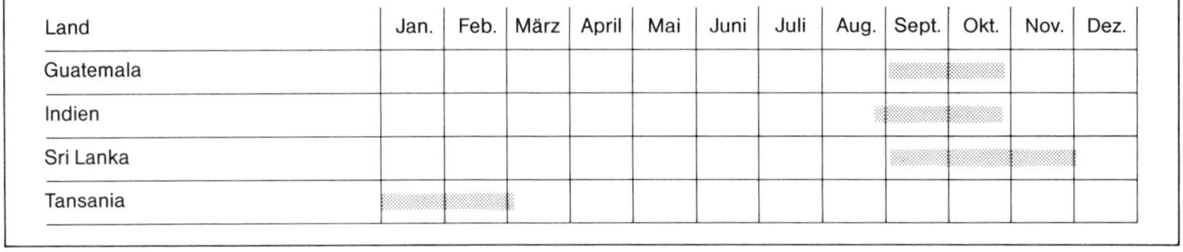

Erntezeiten von Kardamom.

guter Pflege der Pflanzung 500 kg Kapseln pro Hektar.

Ernte

Kardamom blüht und fruchtet während des ganzen Jahres. Das bedingt eine gewisse Unregelmäßigkeit der Ernte. Etwa neun Monate nach der Bestäubung sind die Früchte reif. Weil sie nun praktisch zu allen Zeitpunkten reifen können, müssen die Pflanzen alle 3 bis 4 Wochen auf reife Kapseln durchgesehen werden. Diese aufwendige Arbeit ist auch einer der Gründe, warum Kardamom meist in bäuerlichen Kleinbetrieben und als Nebenkultur gepflegt wird.

Weil die *Elettaria*-Arten des Handels zum größten Teil auf der Nordhalbkugel vorkommen und angepflanzt werden, haben sich im Februar–März und in der zweiten Jahreshälfte vom September bis Anfang Dezember zwei Haupterntezeiten herausgebildet. Erst vor dem Zweiten Weltkrieg konnten sich in Tansania und auf der Insel Neuguinea (Papua) ebenfalls bedeutendere Anbauzentren für Kardamom entwickeln. Hier liegen die Haupterntezeiten in unseren Wintermonaten.

Wenn die vollen, festen, aber noch grünen Früchte ihren ersten gelben Schein bekommen, werden sie einzeln mit einer Schere abgeschnitten. Der Grund dieser vorsichtigen Behandlung: Die Kapseln sollen beim Trocknen geschlossen bleiben. Der Sitz der Früchte in Bodennähe läßt sie durch den aufspritzenden Regen leicht verschmutzen, daher müssen sie gleich gewaschen werden. Später legt man sie zum Nachreifen einige Tage auf Haufen zusammen. Sie werden kurz verlesen, nach der Farbe sortiert und zum Trocknen etwa 3 bis 4 Tage an der Sonne oder unter Heißluft und Holzkohlen für 20 Stunden in Trockenräumen ausgebreitet. Die Früchte des Ceylon-Kardamom sind etwas größer als die der Malabar-Varietät, daher auch der Beiname *major*. Das feinere Gewürz liefern allerdings die kleinen *Elettaria*-Arten.

Aufbereitung

Als Gewürz werden vom Kardamom nur die Samen genutzt. Da das ätherische Öl der Samen aber sehr leicht verdunstet und Kardamom selbst unter Luftabschluß sein Aroma verlieren kann, läßt man die Samen wegen ihrer Lichtempfindlichkeit zunächst in den Schalen. Man entfernt die Fruchtstiele und anhaftende vertrocknete Blütenblätter mit einfachen Maschinen von den noch geschlossenen Schalen. Durch anschließendes Absieben werden die Fruchtkapseln nach der Größe sortiert. Für den Handel, weniger für die Qualität, ist eine gleichmäßige Farbe erwünscht, weshalb die Kapseln oft nachgebleicht werden.

Arbeitsschema der Aufbereitung von Kardamom.

Wertvoll sind nur die Samen. Die Schalen – etwa 40 % des Gesamtfruchtgewichts – haben keinerlei Würzkraft. Nach dem Ausdreschen der Fruchtkapseln müssen die Samen abgesondert, gereinigt und fein gemahlen werden. Ein Untermischen gemahlener Kapseln gilt als Verfälschung. Das in den Samen enthaltene ätherische Öl (bis zu 8 %) riecht angenehm würzig. Dadurch wird das eigentliche Aroma und der Geschmack des Gewürzes bestimmt. Fett, Eiweiß und Stärke kommen noch hinzu.

Verwendung

Kardamom ist ein recht vielseitiges Gewürz mit großer Anwendungsbreite. Es würzt dabei so unterschiedliche Speisen wie Gebäck und Wurst. Lebkuchen-Gewürzmischungen enthalten ebenso Kardamom wie Wurstgewürze. Curry-Pulver wäre ohne einen Anteil von Kardamom kaum denkbar. Kardamom-Öl spielt besonders in der Getränkeindustrie eine große Rolle. Viele bekannte Liköre enthalten eine Prise Kardamom. Und es soll auch nicht vergessen werden, daß etwa 50 % des für den Welthandel geernteten Kardamoms im Orient als Zutat zum Würzen des Kaffees dient. Als Heilmittel ist das Gewürz heutzutage, zumindest im Westen, allerdings nicht mehr gefragt.

Handel

Indien liefert mit ca. 3000 Tonnen etwa 75 % allen geernteten Kardamoms, verbraucht dabei aber schon den allergrößten Teil im eigenen Land. Man hat daher versucht, das Gewürz auch in anderen tropischen Gebieten anzubauen. Dies ist nach dem Ersten Weltkrieg mit gutem Erfolg in Guatemala gelungen. Sri Lanka, Malaysia und Tansania exportieren Kardamom, ebenso Neuguinea (Papua).

Der Gewürzhandel in Deutschland kennt, nach den hier bevorzugten Importländern, folgende Qualitätsbezeichnungen für Kardamom:
- Papua, Saat
- Guatemala, Saat
- Guatemala, in der Schale mixed yellow/green
- Tansania Dl, in der Schale (D = dried)
- Papua, sundried, in der Schale

Es konnte nicht ausbleiben, daß bei einem so wertvollen Gewürz schon seit frühesten Zeiten versucht wurde, den echten Malabar- und Ceylon-Kardamom durch andere Arten zu ersetzen, die meist aus Asien stammen. Sie haben aber nur lokale Bedeutung erlangt und werden hauptsächlich zur Ölgewinnung genutzt.
Neben dem Malabar- und Ceylon-Kardamom liefern noch andere nahe verwandte Pflanzen aus den Gattungen *Elettaria, Aframomum* und *Amomum* Samen, die dem echten Kardamom ähneln. Davon haben die im tropischen Westafrika vorkommenden, nach Pfeffer und Kardamom schmeckenden Paradieskörner, die

Früchte von *Aframomum melegueta* (K. Schum.), eine gewisse Bedeutung als Pfefferersatz und bei der Bereitung von Senf und Essig erlangt. Vom pfefferartigen Geschmack der Paradieskörner her kommt übrigens der Name der Pfefferküste am Golf von Guinea.

Sternanis

Obwohl bei den Chinesen seit über 3000 Jahren als Gewürz und Heilmittel bekannt und geschätzt, kam Sternanis (*Illicium verum* Hook f.) erst recht spät auf den europäischen und damit auch auf den Weltmarkt.
Als tropisches Gewürz nimmt Sternanis bei den Einfuhren in die Bundesrepublik Deutschland nur einen bescheidenen Rang ein. Nach der Außenhandelsstatistik wurden 1987 insgesamt 834 Tonnen des Gewürzes eingeführt; von dieser Menge wurden allerdings rund 200 Tonnen in Drittländer reexportiert. Der größte Teil des Sternanis, nämlich 751 Tonnen, stammt aus China.

Herkunft und Verbreitung

Ursprünglich kommt der echte, als Gewürz zu verwendende Sternanis im randtropischen Ostasien vor, und zwar in Regionen um den nördlichen Wendekreis, die sich hauptsächlich auf die chinesischen Provinzen Kwantung, Kwangsi, Jünnan, die Insel Hainan und den Norden Vietnams beschränken. Später gab es Pflanzungen auf den Philippinen und einigen malaiischen Inseln. In Europa war das Gewürz praktisch unbekannt. 1588 brachte ein englischer Freibeuter Sternanis nach Plymouth. Da er in der Verwendung dem heimisch gewordenen und billigeren Doldenblütler Anis (*Pimpinella anisum* L.) ähnelte, bestand zunächst kein größerer Bedarf. Englische Pflanzer führten im 18. Jahrhundert den Anbau des Sternanisbaums auf der Insel Jamaika ein, wo er sich gut entwikkelte. Jamaika führt dieses Gewürz heute auch aus. Der Welthandel wird aber hauptsächlich durch die Ernten in China bestritten. Nach Deutschland gelangte die Frucht, die in wenigen Apotheken gehandelt wurde, wohl erstmals um 1700.

Botanik

Der Sternanisbaum (*Illicium verum* Hook. f.) gehört zu den etwa 70 Bäumen und Sträuchern der Familie der Magnoliengewächse (Magnoliaceae). Die Magnoliaceae, von denen einige wegen ihren auffallend großen Blüten bei uns als schmückende Parkbäume bekannt sind, stammen ursprünglich aus den tropischen und subtropischen Regionen Asiens, Afrikas sowie Nord- und Südamerikas.
Der birkenartige, dunkelgrüne Baum *Illicium verum*, der meist nicht höher als 6 m, in Ausnahmefällen 10 m wird, hat ganzrandige, lorbeerartige, etwa 12 cm lange, in einer Spitze endende Blätter. Die Bäume stehen im ursprünglichen Zustand oft parkartig in größeren Gruppen zusammen, werden heute aber meist in angelegten Pflanzungen gezogen. Die zahllosen Blüten sind blaß grünlichgelb bis rötlich. Sie sitzen an kleinen Stielen gegenständig zu den Blättern. Aus den geruchlosen Blüten entwickelt sich eine aus 6 bis 8 Fruchtblättern sternförmig zusammengesetzte Sammelbalgfrucht, die schon den typischen Sternanisgeruch verbreitet. Charakteristisch ist die kanuartig geformte Einzelfrucht, die meist nur einen etwas unter linsengroßen Samen enthält. Dieser glatte, mittelbraune Samen ist ohne den Anisgeruch geschmacksneutral. Die aromatischen Stoffe sind nur im Perikarp enthalten. Die Frucht riecht nach einer Mischung aus Fenchel und Anis. Der Geschmack ist würzig-scharf und ebenfalls anisartig.

Klima und Boden

Der Baum stellt einige Anforderungen an das Klima. Er bevorzugt ein warm-gemäßigtes, nicht rein tropisches Regenklima mit einer ausgeprägten Trockenzeit. Die Wintermonate müssen unbedingt frostfrei sein. In ton- und schieferhaltigen Böden auf leicht hügeligem Gelände wächst Sternanis besonders gut.

Anbau und Ernte

Die Vermehrung der Bäume erfolgt ausschließlich über Samen. Sie werden zunächst in ein Saatbeet ausgelegt und nach etwa 2 Jahren in kleine, mit Kompost ausgefüllte Pflanzlöcher an den endgültigen Standort verbracht. Die Bäume blühen und fruchten nach 7 bis 8 Jahren zum ersten Mal und sollen bis 100 Jahre tragfähig bleiben. Die Blütezeit ist unterschiedlich. Da der Baum nur auf der Nordhalbkugel wächst, blühen sie gewöhnlich im Frühsommer, von April bis Juni. Die Ernte kann schon drei Monate später, kurz vor dem Ausreifen, beginnen.
Die Ernte des Sternanis zur Verwendung als Gewürz ist aufwendig. Die Pflücker müssen auf dreibeinige Bambusleitern steigen und nehmen jede Frucht einzeln ab. Bei Wildbeständen werden die abgefallenen, vollreifen Früchte zur Ölgewinnung gesammelt. 35 kg Früchte ergeben etwa 600 g Öl, das sich durch einfache Destillation gewinnen läßt. Sind die Bäume nach etwa zehn Jahren voll ertragsfähig, so ist mit Erntemengen bis zu 40 kg pro Baum und Jahr zu rechnen.

Verwendung

Die würzig-scharf schmeckenden Sternanisschalen (nicht die Samen) entwickeln ihre Würzkraft durch ein zu 5 bis 8 % enthaltenes ätherisches Öl, das wiederum aus 90 % Anethol (Anis-Öl) besteht. Außerdem sind in den Früchten etwa 22 % eines fetten Öles, ferner Gerbstoff, organische Säuren und Faserstoffe enthalten. Aroma und Geschmack sind voller und ausgeprägter als bei Anis.
Als Gewürz findet Sternanis in der Bäckerei (Lebkuchen), zum Würzen von Süßspeisen und eingemachtem Obst Verwendung. Besonders beliebt ist es bei Pflaumenmus. Die Süßwaren- und Likörindustrie verwendet Sternanis-Öl ebenso wie die Kosmetik- und Parfümhersteller. In der Pharmazie wird Sternanis-Öl verschiedenen Heilmitteln zugesetzt. Zum einen ist es die Blähungen verhindernde, magenstärkende Wirkung, die geschätzt wird. Zum andern gilt es von altersher als schleimlösendes und hustenstillendes Mittel.
Von einer ganz anderen Verwendung des Sternanis berichtet Rosengarten. Als die USA erst 1971 nach dem Koreakrieg die Handelsbeschränkungen mit der Volksrepublik China aussetzten, war dieses Gewürz völlig vom US-Markt verschwunden. Es war kaum gefragt. Um den Verbrauch zu steigern, wurde es versuchsweise Hunde- und Katzenfutter beigemischt. Die Tiere nahmen es an, und heute ist dieser Gebrauch fast schon alltäglich (Frederic Rosengarten Jr.: The Book of Spices, New York 1975).
Gelegentlich kommen Vermischungen mit den giftigen Shikimifrüchten (*Illicium anisatum* L., früher auch *Illicium religiosum* Sieb et Zucc.), dem Japanischen oder Heiligen Sternanis vor. Die Früchte dieses Baumes sind etwas kleiner und riechen nicht nach Anis. Die Blätter werden medizinisch verwendet. Die Rinde des Baumes liefert dem Shintokult das Material für rituelles Räuchern.

Cayennepfeffer (Chili)

Herkunft von Gewürzpaprika und Cayennepfeffer

Noch vor dem „echten" Pfeffer führt Paprika mengenmäßig die Einfuhrliste der Gewürze an. Die Bundesrepublik Deutschland importiert jährlich um 16 000 Tonnen aus Spanien, aber auch aus Ungarn und Jugoslawien.

Als eines der ältesten Gewürze der Menschheit – Archäologen konnten die Verwendung in Mexiko bis etwa 7000 v. Chr. nachweisen – wurde es den Europäern erst spät bekannt. Die orangegelblichen oder roten Schoten, die die Eingeborenen den Begleitern des Kolumbus vorsetzten, waren feurig-scharf und viel brennender als Pfeffer. Sie nannten dieses rötliche Teufelszeug *Pimiento*, also männlicher Pfeffer. Das deutsche gebräuchliche Wort ist Paprika, womit sowohl die Gemüsepflanze als auch das aus den einjährigen Pflanzen gewonnene Gewürz bezeichnet wird. Cayennepfeffer oder Chili nennt man das aus den tropischen mehrjährigen Varietäten gewonnene Gewürz. Da es nun einen Ersatz für den teuer eingehandelten Echten oder Schwarzen Pfeffer zu geben schien, kam der Ausdruck Spanischer Pfeffer auf; mit Pfeffer haben Pflanze und Gewürz aber überhaupt nichts zu tun.

Kolumbus muß das neue Gewürz schon auf seiner ersten Reise kennengelernt haben; spätestens bei der zweiten brachte er Proben davon nach Spanien. Die Eingeborenen nannten es *Ají* oder in Mexiko *Chili*, und unter diesen Namen ist es noch heute in weiten Teilen Lateinamerikas bekannt.

Später wurde die einjährige Art der Pflanze als Paprika in den Mittelmeerländern angebaut. Nach Ungarn, dem heute klassischen Paprikaland, kam er allerdings erst in der Mitte des 18. Jahrhunderts. Während der mildere, einjährige Paprika jetzt in vielen Sorten auch in der gemäßigten Zone als Gemüse angebaut wird, kommt die oft bis über zwanzigmal schärfere ein- und meist mehrjährige Gewürzpflanze, der Cayenne- oder Spanische Pfeffer, nur in den Tropen vor und gilt als das eigentliche amerikanische Gewürz.

Cayennepfeffer, Chili (öfter Chillies geschrieben) oder Ají ist die Frucht des mehrjährigen Strauches *Capsicum frutescens* L. aus der Familie der Solanaceae (Nachtschattengewächse). Diese große Pflanzenfamilie ist mit über 2000 Stauden, Kräutern und einigen Sträuchern auf der ganzen Erde verbreitet. Zu den bekanntesten Kulturpflanzen dieser Familie, die weltweite Bedeutung gewonnen haben, gehören Kartoffeln, Tabak und Tomaten, die mit dem Aji und dem aus einer anderen Familie stammenden Mais die alten Kulturpflanzen aus Zentralamerika und dem Tropenteil Südamerikas vertreten. In prä-inkaischen Gräbern der Küstenwüste Perus wurden ihre Reste ebenfalls als Grabbeigaben gefunden.

Der extrem scharfe Cayennepfeffer entstammt einer tropischen Kurztagspflanze. Die Heimat liegt im unteren Amazonasgebiet beiderseits des Äquators in den heißen tropischen Ebenen, besonders in Guayana. Daher rührt auch der Name. Und wenn man jemanden dorthin wünschte, wo der Pfeffer wächst, dann war diese unwirtliche Gegend gemeint.

Botanik

Die krautigen, buschartigen Pflanzen der mehrjährigen Art *Capsicum frutescens* L., die den Cayennepfeffer liefern, können mannshoch werden, wobei die Stengel dann weitgehend verholzt sind. Die spitz auslaufenden Blätter sind ganzrandig, lanzettartig, oft eiförmig, und erreichen bis zu 15 cm Länge. Über dem fünfzähligen Kelch stehen die tassenförmigen Blüten an kleinen Stielen zu zweien oder höchstens dreien in den Blattachseln. Ihre Farbe ist grünlichweiß, und sie ähneln den Kartoffelblüten. Aus den oberständigen Fruchtknoten entwikkeln sich die aufrechten oder, wenn sie größer und schwerer sind, hängenden Beerenfrüchte. Diese können die unterschiedlichsten Formen annehmen, wobei die walzenförmige, sich nach der Spitze konisch verjüngende die häufigste ist. Es gibt jedoch auch einfach runde oder länglichrunde.

Die zunächst glasig-grüne Fruchtwand der Beeren verfärbt sich mit zunehmender Reife. Dann können die Früchte rot bis dunkelbraunrot werden oder auch, bei anderen Sorten mehr gelblichorange. Die reifen Früchte, im Sprachgebrauch als Schoten bezeichnet, fallen gewöhnlich nicht ab, sondern trocknen noch auf der Pflanze ein. Das dünne, häutige Perikarp der reifen Beeren ist unbehaart, glatt, doch dabei schon runzlig zusammengeschrumpft. Die unregelmäßig geformten, hellbraunen, flach abgeplatteten Samen haben etwa die Größe der schwimmenden Laubglieder unserer kleinen Wasserlinsen und sitzen an den drei Scheidewänden in der Beere. Sie sind also nicht, wie bei anderen Früchten in einem weichen Fruchtfleisch eingebettet, sondern ragen frei ins Innere. Die Scheidewände sind gleich der äußeren Fruchtschale fest und fast saftlos. Nach der Reife trocknet die Fruchtwand schließlich ein. Die Größe der Beeren kann sehr unterschiedlich sein und von Form und Aussehen ähnlich kleinen Hagebutten bis zu Schoten sein, die dann spitzkonisch zulaufen und kleinfingerlang werden.

Während die Farbe vom Gehalt an Carotin und Capsanthin herrührt, beruht die pfefferartige, unangenehm beißende Schärfe der Früchte, die besonders in den Scheidewänden und Samen konzentriert ist, auf dem Alkaloid Capsaicin. Kleinfruchtige Sorten sind oft schärfer als großfruchtige. Obgleich die Beeren aller *Capsicum*-Arten einen charakteristischen Geruch haben, kann man nur bedingt von einem Aroma sprechen. Der Geruch reizt bei frisch geöffneten Früchten die Nasenschleimhäute und greift auch noch ohne direkte Berührung die Bindehaut der Augen an. Sie brennen und tränen, wenn sie nicht sofort ausgewaschen werden. Gerade bei den kleinfruchtigen Sorten gibt es Schoten, bei deren Verarbeitung, also der Entfernung der Samen, Gummi- oder Plastikhandschuhe getragen werden müssen, um Hautreizungen zu vermeiden.

Klima und Boden

Von den über 30 bekannten Arten der Gattung *Capsicum* können die den Chili oder Cayennepfeffer liefernden Unterarten der mehrjährigen Art *Capsicum frutescens* nur dort angepflanzt werden, wo ganzjährig absolute Frostfreiheit besteht, d. h. in einem rein tropischen Klima. Dabei werden noch möglichst hohe Temperaturen vorausgesetzt. Bei den Niederschlägen ist die Begrenzung nicht so eng. Die Pflanzen haben sich den äußeren Gegebenheiten gut angepaßt: man findet sie in Gegenden mit 3000 mm jährlichem Regenfall genauso wie in trockeneren Regionen mit nur etwa 800 mm. Als Boden wird für den Anbau ein leichter, strukturierter Lehm empfohlen.

Für die einjährige Art, *Capsicum annuum* L., unseren Paprika, gelten während der kürzeren Vegetationszeit die gleichen Bedingungen. Diese sind erfüllt in den bevorzugten Anbaugebieten des Paprikas in Kalifornien und den Südstaaten der USA, in Europa in Südspanien, Italien, besonders aber in Ungarn und auf dem Balkan. Hier soll im Frühjahr bei schon vergleichsweise hohen Temperaturen, während der Hauptentwicklung eine ausreichende Sommerwärme vorherrschen. Die sommerlichen Regenfälle in Ungarn und auf dem Balkan begünstigen den Anbau. In vielen Gebieten wird künstlich bewässert. Schädlich sind auf jeden Fall Nachtfröste während der Vegetationsperiode.

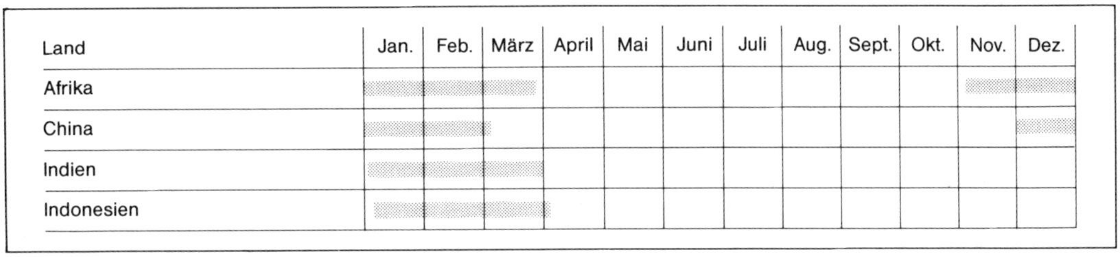

Erntezeiten von Chili.

Anbau und Ernte

In vielen Hausgärten und kleinen Pflanzungen der Tropen, in denen Ají nur zum Selbstverbrauch oder höchstens zum Verkauf auf den örtlichen Märkten angeboten wird, wachsen die Pflanzen oft durch Selbstaussaat. Bei gezieltem Anpflanzen werden sie entweder gleich ins vorbereitete Feld gegeben oder in Saatbeeten herangezogen. Nach etwa 2 Wochen keimen die Samen, und die Pflänzchen werden an ihren endgültigen Standort verbracht, wenn sie etwa handlang sind. Furchen mit 2 Fuß Zwischenraum trennen die kleinen Erdaufwürfe. Auf diese setzt man die Pflanzen bei gleichem Abstand. Die Entwicklung der Beeren von der Blüte bis zur Reife dauert etwa 4 Monate. Da ständig neue Blüten erscheinen, verteilt sich die Ernte bei den tropischen Chili-Arten über das ganze Jahr. Die Ernte ist sehr schwierig und arbeitsaufwendig, da das Feld ständig nach reifen Früchten abgesucht werden muß. Obwohl die Sorten mit den kleinsten Früchten in der Regel die brennendste, würzigste Schärfe *(pungency)* entwickeln, treten sie im Großanbau wegen der aufwendigeren Ernte immer mehr zurück. Man versucht daher, die Ernte zu vereinfachen und durch Selektion neue Sorten zu ziehen, die die gleiche Würzkraft bei größeren Früchten ergeben.

Bringt ein Urlauber von einem Tropenaufenthalt einige reife Früchte der kleinen Art vom dortigen Markt mit, dann lohnt es sich durchaus, die Samen keimen zu lassen und später umzupflanzen. Frostfrei gehalten, bereichern sie zumindest den Blumentisch. Wegen des Gießens ist nur wichtig zu wissen, ob die Früchte aus einem Trocken- oder Feuchtgebiet stammen.

Aufbereitung

Ají oder Chili wird als ganze Frucht mitgekocht, die weniger scharfen Sorten werden zum Teil auch roh geknabbert. Sie werden noch grün in Essig eingelegt, Mixed Pickles beigegeben, getrocknet, grob geschrotet oder nur zerstoßen und gemahlen verwendet.

In einigen Regionen Westindiens werden die zerkleinerten scharfen Früchte mit Mehl und Hefe zu einem Teig vermengt, wobei der Anteil der Beeren sehr hoch sein muß. Nach dem Backen werden die Ajíkuchen dann fein vermahlen. Dadurch erhält man ein an Farbe und Würzkraft gleichmäßiges Produkt von geringerer Schärfe.

Man findet das Gewürz in vielen Mischungen, auch im Curry, ferner in besonders zubereiteten Soßen wie in der überscharfen Tabasco-Soße mit Ají als Hauptbestandteil. Sie muß unter Zugabe von Essig und Salz zum Teil jahrelang in Fässern reifen. Viele andere, ebenfalls aus Amerika stammende, als „hot sauces“ (scharfe Soßen) bekannten flüssigen Gewürze enthalten

Extrakte aus den Cayennepfeffer-Schoten.
Außer in Amerika wird die mehrjährige Art von *Capsicum* heute in allen tropischen Ländern, besonders auch in Westafrika und sehr viel in Indien angebaut. Indien ist heute der größte Erzeuger und Exporteur dieses Gewürzes geworden.
Der Spanische oder Cayennepfeffer ist das pikanteste aller Gewürze und kann nur in kleinsten Dosen verwendet werden, da seine Schärfe sonst jedes Eigenaroma der Speisen überdeckt und zerstört. Trotz dieser besonderen Eigenschaft hat es von allen Gewürzen den höchsten Verbrauch. Für die Einwohner vieler Entwicklungsländer ist Ají das bevorzugte Gewürz – einmal, weil die Pflanzen fast in jedem Hinterhof gedeihen, zum andern, weil sie wenig Pflege erfordern, dabei aber sehr ergiebig und damit billig sind. Selbst das fadeste Reisgericht oder der einfachste Maisbrei schmecken mit Chili zumindest scharf.

Paprika

Der Paprika (*Capsicum annuum* L.) ist als einjährige Pflanze die zweite wichtige Art der Gattung *Capsicum*. Heute ist Paprika eine bedeutende außertropische Wirtschaftspflanze. Ursprünglich aus dem warmen Amerika stammend, wird er fast nur noch im Großfeldanbau, zum Teil sogar unter Glas gezogen. Als einzige Gewürzpflanze der warmen Zone ist die Paprikakultur auch im sommerwarmen Klima der gemäßigten Erdgebiete möglich geworden. In der Vielfalt ihrer Formen spiegelt sich eigentlich eine größere Abart der kleineren Chilies wider. Auch der Aufbau der einjährigen Pflanze ähnelt dem des Cayennepfeffers. Durch den schnelleren Wuchs in den wenigen warmen Monaten kann sie allerdings kaum verholzen, sondern bleibt krautig. Paprika erreicht auch höchstens Kniehöhe. Der Gehalt an Capsaicin beträgt bei Paprikafrüchten nur ein Zwanzigstel oder gar noch weniger des Gehalts bei Chilies.

Anbau und Ernte

Paprika, der in etwa 50 verschiedenen Sorten als Gewürz- und Gemüsepflanze im Handel ist, eignet sich recht gut für einen großflächigen Feldanbau. Zum Teil haben sich die Varietäten bedingt durch Klima und Boden oder durch planmäßige Züchtung herausgebildet. Um die nur kurze sommerliche Vegetationszeit weitgehend zu nutzen, muß man die Samen allerdings in Treibhäusern vorziehen und die Sämlinge erst dann, wenn sie kräftig genug sind und keine Nachfrostgefahr mehr besteht, ins Freie bringen. Sie werden in langen Reihen von etwa 1 m Zwischenraum mit einem Abstand von etwa 40 cm je Pflanze gesetzt. Dann bleibt genügend Platz für die Ernte, die gewöhnlich im Hochsommer beginnt und sich dann bis zur Herbstmitte hinzieht. Während des Pflückens soll es warm und trocken sein. Die Blüte beginnt etwa 3 Monate nach der Aussaat. Die selbstfruchtenden Pflanzen tragen dann nach weiteren 3 Monaten die ersten reifen Früchte. Die Ernte ist sehr arbeitsintensiv, da die Blüten einer Pflanze nicht gleichzeitig erscheinen. 5 bis 6 Pflücken sind in der Vegetationsperiode möglich. Der Gebrauch von Erntemaschinen ist ausgeschlossen. Bei günstigen Bodenverhältnissen lassen sich bis zu 2 Tonnen Schoten je Hektar ernten.
Nach der Entdeckung Capsaicin-freier Mutanten und deren Hochzüchtung konnte sich der Gemüsepaprika außerordentlich entwickeln; heute spielt er eine zunehmend wichtige Rolle in der neueren Küche. Durch sorgfältige Auswahl bei der Züchtung werden Farbe, Größe, Geschmack und auch Anzahl der Früchte jeder Pflanze möglichst gleich gehalten, damit ein gewisser Standard gewahrt bleibt.

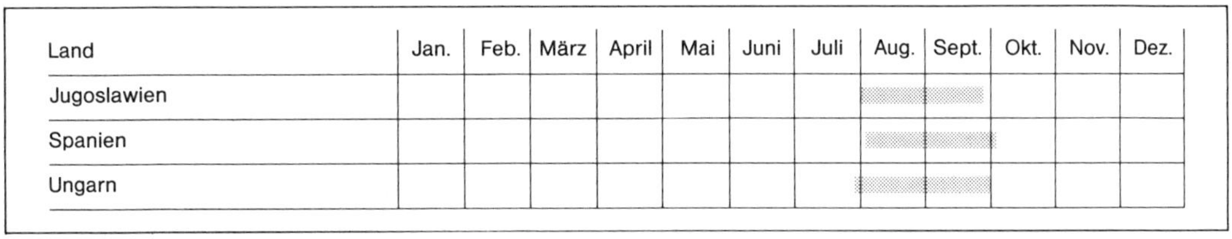

Erntezeiten von Paprika.

Die großen Anbauflächen, die einer Monokultur gleichen, begünstigen natürlich die Ausbreitung von Krankheiten und Schädlingen. Gefürchtet sind die Raupen einer Mottenart und die in den Obstkulturen der Mittelmeerländer allseits bekannte Fruchtfliege.

Aufbereitung (Gemüsepaprika)

Gemüsepaprika ist eine außerordentlich gesunde und damit wertvolle Frucht. Sie enthält sehr viel Vitamin C und die Vitamine B_1, B_2, A und PP. Die reifen Beeren oder Schoten in den Farben von grün über gelb, rot bis dunkelrot, fast schon violett, werden frisch verschickt und überall verkauft. Erst unmittelbar vor dem Verzehr – roh als Salat oder gekocht – wird der Paprika aufbereitet. Um einen unerwünschten Restgewürzanteil zu entfernen, schneidet man den Stielansatz und die Kelchblätter mit den Scheidewänden und Kernen einfach aus.

Aufbereitung (Gewürzpaprika)

Die Aufbereitung des Paprikas als Gemüse ist somit recht einfach. Um so aufwendiger ist dagegen die Verarbeitung der Feldfrucht zu dem bekannten roten Gewürz. In den Regalen der Gewürzabteilung der Kaufhäuser wird es deutlich: Es gibt große Sortenunterschiede, von Delikateßpaprika über den Gulasch- bis zum Rosen- und schließlich zum Scharfpaprika. Dabei stammen alle Gewürze von den gleichen, nur unterschiedlich bearbeiteten Paprikafrüchten.

Nach der Ernte müssen alle für den Gewürzpaprika vorgesehenen und, wenn notwendig, präparierten Schoten getrocknet werden. In kleinbäuerlichen Betrieben zieht man sie auf Schnüre und hängt diese, je nach der sommerlichen Wärme, 3 bis 4 Wochen lang an geschützten Trockenplätzen auf. Die Feuchtigkeit muß dabei unter 15 % sinken, da sich die Schoten sonst nicht fein genug vermahlen lassen. In den großen Produktionsgenossenschaften trocknet man in ventilierten Kammern.

Der Gewürzstoff Capsaicin findet sich in unterschiedlicher Konzentration in den Schoten; bevorzugt sind die Scheidewände und Samen, genau wie beim Ají oder Cayennepfeffer. Durch das vollständige oder teilweise Entfernen dieser Pflanzenteile läßt sich die Würzkraft regulieren. Bei bestimmten Sorten werden die besonders viel Capsaicin enthaltenden Teile der Frucht, die anderswo entfernt worden sind, beim Vermahlen sogar noch zugegeben, damit sich die Schärfe des Gewürzes erhöht. Diese Verarbeitungsprozesse, bei denen es sich, wie bei gängigen Kaffee- und Teemischungen, um das richtige Abstimmen feinster Geschmacksnuancen handelt, erfordern naturgemäß langjährige Erfahrung und sind sehr arbeitsaufwendig.

Handel und Verwendung

Für den Gewürzpaprika sind, besonders in den für Europa führenden Anbauländern Spanien und Ungarn, strenge gesetzliche Kontrollen und Einteilungen in Klassen eingeführt worden, um eine gleichmäßige Handelsware zu gewährleisten. Andere Länder haben diese Klassifizierung teilweise übernommen. Diese beruht sowohl auf einer Auswahl der Varietäten als auch in einer Berücksichtigung der Form der Aufbereitung. Mit zunehmendem Anteil von Samen im Mahlgut steigt der Grad der Schärfe, der rote Farbstoffanteil sinkt dagegen. Im Handel unterscheidet man gewöhnlich 5 Klassen für Paprika:

1. **Delikateß-Paprika.** Bei aromatisch mildem Geschmack ist er von greller, dunkelroter Farbe und sehr fein ausgemahlen. Die Scheidewände werden zuvor entfernt.
2. **Edelsüß-Paprika.** Er ist nicht mehr so mild, aber noch aromatisch. Die Farbe ist feuerrot und der Geschmack schon schärfer, was durch Zugabe von gemahlenen Samen erreicht wird.
3. **Halbsüß- oder Gulaschpaprika** hat bei zunehmender Schärfe mehr Würzkraft. Die Scheidewände werden mit vermahlen, von weniger kräftiger Farbe.
4. **Rosen-Paprika.** Ausgesprochen scharf-würzig. Die ganzen Früchte werden vermahlen. Die Farbe ist nicht mehr so rein, weil die gelben Samen den roten Farbton etwas verändern. Dieser Paprika gilt als mindere Qualität.
5. **Scharf- oder Merkantil-, auch Königspaprika.** Mit höchster Würzkraft, da neben der ganzen vermahlenen Frucht noch Scheidewände und Samen, die bei den besseren Sorten entfernt wurden, zugesetzt werden. Die Farbe ist bräunlichrot bei beißend-scharfem Geschmack.

Ähnlich vielen anderen Gewürzen verliert der Paprika bei längerer Lagerung Würzkraft und Aroma.

Paprika wird in der Küche vielseitig verwendet. Man würzt Suppen, Soßen, Fleisch-, Geflügel- und Wildgerichte damit. Auch bei Reis- und Fischgerichten setzt man ihn gern zu. Käsegebäck und Kartoffelchips erhalten eine feurig-anregende Abrundung. Natürlich fehlt er auch nicht in den verschiedenen Gewürzmischungen. Ebenso werden in letzter Zeit alle möglichen Käsebeilagen mit dem roten Gewürz bestreut – wohl mehr wegen der schönen Farbtupfer!

Paprika und Chili sind auch bereits von den amerikanischen Ureinwohnern genutzte Heilmittel, deren Wirkung recht vielseitig ist. Durch den hohen Vitamin-C-Gehalt stärkt er die Abwehrkraft bei Infektionskrankheiten. Das Capsaicin der Schoten hat eine durchblutungsfördernde Wirkung. Es wird Salben und Heilpflastern gegen rheumatische und andere Gelenkschmerzen beigegeben.

Obgleich Paprika heutzutage weltweit angepflanzt wird, haben sich doch besondere Anbauregionen entwickelt. Sie liegen einmal in den südlichen Staaten der USA, besonders in Kalifornien, sowie hauptsächlich im südlichen Europa und auf dem Balkan. In Spanien, Italien und auch in Marokko wächst er gut, zum Teil ist aber Bewässerung nötig. Eine führende Rolle im Anbau, der züchterischen Veredelung und der Verarbeitung hat für die Balkanländer Ungarn eingenommen. Paprika ist eine wirtschaftlich lohnende Kultur. Daher läßt sich sogar noch eine Ausweitung des Anbaus von Gemüsepaprika in klimatisch ungünstigere Gebiete wie Deutschland und Holland vertreten.

Tonkabohne

Ein bei uns vergleichsweise nur noch wenig bekanntes und gebrauchtes Gewürz ist der Samen des Tonkabaums (*Dipteryx odorata* (Aubl.) Willd.). In der Einfuhrstatistik werden

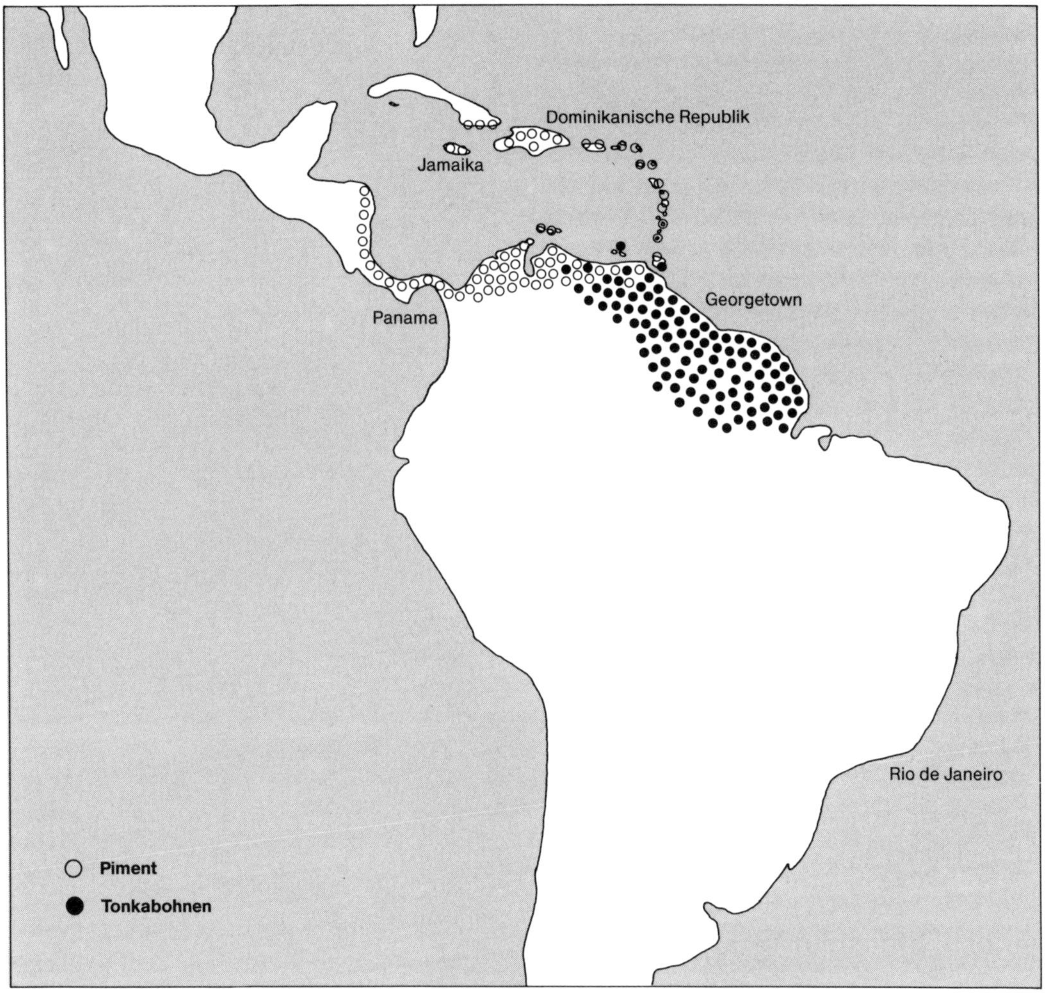

Hauptvorkommen und Anbaugebiete von Piment (Allgewürz) und Tonkabohnen.

diese Bohnen nicht mehr als besonderes Gewürz geführt, da der Verbrauch zurückgegangen ist.

Das eigentlich Wertvolle an den Samen des Tonkabaumes ist der hohe Anteil (um 10 %) an Kumarin. Die Kenntnis der Wirkung ist alt. Schon die Eingeborenen im Verbreitungsgebiet der Tonkabäume versetzten ihren Tabak mit seinen zerstoßenen und geriebenen Samen. Alexander von Humboldt erwähnt in seinem Werk (A. v. Humboldts Reise in die Aequinoctial-Gegenden des neuen Continents, IV. Band, I. G. Cottascher Verlag, Stuttgart 1862), daß man in Caracas die Früchte zwischen die Wäsche legt, damit sie einen angenehmen Duft erhält, während man sie in Europa unter den Schnupftabak mischt. Er verneint allerdings noch die Verwendung zum Aromatisieren bestimmter

Liköre (eine Parallele zum Gebrauch im Wäscheschrank findet sich in der wohl jetzt ausgestorbenen Sitte des Einlegens von Waldmeister zwischen die Wäsche. Waldmeister hat gleichfalls einen beachtlichen Kumaringehalt!).

Herkunft und Botanik

Der Tonkabaum, *Dipteryx odorata* (Aubl.) Willd., gehört zur Familie der Leguminosae und ist im nördlichen Südamerika, besonders in Guayana und Venezuela, im Einzugsgebiet des Orinoko beheimatet. Die Gattung *Dipteryx* umfaßt nur wenige Arten in Amerika. In späterer Zeit wurde er auch nach Nigeria verpflanzt – wahrscheinlich als Schattenbaum für den Kakao.

Der Baum ähnelt mit seinen gefiederten Blättern, bei einer Höhe bis zu 25 m, sehr unserer Gemeinen Robinie (Falsche Akazie). Seine rötlichvioletten Blüten sitzen in einer endständigen Traube. Die lang-eiförmigen Früchte enthalten in einer runzligen Schale je einen bräunlichen Samen, die Tonkabohne. Der Tonkabaum dient oft als Schattenspender für Kakao und benötigt das gleiche feuchtwarme, ausgeglichene Klima.

Anbau, Ernte und Verarbeitung

Unter Kultur genommen wurden Tonkabäume vor allem in Venezuela und Nigeria. Der größte Teil der in den Handel kommenden Samen wird aber von Wildbeständen gewonnen. Die Schattenpflanzungen sind gleichfalls als solche Wildbestände anzusehen. Sind die Früchte reif, so fallen sie ab und werden aufgelesen. Man zerreibt die Hülsen meist zwischen Steinen, bis sie aufbrechen. Mit bis zu 5 cm Länge bei einer Breite von etwa 1,5 cm ist der Samen, die Tonkabohne, verhältnismäßig groß. Die Bohne besteht aus 2 Keimblättern, die den Embryo in sich einschließen. Der Ertrag eines Baumes ist, im Vergleich mit anderen tropischen Bäumen gleichen Ausmaßes, nicht allzu hoch. Man rechnet mit etwa 4 bis 5 kg Tonkabohnen.

Sind die Tonkabohnen getrocknet, werden sie zur weiteren Verarbeitung in Spezialbetriebe geschickt, die hauptsächlich aus Trinidad und Ciudad Bolívar (Venezuela) bekannt geworden sind. Es ist das frühere Angostura am Orinoko, der Stadt, die auch dem Angostura Bitter den Namen gab. Bei der Weiterbehandlung werden die Samen in Rum gelegt und müssen nach 24 Stunden wieder getrocknet werden. Dabei fermentieren sie. Die bräunliche Oberfläche wird schwärzlich, und es entwickelt sich das wohlriechende Kumarin, das sich zum Teil in Form von kleinen Kristallen, ähnlich wie bei der Vanille, absetzt. Kumarin schmeckt bei aromatischem Geruch etwas bitter. In den Bohnen sind neben Gummiharzen und Faserstoffen Stärke, Zucker und etwa 25 % fettes Öl enthalten. Verwendet wird Kumarin bei der Likörherstellung und als Duftstoff in der Parfümindustrie.

Der Handel mit Tonkabohnen ist nach dem Zweiten Weltkrieg durch das billiger herzustellende synthetische Kumarin und vor allen Dingen durch ein Verbot der Verwendung von Kumarin für Lebensmittel in vielen Ländern stark zurückgegangen.

Oben: Der Safran-Krokus ist sehr farbenprächtig.
Unten: Die tiefroten Narbenschenkel müssen einzeln mit der Pinzette aus den Blüten entnommen werden. Getrocknet liefern sie ganz oder in gemahlener Form das kostbare Gewürz. Der große Arbeitsaufwand und die geringe Menge erklären den hohen Preis des Safrans.

Curry

Curry wird als Gewürzmischung in Form von Pulver oder Paste vorwiegend aus Großbritannien (59 %) und Indien (39 %) nach Deutschland eingeführt. Die Menge schwankt um 500 Tonnen jährlich und liegt damit im unteren Bereich der Gewürzeinfuhren. Zum Teil werden auch nur gewisse Anteile der Mischung importiert und erst hier durch Zusätze dem deutschen Geschmack, der mildere Sorten bevorzugt, angepaßt.
Einige neuere Kochbücher empfehlen Curry für neu aufgenommene Reisgerichte. Dabei wird an ein pulverisiertes Mischgewürz gedacht. Ebenso wird zu Curry als Gewürz bei einigen Soßen für Eier-, Fisch- und Fleischgerichte und besonders bei Geflügel geraten. Curry ist kein Einzelgewürz, sondern eine wohldosierte Zusammenstellung unterschiedlichster Einzelgewürze, auch wenn er in unseren Geschäften als streufähiges Pulver in Dosen oder Packungen verkauft wird.
Aus Indien sind Gewürzmischungen seit etwa 3000 Jahren bekannt und wurden zunächst als würzige Soßen geschätzt. Auch jetzt setzt man den gestoßenen Anteilen der einzelnen Gewürze Kokosmilch und, wenn es die Religion erlaubt, tierische Fette zu. Ähnlich wie bei uns Lorbeer werden den Soßen oft noch Blätter des „Curry leaf tree" (Curryblatt-Baum, *Murraya koenigii* L. Spreng.) beigefügt. Die Curry genannte Gewürzmischung macht die fade und eintönige, stärkehaltige Nahrung der Landbevölkerung einigermaßen schmackhaft. Reis, Hirse, geriebene und gekochte Wurzeln und Knollen, Hülsenfrüchte, dazu vielleicht noch Fisch schmecken eben immer gleich. Diese Ernährung ist ohne Würzzutaten auf Dauer kaum genießbar. Der Speisezettel in den einzelnen Landstrichen der Tropen ist durchaus nicht so abwechslungsreich, wie wir, verwöhnt durch ein überreiches Angebot aus allen Teilen der Erde, es uns vorstellen.
So verschieden wie die Landschaften Indiens sind dann auch die Zusammensetzungen des Curry. Die Menge und Art der Anteile schwankt nicht nur zwischen dem Süden und Norden, sondern im Laufe der Zeit haben sich auch die Abstufungen geändert. Wurden zunächst nur örtlich verfügbare Gewürze genommen, so brachte das Bekanntwerden von Nelken und Muskat der Molukken eine Erweiterung. Nach der Entdeckung Amerikas wurden Cayennepfeffer, Paprika und auch Piment in die Mischung aufgenommen.
Wirkliche Indienkenner versichern, daß der Curry, wie wir ihn im Laden kaufen können, mit den in Indien gebräuchlichen Gewürzmischungen nur sehr wenig gemeinsam hat. Englische Kolonialbeamte und Offiziere, die sich bei ihrem oft jahrelangen Aufenthalt im Land an die Beigabe von Curry und an die Currygerichte gewöhnt hatten, nahmen die Gewohnheit des übrigens in allen Tropenländern gebräuchlichen starken Würzens mit zurück in ihre Heimat. Sie übertrugen gewissermaßen eine lange Tradition der indischen Küche auf ihre Insel. Von Großbritannien aus verbreitete sich dann die Gewürzmischung Curry vor allem in den Ländern Europas und den USA.
Während also in Indien und zum Teil auch Indonesien fast in jedem Haushalt ein Curry-Rezept „nach Art des Hauses" zu finden ist, hat sich im Westen ein von den verschiedenen

Oben: Blühendes Senffeld. Links eine Einzelblüte des Weißen Senfs.
Unten links: Nach dem Mahlen der Körner wird das Senfmehl gemischt und dann die Maische angesetzt.
Unten rechts: Die Blätter der krautigen Majoranpflanze sind ein geschätztes Küchengewürz.

Gewürzmühlen hergestelltes Curry-Pulver durchgesetzt. Außer der Vanille gibt es kaum ein bedeutenderes tropisches Gewürz, das nicht darin enthalten ist, wobei aber noch einige grundsätzliche Bedingungen erfüllt sein müssen.
Curry soll einen ausgesprochen scharf-pikanten, doch harmonisch ausgewogenen Geschmack haben. Kein Einzelgewürz darf besonders hervortreten. Das streufertige Pulver zeichnet sich durch einen warmen, goldgelben bis bräunlichgelben Farbton aus. Die Zutaten sind so fein vermahlen, daß sie gewöhnlich nicht mehr als Einzelbestandteil zu erkennen sind.
Das käufliche Curry-Gewürz ist also eine richtig abgestimmte Mischung von 10 bis 20 verschiedenen Gewürzen. Es muß in jedem Fall Kurkuma (Gelbwurzel) enthalten. Dazu kommen dann, in unterschiedlicher Abstufung, Ingwer, Kardamom, Koriander, Pfeffer, Kümmel, Senfsamen, Nelken, Muskatblüte, Zimt, Cayennepfeffer, Bockshornkleesamen und Piment. Einigen Mischungen sind noch Fenchel, Selleriesamen, Mohn, Sesam, Paprika, geringfügige Mengen Kochsalz und manchmal die pulverisierten Blätter von *Murraya koenigii* beigefügt.
Die tragende Rolle kommt in allen Curry-Mischungen der Gelbwurzel zu. Kurkuma bestimmt den Farbton und liefert den Körper. Es ist ähnlich wie bei vielen Marmeladen, bei denen ein großer Anteil billiger Früchte durch geringe Zusätze hochwertiger erst wohlschmeckend wird.
Ganz falsch wäre es zu glauben, daß die Curry-Mischungen nun ein aus allen Schubläden der Gewürzhändler zusammengeschüttetes Mixtum compositum sind. Nicht die Vielfalt und Menge der Zutaten machen den Wert des Curry aus, sondern ihre Ausgewogenheit bestimmt Würzkraft und Geschmack. Bemerkenswert ist, daß mit Ausweiten der Handelsbeziehungen immer mehr Gewürze auch aus den nicht tropischen Landstrichen der Erde in die Mischung aufgenommen werden. Currypulver ist, hauptsächlich durch den Kurkumaanteil bedingt, lichtempfindlich und sollte daher entsprechend aufbewahrt werden.

In Süd- und Mitteleuropa heimisch gewordene Gewürze

Die Gewürze, die hier, zum Teil schon seit vielen Jahrhunderten, eine neue Heimat gefunden haben, werden oft mit einem etwas geringschätzigen Unterton als Küchenkräuter oder Kräutergewürze abgetan. Sehr zu Unrecht, denn bevor mit der großen Zahl der fertigen Gewürzmischungen und dem leichten Griff in die Gewürzregale der Kaufhäuser der Gewürz-Boom unserer Zeit begann, waren die einheimischen Kräuter als Grundgewürze und Beigaben zu den eingeführten tropischen Gewürzen sehr willkommen – vor allem, weil gar keine oder nur sehr geringe Mengen der Exoten zur Verfügung standen. Die Küchenkräuter mußten sowohl der damals noch sehr eintönigen Nahrung etwas Geschmack verleihen, als auch mit ihrer vermuteten oder nachgewiesenen Wirkung als Heilmittel bei vielerlei Krankheiten dienen.
Einige dieser Kräuter wuchsen wild, wurden gesammelt und schließlich an geschützten Plätzen ausgesät und gehegt. Dabei konnte es sich – klimabedingt – im Gegensatz zu den tropischen oder exotischen Gewürzen, die schon in geringem Umfang gehandelt wurden, nur um einjährige oder winterfeste Pflanzen handeln. Bekannt sind die Erlasse Karls des Großen. Durch sie sollten der Anbau von Gewürzkräutern und Versuche mit neuen Arten, besonders in den Klostergärten, systematisch gefördert werden.
Anders als Genußmittelpflanzen, die sich kaum als Freilandkulturen in kühleren Zonen anbauen lassen, können wir aber jetzt einige Gewürze bei uns antreffen, die ursprünglich aus wärmeren Klimazonen stammen. Dabei fällt auf, daß ein Großteil der als Küchengewürze genutzten Pflanzen zur Familie der Doldengewächse (Umbelliferae) gehört.
Oft sind diese Gewürze schon seit dem Altertum in unseren Breiten heimisch geworden und haben neben einer kulturellen auch eine wirtschaftliche Bedeutung erlangt. Einige dieser Gewürze stammen entweder aus Indien oder Vorderasien. Sie sind vielleicht von Menschen, ihren Eßgewohnheiten entsprechend, ausgepflanzt worden oder von Händlern ausgesät, damit sie im folgenden Jahr auf ihren Handelsreisen zur Verfügung standen. Ein anderer Teil der Gewürzkräuter wurde wohl auch einfach bei den vielen Kriegszügen im Altertum in die eroberten Gebiete verschleppt. Der Anbau ist dem Verbrauch gefolgt. Aus mehrjährigen wurden oft einjährige Pflanzen, denen die kurzen, warmen oder sogar heißen Sommermonate mit ihren langen Tagesstunden als Vegetationszeit genügten.
Durch bewußte Auslese – wohl zuerst in den Klostergärten – war es gelungen, die Küchenkräuter dem rauhen Klima in Mitteleuropa anzupassen. Schließlich kam es so weit, daß einige der Pflanzen in den neuen, kühleren Gebieten besser gediehen als in ihrer ursprünglichen Heimat. Zum Teil verwilderten sie sogar. Vergleicht man das Wachstum einiger bekannterer Pflanzen, dann lassen sich bemerkenswerte Veränderungen beim Anpassen an die neuen Standorte feststellen.

Anis

Die Heimat des zur Familie der Doldengewächse (Umbelliferae) gehörenden Anis (*Pimpinella anisum* L.) ist in der Levante zu suchen (Kleinasien, Ägypten bis Griechenland). Die Pflanze ist einjährig und wird jetzt in großem Umfang in Spanien und Italien angepflanzt. Auch in Frankreich, Deutschland, der südlichen Sowjetunion, Indien sowie Mittel- und Südamerika und Japan ist der Anbau von Anis verbreitet. Da Anis zum Ausreifen mindestens 120 frostfreie Tage benötigt, sind der Kultur klimatische Grenzen gesetzt.

Botanik

Anis wird etwa 0,5 m hoch. Ein aufrechter, mit Mark versehener, behaarter Stengel trägt unten einfache wechselständige, weiter oben gegenständige fiedergelappte Blätter. Die kleinen, weißlichen Blüten stehen in endständigen Dolden. Es bilden sich rundliche, feinbehaarte Doppelspaltfrüchte, die höchstens 5 mm lang werden. Sie haben einen angenehmen, würzigen Duft bei warmem, süßlichem Geschmack.

Anbau und Ernte

Bei uns wird Anis öfters in Kräutergärten gezogen. Aber auch hier ist für den Handel der Feldanbau eingeführt. Der Anis wird zu Anfang des Frühjahrs ausgesät. Nach dem Auflaufen müssen die handbreit-hohen Pflänzchen auf etwa 20 cm Abstand verzogen werden. Die Ernte beginnt vor der völligen, meist ungleichmäßigen Reife, bei uns Mitte September. Früher zog man die Pflanzen, je nach Reifegrad, einzeln aus der Erde, heute wird Anis aber meist gemäht und zum Nachtrocknen zusammengetragen. Dann muß er gedroschen und gereinigt werden. Ein Hektar kann mehr als 1000 kg Samen erbringen. Die Früchte entwickeln ihr volles Aroma erst beim Lagern.

Verwendung

Anis enthält etwa 5 % ätherisches Öl mit ungefähr 85 bis 90 % Anetholgehalt. Die Samen (gemahlen) dienen als Gewürz für Backwaren, eingemachtes Obst und auch als Brotgewürz. Das durch Destillation gewonnene ätherische Öl wird vorzugsweise bei der Herstellung von Aperitifen (Pernod u. a.) verwendet. In der Medizin wird Anis-Öl Mitteln gegen Erkältungskrankheiten und Magenbeschwerden beigefügt. Die sehr proteinhaltigen Überreste aus der Destillation werden in Kraftfutter-Mischungen verwertet.

Basilikum

Die Heimat des Basilikum (*Ocimum basilicum* L.), einer einjährigen Pflanze aus der Familie der Labiatae, ist Indien. Heute wird Basilikum, oder auch Basilienkraut, überall in den Tropen und Subtropen angebaut. In Europa sind Gewürz und Pflanze durch Händler heimisch geworden und in Deutschland seit dem 16. Jahrhundert bekannt. Die wichtigsten Anbaugebiete dieses Würzkrauts sind heute Holland und die Balkanstaaten. Daneben gibt es noch größere Feldkulturen in Spanien und Südfrankreich.

Botanik

Basilikum wird nur 0,5 m hoch. Der aufrecht wachsende Stengel verästelt sich stark. Die Pflanze bekommt ein buschiges Aussehen. Die hellgrünen Blätter an kleinem Stiel sind länglich-eiförmig, etwa 5 cm lang und unregelmäßig gezähnt zugespitzt. Sie sind das eigentliche gewünschte Ernteprodukt und riechen aromatisch bei würzig-scharfem Geschmack.

Anbau und Ernte

Basilikum wird als beliebtes Gewürz häufig im Haus- oder Küchengarten gepflanzt. Dabei ist zu beachten, daß die wärmeliebende Pflanze frostempfindlich ist und erst nach den Maifrösten ins Freie gesetzt werden darf. Im Feldanbau zieht man sie daher in klimatisch ungünstigen Gebieten in Saatbeeten vor. Geerntet werden kann das Würzkraut entweder zu Beginn der Blüte oder aber während der Reifezeit, denn dann ist der Gehalt an ätherischen Ölen am höchsten. Die Felder werden gemäht, das Kraut wird unter öfterem Wenden getrocknet und dann entweder in gebündelter oder gerebelter Form – d. h. die Blätter vom Stiel getrennt – verschickt. Man kann Basilikum auch frisch als Gewürz verwenden.

Verwendung

Aus den frischen Blättern des Basilienkrauts wird durch Destillation ein ätherisches Öl gewonnen. Es besteht zu 55 % aus Methylchavicol und wird in der Likörindustrie, Parfümerie und Pharmazie verwendet. Bekannter ist Basilikum allerdings – frisch oder getrocknet – als Gewürz bei Salaten, Fleisch und Fischgerichten, Soßen und bestimmten Wurstsorten. Kräuterbutter und -käse enthalten ebenfalls einen Anteil an Basilikum.

Dill

Die Heimat des zur Familie der Doldengewächse (Umbelliferae) gehörenden Dills (*Anethum graveolens* L.) ist das Mittelmeergebiet und der südliche Kaukasus bis Indien. Der einjährige Dill ist eine der wenigen Pflanzen, die sowohl in den Tropen, den subtropischen Übergangsregionen als auch in den gemäßigten Klimazonen wachsen. Heute wird Dill überall in Mittel- und Südeuropa angebaut. Bei uns ist er gelegentlich verwildert. Da die Ernten hier den Bedarf nicht decken können, wird Dill heute hauptsächlich aus Holland und aus den Balkanstaaten in die Bundesrepublik Deutschland eingeführt.

Botanik

Der verästelte, runde, gestreifte Stengel des Dills kann bis knapp über 1 m hoch werden. Die dünnen bis vierfach fiederartigen und in fadenförmiger Spitze auslaufenden Blätter sitzen an Stielen, die aus kurzen, mit weißen Rändern versehenen Blattscheiden am Stengel herauswachsen. Gelbe Einzelblüten sitzen an vielstrahligen Doppeldolden. Aus deren Fruchtknoten entstehen die etwa 4 mm langen und 2,5 mm breiten, flachen, doppelsamigen Teilfrüchte, gewöhnlich ohne Fruchtstiel.

Anbau und Ernte

Da vom Dill die Früchte, die beblätterten Stengel und schließlich noch das aus Frucht und Pflanze destillierte Öl verwendet werden, unterliegen Aussaat und Ernte dem Zweck der Nutzung. In speziellen Ölgängen enthalten die Blätter bis zu 4 %, die Früchte bis zu 8 % ätherisches Öl.

Sollen die Früchte gewonnen werden, so muß von April bis Mitte Mai gesät werden. Bei der Verwendung als Krautdill kann die Aussaat bis Juli erfolgen. Beim Körnerdill werden die Pflanzen gemäht, wenn sich die ersten Früchte bräunen. Die Nachreife erfolgt auf dem Feld oder in Scheunen. Die Pflanzen werden gedroschen, die Früchte abgesiebt und gereinigt. Der doppelten Verwendungsmöglichkeit entsprechen die Ziele der Züchter. Es sollen einmal Pflanzen mit viel Blattmasse oder solche mit hohem Fruchtanteil gewonnen werden. Die Früchte sollen dann möglichst gleichmäßig reifen.

Verwendung

Die Stengel mit Blättern, die Blüten, die Fruchtdolden und die Dillsaat werden als aromatisches Gewürz frisch aus dem Küchengarten oder getrocknet als Gewürz in der Küche oder Nahrungsmittelindustrie verwendet. Man gebraucht Dill zum Einlegen von Gurken und Essiggemüse, für Salate, Suppen, Soßen, Fleisch- und Fischspeisen, zur geschmacklichen Abrundung von Sauerkraut und bei der Herstellung von Kräuteressig. Das Dill-Öl wird in der Likörfabrikation genutzt.

Fenchel

Die Heimat des ebenfalls zur Familie der Doldengewächse gehörenden, zwei- bis mehrjährigen Fenchels ist Westasien und das südliche Mittelmeer. Der Fenchel wird heute in verschiedenen Varietäten angebaut. *Foeniculum vulgare* Mill. dient dem medizinischen Gebrauch. Dieser Fenchel enthält einige Bitterstoffe. Die Varietät *Foeniculum dulce* (Mill.) Batt. et Trab., der süße Fenchel, wird als das uns bekannte Gewürz angepflanzt. Wieder andere Arten sind als Gemüsepflanzen bekannt geworden. Erzeugerländer sind neben Deutschland, Frankreich und Polen die Balkanstaaten. Daneben liefern auch die UdSSR, China, Japan und Argentinien Fenchel.

Botanik

Die aromatisch riechende Staude kann bis zu 1,5 m hoch werden. Der bläulichgrüne Stengel ist rund, gefurcht und verzweigt. Aus langen Blattscheiden kommen wechselständige, drei- bis mehrfach gefiederte Blätter, die ähnlich denen des Dills geformt sind. Als mehrjährige Staude bildet Fenchel vom zweiten Jahr an jährlich bis zu 2 m hohe Blütenstengel. In vielstrahlig zusammengesetzten Dolden stehen die kleinen gelben Blüten, aus denen die stark gerippten Spaltfrüchte, (etwas größer als Kümmel) hervorgehen. Sie sind im Geschmack anisähnlich süßlich. Die Früchte enthalten etwa 2% ätherisches Öl mit einem hohen Anteil von Anethol. Der bittere Geschmack der Früchte von *Foeniculum vulgare* kommt vom bis zu 20%igen Gehalt an Fenchon in diesem Öl. In der Varietät *dulce* fehlt Fenchon dagegen fast völlig.

Anbau und Ernte

Fenchel wird Anfang April ausgesät, kann sich dann bis zur Fruchtreife entwickeln und blüht im August. Allerdings reifen die Früchte selten aus. Als Pflanze eines wintermilden Klimas ist Fenchel bei uns wenig winterfest. Die einjährigen Wurzeln müssen entweder im Spätherbst frostsicher überwintert und im Frühjahr wieder ausgepflanzt werden, oder man sät im Spätsommer aus und setzt die Pflanzen im nächsten Frühjahr ins Feld. Sie können dann ausreifen. Die Ernte ist schwieriger als beim Anis, da die Dolden nicht gleichzeitig reifen. Sie werden abgeschnitten, wenn die Farbe der Früchte vom

Grünlichen ins Grau übergeht und sie genügend Härte haben. Die Früchte dieser Ernte sind wertvoller als die nach dem ersten Frost gemähten „Strohfenchel“.
Die nahe Verwandtschaft zwischen Fenchel und Dill schließt dicht beieinander gelegene Anpflanzungen aus, da sonst Kreuzbestäubung eintreten könnte.

Verwendung

Wenige Fenchelpflanzen, im Küchengarten gezogen, genügen gewöhnlich für eine Familie. Man verwendet den grünen Fenchel als Beigabe zu Salaten. Die Blattscheiden (Stengelbasen) können als Gemüse gegessen werden. Die Früchte (gemahlen oder ganz) werden als Tee und Brotgewürz genutzt. Man nimmt sie zu Suppen, Soßen, Fischgerichten, eingemachtem Obst und Gurken. Das destillierte Fenchel-Öl wird als beruhigendes, schleimlösendes Mittel, oft zusammen mit Honig, in Hustemedizin und Bonbons verwendet. Auch zu Magenarzneien und Likören wird es verarbeitet. Der Destillationsrückstand ist mit bis zu 20 % Eiweiß bei etwa 18 % Fett ein wertvoller Bestandteil von Viehfutter.

Kapern

Die Heimat des ausdauernden Kapernstrauches (*Capparis spinosa* L.), der zur Familie der vor allem in den Tropen und Subtropen heimischen Capparidaceae gehört, liegt in Kleinasien und um das Mittelmeergebiet sowie in Afrika bis zur Nordgrenze der Sahara. Nördlich der Alpen kommt er nicht vor. Dagegen hat sich der Anbau auch auf Kalifornien ausgeweitet. Kapern wachsen auf felsigem Gelände zum Teil wild und haben neuerdings auch die Schutthalden spanischer Hotelruinen erobert. Gute Qualitäten erbringen die Ernten an der französischen Mittelmeerküste, ferner aus Marokko, Murcia und Mallorca in Spanien. Italien, Algerien und Zypern führen ebenfalls Kapern aus.

Botanik

Der niedrige, bis 1 m hohe Kapernstrauch klettert mittels kleiner, dorniger Afterblätter an Gemäuern und Felsen empor. Seine ebenso lang werdenden, herabhängenden Zweige tragen glatte, fleischige, rundlich-ovale Blätter, die gegenständig angeordnet sind. Die rötlichweißen Blüten in den Blattachseln bestehen aus 4 ungleich großen Kelchblättern, 4 Blütenblättern mit zahlreichen Staubgefäßen und einem langgestielten Fruchtknoten. Die Frucht ist zunächst beerenförmig, später entwickelt sie sich zu einer zweifächerigen Kapsel. Die Pflanze wächst am besten auf niedrigen, terrassierten Hügeln in sonnigen Lagen.

Anbau und Ernte

Der Kapernstrauch wird in den Anpflanzungen durch Ableger vermehrt und bringt schon im folgenden Frühjahr die ersten Ernten. Der Strauch bleibt bis zu 50 Jahre ertragsfähig. Eine tägliche Pflücke ist notwendig, da sonst die verwelkten Blütenknospen, die Kapern, zu hart werden. Die geernteten Knospen werden abgesiebt. Je kleiner, desto besser die Qualität. Sie sind dann meist pfefferkorn- bis erbsengroß. Es sind folgende Abstufungen gebräuchlich:

1. **Nonpareilles** (die kleinsten und teuersten Kapern)
2. **Surfines**
3. **Fines**
4. **Mifines** und
5. die großen **Communes** (fünfmal so schwer wie die Nonpareilles)

Eine andere Einteilung nach **Surfines** ist die in **Capucines** und **Capottes.**
Die Knospen müssen einige Stunden trocknen und werden dann in salzhaltigen Essig gelegt. Diese Lake soll möglichst zweimal nach jeweils acht Tagen erneuert werden. Dann sind die Kapern, nach der Abfüllung in Fässer oder Gläser, versandfertig.

Verwendung

Kapern haben einen herben, würzig-bitteren Geschmack, der sich beim Welken durch das in den Knospen enthaltene Rutin und Glucocappin bildet. Man verwendet sie hauptsächlich zum Verfeinern von Fleischgerichten (Königsberger Klopse), Fischgerichten, Geflügel, pikanten Appetithappen, Ragouts und angerichteten Salaten.
Kapern werden bei uns häufig durch Knospen einheimischer Pflanzen ersetzt. Gemeiner Besenginster, Scharbockskraut, Sumpfdotterblume und große Kapuzinerkresse sind Ersatzmittel; sie dürfen allerdings nicht unter dem Namen Kapern verkauft werden. An den fünfzähligen Blüten sind diese Arten aber leicht zu erkennen.

Koriander

Die Heimat des zur Familie der Doldengewächse gehörenden Korianders (*Coriandrum sativum* L.) reicht von der Levante bis zum Kaukasus. Die einjährigen Pflanzen (Vegetationszeit in warmen Ländern Frühjahr bis Herbst, in kühleren Gebieten Herbst – Winterruhe – bis Spätsommer) werden jetzt in vielen Ländern angebaut, z. B. in Frankreich, Italien, auf dem Balkan, in der Sowjetunion, Polen und Deutschland, daneben in Kleinasien, Indien, Marokko und auch in Argentinien.

Botanik

Koriander hat einen aufrechten, rundlichen, gestreiften, glatten Stengel, der bis zu 70 cm hoch werden kann. Die bald abfallenden unteren Blätter sind langstielig und bestehen aus keilblättrigen Segmenten, die mittleren sind doppelt fiederteilig, und die oberen sind in lineale Streifen zerschnitten. Die zahlreichen weißen, leicht rötlichen Blüten sind in bis zu 10 endständigen Dolden angeordnet. Die Randblüten sind dabei deutlich vergrößert. Die kugeligen Früchte bestehen aus zwei halbrunden gelblichbraunen Teilfrüchten, die sich im Gegensatz zu den Früchten anderer Doldengewächse nicht trennen. Die frische Pflanze riecht in allen Teilen unangenehm nach Wanzen – ein Geruch, der sich nach dem Trocknen völlig verliert. Der Hektarertrag liegt bei guter Sorte, Pflege und Boden über 1 Tonne.

Anbau und Ernte

Die Früchte werden im Frühjahr ausgesät und im Spätsommer geerntet. In kälteren Landstrichen sät man am Ende des Sommers, die Saat bleibt im Boden, und die Ernte erfolgt dann im nächsten Jahr. Koriander reift nicht gleichmäßig. Die Pflanzen werden geschnitten, wenn der größte Teil reif ist. In Garben gebunden, müssen sie in der Sonne nachtrocknen. Es hat sich gezeigt, daß die Umwandlung der Früchte mit unangenehmem Geruch in ein Gewürz von aromatischem Duft unter dem oxidierenden Einfluß von Sonne und Tageslicht besonders günstig verläuft.

Verwendung

Koriander wird als Gewürz ganz oder gemahlen verbraucht. Ganze Früchte gibt man zu ein-

gelegten Essigfrüchten, Gurken, Rote Beete, Fischmarinaden und zu Wildbeizen. Gemahlen ist Koriander ein vielseitiges Gewürz für Weihnachtsgebäck, eignet sich aber auch für Wurst-Gewürzmischungen. Currypulver enthält ebenfalls Koriander.
Koriander enthält 0,8 bis 1 % eines ätherischen Öles. Die Hauptbestandteile sind etwa 60 bis 70 % Linalool und um die 20 % Terpene. Es wird durch Destillation gewonnen und bei der Kräuterlikörherstellung, in der Süßwarenindustrie und in der Pharmazie verwendet.
Der Anteil des Ölgehalts schwankt je nach Herkunft der Früchte. Bei Koriander aus der Sowjetunion und Mitteleuropa ist der Prozentsatz geringfügig höher.

Kreuzkümmel, Römischer Kümmel oder Mutter-Kümmel

Als Heimat des einjährigen Kreuzkümmels (*Cuminum cyminum* L.) aus der Familie der Doldengewächse (Umbelliferae) gilt das nördliche Afrika. Er ist von Marokko und Ägypten bis nach Indien verbreitet. Er wächst aber auch in Südspanien und Sizilien. Eine besonders gute Handelsware kommt aus Malta. In Deutschland und dem übrigen Europa kommt Kreuzkümmel nicht vor.

Botanik

Der Kreuzkümmel ist eine dem Kümmel ähnliche Pflanze von 30 bis 40 cm Wuchshöhe. Sie hat einen kleinen, nicht sehr harten Stengel und wächst oft kriechend. Die Blätter entspringen auf Blattscheiden und sind, wie bei Fenchel, linealisch und spitzzipfelig. Die weißen bis rötlichen Blüten stehen in vierstrahligen, endständigen Dolden. Die Blütenkrone mit den fünf Kronenblättern ist dunkelrot. Zwei längliche, mit angedeuteten kleinen Rippen versehene Spaltfrüchte, etwa 5 bis 6 mm lang, die meist durch ein Säulchen zusammenhängen, trennen sich später. Sie sehen grünlichgrau aus. Die Samen (Körner) des Römischen Kümmels sind im Geschmack bei einem aufdringlichen, aromatischen Geruch würzig-scharfbitter.

Anbau und Ernte

Kreuzkümmel wird meist in der ersten Märzhälfte ausgesät. Die Blüte beginnt dann im Juni. Nach etwa 40 weiteren Tagen beginnen die Früchte zu reifen. Werden sie gelb, dann müssen sie einzeln geschnitten werden, damit die Überreifen nicht ausfallen. Nach dem Schnitt müssen die Früchte in der Sonne trocknen und nachreifen. Später werden die Kümmelsamen ausgedroschen.

Verwendung

Die Kreuzkümmelsamen enthalten bis zu 3% eines ätherischen Öles, darunter bis zu 35% Cuminaldehyd, und außerdem noch fette Öle, Harz und Gerbstoffe. In Holland wird dieser Kümmel als Käsegewürz importiert. Gemahlener Kreuzkümmel ist Bestandteil des Currypulvers. Das durch Destillation gewonnene Öl wird bestimmten Likören als Gewürz zugesetzt und in der Parfümerie verwendet.

Kümmel

Heimat des zweijährigen Kümmels (*Carum carvi* L.) aus der Familie der Doldenblütler sind das gemäßigte Europa und Mittelasien. Kümmel muß sich schon vor vielen tausend Jahren über ganz Europa bis weit nach Norden und im Süden bis zur Sahara ausgebreitet haben. Er gilt als ältestes in Europa von Menschen genutztes Gewürz. Bedeutende Anbaugebiete finden sich in Holland, England, Deutschland und Polen, aber auch in Schweden und in der Sowjetunion.

Botanik

Der Kümmel bildet im ersten Jahr aus einer spindelförmigen, fleischigen Wurzel eine Rosette mit aufrechten, verzweigten Stengeln. Diese tragen mehrfach stark gefiederte Blätter, ähnlich unseren Mohrrüben. Im zweiten Jahr entwickelt sich ein bis etwa 1 m lang werdender Blütenstand mit langstieliger Doppeldolde. Die Blüten bestehen aus fünfblättrigen, weißen Blumenkronen von ungleicher Länge, die in den Dolden zusammenstehen. Die aus jeweils zwei Fruchtblättern gebildete eirunde Frucht zeigt zwei an einem Fruchthalter festsitzende Schließfrüchte. Diese sind hellbraun, länglich elliptisch und haben die bekannte, sichelförmig gekrümmte Gestalt. In den Teilfrüchten sitzt das den charakteristischen Kümmelgeruch und -geschmack ergebende ätherische Öl in Gängen, die sich zwischen den fünf gelblichen Hauptrippen hinziehen.

Anbau und Ernte

Kümmel läßt sich gut im Küchengarten ziehen. Im ersten Jahr können die jungen Blätter feingehackt als Blattgewürz verwendet werden. Die Wurzel bleibt in der Erde. Dem starken Verbrauch von Kümmel als Gewürz kann aber nur der Feldanbau gerecht werden. Die Aussaat erfolgt im zeitigen Frühjahr. Im Herbst werden die Blätter vielfach geschnitten und dem Viehfutter beigegeben. Die Ernte beginnt im folgenden Jahr beim Reifwerden der obersten Dolde. Wegen der ungleichen Reife schnitt man früher die Dolden einzeln, heute werden sie frühmorgens, möglichst taufrisch gemäht. Die Stengel, in Garben zusammengestellt, trocknen auf dem Feld oder dem Scheunenboden nach. Dann werden die Früchte ausgedroschen. Der Hektarertrag liegt bei über einer Tonne.

Verwendung

Kümmel enthält bis zu 7 % ätherisches Öl, das zu 50 bis 80 % aus Carvon und bis zu 30 % aus Limonen bestehen kann. Man zerquetscht die Früchte zwischen rotierenden Walzen und destilliert sofort. Die Reste mit etwa 20 % Eiweißgehalt verwendet man als Kraftfutterbeigabe.
Das Öl wird industriell für besondere Branntweine (Aquavit) und Liköre sowie für die Parfümerie verwendet.
Kümmel ist ein vielseitig einsetzbares Gewürz. Kartoffeln, Kohl und einige Fleischgerichte, besonders Lamm, werden oft mit Kümmel gewürzt. Er ist ein hilfreiches Gegenmittel bei Blähungen. Bekannt geworden ist Kümmel als Käse- und Brotgewürz. Kümmelbrot und -brötchen oder Salzstangen mit Kümmel werden überall geschätzt.
Beim Kochen, z. B. in Kohlgerichten, entwickelt der Kümmel eine besondere Wirkung für die Verdauung. Er wirkt magen- und darmanregend und fördert den Appetit. Die besten Sorten kommen heute aus Holland und Sachsen-Anhalt.

Majoran

Die Heimat des Majoran (*Origanum majorana* L. syn. *Majorana hortensis* Moench) aus der Familie der Lippenblütler ist in Indien und dem östlichen Mittelmeerraum zu finden. Die krautige Pflanze ist in diesen Gebieten ausdauernd oder zumindest zweijährig. Im Mittelalter kam der Majoran durch Händler als einjähriges

Gewürzkraut auch nach Zentraleuropa bis nach Südskandinavien. Heute wird er besonders in Deutschland, Frankreich, Südeuropa und auch Nordamerika angebaut.

Botanik

Die krautige Majoranpflanze wird höchstens 0,5 m hoch. Der rötlichbraune Stengel ist stark verästelt. Die weißlich erscheinenden, filzigen, mit feinen Haaren bedeckten Blätter sind spatelförmig und ganzrandig. Ihre Länge beträgt zwischen 0,5 und 2 cm bei jeweils halber Breite. Man unterscheidet, je nach Art des Blütenstandes, den Blatt-Majoran, auch französischer Majoran genannt, bei dem die Blüten mehr kugelig ausgebildet sind und den Knospen-Majoran, auch deutscher Majoran genannt, mit ährenartigem Blütenstand. In Deutschland werden beide Sorten angebaut. Die Blüte besteht aus rötlichweißen, zweilippigen Blütenblättern, umgeben von rundlichen, blaßgrünen Deckblättern. Majoran blüht gewöhnlich im Juli–August. Bei uns kommt er selten zur Reife.

Anbau und Ernte

Majoran, der in Europa und Amerika in großem Maßstab im Feldbau angepflanzt wird, verlangt bei warmer Witterung während seiner frühen Vegetationszeit einen humusreichen Boden. Majoran kann aber auch im Küchengarten oder im Blumentopf gezogen werden. Hier können dann die frischen Blätter verwendet werden. Die Vermehrung erfolgt fast ausschließlich aus Samen, die meist in Saatbeeten vorgezogen werden. Nach den Maifrösten werden die Pflänzchen ins Freie gesetzt. Die erste Ernte der Blätter und zarten Stengel erfolgt zu Beginn der Blüte. Die Pflanzen werden etwa 5 cm über dem Boden geschnitten. Bei warmer Witterung ist im Oktober noch ein zweiter Schnitt möglich, wenn der erste vor der Knospenbildung erfolgte. Die Blätter und Stengel werden durch Absieben sorgfältig gereinigt, getrocknet und gerebelt. Dabei werden Blätter, Sproßenden und Knospen vom Stiel abgestreift. Majoran kommt als ganzes Blatt, geschnitten oder gemahlen zum Verkauf.
Die kurzwüchsige Pflanze ist bei der Ernte Verunreinigungen durch Erde und Sandteilchen ausgesetzt, die an den haarigen Blättern hängen bleiben und sich kaum vollständig entfernen lassen.

Verwendung

Der Geruch des Majorans ist charakteristisch, sehr aromatisch und wie der leicht würzigbrennende, ganz schwach terpentinartige Geschmack nicht mit anderen Gewürzen vergleichbar. Die Blätter enthalten in ihren Haardrüsen etwa 1 bis 1,5 % durch Destillation gewinnbares ätherisches Öl mit rund 40 % Terpenen. Daneben sind noch Gerb- und einige Bitterstoffe enthalten. Das Öl wird bei der Herstellung von Kräuterlikören und Kräuteressig verwendet. Majoran ist das typische Wurst- und Fleischgewürz. Besonders Leberwurst, Lammbraten, dicke Suppen und neuerdings vor allem Pizzas werden mit Majoran gewürzt.
Majoran gilt als magenstärkendes, entkrampfendes Mittel. In der Diätkost dient er als Salzersatz.

Safran

Die Heimat der Pflanze, die den Safran liefert (*Crocus sativus* L. aus der Familie der Schwertliliengewächse) liegt in Kleinasien und auf den griechischen Inseln. Neben dieser Region wird Safran heute überwiegend in Spanien, Italien und Frankreich angebaut. Safran ist das teuerste Gewürz und kommt wegen der mühsamen Ernte und des dadurch bedingten hohen Preises langsam außer Gebrauch. Hauptlieferant ist Spanien. Besonders geschätzte Qualitäten stammen indessen aus Frankreich.

Botanik

Der Safrankrokus ist eine ausdauernde, mehrjährige, langsam wachsende Pflanze, die mit unserer Herbstzeitlose Ähnlichkeit hat. Die 6 bis 9 linealischen, aufsitzenden Blätter sind im unteren Teil von breiteren Blatthüllen umgeben. Sie entstehen unmittelbar aus der Sproßknolle. Der Fruchtknoten sitzt auf der Knolle; aus ihm bilden sich im Herbst die blaßvioletten Blüten. Jede Blüte, deren oberer Durchmesser bis zu 10 cm betragen kann, besteht aus einer sehr langen Röhre mit 6 Blütenblättern. Die weiblichen Blütenorgane haben 3 zusammengewachsene Fruchtblätter. Der lange Griffel teilt sich am Ende in 3 dunkelrote Narbenschenkel von etwa 2,5 cm Länge. Sie sind das eigentlich wertvolle Produkt des *Crocus sativus*, der Safran. Der Geruch ist aromatisch, der Geschmack etwas bitter. Der Speichel färbt sich intensiv gelb.

Anbau und Ernte

Safran wird bevorzugt auf leichten Lehmböden in Gebieten mit sommerwarmem Klima angebaut. Die Pflanze kann nur vegetativ vermehrt werden. Ursprünglich ausdauernd – in Indien wird sie 10 bis 15 Jahre alt – wird sie in Spanien etwa nach dem 4. Jahr, in Frankreich nach dem 3. Jahr und in Italien gar jährlich neu gesetzt. Die Pflanze behält die Blätter im Herbst. Um eine gute Ernte zu bekommen, zwingt das von Jahr zu Jahr fortschreitende Eindringen des Pflanzenkörpers in den Boden zum Erneuern. Die Ernte ist arbeitsaufwendig. Die gerade aufgegangenen Blüten werden gesammelt, dann werden die Schenkel der Narben auf Sortiertischen entnommen. Sie werden entweder an der Sonne, in einer Art Backofen oder auf einem Haarsieb in der Hitze eines schwachen Feuers getrocknet. Angaben über die Erträge schwanken zwischen 100 000 und 200 000 getrockneter Narben für 1 kg Safran.
Die getrockneten Blütennarben des Safrankrokus werden im ganzen oder gemahlen gehandelt. Safran aus getrockneten Narben, elegierter Safran, ist dabei wertvoller als der naturelle, der noch Griffelfäden enthält. Safran ist hygroskopisch und lichtempfindlich.

Verwendung

Das Gewürz wird nur pulverisiert verwendet. Man soll es vor dem Würzen in heißem Wasser auflösen, bevor es den Speisen zugefügt wird. Safran enthält unter anderem das Farbstoffglykosid Crocin, das noch in einer Verdünnung von 1:100 000 Wasser gelbfärbt, sowie das farblose Safranbitter, etwas ätherisches Öl (Safranal) und Dextrose.
Safran wird neben seiner Wirkung als Gewürz, besonders bei südländischen Reis- und Fleischgerichten, auch für Backwaren und als Farbstoff für Lebensmittel geschätzt. Bei einigen ausgefallenen Likören, in der Parfümerie und für Kosmetik wird Safran in kleinen Mengen verbraucht.
Als höchste Qualitätsware gilt der Gâtinais-Safran aus dem Landstrich um Montargis im Pariser Becken.

Senf

Senfsaat ist heute eines der großen Handelsgewürze. Die Einfuhr in die Bundesrepublik übersteigt – mengen-, nicht wertmäßig – die des Pfef-

fers um über die Hälfte. Die folgenden, vom Verband der Deutschen Senfindustrie nach der amtlichen Außenhandelsstatistik erstellten Zahlen zeigen dies deutlich.
Die heute in Geschäften als unentbehrliches Tischgewürz und Zusatz zu verschiedenen Fleischspeisen erhältliche Senfpaste ist in der Regel eine Mischung aus den vermahlenen Körnern verschiedener Senfarten aus der Pflanzenfamilie der Kreuzblütler (Cruciferae), die mit besonderen Zutaten vermischt und bestimmten Verfahren der Bearbeitung unterworfen wurde.

Einen großen Anteil an unserem käuflichen Senf haben die Samen vom:

1. **Weißen Senf** (*Sinapis alba* L.)
2. **Juncea- oder Sarepta*-Senf** (*Brassica juncea* [L.] Czern et Coss.)
3. **Schwarzen Senf** (*Brassica nigra* [L.] W. D. J. Koch); wird jetzt weitgehend ersetzt.

Daneben gibt es noch einige Varietäten des Senfs, die aber in Europa kaum zur Herstellung von Speisesenf verwendet werden.

Weißer Senf

Die Heimat des Weißen Senfs (*Sinapis alba* L.) ist das Mittelmeergebiet. Die Senfpflanze ist einjährig und jetzt überall (vielfach verwildert) in den gemäßigten Breiten sowohl in Europa, Asien und vor allen Dingen in Nordamerika zu finden. Bedeutende Mengen werden in Kanada, Ungarn, den Niederlanden, Frankreich und Polen angepflanzt und von dort eingeführt. Bei uns wächst Senf als Feldfrucht besonders in Ostfriesland und Schleswig-Holstein. Der Geschmack des Weißen Senfs ist mäßig, nicht brennend scharf. Er gilt als milder Senf.

* Sarepta liegt südlich von Wolgograd am gegenüberliegenden Flußufer.

Einfuhr von Senfkörnern für industrielle Zwecke** nach Jahren

Jahr	Menge in 100 kg	Wert in 1000 DM	∅-Wert DM/100 kg
1979	159 894	11 736	73,20
1980	139 073	8 882	63,87
1981	139 602	10 382	74,37
1982	148 159	12 388	83,61
1983	152 889	14 586	95,40
1984	171 098	19 027	111,20
1985	162 808	17 049	104,72
1986	179 290	12 274	68,46
1987	174 812	7 710	44,10
1988	183 302	9 013	49,17

Quelle: Amtliche Außenhandelsstatistik, Stat. Bundesamt, Wiesbaden.

Botanik

Der krautig wachsende Weiße Senf *(Sinapis alba)* wird etwa 1 m hoch. Seine gefiederten Blätter sind tief gelappt und entspringen an verzweigten, borstigen Stengeln. Die bis zu 2 cm großen, hellgelben Blüten stehen an endständigen Trauben. Der Fruchtknoten wächst zu einer Schote mit langem Schnabel heran. Gewöhnlich finden sich 3 bis 4 kleine, ockergelbe, abgeplattet-kugelige Samen in der Schote. Der Durchmesser des Senfkorns beträgt dabei etwa 2 mm. Unter der Samenschale liegt der ölhaltige Embryo. Die Samen sind zunächst geruchs- und geschmacklos. Werden die Körner zerbissen und gekaut, dann entwickelt sich ein rettichartiger, scharfer Geschmack.

** Der überwiegende Teil dieser Menge geht in die Senfindustrie; eingeschlossen sind aber auch die eingeführten Senfkörner für die Gewürz-, Soßen-, Sauerkonservenindustrie u. a.

Anbau und Ernte

Senf wird fast nur feldmäßig angebaut. Die Aussaat erfolgt im April, die Blüte beginnt drei Monate später. Geerntet wird mit Mähmaschinen, sobald die Schoten braun werden. Die Garben trocknen dann gewöhnlich vor dem Dreschen noch auf dem Feld nach. Die Qualität des Senfsamens ist sehr von der Witterung abhängig. Eine Ernte bei trockenem Wetter liefert den besten Senf. Die Hektarerträge liegen bei 1200 bis 1500 kg.
Senfsamen enthalten bis zu 30 % fettes Öl, viel Eiweiß, ein Glykosid (Sinalbin) von etwa 2 % und neben anderen Stoffen das Ferment Myrosin. Das Öl kann entbittert als Zusatz zu Speiseöl genutzt werden. Kommt Senf mit Wasser in Berührung, dann wirkt das Myrosin und spaltet das Sinalbin in ätherisches Senföl und Glukose.

Verwendung

Senf als Gewürzkorn wirkt konservierend. Er verhindert oder verzögert Schimmelbildung und Bakterienbefall. Man nimmt die Samen zum Würzen von Sauerkonserven, Marinaden und Wurstwaren. Der Hauptteil des geernteten Senfs dient zur Bereitung von Tafelsenf.

Brauner Senf (Sarepta-Senf, Indischer Senf)

Als Heimat dieser gleichfalls einjährigen Senfpflanze (*Brassica juncea)* gilt Asien südlich des Himalaja. Der gewerbsmäßige Anbau reicht heute von den Inneren Tropen (Indonesien, Westafrika) über randtropische Gebiete bis weit in die gemäßigte Zone von Westeuropa und Nordamerika. Heute wird der Braune Senf als Rohstoff für die Tafelsenfbereitung hauptsächlich aus Kanada, Italien, Indien und den Niederlanden eingeführt. Dieser Senf ist im Geschmack schärfer und brennender als Weißer Senf.

Botanik

Brassica juncea (L.) Czern. et Coss. unterscheidet sich im Aussehen nicht wesentlich vom Weißen Senf. Die Pflanze kann bis 1,2 m hoch werden. Die unteren Blätter sehen denen von *Sinapis alba* ähnlich, die oberen sind dagegen länglich, lanzettartig und ganzrandig. Die kleinen, hellgelben Blüten öffnen sich erst im Mittsommer. Die Schoten sind ungefähr 10 cm lang und enthalten bis zu 20 Samen. Diese sind schwärzlichbraun und kleiner als die des Weißen Senfs. Auch der Braune Senf wird als Feldfrucht angebaut. Die Ernte erfolgt heute meist durch Maschinen. In einigen asiatischen Ländern wird er auch in Gärten als Gemüsepflanze gezogen. In anderen Ländern steht die Gewinnung von Speiseöl im Vordergrund. Der größte Teil dürfte aber in Verbindung mit dem Weißen Senf der Herstellung von Tafelsenf dienen. Die Inhaltsstoffe sind praktisch gleich, dagegen werden die Samen nicht als Einmachgewürz verwendet.

Schwarzer Senf

Die Heimat des Schwarzen Senfs (*Brassica nigra* (L.) W. D. J. Koch) ist die Levante. Diese einjährige Senfpflanze, die sich durch ihre Chromosomenzahl ($2n = 16$) vom Weißen Senf ($2n = 24$) unterscheidet, wird bis zu 2 m hoch. Sie erscheint rutenartig, der Stengel ist borstig behaart. Die Schoten stehen eng parallel zum Stengel. Dieser Senf ist weltweit verbreitet. Er kommt bei uns gelegentlich verwildert vor.
Der Anbau dieses überaus scharfen Senfs ist in Europa seit etwa 30 Jahren überall zurückgegangen. Das ungleichmäßige Aufplatzen der Schoten, die sich an der Stielseite öffnen,

erschwert den Einsatz von Erntemaschinen. Der Schwarze Senf muß heute noch mit der Sichel einzeln geschnitten werden, und dafür fehlen in den meisten Ländern die Arbeitskräfte. Der Anbau von *Brassica nigra* ist daher auf Länder wie Äthiopien, Marokko, Indien und China beschränkt geblieben. Bis kurz nach dem Zweiten Weltkrieg bildeten die Körner dieser Pflanze eine wesentliche Grundlage der meisten Senfsorten. Heute wird der Schwarze Senf weitgehend durch *Brassica juncea* ersetzt.

Herstellung von Speisesenf (Mostrich)

Kein anderes Gewürz hat als Grundstoff für eine industrielle Verarbeitung solche Bedeutung wie der Senf. Verwendet werden heute meist die Samen des milden Weißen Senfs und die des schärferen Braunen Indischen oder Sarepta-Senfs. Durch eine entsprechende Mischung der Anteile der verschiedenen Samen ist es möglich, dem Tafelsenf unterschiedliche Geschmacksrichtungen zu geben.
Die Herstellung des Senfs erfolgt in verschiedenen Arbeitsgängen. Die Senfsaat muß zunächst sorgfältig gereinigt werden. Dann wird sie durch Zerquetschen auf besonderen Walzen mechanisch aufgeschlossen. Da die so geschroteten Senfkörner stark ölhaltig (30 %) sind, muß dem Schrot vor der weiteren Verarbeitung durch besondere Preßverfahren ein Teil des bitteren Senföls entzogen werden. Der nach der Pressung noch gering ölhaltige Kuchen muß zunächst zu Senfmehl vermahlen werden. Da sich das typische Aroma erst nach einer Benetzung mit Flüssigkeit bildet, wird aus dem Senfmehl mit Essig, Kochsalz und Gewürzen in Rührwerken eine Maische hergestellt. Bei diesem Vorgang entwickelt sich bereits der typische Senfgeschmack. Um aber eine innige Verbindung aller Ingredienzien zu erreichen, muß die Maische noch naß vermahlen werden. Nach diesem meist mehrmaligen Prozeß läßt man die Senfpaste in Lagerbehältern ausreifen. Später wird sie in Handelspackungen abgefüllt.
Man kennt heute verschiedene Tafelsenfsorten, die sowohl nach ihrer Schärfe als auch nach dem Herstellungsort bekannt geworden sind.

1. **Milder Senf,** wird vorwiegend aus Saaten des Weißen Senfs hergestellt.
2. **Mittelscharfer Senf,** besteht aus einer Mischung von Saaten aus Weißem und Braunem Senf. Er wird mit Wein oder Branntweinessig unter Zugabe von Salz harmonisch abgestimmt. Es ist die wohl am weitesten verbreitete Senfsorte.
3. **Scharfer und extrascharfer Senf.**

Aus Saaten des Braunen Senfs wird durch Absieben der Schalen vor dem Maischen eine Konzentration der Schärfe erzielt. Durch Zugabe von Saaten des Weißen Senfs ergibt sich eine Abstufung der Schärfe. Wird nur die Saat des Braunen Senfs verwendet, so erhält man einen extrascharfen Senf, der gut zu Eisbein und fetten Würstchen paßt.

Senf nach Herstellungsorten

Düsseldorfer Senf, ein extra scharfer Senf bestimmter Rezeptur. Er muß, um seiner Bezeichnung zu entsprechen, in Düsseldorf oder näherer Umgebung hergestellt werden.
Süßer, Bayrischer oder Münchener Senf. Bei diesem Senf werden die Körner nur grob vermahlen; der süße Geschmack ergibt sich nach einem kurzen Rösten durch Beigabe von Zucker und Karamelzucker. Dieser Senf muß aus Bayern stammen.
Dijon-Senf. Bei diesem extra-scharfen Senf sind bestimmte Rezeptvorschriften einzuhalten. Er darf nur aus brauner oder schwarzer Senfsaat hergestellt werden. Die Saat wird durch Absieben der Schalen für die Verarbeitung vorbereitet.

Einfuhr tropischer Gewürze in die Bundesrepublik Deutschland 1983–1988 (in Tonnen)

Gewürz \ Jahr	1983	1984	1985	1986	1987	1988
Pfeffer	12 588	12 153	10 993	11 474	12 072	12 558
Zimt	1 280	1 215	1 044	1 300	1 002	1 299
Nelken	455	502	440	460	366	505
Muskatnüsse	1 707	1 691	1 489	1 449	1 381	1 399
Muskatblüte	470	414	414	407	416	416
Vanille	200	175	137	190	256	201
Ingwer	929	1 146	1 109	1 243	1 249	1 084
Kurkuma (Gelbwurzel)	557	608	607	779	751	511
Kardamom	225	135	157	179	176	179
Sternanis	121	82	66	97	84	68
Paprika (gemahlen)	6 649	6 379	7 108	6 921	8 279	8 065
Curry (Pulver u. Paste)	697	699	657	643	575	705

Quellen: Stat. Bundesamt, Wiesbaden (Außenhandel, Reihe 2, Spezialhandel nach Waren und Ländern). International Trade Center (UNCTAD/Gatt), Genf. Fachverband der Gewürzindustrie, Bonn

Menge (in Tonnen) und Wert der Gewürzimporte der Bundesrepublik Deutschland

Jahr	Menge (in Tonnen)	Wert (in DM)	Jahr	Menge (in Tonnen)	Wert (in DM)
1974	26 622	106 300 000	1982	42 118	172 461 000
1975	29 109	108 753 000	1983	43 887	189 413 000
1976	33 163	122 455 000	1984	45 129	229 416 000
1977	34 625	154 218 000	1985	43 130	248 962 000
1978	35 553	155 681 000	1986	44 282	257 276 000
1979	40 998	153 103 000	1987	46 196	253 146 000
1980	39 055	145 787 000	1988	41 213	222 176 000
1981	42 048	163 321 000			

Quellen: Stat. Bundesamt, Wiesbaden. Fachverband der Gewürzindustrie, Bonn

Herkunft, Verbreitung, Anbaugebiete und Verwendung der in Süd- und Mitteleuropa heimisch gewordenen Gewürze

Name	ursprüngliches Vorkommen	heutige Verbreitung	Haupterzeugerländer	Klimabedingungen	genutzte Teile der Pflanze	Verwendung
Anis *(Pimpinella anisum* L.), einjährig, Fam. Umbelliferéae	Levante, Ägypten bis Griechenland	Spanien, Italien, Frankreich, UdSSR, Indien, Japan, Mittel- u. Südamerika	Türkei, Spanien, Ägypten	mindestens 120 frostfreie Tage	Samen	gemahlen als Brot- u. Backgewürz; äth. Öl zu Likören, in der Pharmazie Mittel bei Erkältung u. Magenbeschwerden; Rückstand wird Kraftfutter beigemischt
Basilikum *(Ocimum basilicum* L.), einjährig, Fam. Labiatae	Indien, südliches Asien	überall in den Tropen u. sommerwarmen Gebieten	Niederlande, Balkan, Spanien, Südfrankreich	frostempfindlich. Erst nach Maifrösten aussetzen	Blätter	frisch oder getrocknet als Fleisch- u. Fischgewürz, für bestimmte Wurstsorten, Kräuterbutter/-käse; äth. Öl für Likör, Parfümerie u. Pharmazie
Dill (*Anethum graveolens* L.), einjährig, Fam. Umbelliferéae	Mittelmeergebiet, südlicher Kaukasus bis Indien	weltweit verbreitet	Niederlande, Balkanländer	sommerliche Wärme	beblätterte Stengel, Blüten, Fruchtdolden, Samen	frisch oder getrocknet als Einlegegewürz, Essiggemüse, Kräuteressig, Salate, Soßen, Fleischgerichte; dest. äth. Öl für Liköre
Fenchel, versch. Variet. (*Feniculum vulgare* Mill.) (*Feniculum dulce* Bath. et Trab.), zwei- bis mehrjährig, Fam. Umbelliferae	Levante, südliches Mittelmeer, Indien	sommerwarme Gebiete in allen Erdteilen	Mitteleuropa, Südfrankreich, Balkanstaaten, China, Japan, Argentinien	nicht winterfest, Wurzeln frostfrei überwintern	Samen, Blätter, Blattscheiden	frische u. getrocknete Blätter als Gewürz für Salate, kalte Platten. Samen als Brot- u. Backgewürz, gemahlen als Tee. Öl aus Samen für Pharmazie, Liköre. Blattscheiden als Gemüse
Kapern *(Capparis spinosa* L.), ausdauernd, Fam. Capparidaceae	Kleinasien, südliches Mittelmeer, Afrika nördlich der Sahara	Mittelmeergebiet, nördliches Afrika, wachsen nicht nördlich der Alpen	Marokko, Algerien, Spanien, Südfrankreich, Türkei, Zypern	überwiegend frostfreie Gegenden	Blütenknospen	ganze Knospen als Beilage zu Fleischgerichten und kalten Platten
Koriander *(Coriandrum sativum* L.), einjährig, Fam. Umbelliferéae	Levante bis Kaukasus	weltweit	Deutschland, Marokko, Bulgarien, Ungarn	Vegetationszeit frostfrei	Samen	ganz zu Essigfrüchten, Fischmarinaden, gemahlen zu Gewürzmischungen (Curry); dest. Öl für Liköre, Süßwaren, Pharmazie

Name	ursprüngliches Vorkommen	heutige Verbreitung	Haupt-erzeuger-länder	Klima-bedingungen	genutzte Teile der Pflanze	Verwendung
Kreuzkümmel *(Cuminum cyminum* L.), einjährig, Fam. Umbelliferae	nördliches Afrika	Marokko bis Ägypten, Indien, Südspanien, Sizilien	Nordafrika, Sizilien, Malta	warme Vegetationsperiode	Samen	ganz als Käsegewürz (holl. Käse), gemahlen zu Curry; dest. Öl für Liköre und Pharmazie
Kümmel *(Carum carvi* L.), zweijährig, Fam. Umbelliferae	Mittel- bis Nordeuropa, Mittelasien	weltweit in gemäßigten Zonen	Niederlande, England, Deutschland, Osteuropa	winterfest	Samen	Brotgewürz, zu Fleisch- und Kohlgerichten; Öl zu Likören (Aquavit). Rückstände werden Kraftfutter beigemischt
Majoran *(Origanum majorana* L.), einjährig bis ausdauernd, Fam. Labiatae	Indien, Levante (dort zwei- bis mehrjährig)	Zentraleuropa, Südskandinavien, weltweit	Deutschland, Frankreich, Nordamerika, Mexiko, Chile	frostempfindlich, erst nach Maifrösten pflanzen	Blätter	frisch u. getrocknet (zerrieben) als Fleisch- u. Wurstgewürz, Pizzagewürz; äther. Öl für Kräuteressig, Liköre. Salzersatz für Diätkost
Safran *(Crocus sativus* L.) mehrjährig, Fam. Iridaceae	Kleinasien, griechische Inseln	nördliches Mittelmeergebiet	Spanien, Italien, Zentralfrankreich, Griechenland	warm bis gemäßigt	Schenkel der Blütennarben	pulverisiert für Reis- u. Fleischgerichte (Paella); Backwaren, Liköre, Parfümerie, Lebensmittelfarbstoff
Weißer Senf *(Sinapis alba* L.), einjährig, Fam. Cruciferae	Mittelmeergebiet	weltweit	Europa, Asien, Nordamerika, Deutschland (Ostfriesland)	gemäßigte Zonen	Samen	Ganz zu Sauerkrautkonserven, Marinaden, Wurstwaren; entbittertes Öl als Speiseölzusatz. Grundstoff des milden Tafelsenfs
Brauner, Indischer, Juncea- oder Sarepta-Senf *(Brassica juncea* [L.] Czerniaew), einjährig, Fam. Cruciferae	Asien südl. des Himalaja	weltweit	Kanada, Italien, Indien, Niederlande	sehr warm bis gemäßigt	Blätter gelegentlich als Gemüse, Samen	Samen für scharfen Senf. Speiseöl aus Samen gepreßt
Schwarzer Senf *(Brassica nigra* [L.] Koch), einjährig, Fam. Cruciferae	Levante	Europa, Afrika, Asien	Äthiopien, Marokko, Indien, China	warm bis gemäßigt	Samen	In Deutschland kaum noch kommerziell genutzt, sehr scharfer Senf

Literaturverzeichnis

A. Allgemeine Literatur

BERG, H.-P.: Kleine Gewürzkunde. Herausgegeben vom Fachverband der Gewürzindustrie, Bonn 1978.

BRÜCHER, H.: Tropische Nutzpflanzen. Springer Verlag, Heidelberg–New York–Berlin 1977.

ERHARDT, A. und W.: Pflanzen Einkaufsführer, Verlag Eugen Ulmer, Stuttgart 1990.

ESDORN, I.: Die Nutzpflanzen der Tropen und Subtropen der Weltwirtschaft. Verlag G. Fischer, Stuttgart 1961.

FRANKE, G. et al.: Nutzpflanzen der Tropen und Subtropen, Bd. I. Verlag S. Hirzel, Leipzig 1967.

FRANKE, W.: Nutzpflanzenkunde. Georg Thieme Verlag, Stuttgart–New York 1961.

GÖÖCK, R.: Das Buch der Gewürze. Mosaik-Verlag, Hamburg 1977.

HEEGER, E. F.: Handbuch des Arznei- und Gewürzpflanzenbaues, Drogengewinnung. Deutscher Bauernverlag, Berlin 1956.

MANSFELD, R.: Verzeichnis landwirtschaftlicher und gärtnerischer Kulturpflanzen. 2. Aufl. (Bd. I bis IV), Akademie-Verlag, Berlin 1986.

OETKER, A.: Warenkundelexikon. 10. Aufl., Ceres-Verlag, Bielefeld 1969.

OSTMANN, K.: Die Gewürze und das richtige Würzen. Ostmann Gewürzfibel, Selbstverlag Karl Ostmann, Bielefeld o. J.

PURSGLOVE, I.W., BROWN, E. G., ROBBINS, S. R. I.: Spices. 2 Bde., Longman, London–New York 1981.

REHM, S.: Spezieller Pflanzenbau in den Tropen und Subtropen. Bd. 4 des Handbuchs der Landwirtschaft und Ernährung in den Entwicklungsländern. 2. Aufl., Verlag Eugen Ulmer, Stuttgart 1988.

REHM, S., und ESPIG, G.: Die Kulturpflanzen der Tropen und Subtropen. Verlag Eugen Ulmer, Stuttgart 1984.

REINER, E.: Die Molukken. Verlag VEB, Herm. Haack, Gotha 1956.

REINHARD, L.: Kulturgeschichte der Nutzpflanzen, Bd. IV, 1. Teil. Verlag Ernst Reinhardt, München 1911.

ROSENGARTEN, Jr. Fr.: The Book of Spices. Pyramid Communications Inc., New York 1973.

SCHMIDT, G. A., und MARKUS, A.: Handbuch der Tropischen und Subtropischen Landwirtschaft, 2. Bd. Verlag E. S. Mittler Sohn, Berlin 1943.

SCHRÖDER, R.: Wirtschaftspflanzen der warmen Zonen. Kosmos Bd. 229, Franckh'sche Verlagshandlung, Stuttgart 1961.

SCHUNK, R.: Alles über Gewürze. Kaulfuss-Verlags-Gesellschaft, Abswind 1980.

SCHÜTT, P.: Weltwirtschaftspflanzen. Verlag Paul Parey, Berlin–Hamburg 1972.

STOBART, T.: Gewürzlexikon. Otto Maier Verlag, Ravensburg 1987.

THOMASHAUSEN, ANDRÉ E. A. M.: Die Portugiesen auf São Tomé und Príncipe. Klemmerberg-Verlag, Bammental/Heidelberg 1985.

VAN ROYEN, W.: Atlas of the World's Resources, Vol. I, The Agricultural Resources of the World. New York 1954.

WALDEGG, M.: Gesund durch Gewürze. Umschau-Verlag, Frankfurt/M. 1969.

WEBER, R.: Pflanzengewürze und Gewürzpflanzen aus aller Welt. Verlag A. Ziemsen, Wittenberg 1958.

WEISCHET, W.: Die ökologische Benachteiligung der Tropen. Verlag B. G. Teubner, Stuttgart 1977.

B. Spezielle Literatur

Kaffee

Deutscher Kaffee-Verband e.V.: Kaffee-Digest 1. 3. Aufl., Hamburg 1989.
Deutscher Kaffee-Verband e.V.: Jahresberichte, Hamburg 1986, 1987, 1988.
Deutscher Kaffee-Verband e.V.: Kaffee-Magazin. 4. Aufl., Hamburg 1989.
HADWIGER, P., HIPPLER, I., und LOTZ, H.: Kaffee, Gewohnheiten und Konsequenz. 2. Aufl., Edition diá, St. Gallen–Wuppertal 1984.
KRANZ, I.: Kaffeerost in Brasilien. Umschau. Umschau-Verlag, Frankfurt 1970.
KRUG, C. A., und POERK, C. A.: World Coffee Survey. FAO Agric. Studies Nr. 76, Food and Agriculture Organization of the UN, Rome 1968.
ROTHFOS, B.: Kaffee Handbuch. Verlag Cramer, de Gruyter & Co., Hamburg 1960.
SPRECHER V. BERNEGG, A.: Tropische und subtropische Weltwirtschaftspflanzen. Teil III, Band 2, Kaffee und Guaraná. Verlag Ferdinand Enke, Stuttgart 1934.
SPRECHER V. BERNEGG, A.: Kaffee. 2., neubearb. Auflage von Prof. Dr. C. Coolhaas, Dr. H. I. de Fluiter und Dr. H. P. Koenig. Stuttgart 1960.
SCHMOLCK, H.: Welthandel selbst erlebt. Verlag Kurt Vowinkel, Heidelberg 1951.
SCHRÖDER, R.: Klimatische Bedingungen des Kaffeeanbaus auf der Erde, insbesondere in Zentral- und Südamerika. Petermanns Geogr. Mittl. 1956, 2. Quartalsheft, Verlag VEB Herm. Haack, Gotha 1956.
SÖHN, G.: Kleine Kaffeekunde. Verlag Cramer, de Gruyter & Co., Hamburg 1964.
SPRIESTERSBACH, H.: Rohkaffee von A–Z. Verlag Gordian-Max Rieck, Hamburg 1955.
WALLIS, J. A. N., und WORMER, T. M.: Kaffee. In: REHM, S.: Spezieller Pflanzenbau in den Tropen und Subtropen, Bd. 4. 2. Aufl., Verlag Eugen Ulmer, Stuttgart 1988.
WELLMAN, L.: Coffee – Botany, Cultivation and Utilization. Leonard Hill Ltd., London 1961.
URIBE, A. C.: Brown Gold. The Amazing Story of Coffee. Random House, New York 1954.

Tee

ADRIAN, H. G.: Lieben Sie Tee. Verlegt von Paul Schrader – Georg Westermann Verlag, Bremen–Braunschweig 1970.
ADRIAN, H. G.: Tee über den Ozean. Verlegt von Paul Schrader – Georg Westermann Verlag, Bremen-Braunschweig 1978.
ADRIAN, H. G.: Einladung zum Tee. Verlegt von Paul Schrader – Georg Westermann Verlag, Bremen–Braunschweig 1979.
BLÜCHER, N. v.: Tee, Anbau und Düngung. Ruhr-Stickstoff, Bochum 1956.
CAESAR, K.: Tee. In: REHM, S.: Spezieller Pflanzenbau in den Tropen und Subtropen, Bd. 4. 2. Aufl., Verlag Eugen Ulmer, Stuttgart 1988.
FORREST, D.: Tee und die Engländer. Eigenverlag Paul Schrader, Bremen 1980.
MERZENICH, B., und IMFELD, A.: Tee, Gewohnheit und Konsequenz. Edition diá, St. Gallen, Köln 1986.
SABELBERG, F.: Tee: Wandlung in der Erzeugung und Verwendung des Tees nach dem [1.] Weltkrieg. Bibl. Institut, Leipzig 1938.
SPRECHER V. BERNEGG, A.: Tropische und subtropische Weltwirtschaftspflanzen. Teil III, 3. Bd.: Der Teestrauch und der Tee. Verlag Ferdinand Enke, Stuttgart 1936.
VOLLERS, A.: China privat, Reisen eines Teehändlers im Reich der Mitte. Verlegt von Paul Schrader – Georg Westermann Verlag, Bremen–Braunschweig 1979.
VOLLERS, A.: Darjeeling. Selbstverlag Paul Schrader, Bremen 1985.
VOLLERS, A.: Tee in Assam. Selbstverlag Paul Schrader, Bremen 1986.
VOLLERS, A.: Indonesien. Selbstverlag Paul Schrader, Bremen 1987.

Kakao

FRANKE, G. und PFEIFFER, A.: Der Kakao. Verlag A. Ziemser, Wittenberg 1964.
HUMBOLDT, A.: Reise in die Aequinoctial-Gegenden des neuen Kontinents. Deutsche Übersetzung v. H. Hauff, 6 Bde. (besonders Bd. II, III und V) I. G. Cottascher Verlag, Stuttgart 1861–1862.
MÜLLER, W.: Seltsame Frucht Kakao. Geschichte des Kakaos und der Schokolade. Verlag Gordian-Max Rieck, Hamburg 1957.
MYLORD, E.: Kakao, Anbau und Düngung. Ruhr-Stickstoff, Bochum 1953.
SENFTLEBEN, W.: Die Kakaowirtschaft und Kakaopolitik in Malaysia. Mittlg. Institut f. Asienkunde, Hamburg 1988.
SPRECHER v. BERNEGG, A.: Tropische und subtropische Weltwirtschaftspflanzen, Teil III. 1. Bd. Kakao und Kola. Verlag Ferdinand Enke, Stuttgart 1934.
TOXOPEUS, H., und LEMS, G.: Kakao. In: REHM, S.: Spezieller Pflanzenbau in den Tropen und Subtropen, Bd. 4. 2. Aufl., Verlag Eugen Ulmer, Stuttgart 1988.
Verein der am Rohkakaohandel beteiligten Firmen e.V. Hamburg: Geschäftsbericht 1988/89, Hamburg.
WOOD, G. A. R.: Cocoa. 3rd Edition, Longman, London–New York 1975.

Mate

FIEBRIG-GERTZ, C.: Mate-Paraguay-Tee. Tropenverlag Fr.W. Thaden, Hamburg o. J.
LOPEZ, U.: El cultivo de la Yerba Mate. Centro de Información agricola, Cartilla 225, Asunción 1963.
SPRECHER v. BERNEGG, A.: Tropische und subtropische Weltwirtschaftspflanzen, Teil III. 3. Band: Die Mate- oder Paraguayteepflanzen. Verlag Ferdinand Enke, Stuttgart 1934.
WILHELMY, H., und ROHMEDER, W.: Die La Plata-Länder. Georg Westermann Verlag, Braunschweig 1963.

Koka

ACHTNICH, W.: Koka: Arzneipflanze, Betäubungs- und Beruhigungsmittel. In: REHM, S.: Spezieller Pflanzenbau in den Tropen und Subtropen, Bd. 4. 2. Aufl., Verlag Eugen Ulmer, Stuttgart 1988.
BRAU, I. L.: Vom Haschisch zum LSD. Insel-Verlag, Frankfurt 1969.
TSCHUDI, J. J.: Reiseskizzen aus Peru von 1838–1842. Akademische Druck- und Verlagsanstalt, Graz 1963.

Guaraná

AUREO L. DE A. BRANDÃO et al.: Viabilidade Economica do cultivo do Guaraná na região Cacaueira da Bahia. Bahia 1980.
SPRECHER V. BERNEGG, A.: Tropische und subtropische Weltwirtschaftspflanzen, Teil III. 3. Bd.: Kaffee und Guaraná. Verlag Ferdinand Enke, Stuttgart 1934.

Kola

OKOLOKO, G. E., JACOB, V. J.: Kola breeding in Nigeria, Processing of Kola in Nigeria. Gambari Experimental Station, Ibadan 1971.
SPRECHER V. BERNEGG, A.: Tropische und subtropische Weltwirtschaftspflanzen, Teil III. 1. Bd.
VAN EIJNATTEN, C. L. M.: Kola; its Botany and Cultivation. Koninklijk Inst. v. de Tropen, Amsterdam 1969.

Betel

CARLETTI, F.: Reise um die Welt 1594. Aus dem Italienischen übersetzt von E. Bluth. Erdmann-Verlag, Stuttgart 1966.
REHM, S.: Weitere Genußmittel: *Areca catechu, Uncaria gambir, Piper betle, Paullinia cupana, Catha edulis*. In: REHM, S.: Spezieller Pflanzenbau in den Tropen und Subtropen, Bd. 4. 2. Aufl., Verlag Eugen Ulmer, Stuttgart 1988.

Kat

Kalix, P.: Una droga llamada Khat. Mundo Cientifico No. 55, Madrid 1986.

Schopen, A.: Das Qat – Geschichte und Gebrauch des Genußmittels *Catha edulis* Forsk. in der Arabischen Republik Jemen. Franz Steiner Verlag, Wiesbaden 1978.

Kaschunuß

Kay, Daisy. E.: El Marañon. Desarrural Honduras, Tegucicalpa 1967.

Rosenhagen, Jr. Fr.: The book of edible Nuts. Walker and Company, New York 1984.

Schroeder, C. A.: Kaschunuß. In: Rehm, S.: Spezieller Pflanzenbau in den Tropen und Subtropen, Bd. 4. 2. Aufl., Verlag Eugen Ulmer, Stuttgart 1988.

Schröder, R.: Avocado, Papaya, Mango und Acajou. Kosmos, Heft 2/1957. Franckh'sche Verlagshandlung, Stuttgart.

Gewürze

Achtnich, W.: Gewürze, In: Rehm, S. Spezieller Pflanzenbau in den Tropen und Subtropen, Bd. 4. 2. Aufl., Verlag Eugen Ulmer, Stuttgart 1988 (behandelt Pfeffer, Gewürzpaprika, Vanille, Gemüsepaprika, Senf, Zimt, Muskat, Gewürznelke, Ingwer, Gelbwurzel, Kardamom, Piment, Sternanis, Koriander, Kümmel, Kreuzkümmel, Anis, Fenchel, Dill.)

Domrös, M.: Die Gewürzpflanzen auf Ceylon. Ihre kulturlandschaftliche und wirtschaftsgeographische Relevanz. Franz Steiner Verlag, Wiesbaden 1973.

Ibn Battuta: Reisen ans Ende der Welt 1325–1353. Erdmann-Verlag, Tübingen–Basel 1974.

Seidemann, J., und Siebert, G.: Würzmittel. VEB Fachbuchverlag, Leipzig 1987.

Merzenich, B.: Gewürze. 2. Aufl., Edition diá, St. Gallen/Wuppertal 1986.

Pfeffer

David, P. A.: Black Pepper Culture. Circular 35, Univ. of the Philippines, Los Baños, Laguna 1953.

Ettling, C.: Die wichtigsten tropischen Gewürzpflanzen. I. Die Pfefferstaude. Tropenverlag F. W. Thaden, Hamburg o. J.

Zimt

Bicking, B.: Die Zimtwirtschaft auf Sri Lanka (Ceylon). Mainzer Geogr. Studien, Heft 28, Mainz 1986.

Domrös, M.: Sri Lanka – Die Tropeninsel. Wiss. Buchgesellschaft, Darmstadt 1976.

Nelken

Ettling, C.: Die wichtigsten tropischen Gewürzpflanzen. II. Die Muskatnuß – Muskatnußblüte. Tropenverlag F.W. Thaden, Hamburg o. J.

Vanille

Hoffmann, W.: Die Kultur der Vanille. Tropenverlag Fr.W. Thaden, Hamburg o. J.

David, P. A.: Vanilla Culture. Circular 35, Univ. of the Philippines, Los Baños, Laguna 1954.

Piment

Ward, J. F.: Pimento. Kingston, Jamaica 1961.

Paprika

Berriedale-Johnson, M.: Das kleine Paprika-Buch, Verlag Droemer Knaur, München 1986.

Bildquellen

Bärtels, A., Waake: Seite 67 unten links, 188 oben, 206 unten links

Deutscher Kaffee-Verband (DKV), Hamburg: Seite 49 unten rechts, 50 oben rechts, Mitte (2), unten links

Domrös, M., Mainz: Seite 118 unten, 136 oben links, Mitte (2)

Haberer, M., Nürtingen: Seite 135 unten rechts, 170 oben rechts

Fa. Hengstenberg, Esslingen: Seite 224 oben, unten links

Laux, H. E., Biberach: Seite 67 Mitte rechts, 136 unten, 169 unten rechts, 170 oben links, 205 unten links, 223 (2), 224 oben (eingespiegelt)

Morell, E., Dreieich: Seite 206 unten rechts

Nestlé Erzeugnisse GmbH, Frankfurt: Seite 50 oben links, unten rechts

Pirc, H., Wien: Seite 49 oben, Mitte links, unten links, 169 oben links, Mitte rechts (2), 170 unten links, 187 Mitte, mittleres Bild, 206 oben rechts

Ritter, A., Schokoladenfabrik GmbH, Waldenbuch: Seite 68 oben links, Mitte links, unten (2)

Schröder, K., Wiesbaden: Seite 187 Mitte rechts

Schröder, R., Wiesbaden: Seite 117 oben links, unten rechts

Vollers, A., Bremen: Seite 67 unten rechts

Wilhelmy, H., Tübingen: Seite 49 Mitte rechts, 67 oben

World Wide Plant Pictures, NL-Haarlem: Seite 67 Mitte links, 68 oben rechts (2), 117 oben rechts, unten links, 118 oben (2), 136 oben rechts, 169 oben rechts, unten links, 187 unten (2), 205 oben rechts, 206 oben Mitte, 224 unten rechts

Wothe, K., München: Seite 135 unten links, 170 unten rechts, 187 oben, Mitte links, 188 unten (2), 205 oben links, unten rechts, 206 oben links

Register

Seitzenzahlen mit Sternchen * verweisen auf Farbfotos.

Im Text erwähnte Verbände und Gesellschaften für Vermarktung und Kontrolle der Genußmittel und Gewürze

American Spice Trade Association (ASTA)
Bundesverband der deutschen Feinkostindustrie, Bonn
Comité Européen du Thé, Amsterdam
Deutscher Kaffee-Verband e.V., Hamburg
Deutsches Mate-Informationsbüro, Hamburg
Fachverband der Gewürzindustrie e. V., Bonn
Federación Cafetalera Centro America – Mexico – El Caribe
Federación Nacional de Cafeteros de Colombia, Bogotá
Gesellschaft für Teewerbung mbH, Hamburg
Gewürzforschungsinstitut e.V., Hamburg
Intergovernmental Group of Tea (IGT), angeschlossen an die FAO (Food Agricultural Organization, Rom)
International Coffee Organization (ICO), London
Internationale Kakaoorganisation (ICCO), London
International Tea Commitee, London
International Trade Center (UNCTAD/GATT), Genf
Syndicat Européen du Comerce des Vanilles, Paris
Vanilla Beans Association (USA)
Verband der deutschen Senfindustrie e.V., Bonn
Verband des Tee-Einfuhr- und Fachgroßhandels e.V., Hamburg
Verein der am Rohkakaohandel beteiligten Firmen e.V., Hamburg
Waren Verein der Hamburger Börse, Hamburg

Farbatlas Tropenpflanzen. Zier- und Nutzpflanzen. Von → **Andreas Bärtels.** 2., verbesserte Auflage. 320 Seiten mit 308 Farbfotos. Kt. → **DM 38,–.** Ein wertvoller Führer durch die tropische Pflanzenwelt. Rund 300 Gattungen der wichtigsten tropischen und subtropischen Pflanzen sind hier abgebildet und beschrieben.

Besondere Obstarten. Vom Reichtum seltener, südländischer und wildwachsender Früchte. Von → **Karl Stoll** und **Ulrich Gremminger.** 160 Seiten mit 25 Farbfotos und 80 Zeichnungen. Kt. → **DM 38,–.** Ob Kaki, Japanische Ölweide oder Arktische Brombeere, alle in diesem Buch behandelten Arten sind in den Weinberglagen Mitteleuropas anbaubar.

Vorratshaltung von Obst und Gemüse. Von → **Arnold Studer, Hans Daepp** und **Edith Suter.** 2., verbesserte und erweiterte Auflage. 164 Seiten mit 16 Farbtafeln und 36 Zeichnungen. Kst. → **DM 32,–.**

Wein aus eigenem Keller. Trauben-, Apfel- und Beerenweine. Von → **Wolfgang Vogel.** 3., überarbeitete und erweiterte Auflage. 155 Seiten mit 21 Farbfotos und 33 Zeichnungen. Kt. → **DM 32,–.** Das Buch bietet dem Anfänger eine grundlegende Anleitung und dem erfahrenen Praktiker eine nützliche Übersicht, Wein selbst zu keltern.

Likörbereitung. Wissenswertes über Alkohol und alkoholische Getränke mit Rezeptbeispielen für die häusliche Zubereitung. Von → **Herbert George.** 8. Auflage. 119 Seiten mit 20 Farbfotos und 59 Zeichnungen. Kt. → **DM 19,80.**

Unsere Küchen- und Gewürzkräuter. Beschreibung, Anbau, Verwendung. Von → **Georges Boros.** 4. Auflage. 126 Seiten mit 64 Abbildungen. Kst. → **DM 28,–.** Das Buch enthält alles Wissenswerte über einheimische und fremdländische Gewürzpflanzen.

Heil- und Teepflanzen. Von → **Georges Boros.** 3. Auflage. 223 Seiten mit 104 Abbildungen. Kst. → **DM 28,–.** Eine übersichtliche Zusammenstellung nach charakteristischen Merkmalen sowie Angaben über Anbau, Einsammeln, Inhaltsstoffe und Wirkung aller im Buch besprochenen Pflanzen.

Erhältlich in Ihrer Buch(Fach)handlung
oder beim **Verlag Eugen Ulmer**
Postfach 700561, 7000 Stuttgart 70

E.U.
VERLAG
EUGEN
ULMER